教育部高等学校电子信息类专业教学指导委员会规划教材

普通高等教育电子信息类专业系列教材

计算机控制

理论、方法与应用

新形态版

于海生 迟洁茹 王娜 毛雪伟 陈倩倩◎编著

清华大学出版社

北京

内 容 简 介

本书基于计算机、控制技术、人工智能、网络通信与电子信息等技术的发展,利用教育界、科技界和工业界所取得的成果,针对新工科建设、工程教育专业认证和卓越工程人才培养,以培养学生解决复杂工程和实际问题的综合能力为出发点,以主流的 PC/ISA/PCI/PCI-E 总线式工业控制机,PC 系列计算机和嵌入式计算机为控制工具,以计算机控制的理论、方法与应用为目标,系统地阐述了计算机控制系统的基本原理、设计技术和工程实现。

全书共 8 章,内容包括绪论、计算机控制理论基础、常规及复杂控制技术、智能控制技术、计算机控制系统的硬件设计技术、计算机控制系统的软件设计技术、分布式测控网络技术、计算机控制系统的设计与实现。本书为新形态教材,内容丰富,体系新颖,理论联系实际,实践性、工程性、系统性和集成性强。

本书可作为高等学校电子信息类、计算机类、机械类、仪器类等专业高年级本科生的教材,也可作为相关学科专业研究生的教材,还可供有关科技人员参考和自学。

图书在版编目(CIP)数据

计算机控制:理论、方法与应用:新形态版/于海生等编著. -- 北京:清华大学出版社,2025.7.
(普通高等教育电子信息类专业系列教材). -- ISBN 978-7-302-69633-9

Ⅰ. TP273

中国国家版本馆 CIP 数据核字第 2025TB5980 号

责任编辑:曾 珊
封面设计:李召霞
责任校对:王勤勤
责任印制:沈 露

出版发行:清华大学出版社
      网 址:https://www.tup.com.cn,https://www.wqxuetang.com
      地 址:北京清华大学学研大厦 A 座   邮 编:100084
      社 总 机:010-83470000   邮 购:010-62786544
      投稿与读者服务:010-62776969,c-service@tup.tsinghua.edu.cn
      质量反馈:010-62772015,zhiliang@tup.tsinghua.edu.cn
      课件下载:https://www.tup.com.cn,010-83470236
印 装 者:三河市龙大印装有限公司
经 销:全国新华书店
开 本:185mm×260mm   印 张:20   字 数:484 千字
版 次:2025 年 9 月第 1 版   印 次:2025 年 9 月第 1 次印刷
印 数:1~1500
定 价:60.00 元

产品编号:108802-01

前言
PREFACE

　　自动化、智能化、网络化、数字化与信息化是计算机的重要应用领域,计算机控制正是为了适应这些领域的需要而发展起来的一门专业技术,它主要研究如何将自动控制技术、计算机技术、网络与通信技术、电子信息与电气技术、传感器技术、变送器技术和执行器技术应用于工业生产过程,并设计所需要的计算机控制系统。"计算机控制技术"是我国高等学校电子信息类、计算机类、机械类、仪器类等专业的专业课程或选修课程。

　　本书为新形态教材,主要基于计算机、控制系统、人工智能、网络通信与电子信息等技术的发展,利用教育界、科技界和工业界所取得的成果,针对新工科建设、工程教育专业认证和卓越工程人才培养,以培养学生解决复杂工程和实际问题的综合能力为出发点,以主流的PC/ISA/PCI/PCI-E总线式工业控制机、PC系列计算机和嵌入式计算机为控制工具,以计算机控制的理论、方法与应用为目标,系统地阐述了计算机控制系统的基本原理、设计技术和工程实现。全书共8章。第1章是绪论,介绍计算机控制系统及其组成、计算机控制系统的典型型式、计算机控制系统的发展概况和趋势;第2章介绍计算机控制理论基础,包括控制系统概述、连续时间控制系统、离散时间控制系统;第3章讨论常规及复杂控制技术,常规控制技术主要介绍数字控制器的连续化设计技术、数字控制器的离散化设计技术,复杂控制技术主要介绍纯滞后控制技术;第4章讨论智能控制技术,主要介绍模糊控制技术、神经网络控制技术、专家控制技术等;第5章讨论计算机控制系统的硬件设计技术;第6章讨论计算机控制系统的软件设计技术;第7章讨论分布式测控网络技术;第8章讨论计算机控制系统的设计与实现,并给出了设计实例。若前续课程开设了"自动控制原理",则第2章可以略过,不必重复讲授。根据专业的实际情况和课程的学时要求,第4章可作为选讲内容。书中各章配有习题与思考题可供选用。全书由国家级教学名师和首届全国教材建设奖、全国普通高等学校优秀教材奖、国家级一流本科课程、国家级精品课程、国家级精品资源共享课程、国家级规划教材的教学团队编写,内容丰富,体系新颖,理论联系实际,实践性、工程性、系统性和集成性强。

　　全书由于海生统稿。第1章、第3～8章的主要内容和习题与思考题由于海生编写,部分内容由王娜、毛雪伟、迟洁茹编写。第2章内容和习题与思考题由于海生、迟洁茹、王娜、毛雪伟、陈倩倩编写。全书二维码涉及的内容由于海生、迟洁茹、王娜、毛雪伟、陈倩倩制作,主要包括电子课件、重点、难点、音频、视频等。面向选用本书的教师,还提供了课程简介视频、习题答案、实验指导书、教学大纲、教学日历、工程案例、教学设计举例、试卷及参考答案等。

　　本书出版得到了清华大学出版社的大力支持,在此表示衷心的感谢。

　　由于编著者水平有限,书中难免有不妥与错误之处,诚请读者批评指正。

于海生

2025 年 4 月

目录
CONTENTS

绪　　论

　　自动化、智能化、数字化、网络化与信息化是计算机的重要应用领域,计算机控制正是为了适应这些领域的需要而发展起来的一门专业技术。

　　随着科学技术的进步,人们越来越多地采用计算机来实现控制系统,因此,充分理解计算机控制系统是十分重要的。很多人把计算机控制系统看作模拟控制系统的一种近似,但这种看法是相当片面的,因为它没有充分发挥计算机控制的潜力,最多只能获得与采用模拟控制时一样的控制效果。因此,必须利用计算机控制的全部潜力来分析和设计计算机控制系统。

　　计算机控制系统的主要理论基础是控制论、信息论、系统论(即"三论")和工程控制论,其核心是控制论。众所周知,控制论的创始人是美国数学家诺伯特·维纳(Norbert Wiener),信息论的创始人是美国数学家克劳德·艾尔伍德·香农(Claude Elwood Shannon),系统论的创始人是美籍奥地利生物学家路德维希·冯·贝塔朗菲(Ludwig von Bertalanffy),工程控制论的创始人是中国科学家钱学森。由于教育、科技、人才是全面建设社会主义现代化国家的基础性、战略性支撑。因此,必须坚持科技是第一生产力、人才是第一资源、创新是第一动力,深入实施科教兴国战略、人才强国战略、创新驱动发展战略,加快发展新质生产力,扎实推进高质量发展。

　　近年来,自动控制、计算机、接口与过程通道、传感器与变送器、执行器、网络与通信、电子信息、系统集成、人工智能、光机电气磁一体化等智能工厂与智能制造技术的高速发展,给计算机控制技术带来了巨大的变革。人们利用这种技术可以完成常规控制技术无法完成的任务,达到常规控制技术无法达到的性能指标。本章主要内容包括计算机控制系统概述、计算机控制系统的典型型式以及计算机控制系统的发展概况和趋势。

1.1　计算机控制系统概述

　　在工程和科学技术领域,自动控制担负着重要角色。自动控制理论和技术的不断发展,为人们提供了动态系统建模、控制与优化的方法,提高了生产率,并使人们从繁重的体力劳动和大量重复性的手工操作中解放出来。**所谓自动控制,就是在没有人直接参与的情况下,通过控制器使生产过程自动地按照预定的规律运行**。自动控制系统是指采用控制器,对生产过程某些关键性参数进行自动控制,使它们在受到外界干扰(扰动)的影响而偏离正常状态时,能够被自动地调节而回到工艺所要求的数值范围内。自动控制系统主要由控制器、被控对象、执行机构和传感变送四个环节组成,如图 1-1 所示。

图 1-1　自动控制系统原理框图

典型的工业生产过程可分为三种：连续过程（Continuous Process）、离散过程（Discrete Process）和批量过程（Batch Process）。连续过程也称为流程工业,其产品一般都是流体,如：液体、气体等。离散过程也称为制造业,其产品是"固态"、按件计量的,过程的输入输出变量为时间离散和幅度离散的量,如：产品的数量、开关的状态等。批量过程也称为间歇过程,是指间歇性多品种生产过程,其特点是连续过程和离散过程交替进行,配方的切换和生产工艺的改变是离散过程,而在确定了配方和生产工艺后的生产过程又是一个连续过程。

1.1.1　计算机控制系统

计算机控制系统（Computer Control System,CCS）就是利用计算机（通常称为工业控制计算机,简称工业控制机）来实现生产过程自动控制的系统。由于计算机控制系统既是计算机＋控制＋系统,又是工程控制系统,因此其主要理论基础是控制论、信息论、系统论和工程控制论。近年来,计算机（控制器）已成为自动控制技术不可分割的重要组成部分,并为自动控制技术的发展和应用开辟了广阔的新天地。

1. 计算机控制系统的工作原理

为了简单形象地说明计算机控制系统的工作原理,图 1-2 给出了典型的计算机控制系统原理框图。在计算机控制系统中,由于工业控制机中控制器的输入和输出都是数字信号,因此需要有 A/D 和 D/A 转换器。从本质上看,计算机控制系统的工作原理可归纳为以下三个步骤的自动往复循环。

图 1-2　计算机控制系统原理框图

（1）实时数据采集。对来自传感变送装置的被控量的瞬时值进行检测和输入。

（2）实时控制决策。对采集的被控量进行分析和处理,并按已规定的控制规律,决定将要采取的控制行为。

（3）实时控制输出。根据控制决策,实时地对执行机构发出控制信号,完成控制任务。

上述过程不断重复,使整个系统按照一定的品质指标进行工作,并对被控量和设备本身的异常现象及时做出处理。

2. 在线方式和离线方式

在计算机控制系统中,生产过程和计算机直接连接,并受计算机控制的方式称为在线方式或联机方式；生产过程不和计算机相连,且不受计算机控制,而是靠人进行联系并执行相应操作的方式称为离线方式或脱机方式。

3. 实时的含义

所谓实时,是指信号的输入、计算和输出都要在一定的时间范围内完成,亦即计算机对输入信息以足够快的速度进行控制,超出了这个时间,就失去了控制的时机,控制也就失去了意义。实时的概念不能脱离具体过程,一个在线的系统不一定是一个实时系统,但一个实时控制系统必定是在线系统。

1.1.2 计算机控制系统的组成

计算机控制系统主要由计算机(工业控制机)和生产过程两大部分组成。图 1-3 以总线式工业控制机为例,给出了计算机控制系统的组成框图。

图 1-3 计算机控制系统的组成框图

1. 工业控制机

工业控制机(Industrial Control Computer,ICC)是指按生产过程控制的特点和要求而设计的计算机,它包括硬件和软件两个组成部分。

以总线式工业控制机为例,分别阐述工业控制机的硬件和软件。硬件包括主机(CPU、RAM、ROM 等)、系统总线、外部总线、人机接口、系统支持、磁盘系统、通信接口、输入输出接口与过程通道等。软件包括系统软件、应用软件。

1) 工业控制机的硬件组成

(1) 主机由中央处理器(CPU)、内存储器(RAM、ROM)等部件组成,主机是工业控制机的核心。在控制系统中,主机主要进行必要的数值计算、逻辑判断、数据处理等工作。

(2) 系统总线是工业控制机内部各组成部分进行信息传送的公共通道,它是一组信号线的集合。常用的系统总线有 PC 总线、ISA 总线、PCI 总线、PCI-E 总线、STD 总线、PC/104 总线等。

（3）外部总线是工业控制机与其他计算机和智能设备进行信息传送的公共通道，常用外部总线有 RS-232C、USB 和 LAN(Local Area Network，局域网)接口。

（4）人机接口是一种标准结构，即由标准的 PC 键盘、显示器、鼠标和打印机组成。

（5）系统支持的主要功能包括如下部分。

① 监控定时器，俗称"看门狗"(Watchdog)。其主要作用是当系统因干扰或软故障等原因出现异常时，如"飞程序"或程序进入死循环，看门狗可以使系统自动恢复运行，从而提高系统的可靠性。

② 电源掉电检测。工业控制机在工业现场运行过程中如出现电源掉电故障，应及时发现并保护当时的重要数据和计算机各寄存器的状态，一旦上电后，工业控制机能从断电处继续运行。电源掉电检测的目的正是为了检测交流电源掉电以后以便保护现场。

③ 保护重要数据的后备存储器。看门狗和电源掉电检测功能均要有能保存重要数据的后备存储器。后备存储器通常容量不大，它能在系统掉电后保证所存数据不丢失，故通常采用后备电池的 SRAM、NOVRAM、E^2PROM。为了保护数据不丢失，在系统的存储器工作期间，后备存储器应处于上锁状态。

④ 实时日历时钟。在实际控制系统中往往要有事件驱动和时间驱动的能力。一种情况是在某时刻设置某些控制功能，届时工业控制机应自动执行；另一种情况是工业控制机应能自动记录某个动作是在何时发生的。所有这些，都必须配备实时时钟，且在掉电后仍然能够不停地正常工作。常用的实时日历时钟芯片有 DS1216、DS1287 等。

（6）磁盘系统可以用半导体虚拟磁盘，也可以配通用的软磁盘和硬磁盘。

（7）通信接口是工业控制机和其他计算机或智能外设通信的接口，常用 RS-232/422/485、USB 和 LAN 接口。

（8）输入输出接口与过程通道是工业控制机和生产过程之间设置的信号传递和变换环节。它包括模拟量输入(AI)、模拟量输出(AO)、数字量(或开关量)输入(DI)、数字量(或开关量)输出(DO)、脉冲量输入(PI)、脉冲量输出(PO)等接口与过程通道。它的作用有两个：其一是将生产过程的信号变换成主机能够接收和识别的代码；其二是将主机输出的控制命令和数据，经变换后作为执行机构、开关装置或脉冲装置的控制信号。

2）工业控制机的软件组成

工业控制机的硬件只能构成裸机，它只为计算机控制系统提供物质基础。裸机只是系统的躯干，既无思维，又无知识和智能，因此必须为裸机提供或研制软件，才能把人的知识和思维用于对生产过程的控制。软件是工业控制机的程序系统，它可分为系统软件和应用软件。

系统软件是指控制和协调计算机及外部设备、支持应用软件开发和运行的系统，是无须控制系统设计人员和用户干预的各种程序的集合。它包括实时多任务操作系统、引导程序、调度执行程序，如美国 Intel 公司推出的 iRMX86 实时多任务操作系统，美国 Ready System 公司推出的嵌入式实时多任务操作系统 VRTX/OS，还有 Linux、WinCE 等实时多任务操作系统。除了实时多任务操作系统以外，也常常使用 MS-DOS 和 Windows 等系统软件。

应用软件是控制系统设计人员和用户针对某个生产过程而编制的控制和管理程序。应用软件既可利用 C、C♯、Visual Basic、Visual C++ 等高级语言开发，也可利用 Kingview(北京亚控科技发展有限公司)、MCGS(北京昆仑通态自动化软件科技有限公司)、Force

Control(北京三维力控科技有限公司)、InTouch(美国 Wonderware 公司)、Fix(美国 Intellution 公司)、WinCC(德国西门子公司)等监控组态软件开发。应用软件包括过程输入程序、过程控制程序、过程输出程序、人机接口程序、打印显示程序和公共子程序等。

工业控制机的主要特点:可靠性高、可维修性好、环境适应性强、控制实时性好(如具有硬件"看门狗"功能)、完善的输入输出通道(扩充性、兼容性好)、丰富的软件、适当的计算机精度和运算速度。

随着科学技术和企业生产的高速发展,只有充分发挥工业控制机的特点,并将计算机控制系统的硬件和软件相互配合,才能设计出具有更高性能价格比的自动化系统。

2. 生产过程

生产过程(Production Process)包括被控对象、传感变送、执行机构、开关装置、脉冲装置等环节。这些环节都有各种类型的标准产品,在设计计算机控制系统时,根据需要可合理选型。

(1) 被控对象。生产过程用到的各种设备,伴有物质或能量的进出,这些设备就是被控对象。被控对象的种类有很多,如热交换器、储罐、电动机、自动化生产线、数控机床、机器人等。被控对象的输出量(被控参数)有温度、压力、液位、流量、浓度、转角、速度、位置等信号。

(2) 模拟量输入通道的传感器/变送器。传感器的输入信号来自被控对象,传感器的输出信号是弱小模拟电压,弱小模拟电压送到信号调理电路(如电桥)后变换成标准的 DC $0\sim10$mA/DC $0\sim5$V(四线制,电源为 AC 220V)或 DC $4\sim20$mA/DC $1\sim5$V(两线制,电源为 DC 24V)。传感器输出的弱小模拟电压信号有时也输入变送器,DDZ-Ⅱ型变送器的输出为 DC $0\sim10$mA/DC $0\sim5$V,DDZ-Ⅲ型变送器的输出为 DC $4\sim20$mA/DC $1\sim5$V。然后,传感器/变送器输出的标准电压信号再经模拟量输入通道送给计算机。

(3) 模拟量输出通道的执行机构。计算机输出的数字信号经模拟量输出通道送给执行机构。对于电动执行机构,DDZ-Ⅱ型执行器的输入为 DC $0\sim10$mA(四线制,电源为 AC 220V),DDZ-Ⅲ型执行器的输入为 DC $4\sim20$mA(两线制,电源为 DC 24V)。对于气动执行机构,执行器的输入为 $0.02\sim0.1$MPa(气源压力为 0.14MPa)。执行器的输出用来驱动调节阀或其他装置。

(4) 数字量输入通道的开关装置。被控对象产生的开关状态信号输入光机电气磁等开关装置,开关装置输出的标准开关状态电平信号经数字量输入通道送给计算机。

(5) 数字量输出通道的开关装置。计算机输出的标准开关状态电平信号经数字量输出通道送给光机电气磁等开关装置,开关装置输出的信号驱动被控对象的开关状态。

(6) 脉冲量输入通道的脉冲装置。被控对象产生的脉冲信号输入光机电气磁等脉冲装置,脉冲装置输出的脉冲信号经脉冲量输入通道送给计算机。

(7) 脉冲量输出通道的脉冲装置。计算机输出的脉冲信号经脉冲量输出通道送给光机电气磁等脉冲装置,脉冲装置输出的信号驱动被控对象的脉冲状态。

1.1.3　计算机控制系统的主机

各种工业控制机都是常用的计算机控制系统主机,它们适应不同的应用要求。工业控制机主要包括工业计算机(总线式工业控制机、平板式工业控制机、嵌入式工业控制机、工业掌上电脑、工业一体机、工业显示器)、可编程控制器、嵌入式系统、智能调节器、其他智能测控装置等。在工程实际中,选择何种计算机控制系统主机,应根据控制规模、工艺要求、控制特点和所完成的工作来确定。

1. 工业计算机

工业个人计算机(Industrial Personal Computer,IPC),简称工业计算机,包括总线式工业控制机、平板式工业控制机、嵌入式工业控制机、工业一体机、工业显示器、工业掌上电脑等。

总线式工业控制机,有时也简称工控机,其系统总线主要有 PC 总线、ISA 总线、PCI 总线、PCI-E 总线、STD 总线、PC/104 总线、VME 总线等。它是一种面向工业控制、采用标准总线技术和开放式体系结构的计算机,配有丰富的外围接口产品,如模拟量输入/输出模版、数字量输入/输出模版、脉冲量输入/输出模版等。

平板式工业控制机、嵌入式工业控制机、工业一体机、工业显示器、工业掌上电脑等工业计算机的规模相对较小。

2. 可编程控制器

国际电工委员会(IEC)于 1982 年(第一版)、1985 年(修订版)、1987 年(第三版)对可编程控制器(Programmable Controller,PC) 作了定义,其中修订版的定义为：PC 是一种数字运算操作的电子系统,专为在工业环境下应用而设。它采用可编程的存储器在其内部存储执行逻辑运算、顺序控制、定时、计数和算术运算等操作指令,并通过数字量、模拟量或脉冲量的输入与输出,控制各种类型机械或生产过程。为了避免与个人计算机(Personal Computer,PC)混淆,可编程控制器常被称为 PLC(Programmable Logic Controller)。PLC 及其相关外部设备都按易于与工业控制系统联成一个整体,易于扩充功能的原则设计。

PLC 是一种专门为工业环境下应用而设计的计算机控制器,具有可靠性高、编程容易、功能完善、扩展灵活、安装调试简单方便的特点。国内外生产 PLC 的厂家很多,如德国的西门子(Siemens),瑞士的 ABB,美国的罗克韦尔(Rockwell)、艾默生(Emerson),法国的施耐德(Schneider),日本的松下(Panasonic)、欧姆龙(Omron)、三菱(Mitsubishi)等公司。

3. 嵌入式系统

根据国际电气与电子工程师协会(IEEE)的定义,嵌入式系统(Embedded System,ES)是"控制、监视或者辅助装置、机器和设备运行的设备"(原文为 devices used to control, monitor, or assist the operation of equipment, machinery or plants)。嵌入式系统是软件和硬件的综合体,嵌入式系统的核心是嵌入式微处理器。嵌入式处理器可以分成下面几类。

1) 微处理器

微处理器(Micro Processor Unit,MPU)是具有 32 位以上的处理器,具有较高的性能。与计算机处理器不同的是,在实际嵌入式应用中,微处理器只保留和嵌入式应用紧密相关的功能硬件,去除其他的冗余功能部分,这样就以最低的功耗和资源实现嵌入式应用的特殊要求。与工业控制计算机相比,微处理器具有体积小、重量轻、成本低、可靠性高的优点。目前主要的微处理器类型有 Aml86/88、386EX、SC-400、Power PC、68000、MIPS、ARM/Strong ARM 系列等。

2) 微控制器

微控制器(Micro Controller Unit,MCU)的典型代表是单片机。微控制器的最大特点是单片化,体积大大减小,从而使功耗和成本下降、可靠性提高。微控制器是目前嵌入式系统工业的主流。微控制器的片上外设资源一般比较丰富,适合于控制,比较有代表性的包括8051、MCS-251、MCS-96、P51XA、C166/167、68K 系列以及 MCU 8XC930/931、C540、C541,并且有支持 I^2C、SPI、CAN、LCD 及众多专用 MCU 和兼容系列。

3）数字信号处理器

数字信号处理器(Digital Signal Processor,DSP)是专门用于信号处理方面的处理器,它在系统结构和指令算法方面进行了特殊设计,具有很高的编译效率和指令执行速度。在数字滤波、FFT、谱分析等各种仪器上 DSP 获得了大规模的应用。

目前最为广泛应用的是 TI 公司的 TMS320C2000/C5000 系列,另外如 Intel 公司的MCS-296 和西门子公司的 TriCore 也有各自的应用范围。

4）嵌入式片上系统

嵌入式片上系统(System on Chip,SoC)最大的特点是成功实现了软硬件无缝结合,直接在处理器片内嵌入操作系统的代码模块。而且 SoC 具有极高的综合性,在一个硅片内部运用 VHDL 等硬件描述语言,实现一个复杂的系统。

由于 SoC 往往是专用的,所以大部分都不为用户所知,比较典型的 SoC 产品是 Philips公司的 Smart XA。少数通用系列如西门子公司的 TriCore,摩托罗拉(Motorola)公司的 M-Core、某些 ARM 系列器件,如 Echelon 和摩托罗拉公司联合研制的 Neuron 芯片等。

5）现场可编程逻辑门阵列

现场可编程逻辑门阵列(Field-Programmable Gate Array,FPGA)是一种可编程逻辑阵列芯片,可以根据应用需求进行编程和配置,在嵌入式系统中用于实现定制的硬件逻辑和加速特定的计算任务。

6）专用集成电路

专用集成电路(Application Specific Integrated Circuit,ASIC)是一种定制的集成电路芯片,用于特定的应用领域,根据应用需求进行设计和制造,通常具有高度的定制性和性能优势。

4. 智能调节器

智能调节器是一种数字化的过程控制仪表,以微处理器或单片微型计算机为核心,具有数据通信功能,能完成生产过程 1～4 个回路直接数字控制任务,在集散控制系统的分散过程控制级中得到了广泛的应用。智能调节器不仅可接收 DC 4～20mA 电流信号输入的设定值,还具有异步通信接口 RS-422/485、RS-232、USB 和 LAN 等,可与上位机连成主从式通信网络,发送和接收各种过程参数和控制参数。

智能调节器在我国的工业控制领域得到了广泛的应用,市场中常用的智能调节器中,国外的品牌有 Shimaden(日本岛电)、Yakogawa(日本横河)、Honeywell(美国霍尼韦尔)、Omron(日本欧姆龙)以及 RKC(日本理化)等;国内的品牌有厦门宇电自动化科技有限公司的 AI 系列等。

5. 其他智能测控装置

自动化生产线、智能工程机械、智能印刷机械、自动化纺织机械、环保机械、煤炭机械、冶金机械、高效农业机械等各类专用装备,也可能使用智能测控装置。凡是具有智能、感知、分析、推理、决策、控制、网络和通信功能的远程智能测控模块、运动控制器、变频器、智能视频监控等智能测控装置,都可作为计算机控制系统的主机。

1.2　计算机控制系统的典型型式

计算机控制系统所采用的型式，与生产过程的复杂程度密切相关，对于不同的被控对象和不同的要求，应有不同的控制方案。计算机控制系统大致可分为以下几种典型的型式。

1.2.1　操作指导控制系统

操作指导控制（Operator Guide Control，OGC）系统的构成如图 1-4 所示。该系统不仅具有数据采集和处理的功能，而且能够为操作人员提供反映生产过程工况的各种数据，并相应地给出操作指导信息，供操作人员参考。

图 1-4　操作指导控制系统

该控制系统属于开环控制结构。计算机根据一定的控制算法（数学模型），依赖测量元件测得的信号数据，计算出供操作人员选择的最优操作条件及操作方案。操作人员根据计算机的输出信息，如 CRT 显示图形或数据、打印机输出等，改变调节器的给定值或直接操作执行机构。

操作指导控制系统的优点是结构简单、控制灵活和安全。缺点是开环结构、无负反馈、需要由人工操作、速度受到限制、不能控制多个对象。

1.2.2　直接数字控制系统

直接数字控制（Direct Digital Control，DDC）系统的构成如图 1-5 所示。计算机首先通过模拟量输入（AI）通道和开关量输入（DI）通道实时采集数据，然后按照一定的控制规律进行计算，最后发出控制信息，并通过模拟量输出通道（AO）和开关量输出通道（DO）直接控

图 1-5　直接数字控制系统

制生产过程。DDC 系统属于计算机闭环控制系统,是计算机在工业生产过程中最普遍的一种应用方式。

由于 DDC 系统中的计算机直接承担控制任务,所以其优点是闭环结构、有负反馈,要求实时性好、可靠性高和适应性强。缺点是回路越多、硬件软件越复杂。为了充分发挥计算机的利用率,一台计算机通常要控制几个或几十个回路,那就要求合理地设计应用软件,使之不失时机地完成所有功能。

1.2.3 监督计算机控制系统

监督计算机控制(Supervisory Computer Control,SCC)系统中,计算机根据原始工艺信息和其他参数,按照描述生产过程的数学模型或其他方法,自动地改变模拟调节器或以直接数字控制方式工作的微型机中的给定值,从而使生产过程始终处于最优工况(如保持高质量、高效率、低消耗、低成本等)。SCC 系统的作用是改变给定值,所以又称设定值控制(Set Point Control,SPC)。它有两种不同的结构形式,如图 1-6 所示。

(a) SCC+模拟调解器系统

(b) SCC+DDC系统

图 1-6 监督计算机控制系统

1. SCC+模拟调节器的控制系统

该系统是由微型机系统对各物理量进行巡回检测,并按一定的数学模型对生产工况进行分析、计算得出控制对象各参数最优给定值,将该给定值送给模拟调节器,使工况保持在最优状态。当 SCC 微型机出现故障时,可由模拟调节器独立完成操作。

2. SCC+DDC 的分级控制系统

这实际上是一个二级控制系统,SCC 可采用高档微型机,它与 DDC 之间通过接口进行信息联系。SCC 微型机可完成工段、车间高一级的最优化分析和计算,并给出最优给定值,将该给定值送给 DDC 执行过程控制。当 DDC 微型机出现故障时,可由 SCC 微型机完成DDC 的控制功能,这种系统提高了可靠性。

该系统的优点是 SCC 可靠性高,生产过程始终处于最优工况。SCC 能进行较为复杂的控制,并能完成某些管理工作。上一级出现故障时,下一级仍可继续执行控制任务。缺点是系统硬件软件更加复杂。

1.2.4　集散控制系统

集散控制系统（Distributed Control System，DCS）也叫分布式控制系统，采用分散控制、集中操作、分级管理、分而自治和综合协调的方法，把系统从下到上分为现场设备级、分散控制级、集中监控级、综合管理级，形成分级分布式控制，其结构如图 1-7 所示。

图 1-7　集散控制系统

DCS 的优点是分散控制、集中操作、分级管理、分而自治和综合协调。缺点是系统规模庞大且硬件软件复杂。

1.2.5　现场总线控制系统

现场总线控制系统（Fieldbus Control System，FCS）是新一代分布式控制系统，如图 1-8 所示。DCS 的结构模式为"操作站-控制站-现场仪表"三层结构，系统成本较高，而且各厂商的 DCS 有各自的标准，不能互联。FCS 与 DCS 不同，它的结构模式为"操作站-现场总线智

图 1-8　现场总线控制系统

能仪表"二层结构,FCS用二层结构完成了DCS三层结构的功能,降低了成本,提高了可靠性,可实现真正的开放式互连系统结构。

FCS的优点是实现了全数字化、多站点网络通信。与DCS相比,降低了成本,提高了可靠性,可实现真正的开放式互连系统结构。系统更加扁平化,管理效率提高。缺点是系统规模较为庞大且硬件软件复杂。

1.2.6 综合自动化系统

在现代工业生产中,综合自动化系统(Integrated Automation System,IAS)不仅包括各种简单和复杂的自动调节系统、顺序逻辑控制系统、自动批处理控制系统、连锁保护系统等,还包括各生产装置先进控制、企业实时生产数据集成、生产过程控制与优化、生产设备故障诊断和维护、根据市场和生产设备状态进行生产计划和排产调度系统,以产品质量和成本为中心的生产管理系统、营销管理系统和财务管理系统等,涉及产品物流增值链和产品生命周期的所有过程,为企业提供了全面的解决方案。

目前,由企业资源信息管理系统,即企业资源计划(Enterprise Resources Planning,ERP)、生产执行系统(Manufacturing Execution System,MES)和生产过程控制系统(Process Control System,PCS)构成的三层结构,已成为综合自动化系统的整体解决方案,如图1-9所示。综合自动化系统主要包括离散制造业的计算机集成制造系统(Computer Integrated Manufacture System,CIMS)、流程工业的计算机集成过程系统(Computer Integrated Process System,CIPS)和信息物理系统(Cyber Physical System,CPS)。

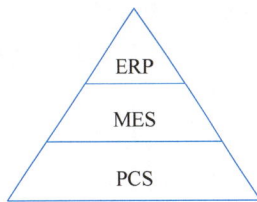

图 1-9 综合自动化系统

1. CIMS

CIMS主要用于离散制造业。借助于计算机的硬件、软件技术,综合运用现代管理技术、制造技术、信息技术、自动化技术、系统工程技术,CIMS将企业生产全部过程中有关人、技术、经营管理三要素及其信息流、物流有机地集成并优化运行,以使产品上市快、质量好、成本低、服务优,达到提高企业市场竞争能力的目的。

2. CIPS

CIMS应用到流程工业又称CIPS,也叫流程工业综合自动化系统,在石油、化工、能源、食品、制药、炼钢和造纸等行业得到了广泛的实施和应用。CIPS充分利用企业内、外部的各种信息,将经营管理与生产控制有机地结合,可以为流程工业带来更大的经济效益。

3. CPS

中国制造2025、德国工业4.0、美国工业互联网等战略,它们的共同点和核心均是CPS。CPS是计算机技术、通信技术、控制技术有机融合的多维复杂系统,能对任何工程系统与信息交互系统进行实时感知与动态控制,并提供相应的信息服务的新一代智能系统。CPS的意义在于把不同的物理设备接入一个互联网体系中。经过信息通信技术改造的物理设备,获得了数据计算、实时通信、精确控制、远程协调与自我管理五个功能。从根本上说,CPS就是一种具备控制系统功能的互联网体系,比普通的控制系统多了开放、共享、信息交换功能。

综合自动化系统主要包括ERP、MES、PCS三层结构,涉及CIMS、CIPS、CPS。综合自动化系统的优点是为企业全流程决策、管理、优化、调度、协调、网络、智能、集成、控制的智能制造系统整体解决方案；缺点是系统的功能、规模非常庞大且硬件软件非常复杂。

1.3 计算机控制系统的发展概况和趋势

1946 年，世界上第一台电子计算机 ENIAC（Electronic Numerical Integrator and Computer）在美国宾夕法尼亚大学诞生。此后，电子计算机在世界各国得到了极大的重视和迅速的应用。由于"中断"技术的发明和自动控制理论的发展，计算机逐渐用于生产过程的实时控制。计算机控制技术是自动控制理论与计算机技术相结合的产物，它的发展同样离不开自动控制理论和计算机技术的发展，本节回顾计算机控制系统的发展概况，并讨论计算机控制系统的发展趋势。

1.3.1 计算机控制系统的发展概况

1. 计算机技术的发展过程

约翰·冯·诺依曼（John von Neumann）是现代计算机之父，美籍匈牙利数学家、计算机科学家、物理学家。他提出了计算机由五部分组成（运算器、控制器、存储器、输入设备、输出设备）。根据存储器结构中程序指令与数据是否分开存储，计算机可分为冯·诺依曼结构和哈佛结构。

冯·诺依曼结构也称普林斯顿结构，程序指令和数据存储于同一个存储器中，因此程序指令和数据的宽度相同，数据与指令经由同一个总线传输，主要应用于通用计算机领域。

哈佛结构的程序指令与数据存储于不同存储器中。其中，存放代码的存储器为程序存储器，一般是只读存储器（ROM）；存放数据的存储器为数据存储器，一般为随机存取存储器（RAM）。由于程序指令与数据分开存储，因此主要应用于嵌入式系统领域。

计算机技术的发展过程主要经历了机械计算机时代、电子管计算机时代、晶体管计算机时代、中小规模集成电路计算机时代、大规模和超大规模集成电路计算机时代，并向智能计算机时代发展。与计算机硬件相比，计算机软件的发展则要慢得多，在整个 20 世纪 50 年代至 70 年代，软件的改进很有限，许多计算机系统仍采用汇编语言编程。后来逐渐采用了高级语言，如 Forth、Basic、FORTRAN、C、Pascal 等语言。计算机软件技术的发展是一个不断进步的过程，从个体手工劳动生产方式、作坊式生产方式到团队合作方式，从传统的软件开发方法到采用工程化的原理和方法，再到面向对象技术和高级程序设计语言的广泛应用，以及开源软件的兴起，每个阶段都为软件技术的发展注入了新的活力，推动了计算机技术的广泛应用和发展。

2. 计算机控制系统的发展过程

在生产过程控制中采用数字计算机的思想出现在 20 世纪 50 年代中期。最重要的工作始于 1956 年 3 月，当时美国得克萨斯州的一个炼油厂与美国的 TRW 航空工业公司合作进行计算机控制研究，经过三年的努力，设计出了一个采用 RW-300 计算机控制的聚合装置系统，该系统控制 26 个流量、72 个温度、3 个压力、3 个成分，控制的目的是使反应器的压力最小，确定对 5 个反应器供料的最佳分配，根据催化剂活性测量结果控制热水流量以及确定最优循环。TRW 公司的这项开创性工作为计算机控制技术的发展奠定了基础，从此，计算机控制技术获得了迅速的发展。

计算机控制系统的发展过程可分为以下 4 个阶段。

1）开创时期（1955—1962 年）

早期的计算机使用电子管，体积庞大、价格昂贵、可靠性差，所以它只能从事一些操作指导和设定值控制。过程控制向计算机提出了许多特殊的要求，需要它对各种过程命令迅速响应，从而导致中断技术的发明，中断技术使计算机能够对更紧迫的过程任务及时做出反应。

2）直接数字控制时期（1962—1967 年）

早期的计算机控制按照监督方式运行，属于操作指导或设定值控制，仍需要常规的模拟控制装置。1962 年，英国帝国化学工业公司利用计算机完全代替了原来的模拟控制，该计算机可控制 224 个变量和 129 个阀门。由于计算机直接控制过程变量，完全取代了原来的模拟控制，因而称这样的控制为 DDC。

采用 DDC 系统一次投资较大，但增加一个控制回路并不需要增加很多费用。灵活性是 DDC 系统的又一个优点，改变模拟控制系统需要改变线路，而改变 DDC 系统只需要改变程序即可。DDC 是计算机控制技术发展方向上的重大变革，为以后的发展奠定了基础。

3）小型计算机时期（1967—1972 年）

整个 20 世纪 60 年代计算机技术有了很大的发展，主要特点是计算机体积更小、速度更快、工作可靠、价格更便宜。到了 60 年代后半期，出现了各种类型的适合工业控制的小型计算机，从而使得计算机控制系统不再是大型企业的工程项目，对于较小的工程问题也能利用计算机来控制。由于小型机的出现，过程控制计算机的台数迅速增长。

4）微型计算机时期（1972 年至今）

1972 年之后，由于微型计算机的出现和发展，计算机控制技术进入了崭新的阶段。在 20 世纪 80 年代，由于出现了超大规模集成电路技术，微电子学获得快速发展，出现了各种类型的计算机和计算机控制系统。多媒体计算机的出现也推动了计算机控制技术的发展。

目前，采用微型计算机（工业控制机），已经制造出大量的 DDC 系统、分级递阶控制系统、分散型控制系统、现场总线控制系统、综合自动化系统、专用控制器，等等，对工业的发展起到了巨大促进作用。

中国工控机技术发展非常迅速。第一代工控机主要是 STD 总线（8 位和 16 位）工控机，20 世纪 80 年代初开始推广应用。第二代工控机主要是 ISA 总线 IPC 工控机，20 世纪 90 年代开始推广应用。第三代工控机主要是 Compact PCI 总线工控机，1997 年开始推广应用。新一代工控机主要是 PCI-E 总线工控机，它包括各种 I/O 卡（模块）、运动控制卡（模块）、机器视觉卡、图形处理器或加速卡在内的设备多插卡需求，适应各行业数字化场景创新需求，从 2001 年至今持续推广应用。

3. 计算机控制理论的发展过程

虽然采样系统理论目前主要用于计算机控制，并已取得重要成果，但仍然在发展之中，为了获得这个领域的全面知识，有必要回顾一下其发展过程。

1）采样定理

既然所有的计算机控制系统都只根据离散的过程变量值来工作，那么就要弄清楚在什么条件下信号才能只根据它在离散点上的数值重现。此关键性的问题是由奈奎斯特

(Nyquist)解决的,他证明:要把正弦信号从它的采样值中复现,每周期至少必须采样两次。香农(Shannon)于1949年在他的重要论文中完全解决了这个问题。

2) 差分方程

采样系统理论的最初起源与某些特殊控制系统的分析有关。奥尔登伯格(Oldenburg)和萨托里厄斯(Sartorius)于1948年研究了落弓式检流计的特性,这项研究对采样系统理论作出了最早的贡献。业已证明,许多特征都可以通过分析一个线性时不变的差分方程来理解,即用差分方程代替微分方程。例如,稳定性研究可以采用舒尔-科恩(Schur-Cohn)法,它相当于连续时间系统的劳斯-赫尔维兹判据(Routh-Hurwitz Criterion)。

3) z 变换法

由于拉普拉斯(Laplace)变换理论已经成功地应用于连续时间系统中,人们自然想到为采样系统建立一种类似的变换理论。赫尔维兹(Hurewicz)于1947年对采样周期为 T 的序列 $\{f(kT)\}$ 引进了一个变换为

$$Z[f(kT)] = \sum_{k=0}^{\infty} z^{-k} f(kT)$$

而后,这种变换由拉格兹尼(Ragazzini)和扎德(Zadeh)于1952年定义为 z 变换。建立采样理论的许多工作都是由美国哥伦比亚大学的拉格兹尼领导的研究小组完成的,即朱里(Jury)、卡尔曼(Kalman)、比特伦(Bertram)、扎德、富兰克林(Franklin)、弗里德兰德(Friedland)、克兰克(Kranc)、弗里曼(Freeman)、萨拉奇克(Sarachik)和斯克兰斯凯(Sklansky)等在拉格兹尼指导下作博士论文时完成的。

4) 状态空间理论

状态空间理论的建立来自许多数学家的共同努力,例如,莱夫谢兹(Lefchetz)、庞特里亚金(Pontryagin)、贝尔曼(Bellman)。卡尔曼把状态空间法应用于控制理论,享有较高的声誉,他建立了许多概念并解决了许多重要问题。

5) 最优控制与随机控制

20世纪50年代后期,贝尔曼(1957年)与庞特里亚金(1962年)等证明了许多设计问题都可以形式化为最优化问题。20世纪60年代初,随机控制理论的发展引出了线性二次型高斯(Linear Quadratic Gaussian,LQG)控制理论。

6) 代数系统理论

代数系统理论对线性系统理论有了更好的理解,并应用多项式方法解决特殊问题。

7) 系统辨识与自适应控制

奥斯特洛姆(Åström)和威特马克(Wittenmark)等在系统辨识与自适应控制方面作出了重要贡献。应当承认,在理论联系实际方面,奥斯特洛姆教授处于领先地位,他提出的自校正调节器便是一个突出的例子。

8) 先进控制技术

先进控制技术主要包括模糊控制技术、神经网络控制技术、专家控制技术、预测控制技术、内模控制技术、分层递阶控制技术、鲁棒控制技术、学习控制技术、非线性控制技术、网络化控制技术、多智能体控制技术、协同优化控制技术等。先进控制技术主要解决传统的、经典的控制技术所难以解决的控制问题,代表着控制技术最新的发展方向,并且与多种智能控制算法是相互交融、相互促进发展的。目前先进控制技术仍处于不断发展和完善的阶段。

1.3.2 计算机控制系统的发展趋势

根据计算机控制技术的发展情况,展望未来,前景诱人。要发展计算机控制技术,必须对生产过程知识、测量技术、计算机技术和控制理论等领域进行广泛深入的研究。

1. 推广应用成熟的先进技术

1) 普及应用 PLC

近年来,由于开发了具有智能 I/O 模块的 PLC,它可以将顺序控制和过程控制结合,实现对生产过程的控制,并具有高可靠性。

2) 广泛使用智能调节器

智能调节器不仅可以接收 4～20mA 电流信号,还具有 RS-232、RS-422/485、现场总线通信或 LAN 接口,可与上位机连成主从式测控网络。

3) 采用新型的 DCS、FCS 和以太网控制系统

发展以以太网控制系统、现场总线控制系统、智能工厂、工业互联网等先进网络通信技术为基础的 DCS、FCS 和工业互联网控制结构,并采用先进的控制策略,向低成本综合自动化系统的方向发展,实现计算机集成制造系统/过程系统/信息物理系统。

2. 大力研究和发展先进控制技术

先进过程控制(Advanced Process Control,APC)技术以多变量解耦、推断控制和估计、多变量约束控制、各种预测控制、人工神经元网络控制和估计等技术为代表。模糊控制技术、神经网络控制技术、专家控制技术、预测控制技术、内模控制技术、分层递阶控制技术、鲁棒控制技术、学习控制技术等已成为 APC 的重要研究内容。在此基础上,又将生产调度、计划优化、经营管理与决策等内容加入 APC 之中,使 APC 的发展体现了计算机集成制造系统/过程系统的基本思想。由于先进控制算法的复杂性,APC 的实现需要足够的计算能力作为支持平台。构建各种控制算法的先进控制软件包,形成工程化软件产品,也是 APC 技术发展的一个重要研究方向。

3. 计算机控制系统的发展趋势

我国全面实施制造强国重大战略的行动纲领《中国制造 2025》明确指出,推进制造过程智能化,在重点领域试点建设智能工厂/数字化车间。随着《中国制造 2025》、第四次工业革命和工业 4.0 技术的发展,计算机控制系统正朝着数字化、网络化、智能化、扁平化、综合化、绿色化的方向发展。

1) 计算机控制系统的数字化

随着大数据和数据驱动控制技术的发展,企业在离散工业和过程工业等领域全面推进数字化转型,实现真正意义上的"全数字"。数字化车间作为智能制造的核心单元,其标准化已经成为智能制造技术推广应用的瓶颈问题。全国工业过程测量控制和自动化标准化技术委员会制定了国家标准《数字化车间 通用技术要求》(GB/T 37393—2019),企业正在打造透明工厂,通过设备互联、协同生产、虚实融合、数字孪生、智能制造,将现实世界和数字世界有机融合,实现整个产品生命周期、工厂生命周期以及绩效数据的有效集成,最终实现产品和生产的持续优化循环。

2) 计算机控制系统的网络化

工业互联网正在成为第四次工业革命的重要基石。工业互联网是物联网、大数据及云

计算等新一代IT技术与工业系统深度融合集成而形成的一种新的应用生态。随着计算机技术和网络技术的迅猛发展,各种层次的计算机网络在控制系统中的应用越来越广泛,规模也越来越大,从而使传统意义上的回路控制系统所具有的特点在工业互联网(有线网、无线网)中发生了根本变化,并逐步实现了控制系统的网络化。

3) 计算机控制系统的智能化

人工智能促进了自动控制向更高的层次发展,即智能控制。智能控制是一类无须人的干扰就能够自主地驱动智能机器实现其目标的过程,也是用机器模拟人类智能的又一重要领域。由工业和信息化部、国家标准化管理委员会组织编制的《国家智能制造标准体系建设指南(2021版)》正式发布,对国家智能制造的基础共性标准、关键技术标准、行业应用标准进行了说明。随着计算机、人工智能和智能工厂技术的发展,应用自动控制理论和智能控制技术来实现先进的计算机控制系统,必将大大推动科学技术进步和提高智能制造水平。

4) 计算机控制系统的扁平化

随着工业互联网技术的发展,网络通信能力和网络联接规模得到了极大的提高。工业现场网络技术使得控制系统的底层也可以通过网络相互联接。现场网络的联接能力逐步提高,使得现场网络能够接入更多的设备。新一代计算机控制系统的结构发生了明显变化,逐步形成两层网络的系统结构,使得整体系统出现扁平化趋势,简化了系统的结构和层次。

5) 计算机控制系统的综合化

随着现代自动化技术、管理技术、信息技术、系统技术、集成技术、工程技术、智能技术和制造技术的发展,综合自动化技术(ERP+MES+PCS)广泛地应用到工业过程,借助计算机的硬件、软件技术,将企业生产全部过程中有关人、技术、经营管理三要素及其信息流、物流有机地集成并优化运行,为工业生产带来更大的经济效益。

6) 计算机控制系统的绿色化

绿色化是时代发展的趋势。绿色指标对生产、生活、安全、照明、建筑、环境、污水、能源、电磁、辐射等的监测与控制提出了新的绿色科技要求,需要做好自动控制系统和相关产品的设计、制造、包装、运输、能源、低碳、使用、报废等整个生命周期的管理。另外,自动控制系统中须使用绿色环保建材。因此,绿色化要求行业企业切实转变发展方式,推动质量变革、效率变革、动力变革,实现自动控制系统资源配置更加合理、利用效率大幅提高,推动自动控制系统清洁低碳安全高效利用,促进互联网、大数据、人工智能、第五代移动通信(5G)等新兴技术与绿色低碳产业深度融合,大力建设绿色制造体系和服务体系,构建人类命运共同体。

习题与思考题

1. 什么是计算机控制系统? 其工作原理是怎样的?
2. 计算机控制系统由哪几部分组成? 请画出计算机控制系统的组成框图。
3. 计算机控制系统的典型型式有哪些? 各有什么优缺点?
4. 实时、在线和离线方式的含义是什么?
5. 简述计算机控制系统的发展概况。
6. 简要分析计算机控制系统的发展趋势。

第2章 计算机控制理论基础

CHAPTER 2

为了系统地阐述计算机控制系统的基本原理、设计技术和工程实现,先应具备自动控制理论基础。自动控制理论的主要问题是系统的建模、控制与优化。

自动控制系统的基本要求是稳、快、准,即系统运行的稳定性、响应动作的快速性、跟踪精度的准确性。事实上,控制系统在设计时不仅要考虑稳定性、快速性、准确性,还要考虑鲁棒性、抗扰性、灵敏性、经济性、安全性、控制受限和参数饱和等问题。

本章主要介绍自动控制理论基础,包括控制系统概述、连续时间控制系统、离散时间控制系统。若前续课程开设了"自动控制原理",则本章可以略过、不必重复讲授。

2.1 控制系统概述

2.1.1 自动控制与自动控制系统

1. 自动控制的基本原理

在现代科学技术的许多领域中,自动控制技术起着越来越重要的作用。自动控制和自动控制系统的概念请见 1.1 节。自动控制系统主要由控制器、被控对象、执行机构和传感变送四个环节组成,典型的自动控制系统及其原理框图如图 2-1 所示。

图 2-1 自动控制系统原理框图

2. 术语解释

在讨论自动控制系统之前,必须对一些术语加以定义。

(1)系统。在自动控制领域,"系统"通常指的是一个由多个相互关联的部件组成的复杂整体,这些部件协同工作以实现特定的功能或目标。

(2)反馈。反馈是指将系统输出量的一部分或全部返回输入端,与期望的输出量或参考输入量进行比较的过程。

(3)被控对象。被控对象是系统中需要被调节或控制的实体或过程。它可以是机械系统、电气系统、化学过程、生物系统等。

（4）传感变送。传感变送是采用传感器或变送器对被控对象的输出量进行测量，然后转换成电信号再送到输入端，与给定输入量的电信号进行比较。

（5）执行机构。执行机构是系统中负责实施控制器指令的部分，它直接作用于被控对象以实现所需的控制效果。执行机构的类型和功能取决于被控对象的特性和所需的控制目标。

（6）控制器。控制器是自动控制系统中的核心组件，负责接收来自传感器的反馈信息，根据预设的控制策略或算法，计算出控制量，并将其发送给执行机构，以实现对被控对象的精确控制。

（7）扰动。扰动是一种对系统的输出量产生不利影响的信号。如果扰动产生在系统的内部，称为内部扰动；反之，当扰动产生在系统的外部时，则称为外部扰动。外部扰动是系统的输入量。

3. 反馈控制系统及其基本组成

能对输出量与参考输入量进行比较，并且将它们的偏差作为控制手段，以保持两者之间预定关系的系统，称为**反馈控制系统**。室温控制系统就是反馈控制系统的一个例子。通过测量实际室温，并将其与参考温度（希望的温度）进行比较，温度调节器就会按照某种方式，将加温或冷却设备打开或关闭，从而将室温保持在人们感到舒适的水平上，且与外界条件无关。

反馈控制系统不限于工程系统，在各种不同的非工程领域，同样存在着反馈控制系统。人的一切活动都体现出反馈控制的原理，人本身就是一个具有高度复杂控制能力的反馈控制系统。例如，人用手拿取桌上的书，汽车司机操纵方向盘驾驶汽车沿公路平稳行驶等，这些日常生活中习以为常的动作都渗透着反馈控制的深奥原理。通过解剖手从桌上取书的动作过程，来透视它所包含的反馈控制机理。在这里，书的位置是手运动的指令信息，一般称为输入信号。取书时，首先人要用眼睛连续目测手相对于书的位置，并将这个信息送入大脑（称为位置反馈信息）；然后由大脑判断手与书之间的距离，产生偏差信号，并根据其大小发出控制手臂移动的命令（称为控制作用或操纵量），逐渐使手与书之间的距离（偏差）减小。显然，只要这个偏差存在，上述过程就要反复进行，直到偏差减小为零，手便取到了书。可以看出，大脑控制手取书的过程，是一个利用偏差（手与书之间距离）产生控制作用，并不断使偏差减小直至消除的运动过程；同时，为了取得偏差信号，必须要有手位置的反馈信息，两者结合就构成了反馈控制。显然，反馈控制实质上是一个按偏差进行控制的过程，因此，它也称为按偏差的控制，反馈控制原理就是按**偏差控制**。

反馈控制系统是由各种结构不同的元件组成的。从完成"自动控制"这一职能看，一个系统必然包含被控对象和控制装置两大部分，而控制装置是由具有一定职能的各种基本元件组成的。人取物视为一个反馈控制系统时，手是被控对象，手位置是被控量（即系统的输出量），产生控制作用的机构是眼睛、大脑和手臂，统称为控制装置。可以用图 2-2 所示的系统框图展示这个反馈控制系统的基本组成及工作原理。

在不同系统中，结构完全不同的元件可以具有相同的功能，因此，将组成系统的元件按职能分类主要有以下几种。

测量元件。其职能是检测被控制的物理量，如果这个物理量是非电量，一般要再转换为

图 2-2　人取书的反馈控制系统框图

电量。例如,测速发电机用于检测电动机轴的速度并将其转换为电压;电位器、旋转变压器或自整角机用于检测角度并将其转换为电压;热电偶用于检测温度并将其转换为电压等。

给定元件。其职能是给出与期望的被控量相对应的系统输入量。

比较元件。其职能是把测量元件检测的被控量实际值与给定元件给出的输入量进行比较,求出它们之间的偏差。常用的比较元件有差动放大器、机械差动装置、电桥电路等。

放大元件。其职能是将比较元件给出的偏差信号进行放大,推动执行元件控制被控对象。电压偏差信号可用集成电路、晶闸管等组成的电压放大级和功率放大级进一步放大。

执行元件。其职能是直接推动被控对象,使其被控量发生变化。执行元件有阀、电动机、液压马达等。

校正元件。也叫补偿元件,它是结构或参数便于调整的元件,用串联或反馈的方式连接在系统中以改善系统的性能。最简单的校正元件是由电阻、电容组成的无源或有源网络,复杂的校正元件则用计算机。

一个典型的反馈控制系统基本组成如图 2-3 所示。图中,"⊗"代表比较元件,它将测量元件检测到的被控量与输入量进行比较,负号(一)表示两者符号相反,即负反馈;正号(+)表示两者符号相同,即正反馈。信号从输入端沿箭头方向到达输出端的传输通路称前向通路;系统输出量经测量元件反馈到输入端的传输通路称主反馈通路。前向通路与主反馈通路共同构成主回路。此外,还有局部反馈通路以及由它构成的内回路。只包含一个主反馈通路的系统称单回路系统;有两个或两个以上反馈通路的系统称多回路系统。

图 2-3　反馈控制系统基本组成

4. 自动控制系统的分类

自动控制系统有多种分类方法。例如,按控制方式可分为开环控制、反馈控制、复合控制等;按元件类型可分为机械系统、电气系统、机电系统、液压系统、气动系统、生物系统等;按系统功用可分为温度控制系统、压力控制系统、位置控制系统等;按系统性能可分为线性系统和非线性系统、连续系统和离散系统、定常系统和时变系统、确定系统和不确定系统等;按输入量变化规律,又分为恒值控制系统、随动系统和程序控制系统等。一般为了全面反映自动控制系统的特点，常常将上述各种分类方法组合应用。

5. 自动控制系统的基本要求

自动控制理论是研究自动控制共同规律的一门学科。尽管自动控制系统有不同的类型，对每个系统也都有不同的特殊要求，但对于各类系统来说，在已知系统的结构和参数时，我们感兴趣的都是系统在各种典型输入信号下，其被控量变化的全过程。例如，对恒值控制系统研究扰动作用引起被控量变化的全过程；对随动系统研究被控量如何克服扰动影响并跟随参量变化的过程。但是，对每一类系统被控量变化全过程提出的共同基本要求都是一样的，都可以归结为稳定性、快速性和准确性，即稳、准、快的要求。

稳定性。稳定性是保证控制系统正常工作的先决条件。一个稳定的控制系统，其被控量偏离期望值的初始偏差应随时间的增长逐渐减小或趋于零。

快速性。为了很好地完成控制任务，控制系统仅仅满足稳定性要求是不够的，还必须对其过渡过程的形式和快慢提出要求，一般称为动态系统。对控制系统过渡过程的时间（即快速性）和最大振荡幅度（即超调量）一般都有具体要求。

准确性。理想情况下，当过渡过程结束后，被控量达到的稳态值（即平衡状态）应与期望值一致。但实际上，由于系统结构、外作用形式以及摩擦、间隙等非线性因素的影响，被控量的稳态值与期望值之间会有误差。误差存在即为稳态误差，稳态误差是衡量控制系统控制精度的重要标志，在技术指标中一般都有具体要求。

6. 典型输入信号

在工程实践中，自动控制系统承受的外作用形式多种多样，既有确定性外作用，又有随机性外作用。对不同形式的外作用，系统被控量的变化情况（即响应）各不相同，为了便于用统一的方法研究和比较控制系统的性能，通常选用几种确定性函数作为典型外作用。目前，在控制工程设计中常用的典型外作用函数有阶跃函数、斜坡函数、脉冲函数以及正弦函数等确定性函数，此外，还有伪随机函数。

1）阶跃函数

阶跃函数是自动控制系统在实际工作条件下经常遇到的一种外作用形式，其数学表达式为

$$f(t) = \begin{cases} 0, & t < 0 \\ R, & t > 0 \end{cases} \tag{2-1}$$

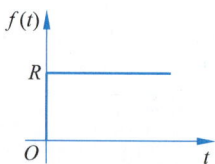

图 2-4　阶跃函数

式(2-1)表示一个在 $t = 0$ 时出现的幅值为 R 的阶跃变化函数，如图 2-4 所示。在实际系统中，这意味着 $t = 0$ 时突然加到系统上的一个幅值不变的外作用。幅值 $R = 1$ 的阶跃函数，称为单位阶跃函数，用 $1(t)$ 表示，幅值为 R 的阶跃函数便可表示为 $f(t) = R \cdot 1(t)$。在任意时刻 t_0 出现的阶跃函数可表示为 $f(t - t_0) = R \cdot 1(t - t_0)$。

2）斜坡函数

斜坡函数数学表达式为

$$f(t) = \begin{cases} 0, & t < 0 \\ Rt, & t \geqslant 0 \end{cases} \tag{2-2}$$

式(2-2)表示在 $t=0$ 时刻开始,出现的幅值为 Rt 的阶跃变化函数,如图 2-5 所示。

3) 脉冲函数

脉冲函数定义为

$$f(t) = \lim_{t_0 \to 0} \frac{A}{t_0}[1(t) - 1(t - t_0)] \tag{2-3}$$

式中,$(A/t_0)[1(t) - 1(t - t_0)]$ 是由两个阶跃函数合成的脉动函数,其面积 $A = (A/t_0)t_0$,如图 2-6(a)所示。当宽度 t_0 趋于零时,脉动函数的极限便是脉冲函数,它是一个宽度为零、幅值为无穷大、面积为 A 的极限脉冲,如图 2-6(b)所示。脉冲函数的强度通常用其面积表示。面积 $A=1$ 的脉冲函数称为单位脉冲函数或 δ 函数;强度为 A 的脉冲函数可表示为 $f(t) = A\delta(t)$。在 t_0 时刻出现的单位脉冲函数则表示为 $\delta(t - t_0)$。必须指出,脉冲函数在现实中是不存在的,它只有数学上的定义,但它却是一个重要而有效的数学工具。

图 2-5　斜坡函数

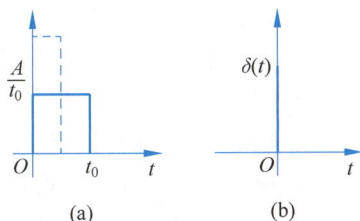

图 2-6　脉动函数(a)和脉冲函数(b)

4) 正弦函数

正弦函数数学表达式为

$$f(t) = A\sin(\omega t - \varphi) \tag{2-4}$$

式中,A 为正弦信号的振幅;$\omega = 2nf$ 为正弦信号角频率;φ 为初始相角。正弦函数是控制系统常用的一种典型外作用,很多实际的随动系统就是经常在这种正弦函数外作用下工作的。

2.1.2　开环控制和闭环控制

1. 开环控制系统

系统的输出量对控制作用没有影响的系统,称为开环控制系统。换句话说,在开环控制系统中,既不需要对输出量进行测量,也不需要将输出量反馈到系统的输入端与输入量进行比较。洗衣机就是开环控制系统的一个实例。在洗衣机中,浸湿、洗涤和漂清过程都是按照一种时基顺序进行的,洗衣机不必对输出信号,即衣服的清洁程度进行测量。

在任何开环控制系统中,均无须将输出量与参考输入量进行比较。因此,对应于每一个参考输入量,有一个固定的工作状态与之对应。这样,系统的精确度便取决于标定的精确度。当出现扰动时,开环系统便不能完成既定任务了。在实践中,只有当输入量与输出量之间的关系已知,并且既不存在内部扰动,也不存在外部扰动时,才能采用开环控制系统。显然,这种系统不是反馈控制系统。应当指出,沿时基运行的任何控制系统都是开环系统。例如,采用时基信号运行的交通管制,是开环控制的另一个例子。

2. 闭环控制系统

反馈控制系统通常属于闭环控制系统。在实践中,反馈控制和闭环控制这两个术语常常交换使用。在闭环控制系统中，作为输入信号与反馈信号（反馈信号可以是输出信号本身，也可以是输出信号的函数及其导数和（或）其积分）之差的作用误差信号被传送到控制器，以便减小误差，并且使系统的输出达到希望的值。闭环控制这个术语，总是意味着采用反馈控制作用，以减小系统误差。

3. 开环与闭环控制系统的比较

闭环控制系统的优点是采用了反馈，因而使系统的响应对外部干扰和内部系统的参数变化均相当不敏感。这样，对于给定的控制对象，有可能采用不太精密且成本较低的元件构成精确的控制系统。在开环情况下，就不可能做到这一点。

从稳定性的观点出发，开环控制系统比较容易建造，因为对开环系统来说，稳定性不是主要问题。但是另一方面，在闭环控制系统中，稳定性则始终是一个重要问题，因为闭环系统可能引起过调误差，从而导致系统作等幅振荡或变幅振荡。

应当强调指出，当系统的输入量能预先知道，并且不存在任何扰动时，采用开环控制系统比较合适。只有当存在着无法预计的扰动和（或）系统中元件的参数存在着无法预计的变化时，闭环控制系统才具有优越性。还应当指出，系统输出功率的大小在某种程度上确定了控制系统的成本、重量和尺寸。闭环控制系统中采用的元件数量比相应的开环控制系统多，因此闭环控制系统的成本和功率通常比较高。为了减小系统所需要的功率，在可能的情况下，应当采用开环控制。将开环控制与闭环控制适当地结合在一起，通常比较经济，并且能够获得满意的综合系统性能。

2.1.3　线性系统与非线性系统

自动控制系统按其主元件的特性方程式的输入输出特征，可以分为线性系统和非线性系统。

1. 线性系统

线性系统是由线性元件组成的系统，该类系统的运动方程式可以用线性微分方程描述，其一般形式为

$$a_0(t)\frac{\mathrm{d}^n}{\mathrm{d}t^n}c(t)+a_1(t)\frac{\mathrm{d}^{n-1}}{\mathrm{d}t^{n-1}}c(t)+\cdots+a_{n-1}(t)\frac{\mathrm{d}}{\mathrm{d}t}c(t)+a_n(t)c(t)$$

$$=b_0(t)\frac{\mathrm{d}^m}{\mathrm{d}t^m}r(t)+b_1(t)\frac{\mathrm{d}^{m-1}}{\mathrm{d}t^{m-1}}r(t)+\cdots+b_{m-1}(t)\frac{\mathrm{d}}{\mathrm{d}t}r(t)+b_m(t)r(t) \qquad (2\text{-}5)$$

式中，$c(t)$ 是被控量；$r(t)$ 是系统输入量。系数 $a_0(t),\cdots,a_n(t),b_0(t),\cdots,b_m(t)$ 是常数时，称为线性定常系统；系数 $a_0(t),\cdots,a_n(t),b_0(t),\cdots,b_m(t)$ 随时间变化时，称为线性时变系统。

线性系统的主要特点是具有叠加性和齐次性，即当输入量为 $r_1(t)$ 和 $r_2(t)$ 时，如果被控量分别为 $c_1(t)$ 和 $c_2(t)$；则当输入量为 $ar_1(t)+br_2(t)$ 时，被控量为 $ac_1(t)+bc_2(t)$。

叠加性和齐次性是鉴别系统是否为线性系统的依据。

2. 非线性系统

系统中只要有一个元件的输入-输出特性是非线性的，这类系统就称为非线性系统。这时要用非线性微分（或差分）方程描述其特性。非线性方程的特点是系数与变量有关，或者方程中含有变量及其导数的高次幂或乘积项，例如

$$\ddot{y}(t) + y(t)\dot{y}(t) + y^2(t) = r(t)$$
$$y(t) = r(t)\cos\omega t \tag{2-6}$$

严格地说，实际物理系统中都含有程度不同的非线性元件，例如放大器和电磁元件的饱和特性；运动部件的死区、间隙和摩擦特性等。由于非线性方程在数学处理上较困难，目前对不同类型的非线性控制系统的研究还没有统一的方法，但对于非线性程度不太严重的元件可采用在一定范围内线性化的方法，从而将非线性控制系统近似为线性控制系统。

2.2 连续时间控制系统

2.2.1 连续时间控制系统的数学模型与传递函数

1. 控制系统的描述方法

控制系统的数学模型是描述系统内部物理量（或变量）之间关系的数学表达式。数学模型有多种形式。时域中常用的数学模型有微分方程、差分方程和状态方程；复数域中有传递函数、结构图；频域中有频率特性等。本节只研究微分方程、传递函数和结构图等数学模型的建立和应用，其余几种数学模型请参见《自动控制原理》教材。

建立控制系统数学模型的方法有分析法和实验法两种。分析法是对系统各部分的运动机理进行分析，根据它们所依据的物理规律或化学规律分别列写相应的运动方程。例如，电学中有基尔霍夫定律，力学中有牛顿定律，热力学中有热力学定律等。实验法是人为地给系统施加某种测试信号，记录其输出响应，并用适当的数学模型去逼近，这种方法也称为系统辨识。本节研究用分析法建立系统数学模型。

2. 单输入单输出（SISO）系统

1）用微分方程表示的系统模型

现举例说明控制系统中常用的电气元件微分方程的列写。

例 2-1 图 2-7 是由电阻 R、电感 L 和电容 C 组成的无源网络，试列写以 $u_i(t)$ 为输入量，以 $u_o(t)$ 为输出量的网络微分方程。

解 设回路电流为 $i(t)$，由基尔霍夫定律可写出回路方程为

$$L\frac{\mathrm{d}i(t)}{\mathrm{d}t} + \frac{1}{C}\int i(t)\mathrm{d}t + Ri(t) = u_i(t)$$

$$u_o(t) = \frac{1}{C}\int i(t)\mathrm{d}t$$

消去中间变量 $i(t)$，便得到描述网络输入输出关系的微分方程为

$$LC\frac{\mathrm{d}^2 u_o(t)}{\mathrm{d}t^2} + RC\frac{\mathrm{d}u_o(t)}{\mathrm{d}t} + u_o(t) = u_i(t) \tag{2-7}$$

显然，这是一个二阶线性微分方程，也就是图 2-7 RLC 无源网络的时域数学模型。

综上所述，列写元件微分方程的步骤可归纳如下。

（1）根据元件的工作原理及其在控制系统中的作用，确定其输入量和输出量。

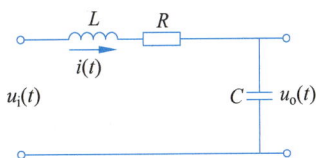

图 2-7 RLC 无源网络

（2）分析元件工作中所遵循的物理规律或化学规律，列写相应的微分方程。

（3）消去中间变量，得到输出量与输入量之间关系的微分方程，即元件的时域数学模型。

一般情况下，应将微分方程写为标准形式，即与输入量有关的项写在方程的右端，与输出量有关的项写在方程的左端，方程两端变量的导数项均按降幂排列。

用线性微分方程描述的元件或系统，称为线性元件或线性系统。线性系统的重要性质是可以应用叠加原理。叠加原理有两重含义，即具有可叠加性和均匀性（或齐次性）。现举例说明：设有线性微分方程

$$\frac{\mathrm{d}^2 c(t)}{\mathrm{d}t^2} + \frac{\mathrm{d}c(t)}{\mathrm{d}t} + c(t) = f(t)$$

当 $f(t)=f_1(t)$ 时，上述方程的解为 $c_1(t)$；当 $f(t)=f_2(t)$ 时，其解为 $c_2(t)$。如果 $f(t)=f_1(t)+f_2(t)$，容易验证，方程的解必为 $c(t)=c_1(t)+c_2(t)$，这就是可叠加性。而当 $f(t)=Af_1(t)$ 时，式中，A 为常数，则方程的解必为 $c(t)=Ac_1(t)$，这就是均匀性。

2）线性定常微分方程的求解

当系统微分方程列写出来后，只要给定输入量和初始条件，便可对微分方程求解，并由此了解系统输出量随时间变化的特性。线性定常微分方程的求解方法有经典法和拉普拉斯变换法（简称拉氏变换）两种，也可借助电子计算机求解。本节只研究用拉氏变换求解微分方程的方法，同时分析微分方程解的组成，为引出传递函数概念奠定基础。

例 2-2　在例 2-1 中，若已知 $L=1\mathrm{H}$，$C=1\mathrm{F}$，$R=1\Omega$，且电容的初始电压 $u_\mathrm{o}(0)=0.1\mathrm{V}$，初始电流 $i(0)=0.1\mathrm{A}$，电源电压 $u_\mathrm{i}(t)=1\mathrm{V}$。试求电路突然接通电源时，电容电压 $u_\mathrm{o}(t)$ 的变化规律。

解　在例 2-1 中已求得网络微分方程为

$$LC\frac{\mathrm{d}^2 u_\mathrm{o}(t)}{\mathrm{d}t^2} + RC\frac{\mathrm{d}u_\mathrm{o}(t)}{\mathrm{d}t} + u_\mathrm{o}(t) = u_\mathrm{i}(t) \tag{2-8}$$

令 $U_\mathrm{i}(s)=\mathcal{L}[u_\mathrm{i}(t)]$，$U_\mathrm{o}(s)=\mathcal{L}[u_\mathrm{o}(t)]$，且

$$\mathcal{L}\left[\frac{\mathrm{d}u_\mathrm{o}(t)}{\mathrm{d}t}\right]=sU_\mathrm{o}(s)-u_\mathrm{o}(0), \qquad \mathcal{L}\left[\frac{\mathrm{d}^2 u_\mathrm{o}(t)}{\mathrm{d}t^2}\right]=s^2U_\mathrm{o}(s)-su_\mathrm{o}(0)-u'_\mathrm{o}(0)$$

式中，$u'_\mathrm{o}(0)$ 是 $\mathrm{d}u_\mathrm{o}(t)/\mathrm{d}t$ 在 $t=0$ 时的值，即

$$\frac{\mathrm{d}u_\mathrm{o}(t)}{\mathrm{d}t}\bigg|_{t=0}=\frac{1}{C}i(0)\big|_{t=0}=\frac{1}{C}i(0)$$

对式（2-8）中各项分别求拉氏变换并代入已知数据，经整理后有

$$U_\mathrm{o}(s)=\frac{U_\mathrm{i}(s)}{s^2+s+1}+\frac{0.1s+0.2}{s^2+s+1} \tag{2-9}$$

由于电路是突然接通电源的，故可视为阶跃输入量 $u_\mathrm{i}(t)$，即 $u_\mathrm{i}(t)=1(t)$，或 $U_\mathrm{i}(s)=\mathcal{L}[u_\mathrm{i}(t)]=1/s$。对式（2-9）的 $U_\mathrm{o}(s)$ 求拉氏反变换，便得到式（2-8）网络微分方程的解 $u_\mathrm{o}(t)$，即

$$u_\mathrm{o}(t)=\mathcal{L}^{-1}[U_\mathrm{o}(s)]=\mathcal{L}^{-1}\left[\frac{1}{s(s^2+s+1)}+\frac{0.1s+0.2}{s^2+s+1}\right]$$

$$=1+1.15\mathrm{e}^{-0.5t}\sin(0.866t-120°)+0.2\mathrm{e}^{-0.5t}\sin(0.866t+30°) \tag{2-10}$$

在式（2-10）中，前两项是由网络输入电压产生的输出分量，与初始条件无关，故称为零初始条件响应；最后一项则是由初始条件产生的输出分量，与输入电压无关，故称为零输入响

应,它们统称为网络的单位阶跃响应。如果输入电压是单位脉冲量 $\delta(t)$,相当于电路突然接通电源又立即断开的情况,此时 $U_i(s)=\mathcal{L}[\delta(t)]=1$,网络的输出则称为单位脉冲响应,即为

$$u_o(t)=\mathcal{L}^{-1}\left[\frac{1}{s^2+s+1}+\frac{0.1s+0.2}{s^2+s+1}\right]$$
$$=1.15e^{-0.5t}\sin 0.866t+0.2e^{-0.5t}\sin(0.866t+30°) \qquad (2\text{-}11)$$

利用拉氏变换的初值定理和终值定理,可以直接从式(2-9)中求解网络中电压 $u_o(t)$ 的初值和终值。当 $u_i(t)=1(t)$ 时,$u_o(t)$ 的初值为

$$u_o(0)=\lim_{t\to 0}u_o(t)=\lim_{s\to\infty}s\cdot U_o(s)$$
$$=\lim_{s\to\infty}s\left[\frac{1}{s(s^2+s+1)}+\frac{0.1s+0.2}{s^2+s+1}\right]$$
$$=0.1(\text{V})$$

$u_o(t)$ 的终值为

$$u_o(\infty)=\lim_{t\to\infty}u_o(t)=\lim_{s\to 0}s\cdot U_o(s)$$
$$=\lim_{s\to 0}s\left[\frac{1}{s(s^2+s+1)}+\frac{0.1s+0.2}{s^2+s+1}\right]$$
$$=1(\text{V})$$

其结果与从式(2-10)中求得的数值一致。

于是,用拉氏变换求解线性定常微分方程的过程可归结如下。

(1)考虑初始条件,对微分方程中的每一项分别进行拉氏变换,将微分方程转换为变量 s 的代数方程。

(2)由代数方程求出输出量拉氏变换函数的表达式。

(3)对输出量拉氏变换函数求反变换,得到输出量的时域表达式,即微分方程的解。

3)传递函数

传递函数不仅可以表征系统的动态性能,而且可以用来研究系统的结构或参数变化对系统性能的影响。

线性定常系统的传递函数,定义为零初始条件下,系统输出量的拉氏变换与输入量的拉氏变换之比。

设线性定常系统由下述 n 阶线性定常微分方程描述:

$$a_0\frac{d^n}{dt^n}c(t)+a_1\frac{d^{n-1}}{dt^{n-1}}c(t)+\cdots+a_{n-1}\frac{d}{dt}c(t)+a_n c(t)$$
$$=b_0\frac{d^m}{dt^m}r(t)+b_1\frac{d^{m-1}}{dt^{m-1}}r(t)+\cdots+b_{m-1}\frac{d}{dt}r(t)+b_m r(t) \qquad (2\text{-}12)$$

式中,$c(t)$ 是系统输出量;$r(t)$ 是系统输入量;$a_i(i=1,2,\cdots,n)$ 和 $b_j(j=1,2,\cdots,m)$ 是与系统结构和参数有关的常系数。设 $r(t)$ 和 $c(t)$ 及其各阶导数在 $t=0$ 时的值均为零,即零初始条件,则对上式各项分别求拉氏变换,并令 $C(s)=\mathcal{L}[c(t)]$,$R(s)=\mathcal{L}[r(t)]$,可得 s 的代数方程为

$$[a_0 s^n+a_1 s^{n-1}+\cdots a_{n-1}s+a_n]C(s)=[b_0 s^m+b_1 s^{m-1}+\cdots b_{m-1}s+b_m]R(s)$$

于是，由定义得系统传递函数

$$G(s) = \frac{C(s)}{R(s)} = \frac{b_0 s^m + b_1 s^{m-1} + \cdots b_{m-1} s + b_m}{a_0 s^n + a_1 s^{n-1} + \cdots a_{n-1} s + a_n} = \frac{M(s)}{N(s)} \tag{2-13}$$

式中，$M(s) = b_0 s^m + b_1 s^{m-1} + \cdots b_{m-1} s + b_m$；$N(s) = a_0 s^n + a_1 s^{n-1} + \cdots a_{n-1} s + a_n$。

4）传递函数的极点与零点

传递函数的分子多项式和分母多项式经因式分解后，可写为如下形式：

$$G(s) = \frac{b_0 (s - z_1)(s - z_2) \cdots (s - z_m)}{a_0 (s - p_1)(s - p_2) \cdots (s - p_n)} = K^* \frac{\prod\limits_{i=1}^{m} (s - z_i)}{\prod\limits_{j=1}^{n} (s - p_j)} \tag{2-14}$$

式中，$z_i (i = 1, 2, \cdots, m)$ 是分子多项式的零点，称为传递函数的零点；$p_j (j = 1, 2, \cdots, n)$ 是分母多项式的零点，称为传递函数的极点。传递函数的零点和极点可以是实数，也可以是复数；系数 $K^* = b_0 / a_0$，称为传递系数。

传递函数的分子多项式和分母多项式经因式分解后也可写为如下因子连乘积的形式：

$$G(s) = \frac{b_m (\tau_1 s + 1)(\tau_2^2 s^2 + 2\zeta \tau_2 s + 1) \cdots (\tau_i s + 1)}{a_n (T_1 s + 1)(T_2^2 s^2 + 2\zeta T_2 s + 1) \cdots (T_j s + 1)} \tag{2-15}$$

式中，一次因子对应实数零极点；二次因子对应共轭复数零极点；τ_i 和 T_j 称为时间常数；$K = b_m / a_n$ 称为传递系数或增益。

例 2-3　试求例 2-1 RLC 无源网络的传递函数 $U_o(s)/U_i(s)$。

解：RLC 无源网络的微分方程用式（2-7）表示为

$$LC \frac{d^2 u_o(t)}{dt^2} + RC \frac{du_o(t)}{dt} + u_o(t) = u_i(t)$$

在零初始条件下，对上述方程中各项求拉氏变换，并令 $U_o(s) = \mathcal{L}[u_o(t)]$，$U_i(s) = \mathcal{L}[u_i(t)]$，可得 s 的代数方程为 $(LCs^2 + RCs + 1)U_o(s) = U_i(s)$，由传递函数定义，网络传递函数为

$$G(s) = \frac{U_o(s)}{U_i(s)} = \frac{1}{LCs^2 + RCs + 1} \tag{2-16}$$

2.2.2　结构图

1. 结构图简介

控制系统的结构图是描述系统各元件之间信号传递关系的数学图形，它表示了系统中各变量之间的因果关系以及对各变量所进行的运算，是控制理论中描述复杂系统的一种简便方法。

控制系统的结构图由许多对信号进行单向运算的方框和一些信号流向线组成，它包含如下 4 种基本单元。

（1）信号线是带有箭头的直线，箭头表示信号的流向，在直线旁标记信号的时间函数或象函数，如图 2-8（a）所示。

（2）引出点表示信号引出或测量的位置，从同一位置引出的信号在数值和性质方面完全相同，如图 2-8（b）所示。

（3）比较点表示对两个以上的信号进行加减运算，"＋"号表示相加，"－"号表示相减，"＋"号可省略不写，如图 2-8(c)所示。

（4）方框表示对信号进行的数学变换，方框中写入元件或系统的传递函数，如图 2-8(d)所示。显然，方框的输出量等于方框的输入量与传递函数的乘积，即

$$C(s) = G(s)U(s)$$

因此，方框可视为单向运算的算子。

图 2-8　结构图的基本组成单元

2. 闭环系统的结构图和传递函数

一个典型的反馈控制系统的结构图如图 2-9 所示。图中，$R(s)$ 和 $N(s)$ 都是施加于系统的外作用，$R(s)$ 是有用输入作用，简称输入信号；$N(s)$ 是扰动作用；$C(s)$ 是系统的输出信号。为了研究有用输入作用对系统输出 $C(s)$ 的影响，需要求有用输入作用下的闭环传递函数 $C(s)/R(s)$。同样，为了研究扰动作用 $N(s)$ 对系统输出 $C(s)$ 的影响，也需要求扰动作用下的闭环传递函数 $C(s)/N(s)$。此外，在控制系统的分析和设计中，还常用到在输入信号 $R(s)$ 或扰动 $N(s)$ 作用下，以误差信号 $E(s)$ 作为输出量的闭环误差传递函数 $E(s)/R(s)$ 或 $E(s)/N(s)$。

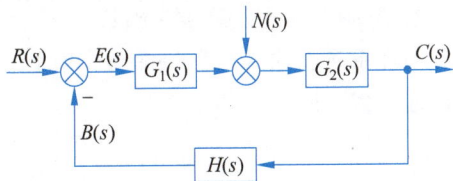

图 2-9　反馈控制系统的典型结构图

1）输入信号作用下的闭环传递函数

应用叠加原理，令 $N(s)=0$，可直接求得输入信号 $R(s)$ 到输出信号 $C(s)$ 之间的传递函数为

$$\Phi(s) = \frac{C(s)}{R(s)} = \frac{G_1(s)G_2(s)}{1 + G_1(s)G_2(s)H(s)} \tag{2-17}$$

由 $\Phi(s)$ 可进一步求得在输入信号作用下系统的输出量

$$C(s) = \Phi(s)R(s) = \frac{G_1(s)G_2(s)}{1 + G_1(s)G_2(s)H(s)} R(s) \tag{2-18}$$

式(2-18)表明，系统在输入信号作用下的输出响应 $C(s)$，取决于闭环传递函数 $C(s)/R(s)$ 及输入信号 $R(s)$ 的形式。

2）扰动作用下的闭环传递函数

应用叠加原理，令 $R(s)=0$，可直接求得扰动作用 $N(s)$ 到输出信号 $C(s)$ 之间的闭环传递函数

$$\Phi_n(s) = \frac{C(s)}{N(s)} = \frac{G_2(s)}{1 + G_1(s)G_2(s)H(s)} \tag{2-19}$$

式(2-19)也可从图 2-9 的系统结构图改画为图 2-10 的系统结构图后求得。

图 2-10　在扰动作用下（$R(s)=0$）系统结构图

同样，由此可求得系统在扰动作用下的输出

$$C(s)=\Phi_n(s)N(s)$$

$$=\frac{G_2(s)}{1+G_1(s)G_2(s)H(s)}N(s)$$

显然，当输入信号 $R(s)$ 和扰动作用 $N(s)$ 同时作用时系统的输出为

$$\sum C(s)=\Phi(s)R(s)+\Phi_n(s)N(s)$$

$$=\frac{1}{1+G_1(s)G_2(s)H(s)}[G_1(s)G_2(s)R(s)+G_2(s)N(s)]$$

上式如果满足 $|G_1(s)G_2(s)H(s)|\gg1$ 和 $|G_1(s)H(s)|\gg1$ 的条件，则可简化为

$$\sum C(s)\approx\frac{1}{H(s)}R(s) \tag{2-20}$$

式（2-20）表明，在一定条件下，系统的输出只取决于反馈通路传递函数 $H(s)$ 及输入信号 $R(s)$，既与前向通路传递函数无关，也不受扰动作用的影响。特别是当 $H(s)=1$，即单位反馈时，$C(s)\approx R(s)$，从而近似实现了对输入信号的完全复现，且对扰动具有较强的抑制能力。

3）闭环系统的误差传递函数

闭环系统在输入信号和扰动作用下，以误差信号 $E(s)$ 作为输出量时的传递函数称为误差传递函数，即

$$\Phi_e(s)=\frac{E(s)}{R(s)}=\frac{1}{1+G_1(s)G_2(s)H(s)} \tag{2-21}$$

$$\Phi_{en}(s)=\frac{E(s)}{N(s)}=\frac{-G_2(s)H(s)}{1+G_1(s)G_2(s)H(s)} \tag{2-22}$$

最后要指出的是，对于图 2-9 的典型反馈控制系统，其各种闭环系统传递函数的分母形式均相同，式中，$G_1(s)G_2(s)H(s)$ 是回路增益，称它为图 2-9 系统的开环传递函数，它等效为主反馈断开时，从输入信号 $R(s)$ 到反馈信号 $B(s)$ 之间的传递函数。此外，对于图 2-9 的线性系统，应用叠加原理可以研究系统在各种情况下的输出量 $C(s)$ 或误差量 $E(s)$，然后进行叠加，求出 $\sum C(s)$ 或 $\sum E(s)$。但绝不允许将各种闭环传递函数进行叠加后求其输出响应。

2.2.3　连续时间控制系统的时域分析

1. 典型输入信号和时域性能指标

控制系统性能的评价分为动态性能指标和稳态性能指标两类。为了求解系统的时间响应，必须了解输入信号的解析表达式。然而，在一般情况下，控制系统的外加输入信号具有随机性而无法预先确定，因此需要选择若干典型输入信号。

1）典型输入信号

典型输入信号是指根据系统常遇到的输入信号形式，在数学描述上加以理想化的一些基本输入函数。

控制系统中常用的典型输入信号有单位阶跃函数、单位斜坡（速度）函数、单位加速度（抛物线）函数、单位脉冲函数和正弦函数，如表 2-1 所示。

表 2-1 典型输入信号

名 称	时域表达式	复域表达式
单位阶跃函数	$1(t), t \geqslant 0$	$\dfrac{1}{s}$
单位斜坡函数	$t, t \geqslant 0$	$\dfrac{1}{s^2}$
单位加速度函数	$\dfrac{1}{2}t^2, t \geqslant 0$	$\dfrac{1}{s^3}$
单位脉冲函数	$\delta(t), t = 0$	1
正弦函数	$A\sin\omega t$	$\dfrac{A\omega}{s^2+\omega^2}$

应当指出,有些控制系统的实际输入信号是变化无常的随机信号,例如定位雷达天线控制系统,其输入信号中既有运动目标的不规则信号,又包含许多随机噪声分量,此时就不能用上述确定性的典型输入信号代替实际输入信号,而必须采用随机过程理论进行处理。

2) 时域性能指标

为了评价线性系统时间响应的性能指标,需要研究控制系统在典型输入信号作用下的时间响应过程。在典型输入信号作用下,任何一个控制系统的时间响应都由动态过程和稳态过程两部分组成。

动态过程指系统在典型输入信号作用下,系统输出量从初始状态到最终状态的响应过程。由于实际控制系统具有惯性、摩擦以及其他一些原因,系统输出量不可能完全复现输入量的变化。根据系统结构和参数选择情况,动态过程表现为衰减、发散或等幅振荡形式。显然,一个可以实际运行的控制系统,其动态过程必须是衰减的,换句话说,系统必须是稳定的。动态过程除提供系统稳定性的信息外,还可以提供响应速度及阻尼情况等信息,这些信息用动态性能描述。

稳态过程指系统在典型输入信号作用下,当时间 t 趋于无穷时,系统输出量的表现方式。稳态过程表征系统输出量最终复现输入量的程度,提供系统有关稳态误差的信息,用稳态性能描述。

综上所述,控制系统在典型输入信号作用下的性能指标,通常由动态性能和稳态性能两部分组成。稳定是控制系统能够运行的首要条件,因此只有当动态过程收敛时,研究系统的动态性能才有意义。

(1) 动态性能指标。

一般认为,阶跃输入对系统来说是最严峻的工作状态。如果系统在阶跃函数作用下的动态性能满足要求,那么系统在其他形式的函数作用下,其动态性能也是令人满意的。描述稳定系统在单位阶跃函数作用下,动态过程随时间 t 的变化状况的指标,称为动态性能指标。为了便于分析和比较,假定系统在单位阶跃输入信号作用前处于静止状态,而且输出量及其各阶导数均等于零。对于大多数控制系统,这种假设是符合实际情况的。对于图 2-11 所示单位阶跃响应 $c(t)$,其动态性能指标通常如下:

上升时间 t_r 指响应从初值第一次上升到终值所需的时间;对于有振荡的系统,亦可定义为响应从零到第一次上升到终值所需的时间。上升时间是系统响应速度的一种度量。上

图 2-11　单位阶跃响应

升时间越短，说明响应速度越快。

峰值时间 t_p 指响应超过其终值到达第一个峰值所需的时间。

调节时间 t_s 指响应到达并保持在终值 ±5% 内所需的最短时间。

超调量 $\sigma\%$ 指响应的最大偏离量 $c(t_p)$ 与终值 $c(\infty)$ 的差与终值 $c(\infty)$ 的比的百分数，即

$$\sigma\% = \frac{c(t_p) - c(\infty)}{c(\infty)} \times 100\%$$

若 $c(t_p) < c(\infty)$ 则响应无超调。超调量亦称为最大超调量，或百分比超调量。

上述四个动态性能指标基本可以体现系统动态过程的特征。在实际应用中，常用的动态性能指标多为上升时间、调节时间和超调量。通常，用 t_r 或 t_p 评价系统的响应速度；用 $\sigma\%$ 评价系统的阻尼程度；而 t_s 是同时反映响应速度和阻尼程度的综合性指标。应当指出，除简单的一阶、二阶系统外，要精确确定这些动态性能指标的解析表达式是很困难的。

（2）稳态性能指标。

稳态误差是描述系统稳态性能的一种性能指标，通常在阶跃函数、斜坡函数或加速度函数作用下进行测定或计算。若时间趋于无穷时，系统的输出量不等于输入量或输入量的确定函数，则系统存在稳态误差。稳态误差是系统控制精度或抗扰动能力的一种度量。

稳态误差可以由拉氏变换的终值定理求得，即

$$e_{ss}(\infty) = \lim_{t \to 0} e(t) = \lim_{s \to 0} sE(s) = \lim_{s \to 0} \frac{sR(s)}{1 + G(s)H(s)}$$

2. 一阶系统的响应分析

凡以一阶微分方程作为运动方程的控制系统，称为一阶系统。在工程实践中，一阶系统不乏其例。有些高阶系统的特性，常可用一阶系统的特性来近似表征。

1）一阶系统的数学模型

研究图 2-12(a) 所示 RC 电路，其运动微分方程为

$$T\dot{c}(t) + c(t) = r(t) \tag{2-23}$$

式中，$c(t)$ 为电路输出电压；$r(t)$ 为电路输入电压；$T = RC$ 为时间常数。当该电路的初始条件为零时，其传递函数为

$$\Phi(s) = \frac{C(s)}{R(s)} = \frac{1}{Ts + 1} \tag{2-24}$$

相应的结构图如图 2-12(b) 所示。式(2-23)或式(2-24)称为一阶系统的数学模型。在以下

的分析和计算中,均假定系统初始条件为零。

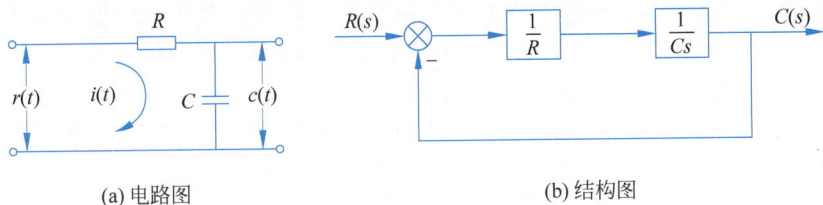

(a) 电路图　　　　　　　　　(b) 结构图

图 2-12　一阶系统的数学模型

2) 一阶系统的单位阶跃响应

设一阶系统的输入信号为单位阶跃函数 $r(t)=1(t)$,则由式(2-23),可得一阶系统的单位阶跃响应为

$$c(t)=1-e^{-t/T}, \quad t \geqslant 0 \tag{2-25}$$

由式(2-25)可见,一阶系统的单位阶跃响应曲线是一条初值为零、以指数规律上升到终值 $c(\infty)=1$ 的曲线,如图 2-13 所示。

图 2-13 表明,一阶系统的单位阶跃响应为非周期响应,具备如下两个重要特点。

可用时间常数 T 度量系统输出量的数值。例如,当 $t=T$ 时,$c(T)=0.632$;而当 t 分别等于 $2T$、$3T$ 和 $4T$ 时,$c(t)$ 的数值将分别等于终值的 86.5%、95% 和 98.2%。根据这一特点,可用实验方法测定一阶系统的时间常数,或判定所测系统是否属于一阶系统。

图 2-13　一阶系统的单位阶跃响应曲线

响应曲线的斜率初值为 $1/T$,并随时间的推移而下降。例如

$$\left.\frac{\mathrm{d}c(t)}{\mathrm{d}t}\right|_{t=0}=\frac{1}{T}, \quad \left.\frac{\mathrm{d}c(t)}{\mathrm{d}t}\right|_{t=T}=0.368\frac{1}{T}, \quad \left.\frac{\mathrm{d}c(t)}{\mathrm{d}t}\right|_{t=\infty}=0$$

从而使单位阶跃响应完成全部变化量所需的时间为无限长,即有 $c(\infty)=1$。此外,初始斜率特性也是常用的确定一阶系统时间常数的方法之一。

根据动态性能指标的定义,一阶系统的动态性能指标为

$$t_r=2.2T, \quad t_s=3T(\Delta=5\%) \text{ 或 } t_s=4T(\Delta=2\%)$$

显然,峰值时间 t_p 和超调量 $\sigma\%$ 都不存在。

由于时间常数 T 反映了系统的惯性,所以一阶系统的惯性越小,其响应过程越快;反之,惯性越大,响应越慢。

一阶系统对典型输入信号的输出响应归纳于表 2-2 中。

表 2-2　一阶系统对典型输入信号的输出响应

输 入 信 号	输 出 响 应
$1(t)$	$1-e^{-t/T}, t\geqslant 0$
$\delta(t)$	$Te^{-t/T}, t\geqslant 0$
t	$t-T+Te^{-t/T}, t\geqslant 0$

由表 2-2 可见，单位脉冲函数与单位阶跃函数的一阶导数及单位斜坡函数的二阶导数的等价关系，对应有单位脉冲响应与单位阶跃响应的一阶导数及单位斜坡响应的二阶导数的等价关系。这个等价对应关系表明：系统对输入信号导数的响应，就等于系统对该输入信号响应的导数；或者，系统对输入信号积分的响应，就等于系统对该输入信号响应的积分，而积分常数由零输出初始条件确定。这是线性定常系统的一个重要特性，适用于任何阶线性定常系统，但不适用于线性时变系统和非线性系统。因此，研究线性定常系统的时间响应，不必对每种输入信号形式进行测定和计算，往往只取其中一种典型形式进行研究。

3. 二阶系统的响应分析

1) 二阶系统

凡以二阶微分方程描述运动方程的控制系统，称为二阶系统。在控制工程中，二阶系统的典型应用不仅极为普遍，而且不少高阶系统的特性在一定条件下可用二阶系统的特性来表征。因此，着重研究二阶系统的分析和计算方法，具有较大的实际意义。

二阶系统运动微分方程的标准形式为

$$\frac{d^2 c(t)}{dt^2} + 2\zeta\omega_n \frac{dc(t)}{dt} + \omega_n^2 c(t) = r(t) \tag{2-26}$$

式中，$c(t)$ 为系统输出量；$r(t)$ 为系统输入量；ζ 为阻尼比；ω_n 为自然频率。当初始条件为零时，其传递函数为

$$\Phi(s) = \frac{C(s)}{R(s)} = \frac{\omega_n^2}{s^2 + 2\zeta\omega_n s + \omega_n^2} \tag{2-27}$$

令式（2-27）的分母多项式为零，得二阶系统的特征方程为

$$s^2 + 2\zeta\omega_n s + \omega_n^2 = 0 \tag{2-28}$$

其两个根（闭环极点）为

$$s_{1,2} = -\zeta\omega_n \pm \omega_n \sqrt{\zeta^2 - 1} \tag{2-29}$$

显然，二阶系统的时间响应取决于 ζ 和 ω_n 这两个参数。下面将根据式（2-27）这一数学模型，研究二阶系统时间响应及动态性能指标的求法。应当指出，对于结构和功能不同的二阶系统，ζ 和 ω_n 的物理含义是不同的。图 2-14 为标准形式的二阶系统结构图。

图 2-14　标准形式的二阶系统结构图

2) 二阶系统的单位阶跃响应

式（2-29）表明，二阶系统特征根的性质取决于 ζ 的大小。

若 $\zeta < 0$，则二阶系统具有两个正实部的特征根，其单位阶跃响应为

$$c(t) = 1 - \frac{e^{-\zeta\omega_n t}}{\sqrt{1 - \zeta^2}} \sin\left(\omega_n \sqrt{1 - \zeta^2}\, t + \beta\right), \quad -1 < \zeta < 0, t \geqslant 0$$

式中，$\beta = \arctan(\sqrt{1 - \zeta^2}/\zeta)$。或者

$$c(t) = 1 + \frac{e^{-(\zeta + \sqrt{\zeta^2 - 1})\omega_n t}}{2\sqrt{\zeta^2 - 1}(\zeta + \sqrt{\zeta^2 - 1})} - \frac{e^{-(\zeta - \sqrt{\zeta^2 - 1})\omega_n t}}{2\sqrt{\zeta^2 - 1}(\zeta - \sqrt{\zeta^2 - 1})}, \quad \zeta < -1, t \geqslant 0$$

由于阻尼比 ζ 为负，指数因子具有正幂指数，因此系统的动态过程为发散正弦振荡或单调发散的形式，从而表明 $\zeta < 0$ 的二阶系统是不稳定的。

如果 $\zeta=0$，则特征方程有一对纯虚根，$s_{1,2}=\pm j\omega_n$，对应于 s 平面虚轴上一对共轭极点，可以算出系统的阶跃响应为等幅振荡，此时系统相当于无阻尼情况。

如果 $0<\zeta<1$，则特征方程有一对具有负实部的共轭复根，$s_{1,2}=-\zeta\omega_n\pm j\omega_n\sqrt{1-\zeta^2}$，对应于 s 平面左半部的共轭复数极点，相应的阶跃响应为衰减振荡过程，此时系统处于欠阻尼情况。

如果 $\zeta=1$，则特征方程具有两个相等的负实根，$s_{1,2}=-\omega_n$，对应于 s 平面负实轴上的两个相等实极点，相应的阶跃响应非周期地趋于稳态输出，此时系统处于临界阻尼情况。

如果 $\zeta>1$，则特征方程有两个不相等的负实根，$s_{1,2}=-\zeta\omega_n\pm\omega_n\sqrt{\zeta^2-1}$，对应于 s 平面负实轴上的两个不等实极点，相应的单位阶跃响应也是非周期地趋于稳态输出，但响应速度比临界阻尼情况缓慢，因此称为过阻尼情况。

上述各种情况的闭环极点分布如图 2-15 所示。

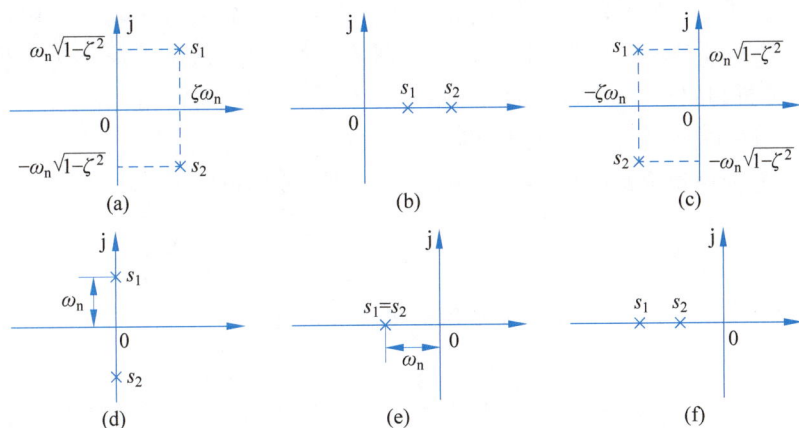

图 2-15　二阶系统的闭环极点分布

由此可见，ζ 的大小决定了系统的阻尼程度。下面分别研究欠阻尼、临界阻尼、过阻尼二阶系统的单位阶跃响应。

(1) 欠阻尼($0<\zeta<1$)二阶系统的单位阶跃响应。

若令 $\sigma=\zeta\omega_n$，$\omega_d=\omega_n\sqrt{1-\zeta^2}$，则有

$$s_{1,2}=-\sigma\pm j\omega_d$$

式中，σ 为衰减系数；ω_d 为阻尼振荡频率。

当 $R(s)=1/s$ 时，由式(2-27)得

$$C(s)=\frac{\omega_n^2}{s^2+2\zeta\omega_n s+\omega_n^2}\cdot\frac{1}{s}=\frac{1}{s}-\frac{s+\zeta\omega_n}{(s+\zeta\omega_n)^2+\omega_d^2}-\frac{\zeta\omega_n}{(s+\zeta\omega_n)^2+\omega_d^2}$$

对上式取拉氏反变换，求得单位阶跃响应为

$$c(t)=1-e^{-\zeta\omega_n t}\left[\cos\omega_d t+\frac{\zeta}{\sqrt{1-\zeta^2}}\sin\omega_d t\right]$$

$$=1-\frac{e^{-\zeta\omega_n t}}{\sqrt{1-\zeta^2}}\left[\sqrt{1-\zeta^2}\cos\omega_d t+\zeta\sin\omega_d t\right]$$

$$=1-\frac{e^{-\zeta\omega_n t}}{\sqrt{1-\zeta^2}}\sin(\omega_d t+\beta),\quad t\geqslant 0 \tag{2-30}$$

式中，$\beta = \arctan(\sqrt{1-\zeta^2}/\zeta)$，或者 $\beta = \arccos\zeta$。

式(2-30)表明，欠阻尼二阶系统的单位阶跃响应由两部分组成：稳态分量为1，表明图 2-14 所示系统在单位阶跃函数作用下不存在稳态位置误差；瞬态分量为阻尼正弦振荡项，其振荡频率为 ω_d，故称为阻尼振荡频率。由于瞬态分量衰减的快慢程度取决于包络 $1 \pm e^{-\zeta\omega_n t}/\sqrt{\zeta^2-1}$ 收敛的速度，当 ζ 一定时，包络线的收敛速度又取决于指数函数 $e^{-\zeta\omega_n t}$ 的幂，所以 $\sigma = \zeta\omega_n$ 称为衰减系数。

若 $\zeta = 0$，则二阶系统无阻尼时的单位阶跃响应为

$$c(t) = 1 - \cos\omega_n t, \quad t \geqslant 0 \tag{2-31}$$

这是一条平均值为1的正、余弦形式的等幅振荡，其振荡频率为 ω_n，故可称为无阻尼振荡频率。应当指出，实际的控制系统通常都有一定的阻尼比，因此不可能通过实验方法测得 ω_n，而只能测得 ω_d，其值总小于自然频率 ω_n。只有在 $\zeta = 0$ 时，才有 $\omega_d = \omega_n$。当阻尼比 ζ 增大时，阻尼振荡频率 ω_d 将减小。如果 $\zeta \geqslant 1$，ω_d 将不复存在，系统的响应不再出现振荡。但是，为了便于分析和叙述，ω_n 和 ω_d 的符号和名称在 $\zeta \geqslant 1$ 时仍将沿用。

（2）临界阻尼（$\zeta = 1$）二阶系统的单位阶跃响应。

设输入信号为单位阶跃函数，则系统输出量的拉氏变换可写为

$$C(s) = \frac{\omega_n^2}{s(s+\omega_n)^2} = \frac{1}{s} - \frac{\omega_n}{(s+\omega_n)^2} - \frac{1}{s+\omega_n}$$

对上式取拉氏反变换，得临界阻尼二阶系统的单位阶跃响应为

$$c(t) = 1 - e^{-\omega_n t}(1 + \omega_n t), \quad t \geqslant 0 \tag{2-32}$$

上式表明，当 $\zeta = 1$ 时，二阶系统的单位阶跃响应是稳态值为1的无超调单调上升过程，其变化率为

$$\frac{dc(t)}{dt} = \omega_n^2 t e^{-\omega_n t}$$

当 $t = 0$ 时，响应过程的变化率为零；当 $t > 0$ 时，响应过程的变化率为正，响应过程单调上升；当 $t \to \infty$ 时，响应过程的变化率趋于零，响应过程趋于常值1。通常，临界阻尼情况下的二阶系统的单位响应称为临界阻尼响应。

（3）过阻尼（$\zeta > 1$）二阶系统的单位阶跃响应。

设输入信号为单位阶跃函数，且令

$$T_1 = \frac{1}{\omega_n(\zeta - \sqrt{\zeta^2-1})}, \quad T_2 = \frac{1}{\omega_n(\zeta + \sqrt{\zeta^2-1})}$$

则过阻尼二阶系统的输出量拉氏变换为

$$C(s) = \frac{\omega_n^2}{s(s+1/T_1)(s+1/T_2)}$$

式中，T_1 和 T_2 为过阻尼二阶系统的时间常数，且有 $T_1 > T_2$。对上式取拉氏反变换，得

$$c(t) = 1 + \frac{e^{-t/T_1}}{T_2/T_1 - 1} + \frac{e^{-t/T_2}}{T_1/T_2 - 1}, \quad t \geqslant 0 \tag{2-33}$$

上式表明，响应特性包含两个单调衰减的指数项，其代数和绝不会超过稳态值1，因而过阻

尼二阶系统的单位阶跃响应是非振荡的,通常称为过阻尼响应。

以上三种情况的单位阶跃响应曲线如图 2-16 所示,其横坐标为无因次时间 $\omega_n t$。

图 2-16 二阶系统单位阶跃响应曲线

由图 2-16 可见,在过阻尼和临界阻尼响应曲线中,临界阻尼响应具有最短的上升时间,响应速度最快;在欠阻尼($0<\zeta<1$)响应曲线中,阻尼比越小,超调量越大,上升时间越短,通常取 $\zeta=0.4\sim0.8$ 为宜,此时超调量适度,调节时间较短;若二阶系统具有相同的 ζ 和不同的 ω_n,则其振荡特性相同但响应速度不同,ω_n 越大,响应速度越快。

特别需要说明的是,线性定常二阶系统的单位斜坡响应、单位加速度响应、单位脉冲响应,也与一阶系统的响应类似,这里不再介绍。

4. 高阶系统的响应分析

研究图 2-17 所示控制系统,其闭环传递函数为

$$\Phi(s)=\frac{C(s)}{R(s)}=\frac{G(s)}{1+G(s)H(s)} \tag{2-34}$$

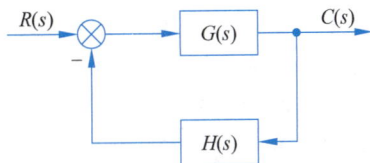

图 2-17 控制系统

在一般情况下,$G(s)$ 和 $H(s)$ 都是 s 的多项式之比,故式(2-34)可以写为

$$\Phi(s)=\frac{M(s)}{D(s)}=\frac{b_0 s^m + b_1 s^{m-1} + \cdots + b_{m-1}s + b_m}{a_0 s^n + a_1 s^{n-1} + \cdots + a_{n-1}s + a_n}, \quad m \leqslant n \tag{2-35}$$

其中,$b_0, b_1, \cdots, b_m$ 表示式(2-35)对应的分子多项式系数;$a_0, a_1, \cdots, a_n$ 表示式(2-35)对应的分母多项式系数。

当采用解析法求解高阶系统的单位阶跃响应时,应将式(2-35)的分子多项式和分母多项式进行因式分解,再进行拉氏反变换。这种分解可采用高次代数方程的近似求根法,也可以使用 MATLAB 中的 tf2zp 命令。因此式(2-35)必定可以表示为如下因式的乘积形式:

$$\Phi(s)=\frac{C(s)}{R(s)}=\frac{M(s)}{D(s)}=\frac{K\prod_{i=1}^{m}(s-z_i)}{\prod_{i=1}^{n}(s-s_i)} \tag{2-36}$$

式中,$K=b_0/a_0$;z_i 为 $M(s)=0$ 的根,称为闭环零点;s_i 为 $D(s)=0$ 的根,称为闭环极点。

2.2.4　连续时间控制系统的稳定性分析

稳定是控制系统的重要性能，也是系统能够正常运行的首要条件。控制系统在实际运行过程中，总会受到外界和内部一些因素的扰动，例如负载和能源的波动、系统参数的变化、环境条件的改变等。如果系统不稳定，就会在任何微小的扰动作用下偏离原来的平衡状态，并随时间的推移而发散。因而，分析系统的稳定性并提出保证系统稳定的措施，是自动控制理论的基本任务之一。

1. 稳定性的基本概念

任何系统在扰动作用下都会偏离原平衡状态，产生初始偏差。所谓稳定性，是指系统在扰动消失后，由初始偏差状态恢复到原平衡状态的性能。

在分析线性系统的稳定性时，我们所关心的是系统的运动稳定性，即系统方程在不受任何外界输入作用下，系统方程的解在时间 t 趋于无穷时的渐近行为。毫无疑问，这种解就是系统齐次微分方程的解，而"解"通常称为系统方程的一个"运动"，因而谓之运动稳定性。严格地说，平衡状态稳定性与运动稳定性并不是一回事，但是可以证明，对于线性系统，运动稳定性与平衡状态稳定性是等价的。

按照李雅普诺夫分析稳定性的观点，首先假设系统具有一个平衡工作点，在该平衡工作点，当输入信号为零时，系统的输出信号亦为零。一旦扰动信号作用于系统，系统的输出量将偏离原平衡工作点。若取扰动信号的消失瞬间作为计时起点，则 $t=0$ 时刻系统输出量增量及其各阶导数，便是研究 $t \geqslant 0$ 时系统输出量增量的初始偏差。于是，$t \geqslant 0$ 时的系统输出量增量的变化过程，可以认为是控制系统在初始扰动影响下的动态过程。因此，根据李雅普诺夫稳定性理论，线性控制系统的稳定性可叙述如下：

若线性控制系统在初始扰动的影响下，其动态过程随时间的推移逐渐衰减并趋于零（原平衡工作点），则称系统渐近稳定，简称稳定；反之，若在初始扰动影响下，系统的动态过程随时间的推移而发散，则称系统不稳定。

2. 线性系统稳定的充分必要条件

上述稳定性定义表明，线性系统的稳定性仅取决于系统自身的固有特性，而与外界条件无关。因此，设线性系统在初始条件为零时，作用一个理想单位脉冲 $\delta(t)$，这时系统的输出量增量为脉冲响应 $c(t)$。这相当于系统在扰动信号作用下，输出信号偏离原平衡工作点的问题。若 $t \rightarrow \infty$ 时，脉冲响应

$$\lim_{t \to \infty} c(t) = 0 \tag{2-37}$$

即输出量增量收敛于原平衡工作点，则线性系统是稳定的。

设闭环传递函数如式(2-36)所示，且设 $s_i (i=1,2,\cdots,n)$ 为特征方程 $D(s)=0$ 的根，而且彼此不相等。那么，由于 $\delta(t)$ 的拉氏变换为1，所以系统输出量增量的拉氏变换为

$$C(s) = \frac{M(s)}{D(s)} = \sum_{i=1}^{n} \frac{A_i}{s-s_i} = \frac{K \prod_{i=1}^{m}(s-z_i)}{\prod_{j=1}^{q}(s-s_j) \prod_{k=1}^{r}(s^2+2\zeta_k\omega_k s+\omega_k^2)} \tag{2-38}$$

式中，$q+2r=n$。将上式展成部分分式，并设 $0<\zeta_k<1$，可得

$$C(s) = \sum_{j=1}^{q} \frac{A_j}{s - s_j} + \sum_{k=1}^{r} \frac{B_k s + C_k}{(s^2 + 2\zeta_k \omega_k s + \omega_k^2)} \tag{2-39}$$

式中，A_j 是 $C(s)$ 在闭环实数极点 s_j 处的留数，可按下式计算：

$$A_j = \lim_{s \to s_j} (s - s_j) C(s), \quad j = 1, 2, \cdots, q \tag{2-40}$$

B_k 和 C_k 是与 $C(s)$ 在闭环复数极点 $s = -\zeta_k \omega_k \pm j\omega_k \sqrt{1 - \zeta_k^2}$ 处与留数有关的常系数。

将式(2-40)进行拉氏反变换，并设初始条件全部为零，可得系统的脉冲响应为

$$c(t) = \sum_{j=1}^{q} A_j e^{s_j t} + \sum_{k=1}^{r} B_k e^{-\zeta_k \omega_k t} \cos\left(\omega_k \sqrt{1 - \zeta_k^2}\right)t +$$

$$\sum_{k=1}^{r} \frac{C_k - B_k \zeta_k \omega_k}{\omega_k \sqrt{1 - \zeta_k^2}} B_k e^{-\zeta_k \omega_k t} e^{-\zeta_k \omega_k t} \sin\left(\omega_k \sqrt{1 - \zeta_k^2}\right)t, \quad t \geqslant 0 \tag{2-41}$$

上式表明，当且仅当系统的特征根全部具有负实部时，式(2-37)才能成立；若特征根中有一个或一个以上正实部根，则 $\lim\limits_{t \to \infty} c(t) \to \infty$，表明系统不稳定；若特征根中具有一个或一个以上零实部根，而其余的特征根均具有负实部，则脉冲响应 $c(t)$ 趋于常数，或趋于等幅正弦振荡，按照稳定性定义，此时系统不是渐近稳定的。顺便指出，最后一种情况处于稳定和不稳定的临界状态，常称为临界稳定情况。在经典控制理论中，只有渐近稳定的系统才称为稳定系统；否则，称为不稳定系统。

由此可见，线性系统稳定的充分必要条件是：闭环系统特征方程的所有根均具有负实部；或者说，闭环传递函数的极点均位于 s 左半平面。

应当指出，由于我们所研究的系统实质上都是线性系统，称为线性逼近，在建立系统线性化模型的过程中略去了许多次要因素，同时系统的参数又处于不断的微小变化之中，所以临界稳定现象实际是观察不到的。基于线性逼近的稳定性，李雅普诺夫证明了一个显著的结论：如果其线性逼近是严格稳定的，即所有的根在左半平面，那么非线性系统将在应用线性逼近的平衡点的某个邻域内稳定。此外，他还证明了另一个结论：如果线性逼近至少有一个根在右半平面，那么这个非线性系统不可能在平衡点的任何邻域内稳定。

3. 劳斯-赫尔维茨稳定判据

根据稳定的充分必要条件判别线性系统的稳定性，需要求出系统的全部特征根，因此希望使用一种间接判断系统特征根是否全部位于 s 左半平面的代替方法。劳斯和赫尔维茨分别于 1877 年和 1895 年独立提出了判断系统稳定性的代数判据，称为劳斯-赫尔维茨稳定判据。这种判据以线性系统特征方程的系数为依据，其数学证明从略。

1) 赫尔维茨稳定判据

设线性系统的特征方程为

$$D(s) = a_0 s^n + a_1 s^{n-1} + \cdots + a_{n-1} s + a_n = 0, \quad a_0 > 0 \tag{2-42}$$

则使线性系统稳定的必要条件是：在特征方程(2-42)中各项系数为正数。

上述判断稳定性的必要条件是容易证明的，因为根据代数方程的基本理论，下列关系式成立：

$$\frac{a_1}{a_0} = -\sum_{i=1}^{n} s_i, \quad \frac{a_2}{a_0} = \sum_{\substack{i,j=1 \\ i \neq j}}^{n} s_i s_j$$

$$\frac{a_3}{a_0} = -\sum_{\substack{i,j,k=1 \\ i \neq j, j \neq k}}^{n} s_i s_j s_k, \cdots, \frac{a_n}{a_0} = (-1)^n \prod_{i=1}^{n} s_i$$

在上述关系式中，所有比值必须大于零，否则系统至少有一个正实部根。然而，这一条件是不充分的，因为各项系数为正数的系统特征方程，完全可能拥有正实部的根。式中，s_i，s_j，s_k 表示系统特征方程的根。

根据赫尔维茨稳定判据，线性系统稳定的充分且必要条件应是由系统特征方程（2-42）各项系数所构成的主行列式

$$\Delta_n = \begin{vmatrix} a_1 & a_3 & a_5 & \cdots & 0 & 0 \\ a_0 & a_2 & a_4 & \cdots & 0 & 0 \\ 0 & a_1 & a_3 & \cdots & 0 & 0 \\ 0 & a_0 & a_2 & \cdots & 0 & 0 \\ 0 & 0 & a_1 & \cdots & 0 & 0 \\ 0 & 0 & a_0 & \cdots & 0 & 0 \\ \vdots & \vdots & \vdots & & \vdots & \vdots \\ 0 & 0 & 0 & \cdots & a_n & 0 \\ 0 & 0 & 0 & \cdots & a_{n-1} & 0 \\ 0 & 0 & 0 & \cdots & a_{n-2} & a_n \end{vmatrix}$$

及其顺序主子式 $\Delta_i (i=1,2,\cdots,n-1)$ 全部为正，即

$$\Delta_1 = a_1 > 0, \Delta_2 = \begin{vmatrix} a_1 & a_3 \\ a_0 & a_2 \end{vmatrix} > 0, \Delta_3 = \begin{vmatrix} a_1 & a_3 & a_5 \\ a_0 & a_2 & a_4 \\ 0 & a_1 & a_3 \end{vmatrix} > 0, \cdots, \Delta_n > 0$$

对于 $n \leq 4$ 的线性系统，其稳定的充分必要条件还可以表示为如下简单形式。

$n=2$：特征方程的各项系数为正。

$n=3$：特征方程的各项系数为正，且 $a_1 a_2 - a_0 a_3 > 0$。

$n=4$：特征方程的各项系数为正，且 $\Delta_2 = a_1 a_2 - a_0 a_3 > 0$，以及 $\Delta_2 > a_1^2 a_4 / a_3$。

当系统特征方程的次数较高时，应用赫尔维茨稳定判据的计算工作量较大。有人业已证明：在特征方程的所有系数为正的条件下，若所有奇次顺序赫尔维茨行列式为正，则所有偶次顺序赫尔维茨行列式亦必为正；反之亦然。这就是李纳德-戚帕特稳定判据。

2）劳斯稳定判据

劳斯稳定判据为表格形式，见表 2-3 所示劳斯表。劳斯表的前两行由系统特征方程（2-42）的系数直接构成。劳斯表的第一行由特征方程的第 $1,3,5,\cdots$ 项系数组成；第二行由第 $2,4,6,\cdots$ 项系数组成；以后各行的数值需按表 2-3 所示逐行计算，凡在运算过程中出现的空位均置零，这种过程一直进行到第 n 行为止，第 $n+1$ 行仅第一列有值，且正好等于特征方程最后一项系数 a_n。表中系数排列呈上三角形。

表 2-3　劳斯表

s^n	a_0	a_2	a_4	a_6	$\cdots$
s^{n-1}	a_1	a_3	a_5	a_7	$\cdots$
s^{n-2}	$c_{13}=\dfrac{a_1a_2-a_0a_3}{a_1}$	$c_{23}=\dfrac{a_1a_4-a_0a_5}{a_1}$	$c_{33}=\dfrac{a_1a_6-a_0a_7}{a_1}$	c_{43}	$\cdots$
s^{n-3}	$c_{14}=\dfrac{c_{13}a_3-a_1c_{23}}{c_{13}}$	$c_{24}=\dfrac{c_{13}a_5-a_1c_{33}}{c_{13}}$	$c_{34}=\dfrac{c_{13}a_7-a_1c_{43}}{c_{13}}$	c_{44}	$\cdots$
s^{n-4}	$c_{15}=\dfrac{c_{14}c_{23}-c_{13}c_{24}}{c_{14}}$	$c_{25}=\dfrac{c_{14}c_{33}-c_{13}c_{34}}{c_{14}}$	$c_{35}=\dfrac{c_{14}c_{43}-c_{13}c_{44}}{c_{14}}$	c_{45}	$\cdots$
$\vdots$	$\vdots$	$\vdots$	$\vdots$		
s^2	$c_{1,n-1}$	$c_{2,n-1}$			
s^1	$c_{1,n}$				
s^0	$c_{1,n+1}=a_n$				

例 2-4　设系统特征方程为

$$s^4+2s^3+3s^2+4s+5=0$$

试用劳斯稳定判据判定该系统的稳定性。

解： 该系统劳斯表为

s^4	1	3	5
s^3	2	4	0
s^2	$\dfrac{2\times3-1\times4}{2}=1$	5	0
s^1	$\dfrac{1\times4-2\times5}{1}=-6$		
s^0	5		

由于劳斯表的第一列系数有两次变号，故该系统不稳定，且有两个正实部根。

2.2.5　连续时间控制系统的稳态误差

控制系统的稳态误差是系统控制准确度（控制精度）的一种度量，通常称为稳态性能。在控制系统设计中，稳态误差是一项重要的技术指标。

本节主要讨论线性控制系统由于系统结构，输入作用形式和类型所产生的稳态误差，即原理性稳态误差的计算方法，其中包括系统类型与稳态误差的关系。

1. 误差和稳态误差的定义

设控制系统结构图如图 2-14 所示。当输入信号 $R(s)$ 与主反馈信号 $B(s)$ 不相等时，比较装置的输出为

$$E(s)=R(s)-H(s)C(s) \tag{2-43}$$

此时，系统在 $E(s)$ 信号作用下产生动作，使输出量趋于希望值。通常称 $E(s)$ 为误差信号，简称误差（亦称偏差）。

　　误差有两种不同的定义方法：一种是式(2-43)所描述的在系统输入端定义误差的方法；另一种是从系统输出端定义为系统输出量的希望值与实际值之差。前者定义的误差在实际系统中是可以量测的，具有一定的物理意义；后者定义的误差在系统性能指标的提法中经常使用，但在实际系统中有时无法量测，因而一般只有数学意义。

　　上述两种定义误差的方法存在着内在联系。将图 2-17 变换为图 2-18 的等效形式，则因 $R'(s)$ 代表输出量的希望值，因而 $E'(s)$ 是从系统输出端定义的非单位反馈系统的误差。不难证明，$E(s)$ 与 $E'(s)$ 之间存在如下简单关系：

$$E'(s) = \frac{E(s)}{H(s)} \tag{2-44}$$

所以，在本书以下的叙述中，均采用从系统输入端定义的误差 $E(s)$ 来进行计算和分析。如果有必要计算输出端误差 $E'(s)$，可利用式(2-44)进行换算。特别指出，对于单位反馈控制系统，输出量的希望值就是输入信号 $R(s)$，因而两种误差定义的方法是一致的。

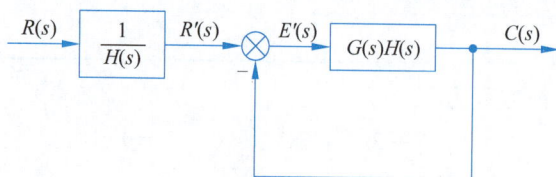

$$R(s) \rightarrow \boxed{\frac{1}{H(s)}} \xrightarrow{R'(s)} \otimes \xrightarrow{E'(s)} \boxed{G(s)H(s)} \xrightarrow{C(s)}$$

图 2-18　等效单位反馈系统

　　误差本身是时间的函数，其时域表达式为

$$e(t) = \mathcal{L}^{-1}[E(s)] = \mathcal{L}^{-1}[\Phi_e(s)R(s)] \tag{2-45}$$

式中，$\Phi_e(s)$ 为系统误差传递函数，由下式决定：

$$\Phi_e(s) = \frac{E(s)}{R(s)} = \frac{1}{1 + G(s)H(s)} \tag{2-46}$$

　　在误差信号 $e(t)$ 中，包含瞬态分量 $e_{ts}(t)$ 和稳态分量 $e_{ss}(t)$ 两部分。由于系统必须稳定，故当时间趋于无穷时，必有 $e_{ts}(t)$ 趋于零。因此，控制系统的稳态误差定义为误差信号 $e(t)$ 的稳态分量 $e_{ss}(\infty)$，常以 e_{ss} 简单标志。

　　如果有理函数 $sE(s)$ 除在原点处有唯一的极点外，在 s 右半平面及虚轴上解析，即 $sE(s)$ 的极点均位于 s 左半平面（包括坐标原点），则可根据拉氏变换的终值定理，由式(2-47)方便地求出系统的稳态误差：

$$e_{ss}(\infty) = \lim_{s \to 0} sE(s) = \lim_{s \to 0} \frac{sR(s)}{1 + G(s)H(s)} \tag{2-47}$$

　　由于上式算出的稳态误差是误差信号稳态分量 $e_{ss}(t)$ 在 t 趋于无穷时的数值，故有时称为终值误差，它不能反映 $e_{ss}(t)$ 随时间 t 的变化规律，具有一定的局限性。

2. 控制系统的类型

　　由稳态误差计算公式(2-47)可见，控制系统稳态误差的数值与开环传递函数 $G(s)H(s)$ 的结构和输入信号 $R(s)$ 的形式密切相关。对于一个给定的稳定系统，当输入信号形式一定时，系统是否存在稳态误差就取决于开环传递函数描述的系统结构。因此，按照控制系统跟踪不同输入信号的能力进行系统分类是必要的。

　　在一般情况下，分子阶次为 m、分母阶次为 n 的开环传递函数可表示为

$$G(s)H(s)=\frac{K\prod\limits_{i=1}^{m}(\tau_i s+1)}{s^v\prod\limits_{j=1}^{n-v}(T_j s+1)} \tag{2-48}$$

式中，K 为开环增益；τ_i 和 T_j 为时间常数；v 为开环系统在 s 平面坐标原点上的极点的重数。现在的分类方法是以 v 的数值划分的：$v=0$，称为 0 型系统；$v=1$，称为 I 型系统；$v=2$，称为 II 型系统……；当 $v>2$ 时，除复合控制系统外，使系统稳定是相当困难的。因此除航天控制系统外，III 型及 III 型以上的系统几乎不采用。

这种以开环系统在 s 平面坐标原点上的极点数分类的方法，其优点在于可根据已知的输入信号形式，迅速判断系统是否存在原理性稳态误差及稳态误差的大小。它与按系统的阶次进行分类的方法不同，阶次 m 与 n 的大小与系统的型别无关，且不影响稳态误差的数值。

为了便于讨论，令

$$G_0(s)H_0(s)=\prod_{i=1}^{m}(\tau_i s+1)\Big/\prod_{j=1}^{n-v}(T_j s+1)$$

必有 $s\to0$ 时，$G_0(s)H_0(s)\to1$。因此，式(2-48)可改写为

$$G(s)H(s)=\frac{K}{s^v}G_0(s)H_0(s) \tag{2-49}$$

系统稳态误差计算公式则可表示为

$$e_{ss}(\infty)=\frac{\lim\limits_{s\to0}\left[s^{v+1}R(s)\right]}{K+\lim\limits_{s\to0}s^v} \tag{2-50}$$

上式表明，影响稳态误差的因素是系统型别、开环增益、输入信号的形式和幅值。下面讨论不同型别系统在不同输入信号形式作用下的稳态误差计算。实际输入多为阶跃函数、斜坡函数和加速度函数，或者是它们的组合，因此只考虑系统分别在阶跃、斜坡和加速度输入作用下的稳态误差计算问题。

如果系统承受的输入信号是多种典型函数的组合，则根据线性叠加原理，可将每一输入分量单独作用于系统，再将各稳态误差分量叠加，即可得到 $e_{ss}(\infty)$。

2.2.6　连续时间控制系统的设计

1. 反馈控制系统设计

对于图 2-19 所示的连续时间反馈控制系统，被控对象是 $G(s)$，反馈通道是 $H(s)$，需要设计的反馈控制器是 $D(s)$。$D(s)$ 的设计方法有很多，包括超前校正、滞后校正、超前滞后校正、时域设计方法、其他设计方法等。

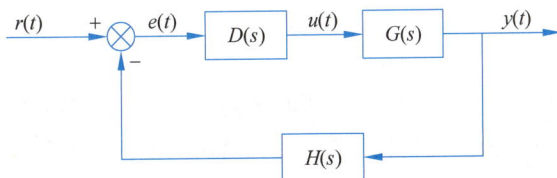

图 2-19　连续时间反馈控制系统设计

2. 带有给定值前馈的复合控制系统设计

对于图 2-20 所示的带有给定值前馈的复合控制系统,被控对象是 $G(s)$,反馈通道是 $H(s)$,同样,需要设计的反馈控制器是 $D(s)$,前馈控制器是 $D_r(s)$。

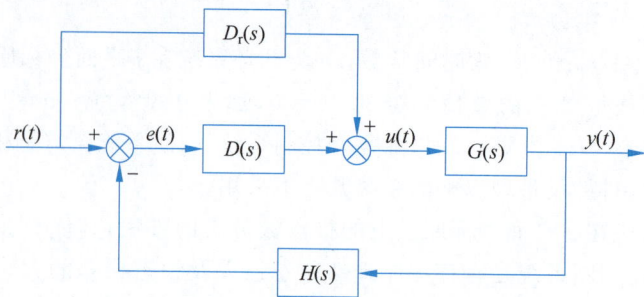

图 2-20　带有给定值前馈的复合控制系统设计

3. 带有扰动补偿的复合控制系统设计

对于图 2-21 所示的带有扰动补偿的复合控制系统,被控对象是 $G(s)$,扰动通道是 $G_n(s)$,同样,需要设计的反馈控制器是 $D(s)$,扰动补偿控制器是 $D_n(s)$。

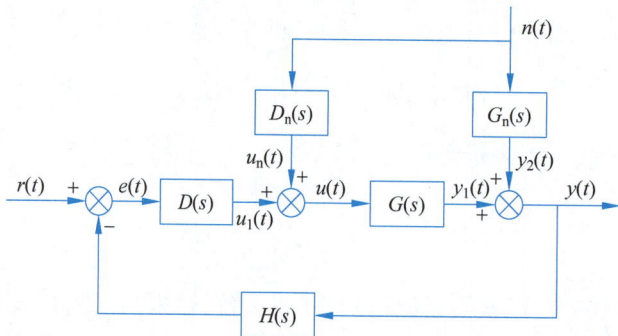

图 2-21　带有扰动补偿的复合控制系统设计

2.3　离散时间控制系统

2.3.1　离散时间控制系统的基本概念

自动控制系统通常可分为以下 4 种类型。

1. 连续控制系统

如果控制系统中的所有信号都是时间变量的连续函数,换句话说,这些信号在全部时间上都是已知的,则这样的系统称为连续时间控制系统,简称连续控制系统。该系统由连续被控对象 $G(s)$ 和连续控制器 $D(s)$ 组成。典型结构如图 2-22(a)所示,系统在各处均为连续信号。

2. 离散控制系统

如果控制系统中有一处或几处信号是脉冲序列或数码,换句话说,这些信号仅定义在离散时间上,则这样的系统称为离散时间控制系统,简称离散控制系统。该系统由离散被控对象 $G(z)$ 和离散控制器 $D(z)$ 组成。典型结构如图 2-22(b)所示,系统在各处均为离散信号。

(a) 连续控制系统

(b) 离散控制系统

(c) 采样控制系统

(d) 数字控制系统

图 2-22　4 种类型控制系统的典型结构

3. 采样控制系统

通常,把系统中的离散信号是脉冲序列形式的离散系统,称为采样控制系统或脉冲控制系统。典型结构如图 2-22(c)所示,该系统是既有连续信号 $r(t)$、$y(t)$、$e(t)$、$u(t)$,又有离散信号 $e(k)$、$u(k)$ 的混合系统。系统由连续被控对象 $G(s)$、离散控制器 $D(z)$、采样器、保持器等环节组成。

4. 数字控制系统

把数字序列形式的离散系统称为数字控制系统或计算机控制系统。典型结构如图 2-22(d)所示,该系统中既有连续信号 $r(t)$、$y(t)$、$e(t)$、$u(t)$,又有数字信号 $e^*(k)$、$u^*(k)$。数字信号是指时间上离散、幅值上量化的信号。该系统由连续被控对象 $G(s)$、数字控制器 $D^*(z)$、A/D 转换器、D/A 转换器等环节组成。

显然,计算机控制系统即为典型的数字控制系统。在计算机控制系统中,除了有数字信号,由于被控对象是连续的,因此,还有连续信号。若忽略幅值上的量化效应,则数字信号即为离散信号。因此,计算机控制系统若不考虑量化效应即为采样控制系统,此时,$D^*(z)=D(z)$。如果将连续被控对象和保持器一起进行离散化,那么采样控制系统即简化为离散控制系统。因此,对于计算机控制系统的分析与设计常先从离散控制系统开始。

对于图 2-22(d)所示的数字控制系统,其信号的变换过程进一步用图 2-23 所示的框图来表示。

在该数字控制系统中,控制器的运行是由时钟控制的。某些环节传输的是不同幅值的连续时间信号或离散时间信号,而其他环节则只传输数字编码信号。图中被控对象的输出是连续时间信号。误差信号通过采样保持电路和 A/D 转换器转换成数字形式,采样的同时也完成信号转换。计算机采用某种算法对数字序列进行处理,而后产生新的数字序列。

图 2-23　数字控制系统的框图（图中信号以二进制或图形表示）

D/A 转换器和保持电路将数字编码形式的数字序列转换为分段连续时间信号。以上过程均由计算机内的实时时钟来进行同步。保持电路输出的连续时间信号直接或通过执行器间接作用于被控对象以控制其动态性能。

对图 2-23 框图中的术语定义如下。

采样保持（S/H）。采样保持是所有采样保持放大器的统称，用于描述某种电路，该电路输入模拟信号，并可在规定时间段内保持此输入信号为恒定值。

模数（A/D）转换器。A/D 转换器也叫编码器，是一种可将模拟信号转换成数字信号的装置，输出信号通常是数字编码形式。在模拟部件与数字部件之间必须采用此转换器作为接口，市场上的 A/D 转换器往往集成了采样保持电路。

数模（D/A）转换器。D/A 转换器也叫解码器，是一种将数字信号（编码数字）转换成模拟信号的装置。在数字部件与模拟部件之间必须采用此转换器作为接口。

被控对象或过程。被控对象是指任何被控的实际物体，例如，燃炉、化学反应堆以及可完成特定操作的机械组件（比如伺服系统或宇宙飞船）。

2.3.2　采样保持和采样定理

离散系统的特点是，系统中一处或数处的信号是脉冲序列或数字序列。为了把连续信号变换为脉冲信号，需要使用采样器；另外，为了控制连续式元件，又需要使用保持器将脉冲信号变换为连续信号。因此，为了定量研究离散系统，必须对信号的采样过程和保持过程用数学的方法加以描述。

1. 采样过程

把连续信号变换为脉冲序列的装置称为采样器，又叫采样开关。采样器的采样过程可以用一个周期性闭合的采样开关 S 来表示，如图 2-24 所示。假设采样器每隔 T 秒闭合一次，闭合的持续时间为 τ；采样器的输入 $e(t)$ 为连续信号，输出 $e^*(t)$ 为宽度等于 τ 的调幅脉冲序列，在采样瞬时 $nT(n=0,1,2,\cdots,\infty)$ 时出现。换句话说，在 $t=0$ 时，采样器闭合 τ

(a) 采样器　　　　　(b) 采样器输入信号波形　　　　　(c) 采样器输出信号波形

图 2-24　实际采样过程

秒,此时 $e^*(t)=e(t)$;$t=\tau$ 以后,采样器打开,输出 $e^*(t)=0$;以后每隔 T 秒重复一次这种过程。显然,采样过程要丢失采样间隔之间的信息。

对于具有有限脉冲宽度的采样系统,要准确进行数学分析是非常复杂的,且无此必要。考虑到采样开关的闭合时间 τ 非常小,通常为毫秒到微秒级,一般远小于采样周期 T 和系统连续部分的最大时间常数。因此在分析时,可以认为 $\tau=0$。这样,采样器就可以用一个理想采样器来代替。采样过程可以看作一个幅值调制过程。理想采样器好像一个载波为 $\delta_T(t)$ 的幅值调制器,如图 2-25(b)所示,其中 $\delta_T(t)$ 为理想单位脉冲序列。图 2-25(c)所示的理想采样器的输出信号 $e^*(t)$,可以认为是图 2-25(a)所示的输入连续信号 $e(t)$ 调制在载波 $\delta_T(t)$ 上的结果,而各脉冲强度(即面积)用其高度来表示,它们等于相应采样瞬时 $t=nT$ 时 $e(t)$ 的幅值。如果用数学形式描述上述调制过程,则有

$$e^*(t)=e(t)\delta_T(t) \tag{2-51}$$

(a) 连续输入信号e(t)波形　　　(b) 理想采样器波形　　　(c) 理想采样器输出信号波形

图 2-25　理想采样过程

因为理想单位脉冲序列 $\delta_T(t)$ 可以表示为

$$\delta_T(t)=\sum_{n=0}^{\infty}\delta(t-nT) \tag{2-52}$$

式中,$\delta(t-nT)$ 是出现在时刻 $t=nT$、强度为 1 的单位脉冲。故式(2-51)可以写为

$$e^*(t)=e(t)\sum_{n=0}^{\infty}\delta(t-nT)$$

由于 $e(t)$ 的数值仅在采样瞬时才有意义,所以上式又可表示为

$$e^*(t)=\sum_{n=0}^{\infty}e(nT)\delta(t-nT) \tag{2-53}$$

值得注意的是,在上述讨论过程中,假设了

$$e(t)=0, \quad \forall t<0$$

因此脉冲序列从零开始。这个前提在实际控制系统中通常都是满足的。

2. 香农采样定理

在设计离散系统时,香农采样定理是必须严格遵守的一条准则,因为它指明了从采样信号中不失真地复现原连续信号所必需的理论上的最小采样周期 T。

香农采样定理指出:如果采样器的输入信号 $e(t)$ 具有有限带宽,并且又知道 ω_h 的频率分量,则使信号 $e(t)$ 圆满地从采样信号 $e^*(t)$ 中恢复过来的采样周期 T,满足下列条件:

$$T\leqslant\frac{2\pi}{2\omega_h} \tag{2-54}$$

采样定理表达式(2-54)与 $\omega_s\geqslant2\omega_h$ 是等价的。在满足香农采样定理的条件下,要想不

图 2-26　理想滤波器的频率特性

失真地复现采样器的输入信号，需要采用图 2-26 所示的理想滤波器，其频率特性的幅值 $|F(j\omega)|$ 必须在 $\omega = \omega_s/2$ 处突然截止，那么在理想滤波器的输出端便可以准确得到 $|E(j\omega)|/T$ 的连续频谱，除了幅值变化为 $1/T$ 外，频谱形状没有畸变。在满足香农采样定理的条件下，理想采样器的特性如图 2-27 所示。图 2-27(a) 为连续输入信号及其频谱；图 2-27(b) 为理想单位脉冲序列及其频谱；图 2-27(c) 为输出采样信号及其频谱。

(a) 连续输入信号及其频谱

(b) 理想单位脉冲序列及其频谱

(c) 输出采样信号及其频谱

图 2-27　理想采样器特性

应当指出，香农采样定理只是给出了一个选择采样周期 T 或采样频率 f_s 的指导原则，它给出的是由采样脉冲序列无失真地复现原连续信号所允许的最大采样周期，或最低采样频率。在控制工程实践中，一般总是取 $\omega_s > 2\omega_h$，而不取恰好等于 $2\omega_h$ 的情形。

3. 采样周期的选取

采样定理只给出了采样周期选择的基本原则，并未给出选择采样周期的具体方法。显然，采样周期 T 选得越小，即采样角频率 ω_s 选得越高，对控制过程的信息获得的越多，控制效果也会越好。但是采样周期 T 选得过小，将增加不必要的计算负担，造成实现较复杂控制规律的困难，而且采样周期 T 小到一定的程度后，再减小就没有多大实际意义了。反之，采样周期 T 选得过大，又会给控制过程带来较大的误差，导致系统的动态性能降低，甚至有可能导致整个控制系统失去稳定。

工程实践表明,根据表 2-4 给出的参考数据选择采样周期 T 可以取得满意的控制效果。但是对于快速随动系统,采样周期 T 的选择将是系统设计中必须认真考虑的问题。采样周期的选取在很大程度上取决于系统的性能指标。

表 2-4　工业过程 T 的选择

控 制 过 程	采样周期 T/s	控 制 过 程	采样周期 T/s
流量	1	温度	20
压力	5	成分	20
液面	5		

应当指出,采样周期选择得当是连续信号 $e(t)$ 可以从采样信号 $e^*(t)$ 中完全复现的前提。然而,图 2-26 所示的理想滤波器实际上并不存在,因此只能用特性接近理想滤波器的低通滤波器来代替,零阶保持器是常用的低通滤波器之一。为此,需要研究信号保持过程。

4. 信号保持

用数字计算机作为系统的信息处理机构时,处理结果的输出如同原始信号的获取一样,一般也有两种方式。一种是直接数字输出,如屏幕显示、打印输出,或将数列以二进制形式反馈给相应的寄存器;另一种需要把数字信号转换为连续信号。用于后一种转换过程的装置,称为保持器。从数学上说,保持器的任务是解决各采样点之间的插值问题。

1) 保持器的数学描述

由采样过程的数学描述可知,在采样时刻,连续信号的函数值与脉冲序列的脉冲强度相等。在 nT 时刻,有

$$e(t)\,|_{t=nT} = e(nT) = e^*(nT)$$

而在 $(n+1)T$ 时刻,则有

$$e(t)\,|_{t=(n+1)T} = e[(n+1)T] = e^*[(n+1)T]$$

然而,在脉冲序列 $e^*(t)$ 向连续信号 $e(t)$ 的转换过程中,在 nT 与 $(n+1)T$ 时刻之间,即当 $0 < \Delta t < T$ 时,连续信号 $e(nT+\Delta t)$ 究竟有多大? 它与 $e(nT)$ 的关系如何? 这就是保持器要解决的问题。

实际上,保持器是具有外推功能的元件。保持器的外推作用表现为现在时刻的输出信号取决于过去时刻离散信号的外推。通常,采用如下多项式外推公式描述保持器:

$$e(nT+\Delta t) = a_0 + a_1\Delta t + a_2(\Delta t)^2 + \cdots + a_m(\Delta t)^m \tag{2-55}$$

式中,Δt 是以 nT 时刻为原点的坐标;T 为采样周期。式(2-55)表示:现在时刻的输出 $e(nT+\Delta t)$ 取决于 $\Delta t = 0, -T, -2T, \cdots, -mT$ 各过去时刻的离散信号 $e^*(nT)$, $e^*[(n-1)T], e^*[(n-2)T], \cdots, e^*[(n-m)T]$ 的 $m+1$ 个值。外推公式中 $m+1$ 个待定系数 $a_i (i=0,1,\cdots,m)$ 唯一地由过去各采样时刻 $m+1$ 个离散信号值 $e^*[(n-i)T]$ $(i=0,1,\cdots,m)$ 确定,故系数 a_i 有唯一解。这种保持器称为 m 阶保持器。若取 $m=0$,则称零阶保持器;$m=1$,称一阶保持器。在工程实践中,普遍采用零阶保持器。

2) 零阶保持器

零阶保持器的外推公式为

$$e(nT+\Delta t) = a_0$$

显然，$\Delta t = 0$ 时，上式也成立。所以

$$a_0 = e(nT)$$

则零阶保持器的数学表达式为

$$e(nT + \Delta t) = e(nT)$$
$$0 \leqslant \Delta t < T \tag{2-56}$$

上式说明，零阶保持器是一种按常值外推的保持器，它把前一采样时刻 nT 的采样值 $e(nT)$（因为在各采样点上，$e^*(nT) = e(nT)$）一直保持到下一采样时刻 $(n+1)T$ 到来之前，从而使采样信号 $e^*(t)$ 变成阶梯信号 $e_h(t)$，零阶保持器的输出特性如图 2-28 所示。

如果把阶梯信号 $e_h(t)$ 的中点连接起来，如图 2-28 中点画线所示，则可以得到与连续信号 $e(t)$ 形状一致但在时间上落后 $T/2$ 的响应 $e[t-(T/2)]$。

式(2-56)还表明：零阶保持过程是由于理想脉冲 $e(nT)\delta(t-nT)$ 作用的结果。如果给零阶保持器输入一个理想单位脉冲 $\delta(t)$，则其脉冲过渡函数 $g_h(t)$ 是幅值为 1、持续时间为 T 的矩形脉冲，并可分解为两个单位阶跃函数的和：

$$g_h(t) = 1(t) - 1(t - T)$$

对脉冲过渡函数 $g_h(t)$ 取拉氏变换，可得零阶保持器的传递函数：

图 2-28 零阶保持器的输出特性

$$G_h(s) = \frac{1}{s} - \frac{e^{-Ts}}{s} = \frac{1 - e^{-Ts}}{s} \tag{2-57}$$

在式(2-57)中，令 $s = j\omega$，得零阶保持器的频率特性：

$$G_h(j\omega) = \frac{1 - e^{-j\omega T}}{j\omega} = \frac{2e^{-j\omega T/2}(e^{j\omega T/2} - e^{-j\omega T/2})}{2j\omega}$$

$$= T\frac{\sin(\omega T/2)}{(\omega T/2)}e^{-j\omega T/2} \tag{2-58}$$

若以采样角频率 $\omega_s = 2\pi/T$ 来表示，则式(2-58)可表示为

$$G_h(j\omega) = \frac{2\pi}{\omega_s}\frac{\sin\pi(\omega/\omega_s)}{\pi(\omega/\omega_s)}e^{-j\pi(\omega/\omega_s)} \tag{2-59}$$

根据式(2-59)，可画出零阶保持器的幅频特性 $|G_h(j\omega)|$ 和相频特性 $\angle G_h(j\omega)$，零阶保持器的幅频特性和相频特性（$T=4$，MATLAB）如图 2-29 所示。由图可见，零阶保持器具有如下特性。

（1）低通特性。由于幅频特性的幅值随频率的增大而迅速衰减，说明零阶保持器基本是一个低通滤波器，但与理想滤波器特性相比，在 $\omega = \omega_s/2$ 时，其幅值只有初值的 63.7%，且截止频率不止一个，所以零阶保持器除允许主要频

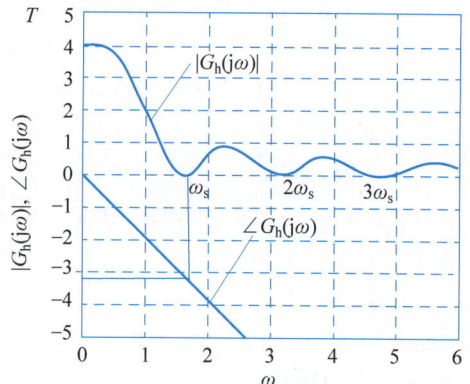

图 2-29 零阶保持器的幅频特性和相频特性（$T=4$，MATLAB）

谱分量通过外,还允许部分高频频谱分量通过,从而造成数字控制系统的输出中存在纹波。

(2) 相角滞后特性。由相频特性可见,零阶保持器会产生相角滞后,且随 ω 的增大而加大,在 $\omega = \omega_s$ 处,相角滞后可达 $-180°$,从而使闭环系统的稳定性变差。

(3) 时间滞后特性。零阶保持器的输出为阶梯信号 $e_h(t)$,其平均响应为 $e[t - (T/2)]$,表明其输出比输入在时间上滞后 $T/2$,相当于给系统增加了一个延迟时间为 $T/2$ 的延迟环节,使系统总的相角滞后增大,对系统的稳定性不利;此外,零阶保持器的阶梯输出也同时增加了系统输出中的纹波。

与零阶保持器相比,一阶保持器复现原信号的准确度较高。然而,一阶保持器的幅频特性普遍较大,允许通过的信号高频分量较多,更易造成纹波。此外,一阶保持器的相角滞后比零阶保持器大,在 $\omega = \omega_s$ 时,可达 $-280°$,对系统的稳定性更加不利,因此在数字控制系统中,一般很少采用一阶保持器,基本不采用高阶保持器,而普遍采用零阶保持器。

在工程实践中,零阶保持器可用输出寄存器实现。在正常情况下,还应附加模拟滤波器,以有效地去除在采样频率及其谐波频率附近的高频分量。

2.3.3　离散时间控制系统的数学模型与脉冲传递函数

为了研究离散系统的性能,需要建立离散系统的数学模型。与连续系统的数学模型类似,线性离散系统的数学模型有差分方程、脉冲传递函数和离散状态空间表达式三种。本节主要介绍差分方程及其解法、脉冲传递函数的基本概念以及闭环脉冲传递函数的建立方法。

1. 离散系统的数学定义

在离散系统理论中,涉及的数字信号总是以序列的形式出现。因此,可以把离散系统抽象为如下数学定义:

将输入序列 $r(n)(n = 0, \pm1, \pm2, \cdots)$ 变换为输出序列 $c(n)$ 的一种变换关系,称为离散系统。记为

$$c(n) = F[r(n)] \tag{2-60}$$

式中,$r(n)$ 和 $c(n)$ 为 $t = nT$ 时系统的输入序列 $r(nT)$ 和输出序列 $c(nT)$;T 为采样周期。

如果式(2-60)所示的变换关系是线性的,则称为线性离散系统;如果这种变换关系是非线性的,则称为非线性离散系统。

1) 线性离散系统

如果离散系统(2-60)满足叠加原理,则称为线性离散系统,即有如下关系式:

若 $c_1(n) = F[r_1(n)], c_2(n) = F[r_2(n)]$,且有 $r(n) = ar_1(n) \pm br_2(n)$,其中,$a$ 和 b 为任意常数,则

$$\begin{aligned}
c(n) = F[r(n)] &= F[ar_1(n) \pm br_2(n)] \\
&= aF[r_1(n)] \pm bF[r_2(n)] = ac_1(n) \pm bc_2(n)
\end{aligned}$$

2) 线性定常离散系统

输入与输出关系不随时间而改变的线性离散系统,称为线性定常离散系统。例如,当输入序列为 $r(n)$ 时,输出序列为 $c(n)$;如果输入序列变为 $r(n-k)$,相应的输出序列为 $c(n-k)$,其中 $k = 0, \pm1, \pm2, \cdots$,则这样的系统称为线性定常离散系统。

本章所研究的离散系统为线性定常离散系统,可以用线性定常(常系数)差分方程描述。

2. 线性常系数差分方程及其解法

对于一般的线性定常离散系统，k 时刻的输出 $c(k)$，不但与 k 时刻的输入 $r(k)$ 有关，而且与 k 时刻以前的输入 $r(k-1)$，$r(k-2)$，…有关，同时还与 k 时刻以前的输出 $c(k-1)$，$c(k-2)$，…有关。这种关系一般可以用下列 n 阶后项差分方程描述：

$$c(k)+a_1 c(k-1)+a_2 c(k-2)+\cdots+a_{n-1}c(k-n+1)+a_n c(k-n)$$
$$=b_0 r(k)+b_1 r(k-1)+\cdots+b_{m-1}r(k-m+1)+b_m r(k-m)$$

上式亦可表示为

$$c(k)=-\sum_{i=1}^{n}a_i c(k-i)+\sum_{j=0}^{m}b_j r(k-j) \tag{2-61}$$

式中，$a_i(i=1,2,\cdots,n)$ 和 $b_j(j=0,1,\cdots,m)$ 为常系数，$m\leqslant n$。式(2-61)称为 n 阶线性常系数差分方程，它在数学上代表一个线性定常离散系统。

线性定常离散系统也可以用如下 n 阶前项差分方程来描述：

$$c(k+n)+a_1 c(k+n-1)+\cdots+a_{n-1}c(k+1)+a_n c(k)$$
$$=b_0 r(k+m)+b_1 r(k+m-1)+\cdots+b_{m-1}r(k+1)+b_m r(k)$$

上式也可写为

$$c(k+n)=-\sum_{i=1}^{n}a_i c(k+n-i)+\sum_{j=0}^{m}b_j r(k+m-j) \tag{2-62}$$

线性常系数差分方程的求解方法有经典法、迭代法和 z 变换法。与微分方程的经典解法类似，差分方程的经典解法也要求出齐次方程的通解和非齐次方程的一个特解，非常不便。这里仅介绍工程上常用的后两种解法。

1）迭代法

若已知差分方程式(2-61)或式(2-62)，并且给定输出序列的初值，则可以利用递推关系在计算机上一步一步地算出输出序列。

2）z 变换法

设差分方程如式(2-62)所示，则用 z 变换法解差分方程，实质是对差分方程两端取 z 变换，并利用 z 变换的实数位移定理，得到以 z 为变量的代数方程，然后对代数方程的解 $C(z)$ 取 z 反变换，求得输出序列 $c(k)$。

差分方程的解可以提供线性定常离散系统在给定输入序列作用下的输出序列响应特性，但不便于研究系统参数变化对离散系统性能的影响。因此，需要研究线性定常离散系统的另一种数学模型——脉冲传递函数。

3. 脉冲传递函数

如果把 z 变换的作用仅仅理解为求解线性常系数差分方程，显然是不够的。z 变化更为重要的意义在于导出线性离散系统的脉冲传递函数，给线性离散系统的分析和校正带来极大的方便。

1）脉冲传递函数的定义

众所周知，利用传递函数研究线性连续系统的特性有公认的方便之处。对于线性连续系统，传递函数定义为在零初始条件下，输出量的拉氏变换与输入量的拉氏变换之比。对于线性离散系统,脉冲传递函数的定义与线性连续系统传递函数的定义类似。

设开环离散系统如图 2-30 所示,如果系统的初始条件为零,输入信号为 $r(t)$,采样后 $r^*(t)$ 的 z 变换函数为 $R(z)$,系统连续部分的输出为 $c(t)$,采样后 $c^*(t)$ 的 z 变换函数为 $C(z)$,则线性定常离散系统的脉冲传递函数定义为系统输出采样信号的 z 变换与输入采样信号的 z 变换之比,记为

图 2-30　开环离散系统

$$G(z) = \frac{C(z)}{R(z)} = \frac{\sum\limits_{n=0}^{\infty} c(nT)z^{-n}}{\sum\limits_{n=0}^{\infty} r(nT)z^{-n}} \tag{2-63}$$

零初始条件是指在 $t<0$ 时,输入脉冲序列各采样值 $r(-T),r(-2T),\cdots$ 以及输出脉冲序列各采样值 $c(-T),c(-2T),\cdots$ 均为零。

式(2-63)表明,如果已知 $R(z)$ 和 $G(z)$,则在零初始条件下,线性定常离散系统的输出采样信号为

$$c^*(t) = \mathcal{Z}^{-1}[C(z)] = \mathcal{Z}^{-1}[G(z)R(z)]$$

由于 $R(z)$ 是已知的,因此求 $c^*(t)$ 的关键在于求出系统的脉冲传递函数 $G(z)$。

然而,对大多数实际系统,输出往往是连续信号 $c(t)$ 而不是采样信号 $c^*(t)$,如图 2-31

图 2-31　实际开环离散系统

所示。此时,可以在系统输出端虚设一个理想采样开关,如图中虚线所示,它与输入采样开关同步工作,并具有相同的采样周期。如果系统的实际输出 $c(t)$ 比较平滑,且采样频率较高,则可用 $c^*(t)$ 近似描述 $c(t)$。必须指出,虚设的采样开关是不存在的,它只表明了脉冲传递函数所能描述的,只是输出连续函数 $c(t)$ 在采样时刻上的离散值 $c^*(t)$。

2)脉冲传递函数的意义

对于线性定常离散系统,如果输入为单位序列:

$$r(nT) = \delta(nT) = \begin{cases} 1, & n=0 \\ 0, & n \neq 0 \end{cases}$$

则系统输出称为单位脉冲响应序列,记为

$$c(nT) = K(nT)$$

由于线性定常离散系统的位移不变性(即定常性),当输入单位脉冲序列沿时间轴后移 k 个采样周期,成为 $\delta[(n-k)T]$ 时,输出单位脉冲响应序列亦相应后移 k 个采样周期,成为 $K[(n-k)T]$。在离散系统理论中,$K(nT)$ 和 $K[(n-k)T]$ 有个专有名称,称为"加权序列"。"加权"的含义:当对一个连续信号采样时,每一采样时刻的脉冲值,就等于该时刻的函数值。可见,任何一个采样序列也可以认为是被加了"权"的脉冲序列。

在线性定常离散系统中,如果输入采样信号

$$r^*(t) = \sum_{n=0}^{\infty} r(nT)\delta(t-nT)$$

是任意的，各采样时刻的输入脉冲值分别为 $r(0)\delta(nT), r(T)\delta[(n-1)T], \cdots, r(kT)\delta[(n-k)T], \cdots,$
则相应的输出脉冲值为 $r(0)K(nT), r(T)K[(n-1)T], \cdots, r(kT)K[(n-k)T], \cdots$。由
z 变换的线性定理可知，系统的输出响应序列可表示为

$$c(nT) = \sum_{k=0}^{\infty} K[(n-k)T]r(kT) = \sum_{k=0}^{\infty} K(kT)r[(n-k)T]$$

根据卷积定理，上式为离散卷积表达式，因而

$$c(nT) = K(nT) * r(nT)$$

若令加权序列的 z 变换

$$K(z) = \sum_{n=0}^{\infty} K(nT)z^{-n}$$

则由 z 变换的卷积定理

$$C(z) = K(z)R(z)$$

或者

$$K(z) = \frac{C(z)}{R(z)} \tag{2-64}$$

比较式(2-63)与式(2-64)，可知

$$G(z) = K(z) = \sum_{n=0}^{\infty} K(nT)z^{-n} \tag{2-65}$$

因此，脉冲传递函数的含义为系统脉冲传递函数 $G(z)$ 就等于系统加权序列 $K(nT)$ 的 z
变换。

如果描述线性定常离散系统的差分方程为

$$c(nT) = -\sum_{k=1}^{n} a_k c[(n-k)T] + \sum_{k=0}^{m} b_k r[(n-k)T]$$

在零初始条件下，对上式进行 z 变换，并应用 z 变换的实数位移定理，可得

$$C(z) = -\sum_{k=1}^{n} a_k C(z)z^{-k} + \sum_{k=0}^{m} b_k R(z)z^{-k}$$

整理得

$$G(z) = \frac{C(z)}{R(z)} = \frac{\sum_{k=0}^{m} b_k z^{-k}}{1 + \sum_{k=1}^{n} a_k z^{-k}} \tag{2-66}$$

这就是脉冲传递函数与差分方程的关系。

由上可见，差分方程、加权序列 $K(nT)$ 和脉冲传递函数 $G(z)$，都是对系统物理特性的
不同数学描述。它们的形式虽然不同，但实质不变，并且可以根据以上关系相互转换。

3）脉冲传递函数求法

连续系统或元件的脉冲传递函数 $G(z)$ 可以通过其传递函数 $G(s)$ 求取。根据式(2-65)
可知，由 $G(s)$ 求 $G(z)$ 的方法是，先求 $G(s)$ 的拉氏反变换，得到脉冲过渡函数 $K(t)$，即

$$K(t) = \mathcal{L}^{-1}[G(s)] \tag{2-67}$$

再将 $K(t)$ 按采样周期离散化,得加权序列 $K(nT)$;最后将 $K(nT)$ 进行 z 变换,按式(2-65)求出 $G(z)$。这一过程比较复杂。其实,根据常用时间函数的 z 变换表可以直接从 $G(s)$ 得到 $G(z)$,而不必逐步推导。

如果 $G(s)$ 为阶次较高的有理分式函数,在 z 变换表中找不到相应的 $G(z)$,则需将 $G(s)$ 展成部分分式,使各部分分式对应的 z 变换都是表中可以查到的形式,同样可以由 $G(s)$ 直接求出 $G(z)$。

顺便指出,在图 2-31 中,虚设采样开关的输出为采样输出

$$c^*(t) = K^*(t) = \sum_{n=0}^{\infty} c(nT)\delta(t-nT)$$

式中,$c(nT)=K(nT)$ 为加权序列。对上式取拉氏变换,得脉冲过渡函数的采样拉氏变换为

$$G^*(s) = \mathcal{L}[K^*(t)] = \sum_{n=0}^{\infty} K(nT)e^{-nsT}$$

若令 $z = e^{sT}$,得脉冲传递函数

$$G(z) = G^*(s)\Big|_{s=\frac{1}{T}\ln z} = \sum_{n=0}^{\infty} K(nT)z^{-n}$$

记为

$$G(z) = \mathcal{Z}[G^*(s)] \tag{2-68}$$

上式表明了加权序列 $K(nT)$ 的采样拉氏变换与其 z 变换的关系。习惯上,常把式(2-68)表示为

$$G(z) = \mathcal{Z}[G(s)]$$

并称之为 $G(s)$ 的 z 变换,这时应理解为根据 $G(s)$ 按式(2-65)求出所对应的 $G(z)$,但不能理解为 $G(s)$ 的 z 变换就是 $G(z)$。

4. 闭环系统脉冲传递函数

由于采样器在闭环系统中可以有多种配置的可能性,因此闭环离散系统没有唯一的结构图形式。图 2-32 是一种比较常见的误差采样闭环离散系统结构。图中虚线所示的理想采样开关是为了便于分析而虚设的,输入采样信号 $r^*(t)$ 和反馈采样信号 $b^*(t)$ 事实上并不存在。图中所有理想采样开关都同步工作,采样周期为 T。

由图 2-32 可见,连续输出信号和误差信号的拉氏变换为

$$C(s) = G(s)E^*(s)$$
$$E(s) = R(s) - H(s)C(s)$$

因此有

$$E(s) = R(s) - H(s)G(s)E^*(s)$$

于是,误差采样信号 $e^*(t)$ 的拉氏变换为

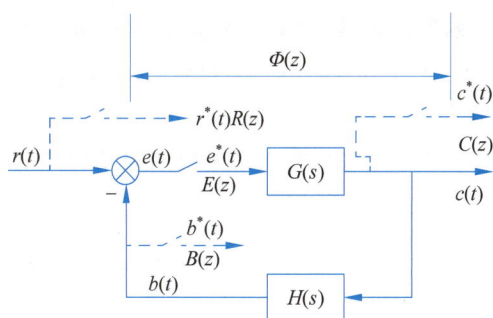

图 2-32 闭环离散系统结构

$$E^*(s) = R^*(s) - HG^*(s)E^*(s)$$

整理得

$$E^*(s) = \frac{R^*(s)}{1 + HG^*(s)} \quad\quad\quad (2\text{-}69)$$

由于

$$C^*(s) = [G(s)E^*(s)]^* = G^*(s)E^*(s) = \frac{G^*(s)}{1 + HG^*(s)}R^*(s) \quad\quad (2\text{-}70)$$

所以对式(2-69)及式(2-70)取 z 变换，可得

$$E(z) = \frac{1}{1 + HG(z)}R(z) \quad\quad\quad (2\text{-}71)$$

$$C(z) = \frac{G(z)}{1 + HG(z)}R(z) \quad\quad\quad (2\text{-}72)$$

根据式(2-71)，定义

$$\Phi_e(z) = \frac{E(z)}{R(z)} = \frac{1}{1 + HG(z)} \quad\quad\quad (2\text{-}73)$$

为闭环离散系统对于输入量的误差脉冲传递函数。根据式(2-72)，定义

$$\Phi(z) = \frac{C(z)}{R(z)} = \frac{G(z)}{1 + HG(z)} \quad\quad\quad (2\text{-}74)$$

为闭环离散系统对于输入量的脉冲传递函数。

式(2-73)和式(2-74)是研究闭环离散系统经常用到的两个闭环脉冲传递函数。与连续系统类似，令 $\Phi(z)$ 或 $\Phi_e(z)$ 的分母多项式为零，便可得到闭环离散系统的特征方程

$$D(z) = 1 + GH(z) = 0 \quad\quad\quad (2\text{-}75)$$

式中，$GH(z)$ 为闭环离散系统脉冲传递函数。

需要指出，闭环离散系统脉冲传递函数不能从对 $\Phi(s)$ 和 $\Phi_e(s)$ 求 z 变换得到，即

$$\Phi(z) \neq \mathcal{Z}[\Phi(s)], \quad \Phi_e(z) \neq \mathcal{Z}[\Phi_e(s)]$$

这也是由于采样器在闭环系统中有多种配置之故。

通过与上面类似的方法，还可以推导出采样器为不同配置形式的其他闭环系统的脉冲传递函数。但是，只要误差信号 $e(t)$ 处没有采样开关，输入采样信号 $r^*(t)$（包括虚构的 $r^*(t)$）便不存在，此时不可能求出闭环离散系统对于输入量的脉冲传递函数，而只能求出输出采样信号的 z 变换函数 $C(z)$。

当采样器在闭环离散系统典型结构中时（图 2-33），该闭环离散系统对于输入量的脉冲传递函数为

$$\Phi(z) = \frac{C(z)}{R(z)} = \frac{G(z)}{1 + HG(z)} \quad\quad\quad (2\text{-}76)$$

图 2-33　闭环离散系统典型结构

2.3.4　离散时间控制系统的稳定性分析

1. s 平面和 z 平面之间的映射关系

在 z 变换定义中，$z = \mathrm{e}^{sT}$ 给出了 s 域到 z 域的关系。s 域中的任意点可表示为 $s = \sigma + \mathrm{j}\omega$，映射到 z 域则为

$$z = \mathrm{e}^{(\sigma + \mathrm{j}\omega)T} = \mathrm{e}^{\sigma T}\mathrm{e}^{\mathrm{j}\omega T}$$

于是，s 域到 z 域的基本映射关系式为

$$|z| = \mathrm{e}^{\sigma T}, \quad \angle z = \omega T \tag{2-77}$$

令 $\sigma = 0$，$|z| = \mathrm{e}^{\sigma T} = 1$，相当于取 s 平面的虚轴，当 ω 从 $-\infty$ 变到 ∞ 时，由式(2-76)可知，映射到 z 平面的轨迹是以原点为圆心的单位圆。当 s 平面上的点沿虚轴从 $-\infty$ 移到 ∞ 时，z 平面上的相应点已经沿着单位圆转过了无穷多圈。这是因为当 s 平面上的点沿虚轴从 $-\omega_s/2$ 移动到 $\omega_s/2$ 时，其中 ω_s 为采样角频率，z 平面上的相应点沿单位圆从 $-\pi$ 逆时针变化到 π（见式(2-77)中 $\angle z$ 计算式），正好转了一圈；而当 s 平面上的点在虚轴上从 $\omega_s/2$ 移动到 $3\omega_s/2$ 时，z 平面上的相应点又将沿单位圆逆时针转过一圈。以此类推，如图 2-34 所示。由图可见，可以把 s 平面划分为无穷多条平行于实轴的周期带，其中从 $-\omega_s/2$ 到 $\omega_s/2$ 的周期带称为主要带，其余的周期带称为次要带。为了研究 s 平面上的主要带在 z 平面上的映射，可分以下几种情况讨论。

图 2-34　s 平面虚轴在 z 平面上的映射

1）等 σ 线映射

s 平面上的等 σ 垂线映射到 z 平面上的轨迹，是以原点为圆心，$|z| = \mathrm{e}^{\sigma T}$ 为半径的圆，其中 T 为采样周期，如图 2-35 所示。由于 s 平面上的虚轴映射为 z 平面上的单位圆，所以 s 左半平面上的等 σ 线映射为 z 平面上的同心圆，在单位圆内；s 右半平面上的等 σ 线映射为 z 平面上的同心圆，在单位圆外。

2）等 ω 线映射

在特定采样周期 T 下，由式(2-77)可知，s 平面上的等 ω 水平线映射到 z 平面上的轨迹，是一簇从原点出发的射线，其相角 $\angle z = \omega T$ 从正实轴计量，如图 2-36 所示。由图可见，s 平面上 $\omega = \omega_s/2$ 水平线在 z 平面上正好映射为负实轴。

3）等 ζ 线映射

s 平面上的等 ζ 线可用下式描述：

$$s = -\omega\tan\beta + \mathrm{j}\omega$$

图 2-35　s 平面（a）和 z 平面（b）上的等 σ 轨迹

图 2-36　s 平面（a）和 z 平面（b）上的等 ω 轨迹

式中，β 为 ζ 线与虚轴之间的夹角。于是

$$z = e^{sT} = e^{(-\omega\tan\beta + j\omega)T}$$

因此，等 ζ 线从 s 域到 z 域的映射关系式为

$$|z| = e^{-(2\pi/\omega_s)\omega\tan\beta}, \quad \angle z = \frac{2\pi\omega}{\omega_s} \tag{2-78}$$

由式（2-78）可见，除 $\beta = 0°$ 和 $\beta = 90°$ 外，当 β 为常数时，s 左半平面上的等 ζ 线，映射为 z 平面上单位圆内一簇收敛的对数螺旋线，其起点为 z 平面上正实轴的 1 处，终点为 z 平面的原点。图 2-37 表示了 $\beta = 30°$ 的等 ζ 线映射关系。

有了以上映射关系，可以讨论 s 平面上周期带在 z 平面上的映射。设 s 平面上的主要带如图 2-38（a）所示，通过 $z = e^{sT}$ 变换，映射为 z 平面上的单位圆及单位圆内的负实轴，如图 2-38（b）所示。类似地，由于

$$e^{(s+jn\omega_s)T} = e^{sT}e^{j2n\pi} = e^{sT} = z$$

因此 s 平面上所有的次要带在 z 平面上均映射为相同的单位圆及单位圆内的负实轴。

2. 离散系统稳定的充分必要条件

定义　若离散系统在有界输入序列作用下，其输出序列也是有界的，则称该离散系统是稳定的。

众所周知，在线性定常连续系统中，系统稳定的充分必要条件是指系统齐次微分方程的解是收敛的，或者系统特征方程式的根均具有负实部，或者系统传递函数的极点均位于 s 左

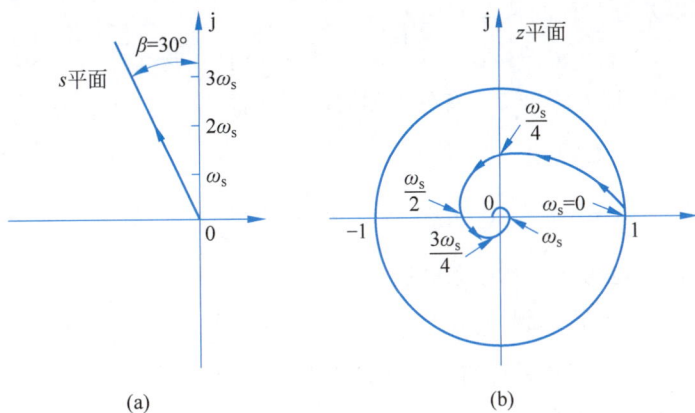

图 2-37 s 平面（a）和 z 平面（b）上的等 ζ 轨迹（$\beta=30°$）

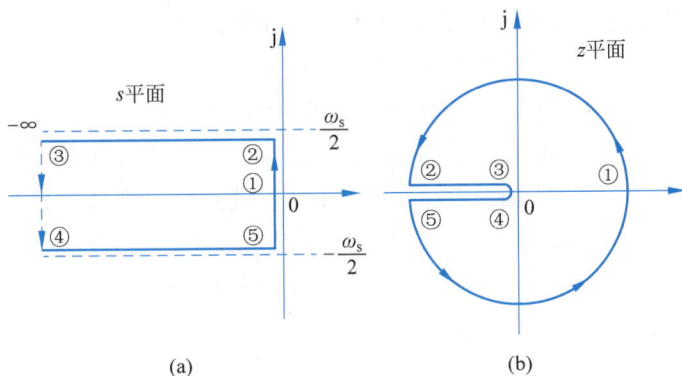

图 2-38 s 左半平面（a）上的主要带在 z 平面（b）上的映射

半平面。连续系统这种在时域或 s 域描述系统稳定性的方法同样可以推广到离散系统。对于线性定常离散系统，时域中的数学模型是线性定常差分方程，z 域中的数学模型是脉冲传递函数，因此线性定常离散系统稳定的充分必要条件，可以从以下两方面进行研究。

1）时域中离散系统稳定的充分必要条件

设线性定常差分方程如式（2-61）所示，即

$$c(k)=-\sum_{i=1}^{n}a_i c(k-i)+\sum_{j=0}^{m}b_j r(k-j)$$

其齐次差分方程为

$$c(k)+\sum_{i=1}^{n}a_i c(k-i)=0$$

设通解为 $A\alpha^2$，代入齐次方程，得

$$A\alpha^l+a_1 A\alpha^{l-1}+\cdots+a_n A\alpha^{l-n}=0$$

或

$$A\alpha^l(a^0+a_1\alpha^{-1}+\cdots+a_n\alpha^{-n})=0$$

因 $A\alpha^l\neq0$，故必有

$$a^0+a_1\alpha^{-1}+\cdots+a_n\alpha^{-n}=0$$

以 α^n 乘以上式,得差分方程的特征方程为

$$\alpha^n + a_1\alpha^{n-1} + a_2\alpha^{n-2} + \cdots + a_n = 0 \qquad (2\text{-}79)$$

不失一般性,设特征方程(2-79)有各不相同的特征根 $\alpha_1, \alpha_2, \cdots, \alpha_n$,则差分方程(2-61)的通解为

$$c(k) = A_1\alpha_1^l + A_2\alpha_2^l + \cdots + A_n\alpha_n^l = \sum_{i=1}^{n} A_i\alpha_i^l, \quad k = 0,1,2,\cdots$$

式中,系数 A_i 可由给定的 n 个初始条件决定。

当特征方程(2-79)的特征根 $|\alpha_i| < 1 (i=1,2,\cdots,n)$ 时,必有 $\lim\limits_{k\to\infty} c(k) = 0$,故系统稳定的充分必要条件为:当且仅当差分方程(2-61)所有特征根的模 $|\alpha_i| < 1 (i=1,2,\cdots,n)$,相应的线性定常离散系统是稳定的。

2) z 域中离散系统稳定的充分必要条件

设典型离散系统结构如图 2-32 所示,其特征方程为式(2-75),即

$$D(z) = 1 + GH(z) = 0$$

不失一般性,设特征方程(2-75)的特征根或闭环脉冲传递函数方程(2-74)的极点为各不相同的 $z_1, z_2, \cdots, z_n$。由 s 域到 z 域的映射关系知:s 左半平面映射为 z 平面上单位圆内的区域,对应稳定区域;s 右半平面映射为 z 平面上单位圆外的区域,对应不稳定区域;s 平面上的虚轴映射为 z 平面上的单位圆周,对应临界稳定情况。因此,在 z 域中,线性定常离散系统稳定的充分必要条件是为:当且仅当离散系统特征方程(2-75)的全部特征根均分布在 z 平面上的单位圆内,或者所有特征根的模均小于 1,即 $|z_i| < 1 (i=1,2,\cdots,n)$ 时,相应的线性定常离散系统是稳定的。

应当指出,上述稳定条件虽然是从特征方程无重特征根的情况下推导的,但是对于有重根的情况,也是正确的。此外,在现实系统中,不存在临界稳定情况,若 $|z_i|=1$ 或 $|\alpha_i|=1$,在经典控制理论中,系统也属于不稳定范畴。

例 2-5 设一离散系统可用下列差分方程描述:

$$c(n+1) - ac(n) = br(n), \quad c(0) \neq 0$$

试分析系统稳定的充分必要条件。

解 给定系统相应的齐次方程为

$$c(n+1) - ac(n) = 0$$

利用迭代法,可求出通解为

$$c(n+1) = a^{n+1}c(0)$$

由于 $c(0) \neq 0$,因此当 $|a| < 1$ 时,才有 $\lim\limits_{k\to\infty} c(k) = 0$。故系统稳定的充分必要条件是 $|a| < 1$。

例 2-6 设离散系统结构如图 2-32 所示,其中 $G(s) = 10/s(s+1), H(s)=1, T=1$。试分析该系统的稳定性。

解 由已知 $G(s)$ 可求出闭环脉冲传递函数

根据式(2-75),本例闭环特征方程为

$$1 + G(z) = 1 + \frac{10(1-\mathrm{e}^{-1})z}{(z-1)(z-\mathrm{e}^{-1})} = 0$$

即 $z^2 + 4.952z + 0.368 = 0$

解出特征方程的根

$$z_1 = -0.076, \quad z_2 = -4.876$$

因为 $|z_2| > 1$，所以该离散系统不稳定。

3. w 变换与劳斯稳定判据

连续系统的劳斯-赫尔维茨稳定判据，是通过系统特征方程的系数及其符号判别系统稳定性的。这种对特征方程系数和符号以及系数之间满足某些关系的判据，实质是判断系统特征方程的根是否都在 s 左半平面。但是，在离散系统中需要判断系统特征方程的根是否都在 z 平面上的单位圆内。因此，连续系统中的劳斯判据不能直接套用，必须引入另一种 z 域到 w 域的线性变换，使 z 平面上的单位圆内区域映射成 w 平面上的左半平面，这种新的坐标变换，称为双线性变换，或称为 w 变换。

如果令

$$z = \frac{w+1}{w-1} \tag{2-80}$$

则有

$$w = \frac{z+1}{z-1} \tag{2-81}$$

式(2-80)与式(2-81)表明，复变量 z 与 w 互为线性变换，故 w 变换又称双线性变换。

令复变量

$$z = x + \mathrm{j}y, \quad w = u + \mathrm{j}v$$

代入式(2-81)，得

$$u + \mathrm{j}v = \frac{(x^2+y^2)-1}{(x-1)^2+y^2} - \mathrm{j}\,\frac{2y}{(x-1)^2+y^2}$$

显然

$$u = \frac{(x^2+y^2)-1}{(x-1)^2+y^2}$$

由于上式的分母 $(x-1)^2+y^2$ 始终为正，因而 $u=0$ 等价为 $x^2+y^2=1$，表明 w 平面的虚轴对应 z 平面上的单位圆周；$u<0$ 等价为 $x^2+y^2<1$，表明 w 左半平面对应 z 平面上单位圆内的区域；$u>0$ 等价为 $x^2+y^2>1$，表明 w 右半平面对应 z 平面上单位圆外的区域。z 平面和 w 平面的这种对应关系如图 2-39 所示。

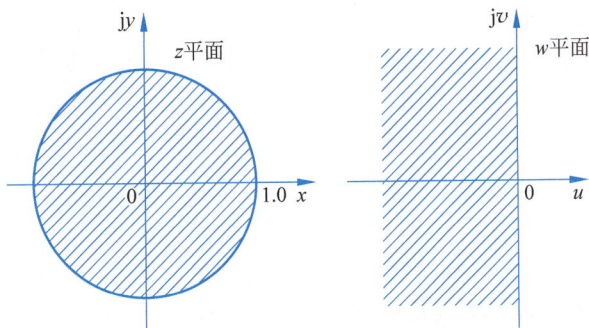

图 2-39　z 平面与 w 平面的对应关系

由 w 变换可知,通过式(2-80),可将线性定常离散系统在 z 平面上的特征方程 $1+GH(z)=0$,转换为在 w 平面上的特征方程 $1+GH(w)=0$。于是,离散系统稳定的充分必要条件,由特征方程 $1+GH(z)=0$ 的所有根位于 z 平面上的单位圆内,转换为特征方程 $1+GH(w)=0$ 的所有根位于 w 左半平面。后一种情况正好与在 s 平面上应用劳斯稳定判据的情况一样,所以根据 w 域中的特征方程系数,可以直接应用劳斯表判断离散系统的稳定性,并相应称为 w 域中的劳斯稳定判据。

例 2-7 设闭环离散系统如图 2-40 所示,其中采样周期 $T=0.1\mathrm{s}$,试求系统稳定时 K 的临界值。

图 2-40 闭环离散系统

解 求出 $G(s)$ 的 z 变换:

$$G(z)=\frac{0.632Kz}{z^2-1.368z+0.368}$$

因闭环脉冲传递函数为

$$\Phi(z)=\frac{G(z)}{1+G(z)}$$

故闭环特征方程为

$$1+G(z)=z^2+(0.632K-1.368)z+0.368=0$$

令 $z=(w+1)/(w-1)$,得

$$\left(\frac{w+1}{w-1}\right)^2+(0.632K-1.368)\left(\frac{w+1}{w-1}\right)+0.368=0$$

化简后,得 w 域特征方程为

$$0.632Kw^2+1.264w+(2.736-0.632K)=0$$

列出劳斯表:

w^2	$0.632K$	$2.736-0.632K$
w^1	1.264	0
w^0	$2.736-0.632K$	0

从劳斯表第一列系数可以看出,为保证系统稳定,必须使 $K>0$ 和 $2.736-0.632K>0$,即 $K<4.33$。故系统稳定的临界增益 $K_c=4.33$。

对于线性定常离散系统,除了采用 w 变换在 w 域中利用劳斯判据判断系统的稳定性外,还可以在 z 域中应用朱利稳定判据判断离散系统的稳定性。

4. 朱利(Jury)稳定判据

朱利稳定判据是直接在 z 域内应用的稳定性判据,类似于连续系统中的赫尔维茨判据,朱利稳定判据是根据离散系统的闭环特征方程 $D(z)=0$ 的系数,判别其根是否位于 z 平面上的单位圆内,从而判断该离散系统是否稳定。

设离散系统 n 阶闭环特征方程可以写为

$$D(z) = a_0 + a_1 z + a_2 z^2 + \cdots + a_n z^n = 0, \quad a_n > 0$$

利用特征方程的系数,按照下述方法构造 $2n-3$ 行、$n+1$ 列朱利阵列,如表 2-5 所示。

表 2-5　朱利阵列

行数	z^0	z^1	z^2	z^3	$\cdots$	z^{n-k}	$\cdots$	z^{n-1}	z^n
1	a_0	a_1	a_2	a_3	$\cdots$	a_{n-k}	$\cdots$	a_{n-1}	a_n
2	a_n	a_{n-1}	a_{n-2}	a_{n-3}	$\cdots$	a_k	$\cdots$	a_1	a_0
3	b_0	b_1	b_2	b_3	$\cdots$	b_{n-k}	$\cdots$	b_{n-1}	
4	b_{n-1}	b_{n-2}	b_{n-3}	b_{n-4}	$\cdots$	b_{k-1}	$\cdots$	b_0	
5	c_0	c_1	c_2	c_3	$\cdots$	c_{n-2}			
6	c_{n-2}	c_{n-3}	c_{n-4}	c_{n-5}	$\cdots$	c_0			
$\vdots$	$\vdots$	$\vdots$	$\vdots$	$\vdots$					
$2n-5$	p_0	p_1	p_2	p_3					
$2n-4$	p_3	p_2	p_1	p_0					
$2n-3$	q_0	q_1	q_2						

在朱利阵列中,第 $2k+2$ 行各元,是 $2k+1$ 行各元的反序排列。从第三行起,阵列中各元的定义如下:

$$b_k = \begin{vmatrix} a_0 & a_{n-k} \\ a_n & a_k \end{vmatrix}, \quad k = 0, 1, \cdots, n-1$$

$$c_k = \begin{vmatrix} b_0 & b_{n-k-1} \\ b_{n-1} & b_k \end{vmatrix}, \quad k = 0, 1, \cdots, n-2$$

$$d_k = \begin{vmatrix} c_0 & c_{n-k-2} \\ c_{n-2} & c_k \end{vmatrix}, \quad k = 0, 1, \cdots, n-3$$

$$\cdots$$

$$q_k = \begin{vmatrix} p_0 & p_3 \\ p_3 & p_0 \end{vmatrix}, \quad q_1 = \begin{vmatrix} p_0 & p_2 \\ p_3 & p_1 \end{vmatrix}, \quad q_2 = \begin{vmatrix} p_0 & p_1 \\ p_3 & p_2 \end{vmatrix}$$

朱利稳定判据:特征方程 $D(z) = 0$ 的根全部位于 z 平面上单位圆内的充分必要条件是

$$D(1) > 0, \quad D(-1) \begin{cases} > 0, & n \text{ 为偶数} \\ < 0, & n \text{ 为奇数} \end{cases}$$

以及下列 $n-1$ 个约束条件成立

$$|a| < a_n, \quad |b| > |b_{n-1}|, \quad c_0 > |c_{n-2}|$$
$$|d| > |d_{n-3}|, \cdots, |q_0| > |q|$$

只有当上述诸条件均满足时,离散系统才是稳定的,否则系统不稳定。

例 2-8　已知离散系统闭环特征方程为

$$D(z) = z^4 - 1.368 z^3 + 0.4 z^2 + 0.08 z + 0.002 = 0$$

试用朱利稳定判据判断系统的稳定性。

解   由于 $n=4, 2n-3=5$，故朱利阵列有 5 行 5 列。根据给定的 $D(z)$ 知：$a_0=0.002$，$a_1=0.08$，$a_2=0.4$，$a_3=-1.368$，$a_4=1$。

计算朱利阵列中的元素 b_k 和 c_k：

$$b_0=\begin{vmatrix} a_0 & a_4 \\ a_4 & a_0 \end{vmatrix}=-1, \quad b_1=\begin{vmatrix} a_0 & a_3 \\ a_4 & a_1 \end{vmatrix}=1.368$$

$$b_2=\begin{vmatrix} a_0 & a_2 \\ a_4 & a_2 \end{vmatrix}=-0.399, \quad b_3=\begin{vmatrix} a_0 & a_1 \\ a_4 & a_3 \end{vmatrix}=-0.082$$

$$c_0=\begin{vmatrix} b_0 & b_3 \\ b_3 & b_0 \end{vmatrix}=0.993, \quad c_1=\begin{vmatrix} b_0 & b_2 \\ b_3 & b_1 \end{vmatrix}=-1.401$$

$$c_2=\begin{vmatrix} b_0 & b_1 \\ b_3 & b_2 \end{vmatrix}=0.511$$

作出如下朱利阵列：

行　　数	z^0	z^1	z^2	z^3	z^4
1	0.002	0.08	0.4	-1.368	1
2	1	-1.368	0.4	0.08	0.002
3	-1	1.368	-0.399	-0.082	
4	-0.082	-0.399	1.368	-1	
5	0.993	-1.401	0.511		

因为

$$D(1)=0.114>0, \quad D(-1)=2.69>0$$
$$|a_0|=0.002, \quad a_4=1 \text{ 满足 } |a_0|<a_4$$
$$|b_0|=1, \quad |b_3|=0.082, \text{满足 } |b_0|>|b_3|$$
$$|c_0|=0.933, |c_2|=0.511, \text{满足 } |c_0|>|c_2|$$

故由朱利稳定判据知，该离散系统是稳定的。

2.3.5   离散时间控制系统的稳态误差

1. 稳态误差和终值定理

连续系统稳态误差和计算稳态误差的方法，在一定条件下都可以推广到离散系统。

由于离散系统没有唯一的典型结构图形式，所以误差脉冲传递函数 $\Phi_e(z)$ 也没有一般的计算公式。离散系统的稳态误差需要针对不同形式的离散系统来求取。这里仅介绍利用 z 变换的终值定理方法，求取误差采样的离散系统在采样瞬时的稳态误差。

设单位负反馈采样系统如图 2-41 所示，其中 $G(s)$ 为连续部分的传递函数，$e(t)$ 为系统连续误差信号，$e^*(t)$ 为系统采样误差信号，其 z 变换函数为

$$E(z)=R(z)-C(z)=[1-\Phi(z)]R(z)=\Phi_e(z)R(z)$$

其中

$$\varPhi_{\mathrm{e}}(z)=\frac{E(z)}{R(z)}=\frac{1}{1+G(z)}$$

为系统误差脉冲传递函数。

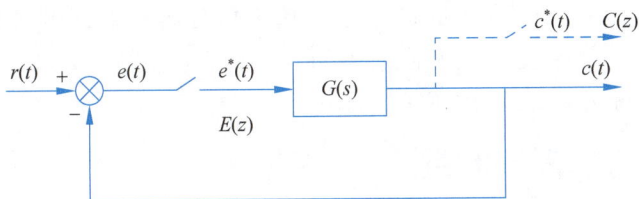

图 2-41 单位负反馈采样系统

如果 $\varPhi_{\mathrm{e}}(z)$ 的极点全部位于 z 平面上的单位圆内,即若离散系统是稳定的,则可用 z 变换的终值定理求出采样瞬时的稳态误差:

$$e_{\mathrm{ss}}(\infty)=\lim_{t\to\infty}e^{*}(t)=\lim_{z\to1}(1-z^{-1})E(z)=\lim_{z\to1}\frac{(z-1)R(z)}{z[1+G(z)]} \tag{2-82}$$

上式表明,线性定常离散系统的稳态误差不但与系统本身的结构和参数有关,而且与输入序列的形式及幅值有关。除此以外,由于 $G(z)$ 还与采样周期 T 有关,以及多数的典型输入 $R(z)$ 也与 T 有关,因此离散系统的稳态误差数值与采样周期的选取也有关。

例 2-9 设离散系统如图 2-41 所示,其中 $G(s)=1/s(0.1s+1)$,$T=0.1\mathrm{s}$,输入连续信号 $r(t)$ 分别为 $1(t)$ 和 t,试求离散系统相应的稳态误差。

解 不难求出 $G(s)$ 相应的 z 变换为

$$G(z)=\frac{z(1-\mathrm{e}^{-1})}{(z-1)(z-\mathrm{e}^{-1})}$$

因此,系统的误差脉冲传递函数为

$$\varPhi_{\mathrm{e}}(z)=\frac{1}{1+G(z)}=\frac{(z-1)(z-0.368)}{z^{2}-0.736z+0.368}$$

由于闭环极点 $z_{1}=0.368+\mathrm{j}0.482$,$z_{2}=0.368-\mathrm{j}0.482$,全部位于 z 平面上的单位圆内,因此可以应用终值定理方法求稳态误差。

当 $r(t)=1(t)$,相应 $r(nT)=1(nT)$ 时,$R(z)=z/(z-1)$,于是由式(2-82)求得

$$e_{\mathrm{ss}}(\infty)=\lim_{z\to1}\frac{(z-1)(z-0.368)}{z^{2}-0.736z+0.368}=0$$

当 $r(t)=t$,相应 $r(nT)=nT$ 时,$R(z)=Tz/(z-1)^{2}$,于是由式(2-82)求得

$$e_{\mathrm{ss}}(\infty)=\lim_{z\to1}\frac{T(z-0.368)}{z^{2}-0.736z+0.368}=T=0.1$$

如果希望求出其他结构形式离散系统的稳态误差,或者希望求出离散系统在扰动作用下的稳定误差,只要求出系统误差的 z 变换函数 $E(z)$ 或 $E_{n}(z)$,在离散系统稳定的前提下,同样可以应用 z 变换的终值定理算出系统的稳态误差。

2. 控制系统的类型

在讨论零阶保持器对开环系统脉冲传递函数 $G(z)$ 的影响时,我们曾经指出,零阶保持器不影响开环系统脉冲传递函数的极点。因此,开环系统脉冲传递函数 $G(z)$ 的极点,与相应的连续传递函数 $G(s)$ 的极点是一一对应的。如果 $G(s)$ 有 ν 个 $s=0$ 的极点,即 ν 个积分

环节，则由 z 变换算子 $z=\mathrm{e}^{sT}$ 关系式可知，与 $G(s)$ 相应的 $G(z)$ 必有 v 个 $z=1$ 的极点。在连续系统中，我们把开环传递函数 $G(s)$ 具有 $s=0$ 的极点数作为划分系统型别的标准，并分别把 $v=0,1,2,\cdots$ 的系统称为 0 型、Ⅰ 型和 Ⅱ 型系统等。因此，在离散系统中，也可以把开环脉冲传递函数 $G(z)$ 具有 $z=1$ 的极点数 v 作为划分离散系统型别的标准，类似地把 $G(z)$ 中 $v=0,1,2,\cdots$ 的系统称为 0 型、Ⅰ 型和 Ⅱ 型离散系统等。此时，离散系统在典型输入下的稳态误差也可用 z 变换的终值定理求出。

2.3.6 离散时间控制系统的时域分析

在已知离散系统结构和参数的情况下，应用 z 变换法分析系统动态性能时，通常假定外作用为单位阶跃函数 $1(t)$。

如果可以求出离散系统的闭环脉冲传递函数 $\Phi(z)=C(z)/R(z)$，其中 $R(z)=z/(z-1)$，则系统输出量的 z 变换函数为

$$C(z)=\frac{z}{z-1}\Phi(z)$$

将上式展成幂级数，通过 z 反变换，可以求出输出信号的脉冲序列 $c^*(t)$。$c^*(t)$ 代表线性定常离散系统在单位阶跃输入作用下的响应过程。由于离散系统时域指标的定义与连续系统相同，故根据单位阶跃响应曲线 $c^*(t)$ 可以方便地分析离散系统的动态和稳态性能。

如果无法求出离散系统的闭环脉冲传递函数 $\Phi(z)$，但由于 $R(z)$ 是已知的，$C(z)$ 的表达式总是可以写出的，则求取 $c^*(t)$ 并无技术上的困难。

例 2-10　设有零阶保持器的离散系统如图 2-42 所示，其中 $r(t)=1(t)$，$T=1\mathrm{s}$，$K=1$。试分析该系统的动态性能。

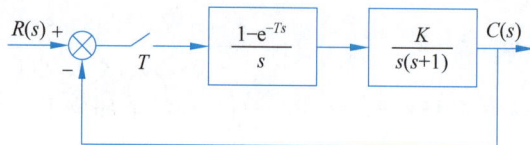

图 2-42　离散系统

解　先求开环脉冲传递函数 $G(z)$。因为

$$G(s)=\frac{1}{s^2(s+1)}(1-\mathrm{e}^{-s})$$

对上式取 z 变换，并由 z 变换的实数位移定理，可得

$$G(z)=(1-z^{-1})\,\mathcal{Z}\left[\frac{1}{s^2(s+1)}\right]$$

查 z 变换表，求出

$$G(z)=\frac{0.368z+0.264}{(z-1)(z-0.368)}$$

再求得闭环脉冲传递函数为

$$\Phi(z)=\frac{G(z)}{1+G(z)}=\frac{0.368z+0.264}{z^2-z+0.632}$$

将 $R(z) = z/(z-1)$ 代入下式，求出单位阶跃序列响应的 z 变换：

$$C(z) = \Phi(z)R(z) = \frac{0.368z^{-1} + 0.264z^{-2}}{1 + 2z^{-1} + 1.632z^{-2} - 0.632z^{-3}}$$

通过综合除法，将 $C(z)$ 展成无穷幂级数：

$$C(z) = 0.368z^{-1} + z^{-2} + 1.4z^{-3} + 1.4z^{-4} + 1.147z^{-5} +$$
$$0.895z^{-6} + 0.802z^{-7} + 0.868z^{-8} + \cdots$$

基于 z 变换定义，由上式求得系统在单位阶跃输入作用下的输出序列 $c(nT)$ 为

$c(0) = 0.0$	$c(6T) = 0.895$	$c(12T) = 1.032$
$c(T) = 0.368$	$c(7T) = 0.802$	$c(13T) = 0.981$
$c(2T) = 1.0$	$c(8T) = 0.868$	$c(14T) = 0.961$
$c(3T) = 1.4$	$c(9T) = 0.993$	$c(15T) = 0.973$
$c(4T) = 1.4$	$c(10T) = 1.077$	$c(16T) = 0.997$
$c(5T) = 1.147$	$c(11T) = 1.081$	$c(17T) = 1.015$

根据上述 $c(nT)(n = 0,1,2,\cdots)$ 数值，可以得到离散系统的单位阶跃响应 $c^*(t)$，如图 2-43 所示。由图可以求得给定离散系统的近似性能指标：上升时间 $t_r = 2\mathrm{s}$，峰值时间 $t_p = 4\mathrm{s}$，调节时间 $t_s = 16\mathrm{s}(\Delta = 2\%)$，超调量 $\sigma\% = 40\%$。

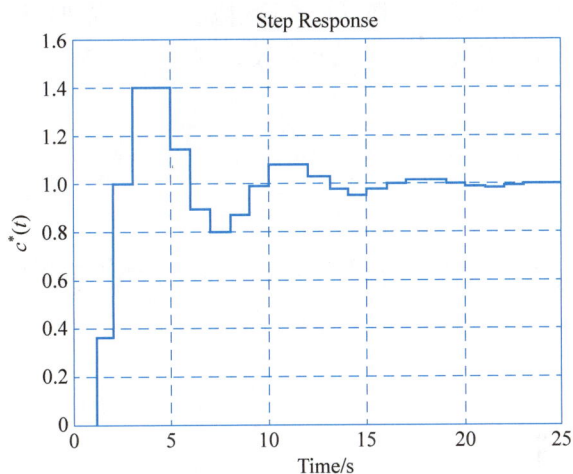

图 2-43 离散系统单位阶跃响应（MATLAB）

应当指出，由于离散系统的时域性能指标只能按采样周期整数倍的采样值来计算，所以是近似的。此外，当外作用为不同的典型输入信号形式时，离散系统的时间响应可用 MATLAB 软件包方便地求出。

2.3.7 离散时间控制系统的设计

1. 反馈控制系统设计

对于图 2-44 所示的反馈控制系统，被控对象是 $G(s)$，零阶保持器是 $G_h(s)$，需要设计反馈控制器 $D(z)$，这可根据需要采用超前校正、滞后校正、超前滞后校正等设计方法。

2. 带有给定值前馈的复合控制系统设计

为满足控制系统的动态和稳态性能指标，带有给定值前馈的复合控制系统可按图 2-45

所示的系统进行设计，其中，被控对象是 $G(s)$，零阶保持器是 $G_h(s)$。反馈控制器 $D(z)$、给定前馈控制器 $D_r(z)$ 可根据需要采用超前校正、滞后校正、超前滞后校正等设计方法。

图 2-44　反馈控制系统设计

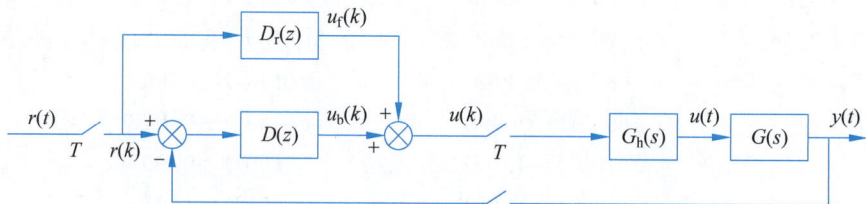

图 2-45　带有给定值前馈的复合控制系统设计

3. 带有扰动补偿的复合控制系统设计

图 2-46 所示的带有扰动补偿的复合控制系统中，被控对象是 $G(s)$，零阶保持器是 $G_h(s)$，扰动通道 $G_n(s)$，T 为采样周期。反馈控制器 $D(z)$、扰动补偿控制器 $D_n(z)$ 可根据需要采用超前校正、滞后校正、超前滞后校正等设计方法。

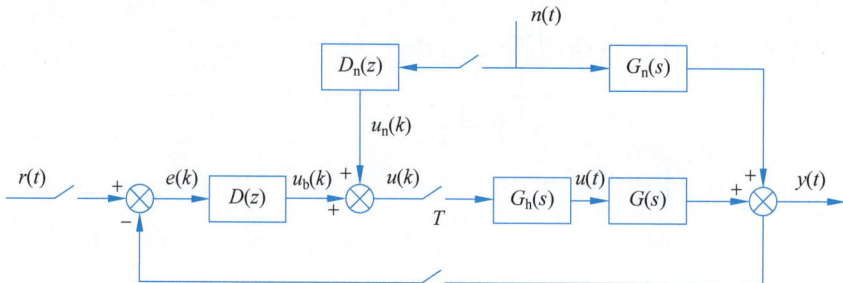

图 2-46　带有扰动补偿的复合控制系统设计

习题与思考题

1. 什么是自动控制？

2. 自动控制系统的主要组成是什么？自动控制系统的基本要求是什么？

3. 试比较开环控制系统和闭环控制系统的优缺点。

4. 试证明图 2-47(a) 的电网络系统与图 2-47(b) 的机械系统有相同的数学模型。

5. 若某系统在阶跃输入 $r(t)=1(t)$ 时，零初始条件下的输出响应 $c(t)=1-\mathrm{e}^{-2t}+\mathrm{e}^{-t}$，试求系统的传递函数。

6. 设系统传递函数为

$$\frac{C(s)}{R(s)}=\frac{2}{s^2+3s+2}$$

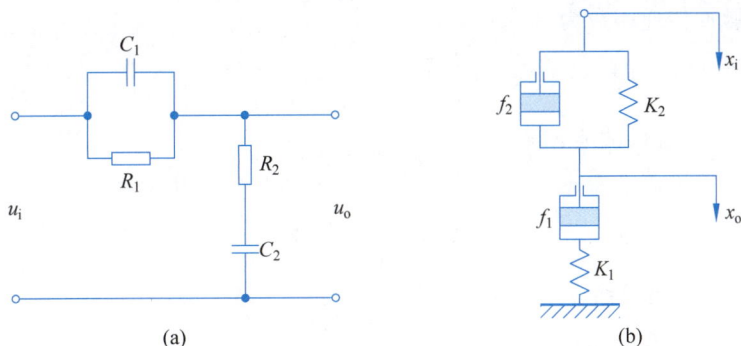

图 2-47　电网络系统(a)和机械系统(b)

初始条件 $c(0)=-1,\dot{c}(0)=0$。求单位阶跃输入 $r(t)=1(t)$ 时,系统的输出响应 $c(t)$。

7. 在图 2-48 中,已知 $G(s)$ 和 $H(s)$ 两个方框相对应的微分方程分别是

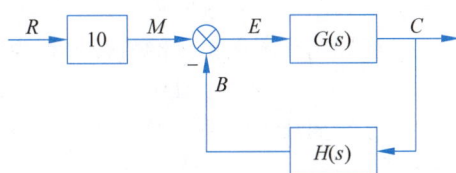

图 2-48　系统结构图

$$6\frac{\mathrm{d}c(t)}{\mathrm{d}t}+10c(t)=20e(t)$$

$$20\frac{\mathrm{d}b(t)}{\mathrm{d}t}+5b(t)=10c(t)$$

且初始条件均为零,试求传递函数 $C(s)/R(s)$ 及 $E(s)/R(s)$。

8. 已知二阶系统的单位阶跃响应为

$$c(t)=10-12.5\mathrm{e}^{-1.2t}\sin(1.6t+53.1°)$$

试求系统的超调量、峰值时间和调节时间。

9. 已知系统特征方程为

$$3s^4+10s^3+5s^2+s+2=0$$

试用劳斯稳定判据确定系统的稳定性。

10. 已知单位反馈系统的开环传递函数为

$$G(s)=\frac{K(0.5s+1)}{s(s+1)(0.5s^2+s+1)}$$

试确定系统稳定时的 K 值范围。

11. 已知单位反馈系统的开环传递函数为

$$G(s)=\frac{100}{(0.1s+1)(s+5)}$$

试求输入分别为 $r(t)=2t$ 和 $r(t)=2+2t+t^2$ 时,系统的稳态误差。

12. 已知差分方程为

$$c(k)-4c(k+1)+c(k+2)=0$$

初始条件:$c(0)=0$,$c(1)=1$。试用迭代法求输出序列 $c(k)(k=0,1,2,3,4)$。

13. 设开环离散系统如图 2-49 所示,试求开环脉冲传递函数 $G(z)$。

图 2-49　开环离散系统

14. 已知脉冲传递函数为

$$G(z) = \frac{C(z)}{R(z)} = \frac{0.53 + 0.1z^{-1}}{1 - 0.37z^{-1}}$$

其中 $R(z) = z/(z-1)$，试求 $c(nT)$。

15. 设有单位反馈误差采样的离散系统，连续部分的传递函数为

$$G(s) = \frac{1}{s^2(s+5)}$$

输入 $r(t) = 1(t)$，采样周期 $T = 1\text{s}$。试求：

(1) 输出 z 变换 $C(z)$；

(2) 采样瞬时的输出响应 $c^*(t)$；

(3) 输出响应的终值 $c(\infty)$。

16. 试判断下列系统的稳定性：

(1) 已知闭环离散系统的特征方程为

$$D(z) = (z+1)(z+0.5)(z+2) = 0$$

(2) 已知闭环离散系统的特征方程为

$$D(z) = z + 0.2z^3 + z^2 + 0.36z + 0.8 = 0$$

(注：要求用朱利稳定判据。)

(3) 已知误差采样的单位反馈离散系统，采样周期 $T = 1\text{s}$，开环传递函数为

$$G(s) = \frac{22.57}{s^2(s+1)}$$

17. 设数字控制系统如图 2-50 所示，其中，$G(z)$ 包括了零阶保持器和被控对象。已知被控对象为

$$G_0(s) = \frac{1}{s(s+10)}$$

零阶保持器为

$$G_h(s) = \frac{1 - e^{-sT}}{s}$$

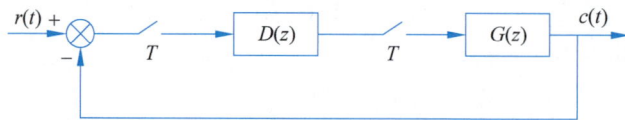

图 2-50 数字控制系统

若采样周期 $T = 0.1\text{s}$，要求：

(1) 当 $D(z) = K$ 时，计算脉冲传递函数 $G(z)D(z)$；

(2) 求闭环系统的 z 特征方程；

(3) 计算使系统稳定的 K 的最大值；

(4) 确定 K 的合适值，使系统的超调量不大于 30%；

(5) 采用(4)中得到的增益 K，计算闭环脉冲传递函数 $\Phi(z)$，并绘出系统的单位阶跃响应曲线；

(6) 取 $K = 0.5K_{max}$，求系统闭环极点及超调量；

(7) 在(6)所给出的条件下，画出系统的单位阶跃响应曲线。

常规及复杂控制技术

计算机控制系统设计,是指在给定系统性能指标的条件下,设计出数字控制器的控制规律和相应的控制算法(Control Algorithm)。本章主要介绍计算机控制系统的常规及复杂控制技术。常规控制技术介绍数字控制器的连续化设计技术和离散化设计技术,并分别以数字 PID 控制器和最少拍控制器为例来具体阐述;复杂控制技术介绍纯滞后系统控制、串级控制、前馈-反馈控制、解耦控制等技术。对大多数系统,采用常规控制技术均可达到满意的控制效果,但对于复杂及有特殊控制要求的系统,采用常规控制技术难以达到目的,在这种情况下,则需要采用复杂控制技术,甚至采用智能控制等技术。

3.1　计算机控制系统的性能指标

自动控制理论的核心问题是系统的建模、控制与优化。控制系统的基本要求是稳、快、准,即系统运行的稳定性、响应动作的快速性、跟踪精度的准确性,还要求具有抗扰性、鲁棒性、灵敏性、经济性、安全性等,并解决控制受限和参数饱和等问题。

控制系统的设计问题由三个基本要素组成,即模型、指标和容许控制,三者缺一不可。性能指标随设计方法的不同而不同,最常见的有时域指标、频域指标、零极点分布及二次型积分指标等。另外对于跟踪系统和调节系统,性能指标的要求也不相同。计算机控制系统的结构如图 3-1 所示。

图 3-1　计算机控制系统的结构

3.1.1　稳态性能指标

在输入的作用下,控制系统的输出响应在过渡过程结束后的变化形态称为稳态(静态)。稳态误差是期望的稳态输出量与实际的稳态输出量之差。控制系统的稳态误差越小说明控制精度越高。

稳态误差是衡量控制系统精度的重要标志，它表明了控制系统的准确程度。不稳定的系统不能实现稳态，因此也就谈不上稳态误差。对于连续系统，稳态误差可以用基于拉普拉斯变换的终值定理求得。对于离散系统，稳态误差可以用基于 z 变换的终值定理求得。

3.1.2 动态性能指标

在输入的作用下，控制系统的输出响应由初始状态到最终稳态的过渡过程（中间变化过程）称为动态（暂态）。动态性能指标有很多种表示方式。

对于连续系统，最常见的时域指标有超调量 $\sigma\%$、调整时间（过渡过程时间）t_s、峰值时间 t_p、上升时间 t_r 等。动态性能指标有时也用闭环系统零极点的分布，尤其是用主导极点表示。

对于离散系统，也有相应的几种表示方式。人们对于性能指标与连续系统之间的关系较为熟悉，因此常常首先提出对于连续系统的性能指标要求，然后再根据 $z = \mathrm{e}^{Ts}$ 的映射关系，将其变换到相应的离散系统。

3.1.3 抗扰性

为了讨论抗干扰（如负载扰动）性能，在图 3-1 中，令输入 $r(t)=0$，扰动为 $v(t)$。这时可以求得误差的 z 变换为

$$E(z) = \frac{V(z)G(z)}{1 + D(z)G(z)} \tag{3-1}$$

如果在某个频率范围内有 $D(z)G(z) \gg 1$（一般情况下，低频段都能满足这个要求），那么式（3-1）可化简为

$$E(z) \approx \frac{V(z)}{D(z)} \tag{3-2}$$

如果在同一频率范围内 $D(z)$ 有较高的增益，则系统对这个频率范围的干扰有较好的抑制作用。如果 $D(z)$ 中包含积分环节，即 $D(z)$ 中有 $z=1$ 的极点，对于恒定干扰（即 $\omega = 0, z=1$），这时有 $D(1) \to \infty$，由式（3-2），$E(1)=0$。也就是说，这时该系统可以完全抑制恒定的干扰，对于低频干扰则具有较好的抑制作用。

如果在某个频段内（通常是高频段）有 $D(z)G(z) \ll 1$，那么式（3-1）可以化简为

$$E(z) \approx V(z)G(z) \tag{3-3}$$

此时若 $G(z)$ 也较小，则在该频段内干扰对系统的影响也较小。

3.1.4 鲁棒性

控制系统的参数发生变化时，要求控制系统的性能变化不大，即要求控制系统的性能对系统参数的灵敏度较低。若控制系统对系统参数的灵敏度较低，则称系统具有很好的鲁棒性（Robustness）。

控制系统参数的变化有两方面：一方面是被控对象参数的变化；另一方面是控制器参数的变化。这两方面的参数变化对系统性能的影响需要分别加以讨论。

若被控对象的参数变化能够被一局部反馈回路所包围，则该局部回路开环增益越大，参数变化的影响便越小。因被控对象参数的变化一般比较缓慢，故可将其看作某种形式的低频干扰。根据对干扰性能的分析结果，若在此干扰加入点之前有较高的低频增益（如有积分

环节),则该参数变化对系统性能的影响较小。

控制器参数变化的灵敏度可有很多应用。例如,通过对控制器参数灵敏度的研究,可以舍弃一些对控制系统性能影响很小的控制器参数,从而简化控制器结构。

3.1.5　控制受限

为了达到同样的响应性能,控制作用越小越好。因此,控制作用的大小也是衡量系统性能的一方面。换句话说,施加同样大小的控制作用,希望系统能获得尽量好的响应性能。对于实际的系统,控制作用总是受到一定的限制。因此设计系统时应考虑控制作用的限制条件。在实际系统中,对控制作用的限制通常有以下 3 种情况。

(1) 控制量的幅度受到限制,即 $|u| \leqslant U_m$。这是最经常碰到的情况,如放大器的饱和,阀门的全开或全关等。

(2) 控制能量受到限制,即 $\int_0^\infty u^2 \mathrm{d}t \leqslant J_1$。例如当用电机驱动负载时,控制能量的大小将直接影响电机发热的程度,因此需对控制能量加以限制。

(3) 消耗的燃料受到限制,即 $\int_0^\infty |u| \mathrm{d}t \leqslant J_2$。在飞行器的控制中,控制量常常有这样的限制。

在常规的设计方法中,开始一般难以考虑这些关于控制作用的限制条件,但是在设计完成后,一定要校核这些限制条件,若不能满足要求,则需要重新修改设计。而在有些设计方法中,如最优控制的设计,则在设计的一开始便将控制作用的限制条件作为性能指标的一部分,或者将它们作为寻求最优控制的约束条件而加以考虑。

3.2　数字控制器的连续化设计技术

数字控制器的连续化设计是忽略控制回路中所有的零阶保持器和采样器,在 s 域中按连续系统进行初步设计,求出连续控制器,然后通过某种近似,将连续控制器离散化为数字控制器,并由计算机来实现。由于广大工程技术人员对 s 平面比对 z 平面更为熟悉,因此数字控制器的连续化设计技术被广泛采用。

3.2.1　数字控制器的连续化设计步骤

在图 3-2 所示的计算机控制系统中,$G(s)$ 是被控对象的传递函数,$G_h(s)$ 是零阶保持器,$D(z)$ 是数字控制器,T 是采样周期。需根据已知的系统性能指标和 $G(s)$ 来设计数字控制器 $D(z)$。

图 3-2　计算机控制系统的结构

1. 设计假想的连续控制器 $D(s)$

由于人们对连续系统的设计方法比较熟悉,因此,可先对图 3-3 所示的假想的连续控制系统进行设计,如利用连续系统的二阶工程设计法、频率特性法、根轨迹法等设计假想的连续控制器 $D(s)$。关于连续系统设计 $D(s)$ 的各种方法可参考有关自动控制原理方面的资料,这里不做讨论。

图 3-3　假想的连续控制系统的结构

2. 选择采样周期 T

香农采样定理给出了从采样信号中恢复连续信号的最低采样频率。在计算机控制系统中,完成信号恢复功能一般由零阶保持器 $G_h(s)$ 来实现。零阶保持器的传递函数为

$$G_h(s) = \frac{1 - e^{-Ts}}{s} \tag{3-4}$$

其频率特性为

$$G_h(j\omega) = \frac{1 - e^{-j\omega T}}{j\omega} = T \frac{\sin \frac{\omega T}{2}}{\frac{\omega T}{2}} \angle - \frac{\omega T}{2} \tag{3-5}$$

从上式可以看出,零阶保持器将对控制信号产生附加相移(滞后)。对于小的采样周期 T,可把零阶保持器 $G_h(s)$ 近似为

$$G_h(s) = \frac{1 - e^{-sT}}{s} \approx \frac{1 - 1 + sT - \frac{(sT)^2}{2} + \cdots}{s}$$

$$= T\left(1 - s\frac{T}{2} + \cdots\right) \approx T e^{-s\frac{T}{2}} \tag{3-6}$$

上式表明,零阶保持器 $G_h(s)$ 可用半个采样周期的时间滞后环节近似。假定相位裕量可减少 $5° \sim 15°$,则采样周期应选为

$$T \approx (0.15 \sim 0.5)\frac{1}{\omega_c} \tag{3-7}$$

式中,ω_c 是连续控制系统的剪切频率。

按上式的经验法选择的采样周期相当短。因此,采用连续化设计方法,用数字控制器近似连续控制器,要有相当短的采样周期。

3. 将 $D(s)$ 离散化为 $D(z)$

将连续控制器 $D(s)$ 离散化为数字控制器 $D(z)$ 的方法有很多,如双线性变换法、后向差分法、前向差分法、冲击响应不变法、零极点匹配法、零阶保持法等。在这里,只介绍常用的双线性变换法、前向差分法和后向差分法。

1) 双线性变换法

由 z 变换的定义可知,$z = e^{Ts}$,利用级数展开可得

$$z = e^{sT} = \frac{e^{\frac{sT}{2}}}{e^{\frac{-sT}{2}}} = \frac{1 + \frac{sT}{2} + \cdots}{1 - \frac{sT}{2} + \cdots} \approx \frac{1 + \frac{sT}{2}}{1 - \frac{sT}{2}} \tag{3-8}$$

式(3-8)称为双线性变换或塔斯廷(Tustin)近似。

为了由 $D(s)$ 求 $D(z)$,由式(3-8)可得

$$s = \frac{2}{T} \frac{z-1}{z+1} \tag{3-9}$$

且有

$$D(z) = D(s) \big|_{s=\frac{2}{T}\frac{z-1}{z+1}} \tag{3-10}$$

式(3-10)就是利用双线性变换法由 $D(s)$ 求 $D(z)$ 的计算公式。

双线性变换也可从数值积分的梯形法对应得到。设积分控制规律为

$$u(t) = \int_0^t e(t)\mathrm{d}t \tag{3-11}$$

两边求拉氏变换后可推导得出连续控制器为

$$D(s) = \frac{U(s)}{E(s)} = \frac{1}{s} \tag{3-12}$$

当用梯形法求积分运算可得如下算式:

$$u(k) = u(k-1) + \frac{T}{2}\big[e(k) + e(k+1)\big] \tag{3-13}$$

上式两边求 z 变换后可推导得出数字控制器为

$$D(z) = \frac{U(z)}{E(z)} = \frac{1}{\dfrac{2}{T}\dfrac{z-1}{z+1}} = D(s)\big|_{s=\frac{2}{T}\frac{z-1}{z+1}} \tag{3-14}$$

2) 前向差分法

利用级数展开可将 $z = \mathrm{e}^{Ts}$ 写成以下形式:

$$z = \mathrm{e}^{sT} = 1 + sT + \cdots \approx 1 + sT \tag{3-15}$$

式(3-15)称为前向差分法或欧拉法的计算公式。

为了由 $D(s)$ 求 $D(z)$,由上式可得

$$s = \frac{z-1}{T} \tag{3-16}$$

且

$$D(z) = D(s)\big|_{s=\frac{z-1}{T}} \tag{3-17}$$

式(3-17)便是利用前向差分法由 $D(s)$ 求 $D(z)$ 的计算公式。

前向差分法也可从数值微分中得到。设微分控制规律为

$$u(t) = \frac{\mathrm{d}e(t)}{\mathrm{d}t} \tag{3-18}$$

两边求拉氏变换后可推导出连续控制器为

$$D(s) = \frac{U(s)}{E(s)} = s \tag{3-19}$$

对式(3-19)采用前向差分近似可得

$$u(k) \approx \frac{e(k+1) - e(k)}{T} \tag{3-20}$$

上式两边求 z 变换后可推导出数字控制器为

$$D(z) = \frac{U(z)}{E(z)} = \frac{z-1}{T} = D(s)\Big|_{s=\frac{z-1}{T}} \tag{3-21}$$

3）后向差分法

利用级数展开还可将 $z = e^{Ts}$ 写成以下形式：

$$z = e^{sT} = \frac{1}{e^{-sT}} \approx \frac{1}{1-sT} \tag{3-22}$$

由上式可得

$$s = \frac{z-1}{Tz} \tag{3-23}$$

且有

$$D(z) = D(s)\Big|_{s=\frac{z-1}{Tz}} \tag{3-24}$$

式（3-24）便是利用后向差分法求 $D(s)$ 的计算公式。

后向差分法也同样可从数值微分计算中得到。对式（3-18）采用后向差分近似可得

$$u(k) \approx \frac{e(k)-e(k-1)}{T} \tag{3-25}$$

上式两边求 z 变换后可推得数字控制器为

$$D(z) = \frac{U(z)}{E(z)} = \frac{z-1}{Tz} = D(s)\Big|_{s=\frac{z-1}{Tz}} \tag{3-26}$$

双线性变换法的优点在于它把 s 左半平面转换到单位圆内。如果使用双线性变换法，一个稳定的连续控制系统在变换之后仍将是稳定的，可是使用前向差分法就可能把它变换为一个不稳定的离散控制系统。

4. 设计由计算机实现的控制算法

设数字控制器 $D(z)$ 的一般形式为

$$D(z) = \frac{U(z)}{E(z)} = \frac{b_0 + b_1 z^{-1} + \cdots + b_{m_D} z^{-m_D}}{1 + a_1 z^{-1} + \cdots + a_{n_D} z^{-n_D}} = \frac{\displaystyle\sum_{i=0}^{m_D} b_i z^{-i}}{1 + \displaystyle\sum_{i=1}^{n_D} a_i z^{-i}} \tag{3-27}$$

式中，$n_D \geqslant m_D$，各系数 a_i、b_i 为实数，且有 n_D 个极点和 m_D 个零点。

式（3-27）可改写为

$$U(z) = \sum_{i=0}^{m_D} b_i z^{-i} E(z) - \sum_{i=1}^{n_D} a_i z^{-i} U(z)$$

上式用时域的差分方程可表示为

$$u(k) = \sum_{i=0}^{m_D} b_i e(k-i) - \sum_{i=1}^{n_D} a_i u(k-i) \tag{3-28}$$

利用式（3-28）即可实现计算机编程，因此式（3-28）称为数字控制器 $D(z)$ 的控制算法。

5. 校验

数字控制器 $D(z)$ 设计完成并求出控制算法后，须按图 3-2 所示的计算机控制系统检验其闭环特性是否符合设计要求，这一步可由计算机控制系统的数字仿真计算或实验来验证，如果满足设计要求则设计结束，否则应修改设计。

3.2.2　理想数字 PID 控制器的设计

根据偏差的比例(P)、积分(I)、微分(D)进行控制(简称 PID 控制),是控制系统中应用最为广泛的一种控制规律。实际运行经验和理论分析都表明,利用这种控制规律对许多工业过程进行控制时,都能得到满意的效果。不过,用计算机实现 PID 控制,不是简单地把模拟 PID 控制规律数字化,而是要进一步与计算机的逻辑判断功能结合,使 PID 控制更加灵活,更能满足生产过程的要求。

1. 理想模拟 PID 控制器算式

在工业控制系统中,理想模拟 PID 调节器常采用如图 3-4 所示的系统结构,其控制规律为

$$u(t) = K_P \left[e(t) + \frac{1}{T_I} \int_0^t e(t) dt + T_D \frac{de(t)}{dt} \right] \tag{3-29}$$

图 3-4　理想模拟 PID 控制系统

理想模拟 PID 调节器的传递函数为

$$D(s) = \frac{U(s)}{E(s)} = K_P \left(1 + \frac{1}{T_I s} + T_D s \right) \tag{3-30}$$

式中,K_P 为比例增益,K_P 与比例带 δ 呈倒数关系($K_P = 1/\delta$);T_I 为积分时间常数;T_D 为微分时间常数;$u(t)$ 为控制量;$e(t)$ 为偏差。

比例控制能迅速反映误差,从而减小误差,但比例控制不能消除稳态误差,比例增益加大会引起系统的不稳定。积分控制的作用是,只要系统存在误差,积分控制作用就不断地积累,输出控制量以消除误差,因而,只要有足够的时间,积分控制将能完全消除误差,但积分作用太强会使系统超调量加大,甚至使系统出现振荡。微分控制可以减小超调量,克服振荡,使系统的稳定性提高,同时加快系统的动态响应速度,减少调整时间,从而改善系统的动态性能。

2. 理想数字 PID 控制器算式

在计算机控制系统中,PID 控制规律的实现必须用数值逼近的方法。当采样周期相当短时,用求和代替积分、用后向差分代替微分,使模拟 PID 离散化为差分方程。

1) 理想数字 PID 位置型控制算式

为了便于计算机实现,必须把式(3-29)变换成差分方程,为此,当 $t = kT$ 时,可作如下近似

$$\int_0^t e(t) dt \approx \sum_i^k T e(i) \tag{3-31}$$

$$\frac{de(t)}{dt} \approx \frac{e(k) - e(k-1)}{T} \tag{3-32}$$

式中,T 为采样周期;k 为采样序号。

由式(3-29)、式(3-31)、式(3-32)可得理想数字 PID 位置型控制算式为

$$u(k) = K_P \left[e(k) + \frac{T}{T_I} \sum_{i=0}^{k} e(i) + T_D \frac{e(k) - e(k-1)}{T} \right] \tag{3-33}$$

式(3-33)表示的控制算式提供了执行机构的位置 $u(k)$，如阀门的开度，所以被称为理想数字 PID 位置型控制算式。

2）理想数字 PID 增量型控制算式

由式(3-33)可看出，位置型控制算式不够方便，因为它要累加偏差 $e(i)$，不仅占用较多的存储单元，而且不便于编写程序，为此可对式(3-33)进行改进。

根据式(3-33)不难写出 $u(k-1)$ 的表达式，即

$$u(k-1) = K_P \left[e(k-1) + \frac{T}{T_I} \sum_{i=0}^{k-1} e(i) + T_D \frac{e(k-1) - e(k-2)}{T} \right] \tag{3-34}$$

将式(3-33)和式(3-34)相减，即得理想数字 PID 增量型控制算式为

$$\begin{aligned}
\Delta u(k) &= u(k) - u(k-1) \\
&= K_P [e(k) - e(k-1)] + K_I e(k) + \\
&\quad K_D [e(k) - 2e(k-1) + e(k-2)]
\end{aligned} \tag{3-35}$$

式中，$K_P = 1/\delta$ 为比例增益；$K_I = K_P T / T_I$ 为积分系数；$K_D = K_P T_D / T$ 为微分系数。

为了编程方便，可将理想数字 PID 增量型控制算式整理成如下形式

$$\Delta u(k) = q_0 e(k) + q_1 e(k-1) + q_2 e(k-2) \tag{3-36}$$

其中，

$$\begin{cases}
q_0 = K_P \left(1 + \frac{T}{T_I} + \frac{T_D}{T} \right) \\
q_1 = -K_P \left(1 + \frac{2T_D}{T} \right) \\
q_2 = K_P \frac{T_D}{T}
\end{cases} \tag{3-37}$$

3.2.3 实际数字 PID 控制器的设计

事实上，无论是模拟 PID 调节器还是数字 PID 控制器，其中的微分作用都不是理想微分，而是实际微分（不完全微分）。因为在实际系统中，理想微分作用难以实现，且微分作用对生产过程和误差信号 $e(t)$ 的高频扰动响应过于灵敏，容易引起控制过程振荡，降低调节品质。另外，计算机对每个控制回路的输出时间是短暂的，而执行器具有惯性，驱动执行器动作又需要一定时间，如果输出较大，在短暂时间内执行器达不到应有的相应开度，会使输出失真，从而使理想 PID 控制算式的实际效果并不理想。所以必须使用实际数字 PID 控制算式。实际数字 PID 控制算式主要有以下两种形式。

1. 实际微分 PID 控制器算式

1）实际微分模拟 PID 控制器算式

实际微分模拟 PID 控制器的传递函数为

$$D(s) = \frac{U(s)}{E(s)} = K_P \left(1 + \frac{1}{T_I s} + \frac{T_D s}{\frac{T_D}{K_d} s + 1} \right) \tag{3-38}$$

式中，K_d 是微分增益，一般 K_d 取为 $3 \sim 20$。

2）实际微分数字 PID 控制器算式

（1）实际微分数字 PID 位置型控制算式。

由于比例积分项为

$$U_{PI}(s) = K_P\left(1 + \frac{1}{T_I s}\right)E(s) \tag{3-39}$$

实际微分项为

$$U_D(s) = K_P \frac{T_D s}{\dfrac{T_D}{K_d}s + 1}E(s) \tag{3-40}$$

因此比例积分项的差分方程为

$$u_{PI}(k) = K_P\left[e(k) + \frac{T}{T_I}\sum_{i=0}^{k}e(i)\right] \tag{3-41}$$

实际微分项的差分方程为

$$u_D(k) = K_P\frac{T_D}{T_\alpha}[e(k) - e(k-1)] + \alpha u_D(k-1) \tag{3-42}$$

式中，$T_\alpha = \dfrac{T_D}{K_d} + T$，$\alpha = 1 - \dfrac{T}{T_\alpha}$。

根据以上容易推导得出

$$u(k) = u_{PI}(k) + u_D(k) \tag{3-43}$$

于是，实际微分数字 PID 位置型控制算式为

$$u(k) = K_P\left\{e(k) + \frac{T}{T_I}\sum_{i=0}^{k}e(i) + \frac{T_D}{T_\alpha}[e(k) - e(k-1)]\right\} + \alpha u_D(k-1) \tag{3-44}$$

（2）实际微分数字 PID 增量型控制算式。

由于

$$u(k-1) = K_P\left\{e(k-1) + \frac{T}{T_I}\sum_{i=0}^{k-1}e(i) + \frac{T_D}{T_\alpha}[e(k-1) - e(k-2)]\right\} + \alpha u_D(k-2) \tag{3-45}$$

$$\Delta u(k) = u(k) - u(k-1) \tag{3-46}$$

因此，实际微分数字 PID 增量型控制算式为

$$\Delta u(k) = K_P\left\{e(k) - e(k-1) + \frac{T}{T_I}e(k) + \frac{T_D}{T_\alpha}[e(k) - 2e(k-1) + e(k-2)]\right\} +$$
$$\alpha[u_D(k-1) - u_D(k-2)] \tag{3-47}$$

2. 不完全微分 PID 控制器算式

1）不完全微分模拟 PID 控制器算式

为了使微分控制作用有效，对于实际 PID 控制器算式，还可以在理想 PID 控制的输出串联一阶惯性环节，这就组成了不完全微分 PID 控制器，如图 3-5 所示。

图 3-5　不完全微分 PID 控制器

一阶惯性环节 $D_f(s)$ 的传递函数为

$$D_f(s) = \frac{1}{T_f s + 1} \tag{3-48}$$

由于理想模拟 PID 控制器的传递函数为

$$D'(s) = \frac{U'(s)}{E(s)} = K_P \left(1 + \frac{1}{T_I s} + T_D s\right)$$

因此图 3-5 所示的不完全微分 PID 控制器的传递函数为

$$D(s) = \frac{U(s)}{E(s)} = \frac{1}{T_f s + 1} \cdot K_P \left(1 + \frac{1}{T_I s} + T_D s\right) = \frac{K_P(1 + T_I s + T_I T_D s^2)}{T_I s(T_f s + 1)}$$

令

$$K_p = K_c \frac{T_1 + T_2}{T_1}, \quad T_I = T_1 + T_2, \quad T_D = \frac{T_1 T_2}{T_1 + T_2}, \quad T_f = \gamma T_2$$

式中，K_c 为实际比例系数；T_1 为实际积分时间常数；T_2 为实际微分时间常数；γ 为实际微分增益系数。

于是，可得不完全微分 PID 控制器为

$$D(s) = \frac{U(s)}{E(s)} = \frac{K_c(T_1 s + 1)(T_2 s + 1)}{T_1 s(\gamma T_2 s + 1)} = \frac{T_2 s + 1}{\gamma T_2 s + 1} K_c \left(1 + \frac{1}{T_1 s}\right)$$

将该连续控制器 $D(s)$ 离散化，可得到数字 PID 控制算式，这里不再赘述。

2）不完全微分数字 PID 控制算式

（1）不完全微分数字 PID 位置型控制算式。

在图 3-5 中，因为

$$u'(t) = K_P \left[e(t) + \frac{1}{T_I} \int_0^t e(t)dt + T_D \frac{de(t)}{dt}\right]$$

$$T_f \frac{du(t)}{dt} + u(t) = u'(t)$$

所以

$$T_f \frac{du(t)}{dt} + u(t) = K_P \left[e(t) + \frac{1}{T_I} \int_0^t e(t)dt + T_D \frac{de(t)}{dt}\right]$$

对上式进行离散化，可得不完全微分数字 PID 位置型控制算式为

$$u(k) = \sigma u(k-1) + (1-\sigma)u'(k) \tag{3-49}$$

$$u'(k) = K_P \left[e(k) + \frac{T}{T_I} \sum_{i=0}^k e(i) + T_D \frac{e(k) - e(k-1)}{T}\right] \tag{3-50}$$

式中，$\sigma = \dfrac{T_f}{T_f + T}$。

（2）不完全微分数字 PID 增量型控制算式。

同样，不完全微分数字 PID 增量型控制算式为

$$\Delta u(k) = \sigma \Delta u(k-1) + (1-\sigma)\Delta u'(k) \tag{3-51}$$

$$\Delta u'(k) = K_P[e(k) - e(k-1)] + K_I e(k) +$$

$$K_D[e(k) - 2e(k-1) + e(k-2)] \tag{3-52}$$

式中，$K_I = K_P T / T_I$ 为积分系数；$K_D = K_P T_D / T$ 为微分系数。

3. 实际数字 PID 控制算式与理想数字 PID 控制算式的响应比较

图 3-6(a)表示理想数字 PID 位置型控制算式(3-33)在单位阶跃输入时输出的控制作用。图 3-6(b)表示实际微分数字 PID 位置型控制算式(3-44)或不完全微分数字 PID 位置型控制算式(3-49)在单位阶跃输入时输出的控制作用。由图 3-6(a)可见，理想 PID 位置型控制算式中的微分作用只在第一个采样周期内起作用，而且作用很强。而实际微分数字 PID 位置型控制算式或不完全微分数字 PID 位置型控制算式的输出，在较长时间内仍有微分作用，因此可获得较好的控制效果，如图 3-6(b)所示。

(a) 理想数字PID控制　　　　　　　(b) 实际数字PID控制

图 3-6　数字 PID 控制阶跃响应比较

4. 数字 PID 控制算法实现方式比较

在控制系统中，如果执行机构采用调节阀，则控制量对应阀门的开度，表征了执行机构的位置，此时控制器应采用数字 PID 位置型控制算法，如图 3-7(a)所示。如执行机构采用步进电机，每个采样周期，控制器输出的控制量相对于上次控制量有所增加，此时控制器应采用数字 PID 增量型控制算法，如图 3-7(b)所示。

(a) 数字PID位置型控制

(b) 数字PID增量型控制

图 3-7　数字 PID 控制算法实现方式比较

增量型算法与位置型算法相比，具有以下优点。

(1) 增量型算法不需要作累加，控制量增量的确定仅与最近几次误差采样值有关，计算误差或计算精度问题对控制量的计算影响较小。而位置型算法要用到过去误差的累加值，容易产生大的累加误差。

(2) 增量型算法得出的是控制量的增量，例如阀门控制中只输出阀门开度的变化部分，误动作影响小，必要时通过逻辑判断限制或禁止本次输出，不会严重影响系统的工作。而位置型算法的输出是控制量的全量输出，误动作影响大。

（3）采用增量型算法，易于实现手动到自动的无冲击切换。

5. 实际微分数字 PID 控制算法流程

根据式(3-44)～式(3-47)，可以得到化简的实际微分数字 PID 增量型控制算法、实际微分数字 PID 位置型控制算法，分别为

$$\Delta u = q'_0 e(k) + q'_1 e(k-1) + q'_2 e(k-2) + \alpha[u_D(k-1) - u_D(k-2)] \tag{3-53}$$

$$u(k) = u(k-1) + \Delta u(k) \tag{3-54}$$

$$\begin{cases} q'_0 = K_P\left(1 + \dfrac{T}{T_I} + \dfrac{T_D}{T_\alpha}\right) \\[2mm] q'_1 = -K_P\left(1 + \dfrac{2T_D}{T_\alpha}\right) \\[2mm] q'_2 = K_P\dfrac{T_D}{T_\alpha} \end{cases} \tag{3-55}$$

图 3-8 给出了式(3-53)所示的实际微分数字 PID 增量型控制算法流程。实际微分数字 PID 位置型控制算法流程仅需按式(3-54)进行修改即可。

图 3-8 实际微分数字 PID 增量型控制算法流程

3.2.4　数字 PID 控制器的改进

如果单纯地用数字 PID 控制器模仿模拟调节器,不会获得更好的效果。只有在工程上发挥计算机运算速度快、逻辑判断功能强、编程灵活等优势,才能在控制性能上超过模拟调节器。

1. 积分项的改进

在 PID 控制中,积分的作用是消除残差,为了提高控制性能,对积分项可采取以下四条改进措施。

1) 积分分离

在一般的 PID 控制中,当有较大的扰动或大幅改变给定值时,由于此时有较大的偏差,以及系统有惯性和滞后,故在积分项的作用下,往往会产生较大的超调量和长时间的波动。特别对于温度、成分等变化缓慢的过程,这一现象更为严重。为此,可采用图 3-9 所示曲线 a 的积分分离措施,即偏差 $e(k)$ 较大时,取消积分作用;当偏差 $e(k)$ 较小时才将积分作用投入。亦即

当 $|e(k)| > \beta$ 时,采用 PD 控制;

当 $|e(k)| \leqslant \beta$ 时,采用 PID 控制。

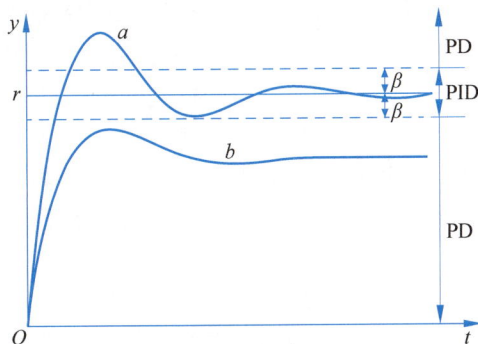

图 3-9　积分分离曲线

积分分离阈值 β 应根据具体对象及控制要求确定。若 β 值过大,达不到积分分离的目的;若 β 值过小,一旦被控量 $y(t)$ 无法跳出各积分分离区,只进行 PD 控制,将会出现残差,如图 3-9 所示的曲线 b。为了实现积分分离,编写程序时必须从数字 PID 差分方程式中分离出积分项,进行特殊处理。

2) 抗积分饱和

当长时间出现偏差或偏差较大时,计算出的控制量有可能溢出,或小于零。溢出是指计算机运算得出的控制量 $u(k)$ 超出 D/A 转换器所能表示的数值范围。例如,8 位 D/A 转换器的数值范围为 00H～FFH(H 表示十六进制)。一般执行机构有两个极限位置,如调节阀全开或全关。设 $u(k)$ 为 FFH 时,调节阀全开;反之,$u(k)$ 为 00H 时,调节阀全关。为了提高运算精度,通常采用双字节或浮点数计算 PID 差分方程式。如果执行机构已到极限位置仍然不能消除偏差时,由于积分作用,尽管计算 PID 差分方程式所得的运算结果是继续增大或减小,但执行机构已无相应的动作,这就称为积分饱和。当出现积分饱和时,势必使超调量增加,控制品质变坏。作为防止积分饱和的办法之一,可对计算出的控制量 $u(k)$ 限幅,

同时，把积分作用去掉。若以 8 位 D/A 转换器为例，则有

当 $u(k) < 00\mathrm{H}$，取 $u(k) = 0$；

当 $u(k) > \mathrm{FFH}$，取 $u(k) = 0\mathrm{FFH}$。

3）梯形积分

在 PID 控制器中，积分项的作用是消除稳态误差。为了保证积分作用，应提高积分项的运算精度。为此，可将矩形积分改为梯形积分，其计算公式为

$$\int_0^t e\,\mathrm{d}t \approx \sum_{i=0}^{k} \frac{e(i) + e(i-1)}{2}T \tag{3-56}$$

4）消除积分不灵敏区

由式（3-35）知，数字 PID 增量型控制算式中的积分项输出为

$$\Delta u_\mathrm{I}(k) = K_\mathrm{I}e(k) = K_\mathrm{P}\frac{T}{T_\mathrm{I}}e(k) \tag{3-57}$$

由于计算机字长的限制，当运算结果小于字长所能表示的数的精度时，计算机将此数作为"零"丢掉。从式（3-57）可知，当计算机的运行字长较短，采样周期 T 也短，而积分时间 T_I 又较长时，$\Delta u_\mathrm{I}(k)$ 容易出现计算结果小于字长的精度而丢数，此时积分作用消失，称为积分不灵敏区。

例如，某温度控制系统，温度量程为 $0\sim1275^{\circ}\mathrm{C}$，D/A 转换器为 8 位，并采用 8 位字长定点运算。设 $K_\mathrm{P}=1$，$T=1\mathrm{s}$，$T_\mathrm{I}=10\mathrm{s}$，$e(k)=50^{\circ}\mathrm{C}$，根据式（3-57）得

$$\Delta u_\mathrm{I}(k) = K_\mathrm{P}\frac{T}{T_\mathrm{I}}e(k) = \frac{1}{10}\left(\frac{255}{1275}\times 50\right) = 1$$

这就说明，如果偏差 $e(k) < 50^{\circ}\mathrm{C}$，则 $\Delta u_\mathrm{I}(k) < 1$，计算机就将此数作为"零"丢掉，控制器就没有积分作用。只有当偏差达到 $50^{\circ}\mathrm{C}$ 时，才会有积分作用。这样，势必造成控制系统的残差。

为了消除积分不灵敏区，通常采用以下措施。

（1）增加 D/A 和 A/D 转换器位数，加长运算字长，从而可以提高运算精度。

（2）当积分项 $\Delta u_\mathrm{I}(k)$ 连续 n 次出现小于输出精度 ε 的情况时，不要把它们作为"零"舍掉，而是把它们累加，即

$$S_\mathrm{I} = \sum_{i=1}^{n} \Delta u_\mathrm{I}(i) \tag{3-58}$$

直到累加值 S_I 大于 ε 时才输出 S_I，同时把累加单元清零，其程序流程如图 3-10 所示。

2. 微分项的改进

为了避免给定值的升降给控制系统带来冲击，如超调量过大、调节阀动作剧烈，可采用如图 3-11 所示的微分先行 PID 控制算法。它和理想 PID 控制的不同之处在于，只对被控量 $y(t)$ 微分，不对偏差 $e(t)$ 微分，即对给定值 $r(t)$ 无微分作用。被控量微分 PID 控制算法称为微分先行 PID 控制算法，该算法对给定值频繁升降的系统有效。图中，γ 为微分增益系数。

3. 时间最优 PID 控制

最大值原理是庞特里亚金（Pontryagin）于 1956 年提出的一种最优控制理论，最大值原理也叫快速时间最优控制原理，它是研究满足约束条件下获得允许控制的方法。用最大值

原理可以设计出控制变量只在 $u(t) \leqslant 1$ 范围内取值的时间最优控制系统。而在工程上,设 $u(t) \leqslant 1$ 都只取 ± 1 两个值,而且依照一定法则加以切换,使系统从一个初始状态转换到另一个状态所经历的过渡时间最短,这种类型的最优切换系统,称为开关控制(Bang-Bang 控制)系统。

图 3-10 消除积分不灵敏区程序流程

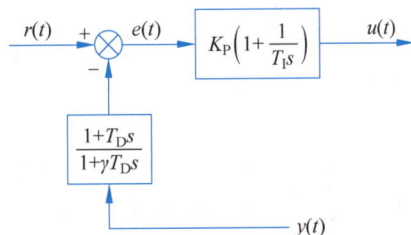

图 3-11 微分先行 PID 控制算法

在工业控制应用中,最有发展前途的是 Bang-Bang 控制与反馈控制相结合的系统,这种控制方式在给定值升降时特别有效,具体形式为

$$| e(k) | = | r(k) - y(k) | \begin{cases} > \alpha, & \text{Bang-Bang 控制} \\ \leqslant \alpha, & \text{PID 控制} \end{cases}$$

时间最优位置随动系统理论上应采用 Bang-Bang 控制,但 Bang-Bang 控制很难保证足够高的定位精度,因此对于高精度的快速伺服系统,宜采用 Bang-Bang 控制和线性控制相结合的方式,在定位线性控制段采用数字 PID 控制就是可选的方案之一。

4. 带死区的 PID 控制算法

在计算机控制系统中,某些系统为了避免控制动作过于频繁,以消除由于频繁动作所引起的振荡,有时采用带死区的 PID 控制系统,如图 3-12 所示,相应的算式为

$$P(k) = \begin{cases} e(k), & \text{当} | r(k) - y(k) | = | e(k) | > \varepsilon \\ 0, & \text{当} | r(k) - y(k) | = | e(k) | \leqslant \varepsilon \end{cases}$$

在图 3-12 中,死区 ε 是一个可调参数,其具体数值可根据实际被控对象由实验确定。ε 值太小时,会使调节过于频繁,达不到稳定被调节对象的目的;如果 ε 取得太大,则系统将产生很大的滞后;当 $\varepsilon = 0$ 时,即为常规 PID 控制。

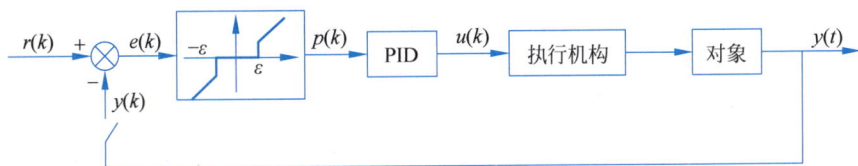

图 3-12 带死区的 PID 控制系统框图

该系统实际是一个非线性控制系统。即当偏差绝对值$|e(k)|\leqslant\varepsilon$时，$P(k)$为 0；当$|e(k)|>\varepsilon$时，$P(k)=e(k)$，输出值$u(k)$以 PID 运算结果输出。

3.2.5 数字 PID 控制器的参数整定

1. 采样周期的选择

1）采样周期的上下限

香农采样定理给出了采样周期的上限。根据采样定理，采样周期应满足

$$T\leqslant\pi/\omega_{\max}$$

式中，$\omega_{\max}$为被采样信号的上限角频率。采样周期的下限为计算机执行控制程序和输入输出所耗费的时间，系统的采样周期只能在$T_{\min}$与$T_{\max}$之间选择。采样周期T既不能太大也不能太小，T太小时，一方面增加了微型计算机的负担，不利于发挥计算机的功能；另一方面两次采样间的偏差变化太小，数字控制器的输出值变化不大。因此，采样周期T应在$T_{\min}$和$T_{\max}$之间，即

$$T_{\min}\leqslant T\leqslant T_{\max}$$

若选择采样周期在T与$T_{\max}$之间，则系统可以稳定工作，但控制质量较差。若采样周期选择在$T_{\min}$与T之间，满足采样定理，可得到较好的控制质量。

2）其他因素

在选择采样周期时还要考虑以下因素。

（1）给定值的变化频率。加到被控对象上的给定值变化频率越高，采样频率应越高，使给定值的改变可以迅速得到反应。

（2）被控对象的特性。若被控对象是慢速的热工或化工对象时，采样周期一般取得较大；若被控对象是较快速的系统时，采样周期应取得较小。

（3）执行机构的类型。若执行机构动作惯性大，采样周期也应大一些，否则执行机构来不及反应数字控制器输出值的变化。

（4）控制算法的类型。当采用 PID 算式时，积分作用和微分作用与采样周期T的选择有关。如果选择的采样周期T太小，将使微分积分作用不明显。因为当T小到一定程度后，由于受计算精度的限制，偏差$e(k)$始终为零。另外，各种控制算法也需要计算时间。

（5）控制的回路数。控制的回路数n与采样周期T有下列关系

$$T\geqslant\sum_{j=1}^{n}T_{j}$$

式中，T_{j}指第j回路控制程序执行时间和输入输出时间。

2. 按简易工程法整定 PID 参数

在连续控制系统中，模拟调节器的参数整定方法较多，但简单易行的方法还是简易工程法。这种方法最大的优点在于，整定参数时不必依赖被控对象的数学模型。一般情况下，难以准确得到数学模型。简易工程整定法是由经典的频率法化简而来的，虽然稍微粗糙一点，但是简单易行，适于现场应用。

1）扩充临界比例度法

扩充临界比例度法是对模拟调节器中使用的临界比例度法的扩充。整定数字控制器参数的步骤如下。

（1）选择一个足够短的采样周期。即选择采样周期为被控对象纯滞后时间的十分之一以下。

（2）用选定的采样周期使系统工作。数字控制器去掉积分作用和微分作用，只保留比例作用。然后逐渐减小比例度 $\delta(\delta=1/K_P)$，直到系统发生持续等幅振荡。记下使系统发生振荡的临界比例度 δ_k 及系统的临界振荡周期 T_k。

（3）选择控制度。控制度就是以模拟调节器为基准，将数字控制器的控制效果与模拟调节器的控制效果相比较。控制效果的评价函数通常用误差平方积分 $\int_0^\infty e^2(t)\mathrm{d}t$ 表示。

$$控制度=\frac{\left[\int_0^\infty e^2(t)\mathrm{d}t\right]_{\mathrm{DDC}}}{\left[\int_0^\infty e^2(t)\mathrm{d}t\right]_{模拟}}$$

实际应用中并不需要计算出两个误差平方积分，控制度仅表示控制效果的物理概念。例如，当控制度为 1.05 时，就是指数字控制器与模拟调节器控制效果相当；控制度为 2.0 时，是指数字控制器比模拟调节器控制效果差。

（4）根据选定的控制度，查表 3-1，求得 T、K_P、T_I、T_D 的值。

表 3-1　按扩充临界比例度法整定参数

控制度	控制规律	T	K_P	T_I	T_D
1.05	PI	$0.03T_k$	$0.53\delta_k$	$0.88T_k$	
	PID	$0.014T_k$	$0.63\delta_k$	$0.49T_k$	$0.14T_k$
1.2	PI	$0.05T_k$	$0.49\delta_k$	$0.91T_k$	
	PID	$0.043T_k$	$0.47\delta_k$	$0.47T_k$	$0.16T_k$
1.5	PI	$0.14T_k$	$0.42\delta_k$	$0.99T_k$	
	PID	$0.09T_k$	$0.34\delta_k$	$0.43T_k$	$0.20T_k$
2.0	PI	$0.22T_k$	$0.36\delta_k$	$1.05T_k$	
	PID	$0.16T_k$	$0.27\delta_k$	$0.40T_k$	$0.22T_k$

2）扩充响应曲线法

与在模拟控制系统中可用响应曲线法代替临界比例度法一样，在数字控制系统中也可以用扩充响应曲线法代替扩充临界比例度法。用扩充响应曲线法整定 T、K_P、T_I、T_D 的步骤如下。

（1）数字控制器不接入控制系统，让系统处于手动操作状态下，将被调量调节到给定值附近，并使之稳定。然后突然改变给定值，给对象一个阶跃输入信号。

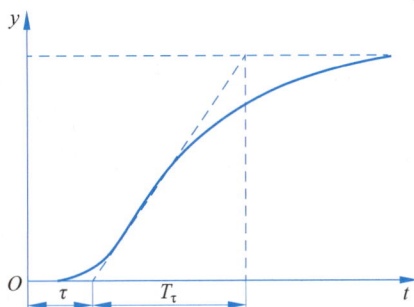

图 3-13　被调量在阶跃输入下的
变化过程曲线

（2）用记录仪表记录被调量在阶跃输入下的整个变化过程曲线，如图 3-13 所示。

（3）在曲线最大斜率处作切线，求得滞后时间 τ、被控对象时间常数 T_τ 以及它们的比值 T_τ/T。查表 3-2，即可得数字控制器的 K_P、T_I、T_D 及采样周期 T。

表 3-2　按扩充响应曲线整定参数

控 制 度	控制规律	T	K_P	T_I	T_D
1.05	PI	0.1τ	$0.84T_\tau/\tau$	0.34τ	
	PID	0.05τ	$1.15T_\tau/\tau$	2.0τ	0.45τ
1.2	PI	0.2τ	$0.78T_\tau/\tau$	3.6τ	
	PID	0.16τ	$1.0T_\tau/\tau$	1.9τ	0.55τ
1.5	PI	0.5τ	$0.68T_\tau/\tau$	3.9τ	
	PID	0.34τ	$0.85T_\tau/\tau$	1.62τ	0.65τ
2.0	PI	0.8τ	$0.57T_\tau/\tau$	4.2τ	
	PID	0.6τ	$0.6T_\tau/\tau$	1.5τ	0.82τ

3）归一参数整定法

除了一般的扩充临界比例度法，Roberts P D 在 1974 年提出了一种简化扩充临界比例度法。由于该方法只需整定一个参数，故称它为归一参数整定法。

已知 PID 增量型控制的算式为

$$\Delta u(k) = K_P \left\{ e(k) - e(k-1) + \frac{T}{T_I} e(k) + \frac{T_D}{T} [e(k) - 2e(k-1) + e(k-2)] \right\}$$

如令 $T = 0.1T_k$、$T_I = 0.5T_k$、$T_D = 0.125T_k$，式中，T_k 为纯比例作用下的临界振荡周期，则

$$\Delta u(k) = K_P [2.45e(k) - 3.5e(k-1) + 1.25e(k-2)]$$

这样，整个问题便化简为只要整定一个参数 K_P。改变 K_P，观察控制效果，直到满意为止。该方法为实现简易的自整定控制带来方便。

3. 优选法

由于实际生产过程错综复杂，参数千变万化，因此，确定被调对象的动态特性并非容易之事。有时即使能找出来，不仅计算麻烦、工作量大，而且其结果与实际相差较远。因此，目前应用最多的还是经验法。即根据具体的调节规律、不同调节对象的特征，经过闭环实验，反复凑试，找出最佳调节参数。经验法的一种为优选法，可用优选法对自动调节参数进行整定。

优选法是根据经验，先把其他参数固定，然后用 0.618 法对其中某一参数进行优选，待选出最佳参数后，再换另一个参数进行优选，直到把所有的参数优选完毕为止。最后根据 T、K_P、T_I、T_D 诸参数优选的结果取一组最佳值。

4. 凑试法确定 PID 参数

增大比例系数 K_P 一般将加快系统的响应，在有静差的情况下有利于减小静差。但过大的比例系数会使系统有较大的超调量，并产生振荡，使稳定性变坏。增加积分时间 T_I 有利于减小超调量，减小振荡，使系统更加稳定，但系统静差的消除将随之减慢。增加微分时间 T_D 亦有利于加快系统响应，使超调量减小，稳定性增加，但系统对扰动的抑制能力减弱，对扰动有较敏感的响应。

在凑试时，可参考以上参数对控制过程的影响趋势，对参数实行先比例、后积分、再微分的整定步骤。

（1）首先只整定比例部分。即将比例系数由小变大，并观察相应的系统响应，直到得到

反应快、超调量小的响应曲线。如果系统没有静差或静差已小到允许范围内，并且响应曲线已属满意，那么只需用比例调节器即可，最优比例系数可由此确定。

（2）在比例调节的基础上，若系统的静差不能满足设计要求，则须加入积分环节。整定时首先置积分时间 T_I 为一较大值，并将经第一步整定得到的比例系数略微缩小（如缩小为原值的 80%），然后减少积分时间，在保持系统良好动态性能的情况下，使静差得到消除。在此过程中，可根据响应曲线的好坏反复改变比例系数与积分时间，以期得到满意的控制过程与整定参数。

（3）若使用比例积分调节器消除了静差，但动态过程经反复调整仍不能满意，则可加入微分环节，构成比例积分微分调节器。在整定时，可先置微分时间 T_D 为零。在第（2）步整定的基础上，增加 T_D，同时相应地改变比例系数和积分时间，逐步凑试，以获得满意的调节效果和控制参数。

5. PID 控制参数的自整定法

被控对象大多用近似一阶惯性加纯滞后环节来表示，其传递函数为 $G(s)=\dfrac{K\mathrm{e}^{-\tau s}}{T_\tau s+1}$，对

于典型 PID 控制器 $D(s)=K_P\left(1+\dfrac{1}{T_I s}+T_D s\right)$，有齐格勒-尼科尔斯（Ziegler-Nichols）整定

公式

$$\begin{cases} K_P=\dfrac{1.2T_\tau}{K\tau} \\[2mm] T_I=2\tau \\[2mm] T_D=0.5\tau \end{cases} \tag{3-59}$$

实际应用时，通常根据阶跃响应曲线（图 3-14），人工测量出参数 K、T_τ、τ，然后按式（3-59）计算 K_P、T_I、T_D。用计算机辅助设计，一是可以用模式辨识的方法辨识这些特征参数；二是可用曲线拟合的方法将阶跃响应数据拟合成近似的一阶惯性加纯滞后环节的模型。

参数自整定就是在被控对象特性发生变化后，立即使 PID 控制参数随之作相应的调整，使得 PID 控制器具有一定的"自调整"或"自适应"能力。在此引入特征参数法描述 PID 参数的自整定技术。

特征参数法就是抽取被控对象的某些特征参数，以其为依据自动整定 PID 控制参数。基于被控对象参数的 PID 控制参数自整定法的首要工作是，在线辨识被控对象某些特征参数，比如临界增益 K 和临界周期 T（频率 $\omega=2\pi/T$）。这种在线

图 3-14　阶跃响应曲线

辨识特征参数占用较少的计算机软硬件资料，在工业中应用比较方便。典型的有齐格勒-尼科尔斯提出的临界振荡法，在此基础上 Åsröm K J 又进行了改进，采用具有滞环的继电器非线性反馈控制系统，如图 3-15 所示。其中继电器非线性特性的幅值为 d，滞环宽度为 h，继电器输出为周期性的对称方波。

图 3-15　采用具有滞环继电器非线性反馈控制系统

首先通过人工控制使系统进入稳定工况,然后将整定开关 S 接通 T,获得极限环,使被控量 y 出现临界等幅振荡。其振荡幅度为 a,振荡周期即为临界周期 T_k,临界增益为 $K = 4d/\pi a$。一旦获得 T_k 和 $\delta_k(\delta_k = 1/K)$,再根据表 3-1 即可求得 PID 控制器的整定参数。最后,将整定开关 S 接通 A,使 PID 控制器投入正常运行。

该方法简单、概念清楚。但是,有时噪声干扰会给被控量 y 的采样值带来误差,从而影响 T 和 K 的精度,使其因为系统干扰太大,不存在稳定的极限环。

3.3　数字控制器的离散化设计技术

数字控制器的连续化设计技术,是立足于连续控制系统控制器的设计,然后在计算机上进行数字模拟实现的,在被控对象的特性不太清楚的情况下,人们可以充分利用技术成熟的连续化设计技术(如 PID 控制器的设计技术),并把它移植到计算机上予以实现,以达到满意的控制效果。但是连续化设计技术要求相当短的采样周期,因此只能实现较简单的控制算法。由于控制任务的需要,当所选择的采样周期比较大或对控制质量要求比较高时,必须从被控对象的特性出发,直接根据计算机控制理论(采样控制理论)设计数字控制器,这类方法称为离散化设计方法。离散化设计技术比连续化设计技术更具有一般意义,它完全根据采样控制系统的特点进行分析和综合,并导出相应的控制规律和算法。

3.3.1　数字控制器的离散化设计步骤

在图 3-16 所示的计算机控制系统框图中,$G_c(s)$ 是被控对象的连续传递函数,$D(z)$ 是数字控制器的脉冲传递函数,$G_h(s)$ 是零阶保持器的传递函数,T 为采样周期。

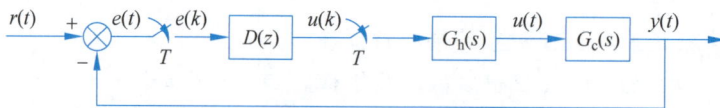

图 3-16　计算机控制系统框图

定义广义被控对象为

$$G(z) = \frac{B(z)}{A(z)} = Z[G_h(s)G_c(s)] = Z\left[\frac{1-e^{-Ts}}{s}G_c(s)\right] \tag{3-60}$$

可得图 3-16 对应的闭环脉冲传递函数为

$$\Phi(z) = \frac{D(z)G(z)}{1 + D(z)G(z)} \tag{3-61}$$

由上式可求得

$$D(z) = \frac{1}{G(z)} \frac{\Phi(z)}{1 - \Phi(z)} \tag{3-62}$$

设数字控制器 $D(z)$ 的一般形式为

$$D(z) = \frac{U(z)}{E(z)} = \frac{b_0 + b_1 z^{-1} + \cdots + b_{m_D} z^{-m_D}}{1 + a_1 z^{-1} + \cdots + a_{n_D} z^{-n_D}} = \frac{\sum_{i=0}^{m_D} b_i z^{-i}}{1 + \sum_{i=1}^{n_D} a_i z^{-i}} \tag{3-63}$$

式中，$n_D \geqslant m_D$，各系数 a_i、b_i 为实数，且有 n_D 个极点和 m_D 个零点。

数字控制器的输出 $U(z)$ 为

$$U(z) = \sum_{i=0}^{m_D} b_i z^{-i} E(z) - \sum_{i=1}^{n_D} a_i z^{-i} U(z) \tag{3-64}$$

因此，数字控制器 $D(z)$ 的计算机控制算法为

$$u(k) = \sum_{i=0}^{m_D} b_i e(k-i) - \sum_{i=1}^{n_D} a_i u(k-i) \tag{3-65}$$

按照式(3-65)，就可编写控制算法程序。

若已知 $G_c(s)$，且可根据控制系统性能指标要求构造 $\Phi(z)$，则可由式(3-60)和式(3-62)求得 $D(z)$。由此可得出数字控制器的离散化设计步骤如下。

(1) 根据控制系统的性能指标要求和其他约束条件，确定所需的闭环脉冲传递函数 $\Phi(z)$。

(2) 根据式(3-60)求广义对象的脉冲传递函数 $G(z)$。

(3) 根据式(3-62)求数字控制器 $D(z)$。当然，也可以直接在 z 域中，利用离散系统的 w 变换设计法(频率特性法)和根轨迹法求取 $D(z)$。同样，关于控制系统设计 $D(z)$ 的各种方法可参考有关自动控制原理方面的资料，这里不再讨论。

(4) 根据式(3-63)求控制量 $u(k)$ 的递推计算式(3-65)，方法与数字控制器的连续化设计步骤相同。

(5) 校验。数字控制器 $D(z)$ 设计完成并求出控制算法 $u(k)$ 后，须按图 3-16 所示的计算机控制系统检验其闭环特性是否符合设计要求，这一步可由计算机控制系统的数字仿真计算或实验来验证，如果满足设计要求则设计结束，否则应修改设计。

3.3.2 最少拍控制器的设计

在数字随动控制系统中，要求闭环控制系统必须满足稳定性、快速性、准确性，即闭环控制系统在渐近稳定的基础上，输出值尽快地准确跟踪给定值的变化。对于计算机控制系统，一个采样周期称为一拍。最少拍控制(Deadbeat Control)也称为有限拍控制或无差拍控制，是满足稳、快、准要求的一种离散化设计方法。

最少拍控制就是闭环系统对于某种特定的输入，能在最少的几个采样周期内输出达到采样时刻无偏差的稳态，且闭环脉冲传递函数具有以下形式

$$\Phi(z) = \phi_1 z^{-1} + \phi_2 z^{-2} + \cdots + \phi_N z^{-N} \tag{3-66}$$

式中，N 是可能情况下的最小正整数；$\phi_1, \phi_2, \cdots, \phi_N$ 为系数。这一形式表明闭环系统的脉冲响应在 N 个采样周期（N 拍）后变为零，从而意味着系统在 N 拍之内达到稳态且稳态误差为零。

1. 按照准确性和快速性的要求确定闭环脉冲传递函数 $\Phi(z)$

由图 3-16 可知，误差 $E(z)$ 的脉冲传递函数为

$$\Phi_e(z) = \frac{E(z)}{R(z)} = \frac{R(z) - Y(z)}{R(z)} = 1 - \Phi(z) \tag{3-67}$$

式中，$E(z)$ 为误差信号 $e(t)$ 的 z 变换；$R(z)$ 为输入量 $r(t)$ 的 z 变换；$Y(z)$ 为输出量 $y(t)$ 的 z 变换。于是误差 $E(z)$ 为

$$E(z) = R(z)\Phi_e(z) \tag{3-68}$$

对于典型输入函数

$$r(t) = \frac{1}{(q-1)!} t^{q-1} \tag{3-69}$$

对应的 z 变换为

$$R(z) = \frac{B_r(z)}{(1 - z^{-1})^q} \tag{3-70}$$

式中，$B_r(z)$ 是不包含 $(1 - z^{-1})$ 因子的关于 z^{-1} 的多项式。当 q 分别等于 1、2、3 时，对应的典型输入为单位阶跃、单位速度、单位加速度输入函数。

为了满足闭环控制系统准确性的要求，根据 z 变换的终值定理，系统的稳态误差为

$$e(\infty) = \lim_{z \to 1}\left[(1 - z^{-1})E(z)\right] = \lim_{z \to 1}\left[(1 - z^{-1})R(z)\Phi_e(z)\right]$$

$$= \lim_{z \to 1}\left[(1 - z^{-1}) \frac{B_r(z)}{(1 - z^{-1})^q}\Phi_e(z)\right] \tag{3-71}$$

由于 $B_r(z)$ 中没有 $(1 - z^{-1})$ 因子，因此要使稳态误差 $e(\infty)$ 为零，必须有

$$\Phi_e(z) = 1 - \Phi(z) = (1 - z^{-1})^q F(z) \tag{3-72}$$

即有

$$\Phi(z) = 1 - \Phi_e(z) = 1 - (1 - z^{-1})^q F(z) \tag{3-73}$$

式中，$F(z)$ 是关于 z^{-1} 的待定系数多项式。显然，为了使 $\Phi(z)$ 能够实现，$F(z)$ 中的首项应取为 1，即

$$F(z) = 1 + f_1 z^{-1} + f_2 z^{-2} + \cdots + f_p z^{-p} \tag{3-74}$$

可以看出，$\Phi(z)$ 具有 z^{-1} 的最高幂次为 $N = p + q$，这表明系统闭环输出响应在采样点的值经 N 拍可达到稳态。

为了满足闭环控制系统快速性的要求，特别当 $p = 0$，即 $F(z) = 1$ 时，系统在采样点的输出可在最少拍 $N_{\min} = q$ 内达到稳态，即为最少拍控制。因此最少拍控制器设计时选择 $\Phi(z)$ 为

$$\Phi(z) = 1 - \Phi_e(z) = 1 - (1 - z^{-1})^q \tag{3-75}$$

即

$$\Phi_e(z) = (1 - z^{-1})^q$$

由式(3-62)可知，最少拍控制器 $D(z)$ 为

$$D(z) = \frac{1}{G(z)} \cdot \frac{\Phi(z)}{1 - \Phi(z)} = \frac{1 - (1 - z^{-1})^q}{G(z)(1 - z^{-1})^q} \tag{3-76}$$

2. 典型输入下的最少拍控制系统分析

1）单位阶跃输入($q=1$)

输入函数 $r(t) = 1(t)$，其 z 变换和拉普拉斯变换分别为

$$R(z) = \frac{1}{1 - z^{-1}}, \quad R(s) = \frac{1}{s}$$

由式(3-75)可知

$$\Phi(z) = 1 - (1 - z^{-1})^q = z^{-1}$$

因而有

$$E(z) = R(z)\Phi_e(z) = R(z)[1 - \Phi(z)] = \frac{1}{1 - z^{-1}}(1 - z^{-1}) = 1$$

$$= 1 \cdot z^0 + 0 \cdot z^{-1} + 0 \cdot z^{-2} + \cdots$$

进一步求得

$$Y(z) = R(z)\Phi(z) = \frac{1}{1 - z^{-1}}z^{-1} = z^{-1} + z^{-2} + z^{-3} + \cdots$$

以上两式说明，只需一拍（一个采样周期）输出就能跟踪输入，误差为零，过渡过程结束。

2）单位速度输入($q=2$)

输入函数 $r(t) = t$，其 z 变换和拉普拉斯变换分别为

$$R(z) = \frac{Tz^{-1}}{(1 - z^{-1})^2}, \quad R(s) = \frac{1}{s^2}$$

由式(3-75)可知

$$\Phi(z) = 1 - (1 - z^{-1})^2 = 2z^{-1} - z^{-2}$$

且有

$$E(z) = R(z)\Phi_e(z) = R(z)[1 - \Phi(z)] = \frac{Tz^{-1}}{(1 - z^{-1})^2}(1 - 2z^{-1} + z^{-2}) = Tz^{-1}$$

$$Y(z) = R(z)\Phi(z) = 2Tz^{-2} + 3Tz^{-3} + 4Tz^{-4} + \cdots$$

以上两式说明，只需二拍（两个采样周期）输出就能跟踪输入，达到稳态。

3）单位加速度输入($q=3$)

单位加速度输入 $r(t) = \frac{1}{2}t^2$，其 z 变换和拉普拉斯变换分别为

$$R(z) = \frac{T^2 z^{-1}(1 + z^{-1})}{2(1 - z^{-1})^3}, \quad R(s) = \frac{1}{s^3}$$

根据式(3-75)，有

$$\Phi(z) = 1 - (1 - z^{-1})^3 = 3z^{-1} - 3z^{-2} + z^{-3}$$

同理，有

$$E(z) = \frac{1}{2}T^2 z^{-1} + \frac{1}{2}T^2 z^{-2}$$

上式说明，只需三拍（三个采样周期）输出就能跟踪输入，达到稳态。

3. 最少拍控制器的局限性

1）最少拍控制器对典型输入的适应性差

最少拍控制器的设计是使系统对某一典型输入的响应为最少拍，但对于其他典型输入不一定为最少拍，甚至会引起大的超调量和静差。例如，当 $\Phi(z)$ 按等速输入设计时有 $\Phi(z) = 1 - (1 - z^{-1})^2 = 2z^{-1} - z^{-2}$。

三种不同输入对应的输出如下。

（1）阶跃输入时，$r(t) = 1(t)$，则
$$R(z) = 1/(1 - z^{-1})$$
$$Y(z) = R(z)\Phi(z) = \frac{2z^{-1} - z^{-2}}{1 - z^{-1}} = 2z^{-1} + z^{-2} + z^{-3} + \cdots$$

（2）等速输入时，$r(t) = t$，则
$$R(z) = \frac{Tz^{-1}}{(1 - z^{-1})^2}$$
$$Y(z) = \frac{Tz^{-1}}{(1 - z^{-1})^2}(2z^{-1} - z^{-2}) = 2Tz^{-2} + 3Tz^{-3} + 4Tz^{-4} + \cdots$$

（3）等加速度输入时，$r(t) = \frac{1}{2}t^2$，则
$$R(z) = \frac{T^2 z^{-1}(1 + z^{-1})}{2(1 - z^{-1})^3}$$
$$Y(z) = R(z)\Phi(z) = \frac{T^2 z^{-1}(1 + z^{-1})}{2(1 - z^{-1})^3}(2z^{-1} - z^{-2})$$
$$= T^2 z^{-2} + 3.5T^2 z^{-3} + 7T^2 z^{-4} + 11.5T^2 z^{-5} + \cdots$$

对于上述 3 种情况，进行 z 反变换后得到的输出序列如图 3-17 所示。从图中可见，阶跃输入时，超调量严重（达 100%），等加速度输入时有静差。

(a)阶跃输入 　　　　(b)等速输入 　　　　(c)等加速度输入

图 3-17　按等速输入设计的最少拍控制器对不同输入的响应

一般来说，针对一种典型的输入函数 $R(z)$ 设计得到的系统的闭环脉冲传递函数 $\Phi(z)$，用于次数较低的输入函数 $R(z)$ 时，系统将出现较大的超调量，响应时间也会增加，但稳态时在采样时刻的误差为零。反之，当一种典型的最少拍特性用于次数较高的输入函数时，输出将不能完全跟踪输入以致产生稳态误差。由此可见，一种典型的最少拍闭环脉冲传

递函数 $\Phi(z)$ 只适应一种特定的输入,而不能适应于各种输入。

2)最少拍控制器的可实现性问题

设图 3-16 和式(3-60)所示的广义对象的脉冲传递函数为

$$G(z) = \frac{B(z)}{A(z)} \tag{3-77}$$

若用 $\deg A(z)$ 和 $\deg B(z)$ 分别表示 $A(z)$ 和 $B(z)$ 的阶数,显然有

$$\deg A(z) > \deg B(z) \tag{3-78}$$

设数字控制器 $D(z)$ 为

$$D(z) = \frac{Q(z)}{P(z)} \tag{3-79}$$

要使 $D(z)$ 物理上是可实现的,则必须要求

$$\deg P(z) \geqslant \deg Q(z) \tag{3-80}$$

上式的含义是:要产生 k 时刻的控制量 $u(k)$,最多只能利用直到 k 时刻的误差 $e(k),e(k-1),\cdots$ 以及过去时刻的控制量 $u(k-1),u(k-2),\cdots$。

闭环系统的脉冲传递函数为

$$\Phi(z) = \frac{D(z)G(z)}{1+D(z)G(z)} = \frac{B(z)Q(z)}{A(z)P(z)+B(z)Q(z)} = \frac{B_{\mathrm{m}}(z)}{A_{\mathrm{m}}(z)} \tag{3-81}$$

由上式可得

$$\begin{aligned}
\deg A_{\mathrm{m}}(z) - \deg B_{\mathrm{m}}(z) &= \deg[A(z)P(z)+B(z)Q(z)] - \deg[B(z)Q(z)] \\
&= \deg[A(z)P(z)] - \deg[B(z)Q(z)] \\
&= \deg A(z) - \deg B(z) + \deg P(z) - \deg Q(z)
\end{aligned} \tag{3-82}$$

所以

$$\deg A_{\mathrm{m}}(z) - \deg B_{\mathrm{m}}(z) \geqslant \deg A(z) - \deg B(z) \tag{3-83}$$

式(3-83)给出了为使 $D(z)$ 物理上可实现时 $\Phi(z)$ 应满足的条件,该条件的物理意义是,若 $G(z)$ 的分母比分子高 N 阶,则确定 $\Phi(z)$ 时分母必须至少比分子高 N 阶。

设给定连续被控对象有 d 拍的纯滞后,即纯滞后时间 $\tau = dT$,T 为采样周期,对应于图 3-16 式(3-77)的广义对象脉冲传递函数为

$$G(z) = \frac{B(z)}{A(z)} z^{-d} \tag{3-84}$$

则所设计的闭环脉冲传递函数 $\Phi(z)$ 中必须含有纯滞后,且滞后时间至少要等于被控对象的滞后时间。否则系统的响应超前于被控对象的输入,这实际上是实现不了的。

3)最少拍控制的稳定性问题

在前面讨论的设计过程中,对 $G(z)$ 并没有提出限制条件。实际上,只有当 $G(z)$ 是稳定的(即在 z 平面单位圆上和圆外没有极点),且不含有纯滞后环节时,式(3-75)才成立。如果 $G(z)$ 不满足稳定条件,则需对设计原则作相应的限制。

由式

$$\Phi(z) = \frac{D(z)G(z)}{1+D(z)G(z)} \tag{3-85}$$

可以看出,$D(z)$ 和 $G(z)$ 总是成对出现的,但却不允许它们的零点、极点互相对消。这是因

为，简单地利用 $D(z)$ 的零点去对消 $G(z)$ 中的不稳定极点，虽然从理论上可以得到一个稳定的闭环系统，但是这种稳定是建立在零极点完全对消的基础上的。当系统的参数产生漂移，或辨识的参数有误差时，这种零极点对消不可能准确实现，从而将引起闭环系统不稳定。上述分析说明，在单位圆外或圆上 $D(z)$ 和 $G(z)$ 不能对消零极点，但并不意味含有这种现象的系统不能补偿成稳定的系统，只是在选择 $\Phi(z)$ 时必须加一个约束条件，这个约束条件称为稳定性条件。

3.3.3 最少拍有纹波控制器的设计

在图 3-16 所示的系统中，被控对象的传递函数为

$$G_c(s) = G_c'(s) e^{-\tau s} \tag{3-86}$$

式中，$G_c'(s)$ 是不含滞后部分的传递函数；τ 为纯滞后时间。

若令

$$d = \tau / T \tag{3-87}$$

则有

$$G(z) = Z\left[\frac{1 - e^{-Ts}}{s} G_c(s)\right] = Z\left[\frac{1 - e^{-Ts}}{s} G_c'(s) e^{-\tau s}\right]$$

$$= z^{-d} \cdot Z\left[\frac{1 - e^{-Ts}}{s} G_c'(s)\right] = z^{-d} \cdot \frac{B(z)}{A(z)} \tag{3-88}$$

式中，当连续被控对象 $G_c(s)$ 中不含纯滞后时，$d = 0$；当 $G_c(s)$ 中含有纯滞后时，$d \geqslant 1$，即有 d 拍的纯滞后。一般通过选择合适采样周期 T，可以使 d 为自然数（非负整数）。

设 $A(z)$ 的阶次为 n，$B(z)$ 的阶次为 m，$n \geqslant m$，于是，上式可改写为

$$G(z) = z^{-d} \frac{B(z)}{A(z)} = \frac{z^{-(d+n-m)}(c_0 + c_1 z^{-1} + \cdots + c_m z^{-m})}{d_0 + d_1 z^{-1} + \cdots + d_n z^{-n}} \tag{3-89}$$

设 $G(z)$ 有 u 个零点 $b_1, b_2, \cdots, b_u$ 和 v 个极点 $a_1, a_2, \cdots, a_v$ 在 z 平面的单位圆外和圆上，$G'(z)$ 是 $G(z)$ 中不含单位圆外和圆上的零极点部分，则广义对象的传递函数可表示为

$$G(z) = \frac{z^{-(d+n-m)} \prod_{i=1}^{u}(1 - b_i z^{-1})}{\prod_{i=1}^{v}(1 - a_i z^{-1})} G'(z) \tag{3-90}$$

于是，有

$$D(z) = \frac{1}{G(z)} \cdot \frac{\Phi(z)}{1 - \Phi(z)} = \frac{\prod_{i=1}^{v}(1 - a_i z^{-1})}{z^{-(d+n-m)} G'(z) \prod_{i=1}^{u}(1 - b_i z^{-1})} \cdot \frac{\Phi(z)}{\Phi_e(z)} \tag{3-91}$$

$$e(\infty) = \lim_{z \to 1}\left[(1 - z^{-1}) R(z) \Phi_e(z)\right] = \lim_{z \to 1}\left[(1 - z^{-1}) \frac{B_r(z)}{(1 - z^{-1})^q} \Phi_e(z)\right] \tag{3-92}$$

由以上两式可以看出，为了避免使 $G(z)$ 在单位圆外和圆上的零点、极点与 $D(z)$ 的极点、零点对消，同时又能实现对系统的补偿，且 $e(\infty) = 0$，则按稳定性、快速性和准确性要求选择最少拍控制系统的闭环脉冲传递函数时必须满足下面的约束条件。

1. $\Phi_e(z)$零点的选择

根据式(3-91)、式(3-92)，$\Phi_e(z)$的零点中必须包含$G(z)$在z平面单位圆外与圆上的所有极点和$(1-z^{-1})^q$，即

$$\Phi_e(z) = \left[\prod_{i=1}^{v} (1-a_i z^{-1}) \right] (1-z^{-1})^q F_1(z) \tag{3-93}$$

式中，$F_1(z)$是关于z^{-1}的待定多项式，且不含$G(z)$中的不稳定极点a_i。为了使$\Phi_e(z)$能够实现，$F_1(z)$应具有以下形式

$$F_1(z) = 1 + f_{11} z^{-1} + f_{12} z^{-2} + \cdots + f_{1k} z^{-k} \tag{3-94}$$

式中，$f_{11}, f_{12}, \cdots, f_{1k}$为待定系数。当$k=0$时，$F_1(z)=1$。

实际上，若$G(z)$有j个极点在单位圆上，即在$z=1$处，则由式(3-71)和式(3-72)可知，$\Phi_e(z)$的选择方法应对式(3-93)进行修改，可按以下方法确定$\Phi_e(z)$。

(1) 若$j \leqslant q$，则

$$\Phi_e(z) = \left[\prod_{i=1}^{v-j} (1-a_i z^{-1}) \right] (1-z^{-1})^q F_1(z) \tag{3-95}$$

(2) 若$j > q$，则

$$\Phi_e(z) = \left[\prod_{i=1}^{v-j} (1-a_i z^{-1}) \right] (1-z^{-1})^j F_1(z) \tag{3-96}$$

2. $\Phi(z)$零点的选择

根据式(3-91)、式(3-92)，$\Phi(z)$的零点中必须包含$G(z)$在z平面单位圆外与圆上的所有零点和$z^{-(d+n-m)}$，即$\Phi(z)$必须满足的约束条件为

$$\Phi(z) = z^{-(d+n-m)} \left[\prod_{i=1}^{u} (1-b_i z^{-1}) \right] F_2(z) \tag{3-97}$$

式中，$F_2(z)$是关于z^{-1}的待定多项式，且不含$G(z)$中的不稳定零点b_i。$F_2(z)$具有以下形式

$$F_2(z) = f_{20} + f_{21} z^{-1} + f_{22} z^{-2} + \cdots + f_{2p} z^{-p} \tag{3-98}$$

式中，f_{20}、f_{21}、$\cdots$、f_{2p}为待定系数。

3. 待定多项式$F_1(z)$和$F_2(z)$阶次的确定

1) k值的求取

(1) 根据$\Phi_e(z) = 1 - \Phi(z)$恒等成立，可得$\Phi_e(z)$和$\Phi(z)$关于z^{-1}的多项式阶次相同且方程两边对应项系数相等。

(2) 对于最少拍控制，式(3-94)中的k是使$\Phi_e(z)$与$1-\Phi(z)$阶次相同且对应项系数相等的最小值，以此求k值。可以先选$k=0$(如不满足要求，可再选$k=1$，k不断递增，直至满足要求)。

2) p值的求取

因为式(3-97)与式(3-95)或与式(3-96)关于z^{-1}的阶次相同，所以

(1) 若$G(z)$中有j个极点在单位圆上，当$j \leqslant q$时，式(3-98)的p值为

$$p = q + v - j - u - d - n + m + k \tag{3-99}$$

（2）若 $G(z)$ 中有 j 个极点在单位圆上，当 $j>q$ 时，式(3-98)的 p 值为

$$p = v - u - d - n + m + k \tag{3-100}$$

4. $F_1(z)$ 和 $F_2(z)$ 中待定系数的确定

1）方法一

$F_1(z)$ 和 $F_2(z)$ 的阶次确定以后，先根据式(3-93)写出 $\Phi_e(z)$ 的表达式，再根据式(3-97)写出 $\Phi(z)$ 的表达式，然后，利用恒等式 $\Phi_e(z) = 1 - \Phi(z)$ 两边关于 z^{-1} 的指数项系数相等的方法求 $F_1(z)$ 和 $F_2(z)$ 中的待定系数。

以上给出了确定 $\Phi(z)$ 时必须满足的约束条件。根据此约束条件，可求得最少拍控制器为

$$D(z) = \frac{1}{G(z)} \frac{\Phi(z)}{1 - \Phi(z)} = \begin{cases} \dfrac{F_2(z)}{G'(z)(1-z^{-1})^{q-j}F_1(z)}, & j \leqslant q \\[3mm] \dfrac{F_2(z)}{G'(z)F_1(z)}, & j > q \end{cases} \tag{3-101}$$

2）方法二

根据式(3-93)、式(3-97)，$\Phi_e(z)$ 和 $\Phi(z)$ 也可以采用以下方法求解，也就是求 $F_1(z)$ 和 $F_2(z)$ 的另一种方法。

对于单位负反馈控制系统，$\Phi(z) = 1 - \Phi_e(z)$。由准确性要求 $e(\infty) = 0$ 可知，式(3-93)中的 $\Phi_e(z)$ 含有 $(1-z^{-1})^q$，从而使 $\Phi_e(1) = \Phi_e'(1) = \Phi_e''(1) = \cdots = \Phi_e^{(q-1)}(1) = 0$，即 $\Phi(1) = 1, \Phi'(1) = \Phi''(1) = \cdots = \Phi^{(q-1)}(1) = 0$，由此可以得到 q 个方程。由稳定性要求可知，式(3-93)中 $\Phi_e(z)$ 含有 $\prod\limits_{i=1}^{v}(1-a_i z^{-1})$，故 $\Phi_e(a_i) = 0$，因此，$\Phi(a_i) = 1$，又可以得到 v 个方程。

根据准确性和稳定性要求，对于式(3-97)的 $\Phi(z)$，由 $q+v$ 个方程联立形成以下方程组

$$\begin{cases} \Phi(1) = 1 \\ \Phi'(1) = \dfrac{\mathrm{d}\Phi(z)}{\mathrm{d}z}\bigg|_{z=1} = 0 \\ \cdots \\ \Phi^{(q-1)}(1) = \dfrac{\mathrm{d}^{q-1}\Phi(z)}{\mathrm{d}z^{q-1}}\bigg|_{z=1} = 0 \\ \Phi(a_i) = 1 \quad (i = 1, 2, \cdots, v) \end{cases} \tag{3-102}$$

由以上方程组可求解式(3-97)中 $\Phi(z)$ 的表达式。

当 $G(z)$ 有 j 个极点在单位圆上，即在 $z=1$ 处，以上方程组中的第 1 个方程与后面 v 个方程在 $z=1$ 处有 j 个重复，因此，上面的方程组少于 $q+v$ 个方程。根据闭环控制系统快速性和最少拍控制要求，$\Phi(z)$ 的项数应该最少，即 $\Phi(z)$（也就是 $\Phi_e(z)$）应降阶处理，再结合式(3-92)中 $e(\infty) = 0$，于是，上述方程组中应减少的方程个数为 $\max\{j, q\}$。

根据上述方法求得 $\Phi(z)$ 后，可由 $\Phi_e(z) = 1 - \Phi(z)$ 进一步求得 $\Phi_e(z)$，从而求出数字控制器 $D(z)$。

仅根据上述约束条件设计的最少拍控制系统，只保证了在最少的几个采样周期后系统

的响应在采样点时的稳态误差为零,而不能保证任意两个采样点之间的稳态误差为零。这种控制系统输出信号 $y(t)$ 有纹波存在,故称为最少拍有纹波控制系统,式(3-101)的控制器为最少拍有纹波控制器。$y(t)$ 的纹波在采样点上观测不到,要用修正 z 变换方能计算得出两个采样点之间的输出值,这种纹波称为**隐蔽振荡**(**Hidden Oscillations**)。

例 3-1 在图 3-18 所示的计算机控制系统中,被控对象的传递函数和零阶保持器的传递函数分别为 $G_c(s) = \dfrac{10}{s(s+1)}$ 和 $G_h(s) = \dfrac{1-e^{-Ts}}{s}$。采样周期 $T=1s$,试针对单位速度输入函数设计最少拍有纹波控制系统,画出数字控制器和系统的输出波形。

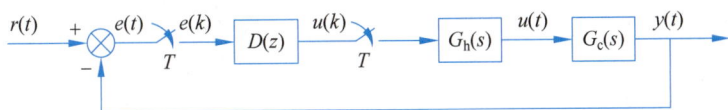

图 3-18 例 3-1 计算机控制系统框图

解 首先求取广义对象的脉冲传递函数为

$$G(z) = Z\left[\frac{1-e^{-Ts}}{s} \cdot \frac{10}{s(s+1)}\right] = (1-z^{-1})Z\left[\frac{10}{s^2(s+1)}\right]$$

$$= 10(1-z^{-1})Z\left[\frac{1}{s^2} - \frac{1}{s} + \frac{1}{s+1}\right]$$

$$= 10(1-z^{-1})\left[\frac{z^{-1}}{(1-z^{-1})^2} - \frac{1}{1-z^{-1}} + \frac{1}{1-0.3679z^{-1}}\right]$$

$$= \frac{3.679z^{-1}(1+0.718z^{-1})}{(1-z^{-1})(1-0.3679z^{-1})}$$

上式中,$d=0, n=2, m=1, q=2, u=0, v=1, j=1$,且 $j<q$。

根据式(3-95)、式(3-97),可得

$$\Phi_e(z) = \left[\prod_{i=1}^{v-j}(1-a_i z^{-1})\right](1-z^{-1})^q F_1(z) = (1-z^{-1})^2 F_1(z)$$

$$\Phi(z) = z^{-(d+n-m)}\left[\prod_{i=1}^{u}(1-b_i z^{-1})\right]F_2(z) = z^{-1}F_2(z)$$

根据式(3-94)选择 $k=0$(如不满足要求,k 可不断递增直至满足要求),则

$$F_1(z) = 1$$

依式(3-98),有

$$F_2(z) = f_{20} + f_{21}z^{-1}$$

于是,有

$$\Phi_e(z) = \left[\prod_{i=1}^{v-j}(1-a_i z^{-1})\right](1-z^{-1})^q F_1(z) = (1-z^{-1})^2$$

$$\Phi(z) = z^{-(d+n-m)}\left[\prod_{i=1}^{u}(1-b_i z^{-1})\right]F_2(z) = z^{-1}(f_{20}+f_{21}z^{-1})$$

因要使方程

$$\Phi_e(z) = 1 - \Phi(z)$$

恒等成立,必须使上式两边 $\Phi_e(z)$ 和 $1-\Phi(z)$ 关于 z^{-1} 的多项式阶次相同且方程两边对应

项系数相等,即

$$(1-z^{-1})^2 = 1 - z^{-1}(f_{20} + f_{21}z^{-1})$$

且

$$\begin{cases} f_{20} = 2 \\ f_{21} = -1 \end{cases}$$

故

$$\Phi(z) = 2z^{-1} - z^{-2}$$

$$\Phi_e(z) = 1 - 2z^{-1} + z^{-2}$$

$$D(z) = \frac{1}{G(z)} \frac{\Phi(z)}{1-\Phi(z)} = \frac{(1-z^{-1})(1-0.3679z^{-1})(2z^{-1}-z^{-2})}{3.679z^{-1}(1+0.718z^{-1})(1-z^{-1})^2}$$

$$= \frac{0.5434(1-0.5z^{-1})(1-0.3679z^{-1})}{(1-z^{-1})(1+0.718z^{-1})}$$

进一步利用多项式的长除法求得

$$E(z) = \Phi_e(z)R(z) = (1-z^{-1})^2 \frac{Tz^{-1}}{(1-z^{-1})^2} = z^{-1}$$

$$Y(z) = R(z)\Phi(z) = \frac{Tz^{-1}}{(1-z^{-1})^2}(2z^{-1}-z^{-2}) = 2z^{-2} + 3z^{-3} + 4z^{-4} + \cdots$$

$$U(z) = E(z)D(z) = z^{-1}\frac{0.5434(1-0.5z^{-1})(1-0.3679z^{-1})}{(1-z^{-1})(1+0.718z^{-1})}$$

$$= 0.54z^{-1} - 0.32z^{-2} + 0.40z^{-3} - 0.12z^{-4} + 0.25z^{-5} + \cdots$$

由此,可画出数字控制器和系统的输出波形,见图 3-19。

(a) 数字控制器输出波形   (b) 系统输出波形

图 3-19   有纹波控制器输出序列波形

3.3.4 最少拍无纹波控制器的设计

按最少拍有纹波系统设计的控制器,其系统的输出值跟踪输入值后,在非采样点有纹波存在。原因在于数字控制器的输出序列 $u(k)$ 经过若干拍后,不是常值或零,而是振荡收敛的。非采样时刻的纹波现象不仅造成非采样时刻有偏差,而且会浪费执行机构的功率,增加机械磨损,因此必须消除。

1. 设计最少拍无纹波控制器的必要条件

无纹波系统要求系统的输出信号在采样点之间不出现纹波，必须满足：

(1) 对阶跃输入，当 $t \geqslant NT$ 时，有 $y(t) =$ 常数；

(2) 对速度输入，当 $t \geqslant NT$ 时，有 $\dot{y}(t) =$ 常数；

(3) 对加速度输入，当 $t \geqslant NT$ 时，有 $\ddot{y}(t) =$ 常数。

这样，被控对象 $G_c(s)$ 必须有能力给出与系统输入 $r(t)$ 相同且平滑的输出 $y(t)$。如果针对速度输入函数进行设计，那么稳态过程中 $G_c(s)$ 的输出也必须是速度函数，为了产生这样的速度输出函数，$G_c(s)$ 中必须至少有一个积分环节使得控制信号 $u(k)$ 为常值（包括零）时，$G_c(s)$ 的稳态输出是所要求的速度函数。同理，若针对加速度输入函数设计的无纹波控制器，则 $G_c(s)$ 中必须至少有两个积分环节。因此，设计最少拍无纹波控制器时，$G_c(s)$ 中必须含有足够的积分环节，以保证 $u(t)$ 为常数时，$G_c(s)$ 的稳态输出完全跟踪输入，且无纹波。

2. 最少拍无纹波系统确定$\Phi(z)$的约束条件

要使系统的稳态输出无纹波，就要求稳态时的控制信号 $u(k)$ 为常数或零。控制信号 $u(k)$ 的 z 变换为

$$U(z) = \sum_{k=0}^{\infty} u(k) z^{-k}$$

$$= u(0) + u(1)z^{-1} + \cdots + u(l)z^{-l} + u(l+1)z^{-(l+1)} + \cdots \tag{3-103}$$

如果系统经过 l 个采样周期达到稳态，无纹波系统要求 $u(l) = u(l+1) = u(l+2) = \cdots =$ 常数或零。

设广义对象 $G(z)$ 含有 d 个采样周期的纯滞后：

$$G(z) = \frac{B(z)}{A(z)} z^{-d} \tag{3-104}$$

而

$$U(z) = \frac{Y(z)}{G(z)} = \frac{\Phi(z)}{G(z)} R(z)$$

将式(3-104)代入上式，得

$$U(z) = \frac{\Phi(z)}{z^{-d}B(z)} A(z) R(z) = \Phi_u(z) R(z) \tag{3-105}$$

其中

$$\Phi_u(z) = \frac{\Phi(z)}{z^{-d}B(z)} A(z)$$

由式(3-89)知

$$G(z) = z^{-d} \frac{B(z)}{A(z)} = \frac{z^{-(d+n-m)}(c_0 + c_1 z^{-1} + \cdots + c_m z^{-m})}{d_0 + d_1 z^{-1} + \cdots + d_n z^{-n}}$$

可得

$$\Phi_u(z) = \frac{\Phi(z)}{z^{-d}B(z)} A(z) = \frac{\Phi(z)(d_0 + d_1 z^{-1} + \cdots + d_n z^{-n})}{z^{-(d+n-m)}(c_0 + c_1 z^{-1} + \cdots + c_m z^{-m})} \tag{3-106}$$

要使控制信号 $u(k)$ 在稳态过程中为常数或零，那么 $\Phi_u(z)$ 只能是关于 z^{-1} 的有限多项式。因此式(3-106)中的 $\Phi(z)$ 必须包含 $G(z)$ 的所有零点和 $z^{-(d+n-m)}$。这样，最少拍有

纹波系统设计时确定 $\Phi(z)$ 的式(3-97)应修改。于是,最少拍无纹波系统确定 $\Phi(z)$ 的约束条件为

$$\Phi(z) = z^{-(d+n-m)}\left[\prod_{i=1}^{\omega}(1-b_i z^{-1})\right] F_2(z) \tag{3-107}$$

式中,ω 为 $G(z)$ 的所有零点数($\omega = m$);$b_1,b_2,\cdots,b_\omega$ 为 $G(z)$ 的所有零点;$F_2(z)$ 是关于 z^{-1} 的多项式,且不含 $G(z)$ 中的不稳定零点 b_i。

$F_2(z)$ 具有以下形式

$$F_2(z) = f_{20} + f_{21}z^{-1} + f_{22}z^{-2} + \cdots + f_{2p}z^{-p} \tag{3-108}$$

式中,$f_{20},f_{21},\cdots,f_{2p}$ 为待定系数。

3. 多项式 $F_1(z)$ 和 $F_2(z)$ 中阶次的确定

1）k 值的求取

（1）因 $\Phi_e(z) = 1 - \Phi(z)$ 恒等成立,故 $\Phi_e(z)$ 和 $\Phi(z)$ 关于 z^{-1} 的多项式阶次相同且方程两边对应项系数相等。

（2）对于最少拍控制,式(3-94)中的 k 是使 $\Phi_e(z)$ 与 $1 - \Phi(z)$ 阶次相同且对应项系数相等时的最小值,以此求取 k 值。可以先选 $k=0$（如不满足要求,可再选 $k=1$,k 不断递增,直至满足要求）。

2）p 值的求取

因式(3-107)与式(3-95)或与式(3-96)关于 z^{-1} 的阶次相同,故有

（1）若 $G(z)$ 中有 j 个极点在单位圆上,当 $j \leqslant q$ 时,有

$$p = q + v - j - \omega - d - n + m + k \tag{3-109}$$

（2）若 $G(z)$ 中有 j 个极点在单位圆上,当 $j > q$ 时,有

$$p = v - \omega - d - n + m + k \tag{3-110}$$

4. $F_1(z)$ 和 $F_2(z)$ 中待定系数的确定

1）方法一

$F_1(z)$ 和 $F_2(z)$ 的阶次确定以后,利用恒等式 $\Phi_e(z) = 1 - \Phi(z)$ 两边关于 z^{-1} 的指数项系数相等的方法求 $F_1(z)$ 和 $F_2(z)$ 中的待定系数。

2）方法二

最少拍无纹波系统的 $\Phi_e(z)$ 和 $\Phi(z)$ 也可像最少拍有纹波系统设计一样,采用对式(3-102)求导的方法求解,这里不再赘述。

5. 调整时间的增加

无纹波系统的调整时间要增加若干拍,增加的拍数等于 $G(z)$ 在单位圆内的零点数。

例 3-2 在例 3-1 中,广义对象为($T=1\text{s}$)

$$G(z) = \frac{3.679z^{-1}(1+0.718z^{-1})}{(1-z^{-1})(1-0.3679z^{-1})}$$

试针对单位速度输入函数,设计最少拍无纹波系统,并绘出数字控制器和系统的输出波形图。

解 在例 3-1 中,由 $G(z)$ 和 $G_c(s)$ 的表达式可知,满足无纹波设计的必要条件,且 $d=0,n=2,m=1,q=2,\omega=1,v=1,j=1,j<q$。

根据式(3-94),选择 $k=0$ 时,按式(3-95)写出 $\Phi_e(z)$ 和按式(3-107)写出 $\Phi(z)$ 的表达

式,很容易验证 $1-\Phi(z)\neq\Phi_e(z)$,因此,根据式(3-94)只能选择最小的 k 为 $k=1$。

选择 $k=1$(如不满足要求,k 可不断递增直至满足要求),则由式(3-94)得

$$F_1(z)=1+f_{11}z^{-1}$$

对于 $k=1$,由式(3-95)得

$$\Phi_e(z)=\left[\prod_{i=1}^{v-j}(1-a_iz^{-1})\right](1-z^{-1})^qF_1(z)$$

$$=(1-z^{-1})^2(1+f_{11}z^{-1})=1+(f_{11}-2)z^{-1}+$$

$$(1-2f_{11})z^{-2}+f_{11}z^{-3}$$

依式(3-108)、式(3-109)有

$$F_2(z)=f_{20}+f_{21}z^{-1}$$

由式(3-107)得

$$\Phi(z)=z^{-(d+n-m)}\left[\prod_{i=1}^{w}(1-b_iz^{-1})\right]F_2(z)$$

$$=z^{-1}(1+0.718z^{-1})(f_{20}+f_{21}z^{-1})=f_{20}z^{-1}+$$

$$(f_{21}+0.718f_{20})z^{-2}+0.718f_{21}z^{-3}$$

因有恒等式

$$1-\Phi(z)=\Phi_e(z)$$

故

$$1-f_{20}z^{-1}-(f_{21}+0.718f_{20})z^{-2}-0.718f_{21}z^{-3}=1+(f_{11}-2)z^{-1}+(1-2f_{11})z^{-2}+f_{11}z^{-3}$$

$$\begin{cases}f_{11}-2=-f_{20}\\1-2f_{11}=-(f_{21}+0.718f_{20})\\f_{11}=-0.718f_{21}\end{cases}\Rightarrow\begin{cases}f_{11}=0.592\\f_{20}=1.408\\f_{21}=-0.825\end{cases}$$

于是

$$\Phi(z)=(1+0.718z^{-1})(1.408z^{-1}-0.852z^{-2})$$

$$\Phi_e(z)=(1-z^{-1})^2(1+0.592z^{-1})$$

$$D(z)=\frac{1}{G(z)}\frac{\Phi(z)}{1-\Phi(z)}=\frac{0.272(1-0.3679z^{-1})(1.408-0.825z^{-1})}{(1-z^{-1})(1+0.592z^{-1})}$$

利用多项式的长除法可求得

$$Y(z)=R(z)\Phi(z)=\frac{Tz^{-1}}{(1-z^{-1})^2}(1+0.718z^{-1})(1.408z^{-1}-0.825z^{-2})$$

$$=1.41z^{-2}+3z^{-3}+4z^{-4}+5z^{-5}+\cdots$$

$$U(z)=\frac{Y(z)}{G(z)}=\frac{R(z)\Phi(z)}{G(z)}$$

$$=\frac{Tz^{-1}}{(1-z^{-1})^2}\cdot(1+0.718z^{-1})(1.408z^{-1}-0.825z^{-2})\cdot$$

$$\frac{(1-z^{-1})(1-0.3679z^{-1})}{3.679z^{-1}(1+0.718z^{-1})}$$

$$=0.38z^{-1}+0.02z^{-2}+0.09z^{-3}+0.09z^{-4}+\cdots$$

数字控制器和系统的输出波形如图 3-20 所示。

(a) 数字控制器输出波形　　　　　　(b) 系统输出波形

图 3-20　无纹波控制器输出序列波形图

比较例 3-1 和例 3-2 的输出序列波形图，可以看出，有纹波系统的调整时间为两个采样周期，无纹波系统的调整时间为三个采样周期，无波纹系统的调整时间比有纹波系统增加一拍，因为 $G(z)$ 在单位圆内有一个零点。

3.4　纯滞后控制技术

在工业过程（如热工、化工）控制中，由于物料、能量或信号的传输延迟，许多被控对象具有纯滞后性质，这种纯滞后性质与惯性不同，常引起系统产生超调量或者振荡。早在 20 世纪 50 年代，国外就对工业生产过程中纯滞后现象进行了深入的研究。

3.4.1　连续化设计技术——施密斯预估控制

施密斯（Smith）提出了一种纯滞后补偿模型，但由于模拟仪表不能实现这种补偿，致使这种方法在工程中无法实现。现在人们利用计算机可以方便地实现纯滞后补偿。

1. 施密斯预估控制原理

在图 3-21 所示带纯滞后环节的控制系统中，$D(s)$ 表示控制器的传递函数，用于校正 $G_P(s)$ 部分；$G_P(s)e^{-\tau s}$ 表示被控对象的传递函数，$G_P(s)$ 为被控对象中不包含纯滞后部分的传递函数，$e^{-\tau s}$ 为被控对象纯滞后部分的传递函数。

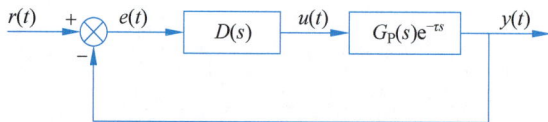

图 3-21　带纯滞后环节的控制系统

施密斯预估控制原理：与 $D(s)$ 并接一补偿环节，用来补偿被控对象中的纯滞后部分。这个补偿环节称为预估器，其传递函数为 $G_P(s)(1-e^{-\tau s})$，τ 为纯滞后时间，补偿后的系统框图如图 3-22 所示。

由施密斯预估器和控制器 $D(s)$ 组成的补偿回路称为纯滞后补偿器，其传递函数为 $D'(s)$，即

$$D'(s) = \frac{D(s)}{1 + D(s)G_P(s)(1 - e^{-\tau s})}$$

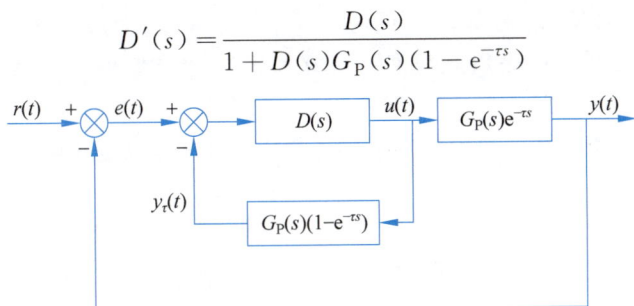

图 3-22　带施密斯预估器的控制系统

经补偿后的系统闭环传递函数为

$$\Phi(s) = \frac{D'(s)G_P(s)e^{-\tau s}}{1 + D'(s)G_P(s)e^{-\tau s}} = \frac{D(s)G_P(s)}{1 + D(s)G_P(s)}e^{-\tau s} \tag{3-111}$$

式(3-111)说明,经补偿后,消除了纯滞后部分对控制系统的影响,因为式中的 $e^{-\tau s}$ 在闭环控制回路之外,不影响系统的稳定性,拉氏变换的位移定理说明, $e^{-\tau s}$ 仅将控制作用在时间坐标上推移了一个时间 τ,控制系统的过渡过程及其他性能指标都与对象特性为 $G_P(s)$ 时完全相同。

2. 具有纯滞后补偿的数字控制系统

由图 3-23 可见,具有纯滞后补偿的数字控制系统由两部分组成:一部分是数字 PID 控制器(由 $D(s)$ 离散化得到);另一部分是施密斯预估器。

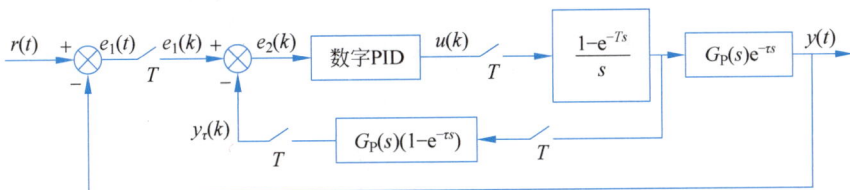

图 3-23　具有纯滞后补偿的数字控制系统

1) 施密斯预估器

滞后环节使信号延迟,为此,在计算机内存中专门设定 $N+1$ 个单元作为存储信号 $m(k)$ 的历史数据,N 由下式决定:

$$N = \tau/T$$

式中,τ 为纯滞后时间;T 为采样周期。

施密斯预估器的输出可按图 3-24 所示的顺序计算。图中,$u(k)$ 是 PID 数字控器的输出,$y_\tau(k)$ 是施密斯预估器的输出。从图中可知,必须先计算传递函数 $G_P(s)$ 的输出 $m(k)$ 后,才能计算预估器的输出:

$$y_\tau(k) = m(k) - m(k - N)$$

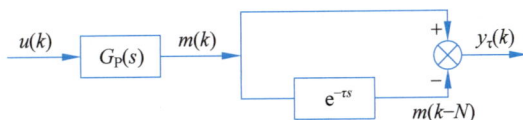

图 3-24　施密斯预估器方框图

每采样一次,把 $m(k)$ 记入 0 单元,同时把 0 单元原来存放的数据移到 1 单元,1 单元原来存放的数据移到 2 单元……以此类推。从单元 N 输出的信号,就是滞后 N 个采样周期的 $m(k-N)$ 信号。

许多工业对象可近似用一阶惯性环节和纯滞后环节的串联表示:

$$G_c(s) = G_P(s)e^{-\tau s} = \frac{K_f}{1+T_f s}e^{-\tau s}$$

式中,K_f 为被控对象的放大系数;T_f 为被控对象的时间常数;τ 为纯滞后时间。

预估器的传递函数为

$$G_\tau(s) = G_P(s)(1-e^{-\tau s}) = \frac{K_f}{1+T_f s}(1-e^{-\tau s})$$

2) 纯滞后补偿控制算法步骤

纯滞后补偿控制算法步骤如下。

(1) 计算反馈回路的偏差 $e_1(k)$

$$e_1(k) = r(k) - y(k)$$

(2) 计算纯滞后补偿器的输出 $y_\tau(k)$

$$\frac{Y_\tau(s)}{U(s)} = G_P(s)(1-e^{-\tau s}) = \frac{K_f(1-e^{-NTs})}{T_f s + 1}$$

化简成微分方程式,则可写成

$$T_f\frac{dy_\tau(t)}{dt} + y_\tau(t) = K_f[u(t) - u(t-NT)]$$

利用后向差分代替微分,上式相应的差分方程为

$$y_\tau(k) = ay_\tau(k-1) + b[u(k) - u(k-N)] \tag{3-112}$$

式中,$a = \dfrac{T_f}{T_f+T}$;$b = K_f\dfrac{T}{T_f+T}$。式(3-112)称为施密斯预估控制算式。

(3) 计算偏差 $e_2(k)$

$$e_2(k) = e_1(k) - y_\tau(k)$$

(4) 计算控制器的输出 $u(k)$。

当控制器采用 PID 控制算法时,则

$$\begin{aligned}
u(k) &= u(k-1) + \Delta u(k)\\
&= u(k-1) + K_P[e_2(k) - e_2(k-1)] + K_I e_2(k) +\\
&\quad K_D[e_2(k) - 2e_2(k-1) + e_2(k-2)]
\end{aligned}$$

式中,K_P 为 PID 控制的比例系数;$K_I = K_P T/T_I$ 为积分系数;$K_D = K_P T_D/T$ 为微分系数。

3.4.2　离散化设计技术——达林算法

1. 数字控制器 $D(z)$ 的形式

被控对象 $G_c(s)$ 是带有纯滞后的一阶或二阶惯性环节,即

$$G_c(s) = \frac{K}{1+T_1 s}e^{-\tau s} \tag{3-113}$$

或

$$G_c(s) = \frac{K}{(1 + T_1 s)(1 + T_2 s)} e^{-\tau s} \tag{3-114}$$

式中,τ 为纯滞后时间;T_1、T_2 为时间常数;K 为放大系数。

达林(Dahlin)算法的设计目标是使整个闭环系统所期望的传递函数 $\Phi(s)$ 相当于一个延迟环节和一个惯性环节串联,即

$$\Phi(s) = \frac{1}{T_\tau s + 1} e^{-\tau s} \tag{3-115}$$

并期望整个闭环系统的纯滞后时间和被控对象 $G_c(s)$ 的纯滞后时间 τ 相同。式(3-115)中 T_τ 为闭环系统的时间常数,纯滞后时间 τ 与采样周期 T 有整数倍关系。

$$\tau = NT \quad (N = 1, 2, 3, \cdots)$$

由计算机组成的控制系统如图 3-16 所示。用脉冲传递函数近似法求得与 $\Phi(s)$ 对应的闭环脉冲传递函数 $\Phi(z)$ 为

$$\Phi(z) = \frac{Y(z)}{R(z)} = Z\left[\frac{1 - e^{-Ts}}{s} \cdot \frac{e^{-\tau s}}{T_\tau s + 1}\right]$$

代入 $\tau = NT$,并进行 z 变换,得

$$\Phi(z) = \frac{(1 - e^{-T/T_\tau}) z^{-N-1}}{1 - e^{-T/T_\tau} z^{-1}} \tag{3-116}$$

由式(3-62)有

$$D(z) = \frac{1}{G(z)} \frac{\Phi(z)}{1 - \Phi(z)}$$

$$= \frac{1}{G(z)} \frac{z^{-N-1}(1 - e^{-T/T_\tau})}{1 - e^{-T/T_\tau} z^{-1} - (1 - e^{-T/T_\tau}) z^{-N-1}} \tag{3-117}$$

假若已知被控对象的脉冲传递函数 $G(z)$,就可由式(3-117)求出数字控制器的脉冲传递函数 $D(z)$。

(1) 被控对象为带纯滞后的一阶惯性环节,其脉冲传递函数为

$$G(z) = Z\left[\frac{1 - e^{-Ts}}{s} \cdot \frac{K e^{-\tau s}}{T_1 s + 1}\right]$$

代入 $\tau = NT$,得

$$G(z) = Z\left[\frac{1 - e^{-Ts}}{s} \cdot \frac{K e^{-\tau s}}{T_1 s + 1}\right] = K z^{-N-1} \frac{1 - e^{-T/T_1}}{1 - e^{-T/T_1} z^{-1}} \tag{3-118}$$

将式(3-118)代入式(3-117)得到数字控制器为

$$D(z) = \frac{(1 - e^{-T/T_\tau})(1 - e^{-T/T_1} z^{-1})}{K(1 - e^{-T/T_1})[1 - e^{-T/T_\tau} z^{-1} - (1 - e^{-T/T_\tau}) z^{-N-1}]}$$

(2) 被控对象为带纯滞后的二阶惯性环节,其脉冲传递函数为

$$G(z) = Z\left[\frac{1 - e^{-Ts}}{s} \cdot \frac{K e^{-\tau s}}{(T_1 s + 1)(T_2 s + 1)}\right]$$

代入 $\tau = NT$,并进行 z 变换,得到

$$G(z) = \frac{K(C_1 + C_2 z^{-1}) z^{-N-1}}{(1 - e^{-T/T_1} z^{-1})(1 - e^{-T/T_2} z^{-1})} \tag{3-119}$$

其中

$$\begin{cases} C_1 = 1 + \dfrac{1}{T_2 - T_1}(T_1 e^{-T/T_1} - T_2 e^{-T/T_2}) \\ C_2 = e^{-T(1/T_1 + 1/T_2)} + \dfrac{1}{T_2 - T_1}(T_1 e^{-T/T_2} - T_2 e^{-T/T_1}) \end{cases} \tag{3-120}$$

将式(3-119)代入式(3-117)得

$$D(z) = \frac{(1 - e^{-T/T_\tau})(1 - e^{T/T_1} z^{-1})(1 - e^{-T/T_2} z^{-1})}{K(C_1 + C_2 z^{-1})[1 - e^{T/T_\tau} z^{-1} - (1 - e^{-T/T_\tau}) z^{-N-1}]} \tag{3-121}$$

2. 振铃现象及其消除

所谓振铃（Ringing）现象，是指数字控制器的输出以二分之一采样频率大幅衰减的振荡。这与快速有纹波系统中的纹波是不一样的。纹波是由于控制器输出一直振荡，使系统的输出一直有纹波。而振铃现象中的振荡是衰减的。由于被控对象中惯性环节具有低通特性，使得这种振荡对系统的输出几乎无任何影响。但是振铃现象却会增加执行机构的磨损，在有交互作用的多参数控制系统中，振铃现象还有可能影响系统的稳定性。

1）振铃现象的分析

如图 3-16 所示，系统的输出 $Y(z)$ 和数字控制器的输出 $U(z)$ 有下列关系：

$$Y(z) = U(z) G(z)$$

系统的输出 $Y(z)$ 和输入函数 $R(z)$ 有下列关系：

$$Y(z) = R(z) \Phi(z)$$

由上面两式得到数字控制器的输出 $U(z)$ 与输入函数 $R(z)$ 之间的关系：

$$\frac{U(z)}{R(z)} = \frac{\Phi(z)}{G(z)} \tag{3-122}$$

令

$$\Phi_u(z) = \frac{\Phi(z)}{G(z)} \tag{3-123}$$

显然可由式(3-122)得到

$$U(z) = \Phi_u(z) R(z)$$

$\Phi_u(z)$ 表达了数字控制器的输出与输入函数在闭环时的关系，是分析振铃现象的基础。

对于单位阶跃输入函数 $R(z) = 1/(1 - z^{-1})$，含有极点 $z = 1$，如果 $\Phi_u(z)$ 的极点在 z 平面的负实轴上，且与 $z = -1$ 点相近，那么数字控制器的输出序列 $u(k)$ 中将含有这两种幅值相近的瞬态项，而且瞬态项的符号在不同时刻是不相同的。当两瞬态项符号相同时，数字控制器的输出控制作用加强，符号相反时，输出控制作用减弱，从而造成数字控制器的输出序列大幅波动。分析 $\Phi_u(z)$ 在 z 平面负实轴上的极点分布情况，就可得出振铃现象的有关结论。下面分析带纯滞后的一阶或二阶惯性环节系统中的振铃现象。

（1）带纯滞后的一阶惯性环节

被控对象为带纯滞后的一阶惯性环节时，其脉冲传递函数 $G(z)$ 为式(3-118)，闭环系统的期望传递函数为式(3-116)，将 $G(z)$ 和 $\Phi(z)$ 代入式(3-123)，有

$$\Phi_{\text{u}}(z) = \frac{\Phi(z)}{G(z)} = \frac{(1 - e^{-T/T_\tau})(1 - e^{-T/T_1}z^{-1})}{K(1 - e^{-T/T_1})(1 - e^{-T/T_\tau}z^{-1})} \tag{3-124}$$

求得极点 $z = e^{-T/T_\tau}$，显然 z 永远是大于零的。故得出结论：在带纯滞后的一阶惯性环节组成的系统中，数字控制器输出对输入的脉冲传递函数不存在负实轴上的极点，这种系统不存在振铃现象。

（2）带纯滞后的二阶惯性环节

被控对象为带纯滞后的二阶惯性环节时，其脉冲传递函数 $G(z)$ 为式（3-119），闭环系统的期望传递函数 $\Phi(z)$ 仍为式（3-116），把 $G(z)$ 和 $\Phi(z)$ 代入式（3-123）后有

$$\Phi_{\text{u}}(z) = \frac{\Phi(z)}{G(z)} = \frac{(1 - e^{-T/T_\tau})(1 - e^{-T/T_1}z^{-1})(1 - e^{-T/T_2}z^{-1})}{KC_1(1 - e^{-T/T_\tau}z^{-1})\left(1 + \dfrac{C_2}{C_1}z^{-1}\right)} \tag{3-125}$$

式（3-125）有两个极点，第一个极点在 $z = e^{-T/T_\tau}$，不会引起振铃现象；第二个极点在 $z = -\dfrac{C_2}{C_1}$。由式（3-120），在 $T \to 0$ 时，有

$$\lim_{T \to 0}\left[-\frac{C_2}{C_1}\right] = -1$$

说明可能出现负实轴上有与 $z = -1$ 相近的极点，这一极点将引起振铃现象。

2）振铃幅度

振铃幅度（Ringing Amplitude，RA）用来衡量振铃强烈的程度。为了描述振铃强烈的程度，应找出数字控制器输出量的最大值 $u_{\max}$。由于这一最大值与系统参数的关系难于用解析式描述，所以常用单位阶跃作用下数字控制器第 0 次输出量与第 1 次输出量的差值来衡量振铃现象强烈的程度。

由式（3-123），$\Phi_{\text{u}}(z) = \Phi(z)/G(z)$ 是 z 的有理分式，写成一般形式为

$$\Phi_{\text{u}}(z) = \frac{1 + b_1 z^{-1} + b_2 z^{-2} + \cdots}{1 + a_1 z^{-1} + a_2 z^{-2} + \cdots} \tag{3-126}$$

在单位阶跃输入函数的作用下，数字控制器输出量的 z 变换为

$$U(z) = R(z)\Phi_{\text{u}}(z) = \frac{1}{1 - z^{-1}} \cdot \frac{1 + b_1 z^{-1} + b_2 z^{-2} + \cdots}{1 + a_1 z^{-1} + a_2 z^{-2} + \cdots}$$

$$= \frac{1 + b_1 z^{-1} + b_2 z^{-2} + \cdots}{1 + (a_1 - 1)z^{-1} + (a_2 - a_1)z^{-2} + \cdots}$$

$$= 1 + (b_1 - a_1 + 1)z^{-1} + \cdots$$

所以

$$\text{RA} = 1 - (b_1 - a_1 + 1) = a_1 - b_1 \tag{3-127}$$

对于带纯滞后的二阶惯性环节组成的系统，其振铃幅度由式（3-125）可得

$$\text{RA} = \frac{C_2}{C_1} - e^{-T/T_\tau} + e^{-T/T_1} + e^{-T/T_2} \tag{3-128}$$

根据式（3-120）及式（3-128），当 $T \to 0$ 时，可得

$$\lim_{T \to 0}\text{RA} = 2$$

3）振铃现象的消除

有两种方法可用来消除振铃现象。第一种方法是先找出 $D(z)$ 中引起振铃现象的因子（$z=-1$ 附近的极点），然后令其中的 $z=1$，根据终值定理，这样处理不影响输出量的稳态值。处理方法如下。

在带纯滞后的二阶惯性环节系统中，数字控制器 $D(z)$ 为

$$D(z) = \frac{(1-e^{-T/T_\tau})(1-e^{-T/T_1}z^{-1})(1-e^{-T/T_2}z^{-1})}{K(C_1+C_2z^{-1})[1-e^{-T/T_\tau}z^{-1}-(1-e^{-T/T_\tau})z^{-N-1}]}$$

其极点 $z=-\dfrac{C_2}{C_1}$ 将引起振铃现象。令极点因子 $(C_1+C_2z^{-1})$ 中的 $z=1$，就可消除这个振铃极点。

由式（3-120）得

$$C_1+C_2 = (1-e^{-T/T_1})(1-e^{-T/T_2})$$

消除振铃极点 $z=-C_2/C_1$ 后，有

$$D(z) = \frac{(1-e^{-T/T_\tau})(1-e^{-T/T_1}z^{-1})(1-e^{-T/T_2}z^{-1})}{K(1-e^{-T/T_1})(1-e^{-T/T_2})[1-e^{-T/T_\tau}z^{-1}-(1-e^{-T/T_\tau})z^{-N-1}]}$$

这种消除振铃现象的方法虽然不影响输出稳态值，但却改变了数字控制器的动态特性，将影响闭环系统的瞬态性能。

第二种方法是从保证闭环系统的特性出发，选择合适的采样周期 T 及系统闭环时间常数 T_τ，使得数字控制器的输出避免产生强烈的振铃现象。从式（3-128）可以看出，带纯滞后的二阶惯性环节组成的系统中，振铃幅度与被控对象的参数 T_1、T_2 有关，与闭环系统期望的时间常数 T_τ 以及采样周期 T 有关。通过选择适当 T 和 T_τ，可以把振铃幅度抑制在最低限度以内。有的情况下，系统闭环时间常数 T_τ 作为控制系统的性能指标被首先确定了，但仍可通过式（3-128）选择采样周期 T 来抑制振铃现象。

3. 达林算法的设计步骤

在具有纯滞后的系统中直接设计数字控制器所考虑的主要性能是控制系统不允许产生超调并要求系统稳定。系统设计中一个值得注意的问题是振铃现象。考虑振铃现象影响时设计数字控制器的一般步骤如下。

（1）根据系统的性能，确定闭环系统的参数 T_τ，给出振铃幅度的指标。

（2）由式（3-128）确定的振铃幅度与采样周期 T 的关系，解出给定振铃幅度下对应的采样周期，如果 T 有多解，则选择较大的采样周期。

（3）确定纯滞后时间 τ 与采样周期 T 之比（τ/T）的最大整数 N。

（4）求广义对象的脉冲传递函数 $G(z)$ 及闭环系统的脉冲传递函数 $\Phi(z)$。

（5）求数字控制器的脉冲传递函数 $D(z)$。

习题与思考题

1. 数字控制器的连续化设计步骤是什么？
2. 某系统的连续控制器设计为

$$D(s) = \frac{U(s)}{E(s)} = \frac{1 + T_1 s}{1 + T_2 s}$$

试用双线性变换法、前向差分法、后向差分法分别求数字控制器 $D(z)$，并分别给出三种方法对应的递推控制算法。

3. 什么是数字 PID 位置型控制算法和增量型控制算法？试比较它们的优缺点。

4. 已知模拟调节器的传递函数为

$$D(s) = \frac{U(s)}{E(s)} = \frac{1 + 0.17s}{1 + 0.085s}$$

试写出相应数字控制器的位置型和增量型控制算式，设采样周期 $T = 0.2s$。

5. 什么叫积分饱和？它是怎样引起的？如何消除？

6. 选择采样周期需要考虑哪些因素？

7. 试叙述试凑法、扩充临界比例度法、扩充响应曲线法整定 PID 参数的步骤。

8. 数字控制器的离散化设计步骤是什么？

9. 对于单位负反馈系统，已知被控对象的传递函数为

$$G_c(s) = \frac{10}{s(0.1s + 1)}$$

采样周期 $T = 1s$，采用零阶保持器。要求：

(1) 针对单位阶跃输入信号设计最少拍有纹波系统的 $D(z)$，并计算输出响应 $y(k)$、控制信号 $u(k)$ 和误差 $e(k)$ 序列，画出它们对时间变化的波形；

(2) 针对单位速度输入信号设计最少拍无纹波系统的 $D(z)$，并计算输出响应 $y(k)$、控制信号 $u(k)$ 和误差 $e(k)$ 序列，画出它们对时间变化的波形。

10. 对于单位负反馈系统，已知被控对象的传递函数为

$$G_c(s) = \frac{6}{s(s + 2)} e^{-2s}$$

采样周期 $T = 1s$，采用零阶保持器。要求：

针对单位速度输入信号设计最少拍无纹波系统的 $D(z)$，并计算输出响应 $y(k)$、控制信号 $u(k)$ 和误差 $e(k)$ 序列，画出它们对时间变化的波形。

11. 对于单位负反馈系统，被控对象的传递函数为

$$G_c(s) = \frac{1}{s^2}$$

采样周期 $T = 1s$，采用零阶保持器，针对单位速度输入函数，按以下要求设计：

(1) 用最少拍无纹波系统的设计方法，设计 $\Phi(z)$ 和 $D(z)$；

(2) 求出数字控制器输出序列 $u(k)$ 的递推形式；

(3) 画出采样瞬间数字控制器的输出和系统的输出曲线。

12. 已知被控对象的传递函数为

$$G_c(s) = \frac{1}{s + 1} e^{-s}$$

采样周期 $T = 1s$。要求：

(1) 对于单位负反馈系统，试用达林算法设计数字控制器 $D(z)$，并求取 $u(k)$ 的递推形式。

（2）请按图 3-25 所示结构，采用施密斯预估控制，求控制器的输出 $u(k)$。

图 3-25　具有纯滞后补偿的控制系统

第4章
CHAPTER 4

智能控制技术

智能控制的发展历程可以追溯到 20 世纪 60 年代,1965 年,美籍华裔科学家、美国普渡大学傅京孙(Fu K S)教授首次将人工智能的启发式推理规则应用于学习控制系统。1966 年美国门德尔(Mendel J M)首先主张将人工智能用于飞船控制系统的设计。1967 年,美国莱昂德斯(Leondes C T)等首次正式使用"智能控制"一词。到了 1971 年,傅京孙进一步论述了人工智能与自动控制的关系。傅京孙被公认为智能控制的先行者和奠基人。

智能控制是在无人干预的情况下自主地驱动智能机器实现对控制目标的自动控制。它是一种具有智能信息处理、智能信息反馈和智能控制决策的控制方式,是控制理论发展的高级阶段,主要用来解决那些用传统方法难以解决的复杂系统的控制问题。智能控制研究对象的主要特点是具有不确定性的数学模型、高度的非线性和复杂的任务要求。智能控制的核心在于利用计算机模拟人类智能,通过定量与定性方法的结合,由机器用类似于人的智慧和经验来引导求解过程,实现复杂系统的有效控制。

智能控制技术则是智能控制在具体领域的应用和技术实现。它是一个多学科集成的新兴技术,涵盖了智能工厂、智能生产线、智能仓储、智能制造装备、智能仪表、智能传感器等方面的先进技术,是推动我国制造业产业转型的核心力量。智能控制技术的应用不仅限于理论层面的探讨,还包括了在实际工业生产中的应用和优化,如提高自动化生产线的生产效率、智能家居控制性能等。

智能控制侧重于理论和方法的研究,而智能控制技术则是在这些理论指导下,应用于实际生产生活中的具体技术和方法。两者相辅相成,共同推动了智能控制和智能制造领域的发展。本章主要讨论智能控制技术中的模糊控制技术、神经网络控制技术、专家控制技术。对于分层递阶智能控制、学习控制、智能优化方法等其他智能控制技术,本章最后一节作了简单介绍。

4.1 模糊控制技术

在日常生活中,人们往往用"较少""较多""小一些""很少"等模糊语言来进行控制。例如,当我们拧开水阀向水桶放水时,有这样的经验:桶里没有水或水较少时,水阀应开大一些;桶里的水比较多时,水阀应拧小一些;水桶快满时应把阀门拧很小;水桶里的水满时,应迅速关掉水阀。

"模糊"是人类感知万物、获取知识、思维推理、决策实施的重要特征。"模糊"比"清晰"

所拥有的信息容量更大，内涵更丰富，更符合客观世界。模糊控制理论（Fuzzy Control Theory）由美国著名学者加利福尼亚大学教授 Zadeh L A 于 1965 年首先提出。它以模糊数学为基础，采用语言规则表示方法和先进的计算机技术，并由模糊推理进行决策的一种高级控制策略，而且发展至今已成为人工智能与智能控制领域中的一个重要分支。

1974 年，英国伦敦大学教授 Mamdani E H 成功研制第一个模糊控制器，充分展示了模糊控制技术的应用前景。模糊控制技术是由模糊数学、自动控制理论、计算机科学、人工智能、知识工程等多门学科相互渗透，且理论性很强的科学技术。

4.1.1　模糊控制的数学基础

1. 模糊集合

在人类的思维中，有许多模糊的概念，如大、小、冷、热等，都没有明确的内涵和外延，只能用模糊集合来描述；有的概念具有清晰的内涵和外延，如一枚硬币的正面和反面。我们把前者称为模糊集合，用 A 表示，后者称为普通集合（或经典集合）。

如果把模糊集合的特征函数称为隶属函数，记作 $\mu_A(x)$，则 $\mu_A(x)$ 表示元素 x 属于模糊集合 A 的程度。隶属函数是模糊数学中最基本的概念，我们用隶属函数来给出模糊集合：在论域 U 上的模糊集合 A，由隶属函数 $\mu_A(x)$ 来表征，$\mu_A(x)$ 在 $[0,1]$ 区间内连续取值。$\mu_A(x)$ 的大小反映了元素 x 对于模糊集合 A 的隶属程度。

例如，我们研究人这个论域的集合，某人是否属于老年人集合的隶属函数，可用下式进行计算：

$$\mu_{老年人}(x) = \frac{1}{1 + \left(\dfrac{5}{x-50}\right)^2}$$

式中，x 表示 50 岁以上的年龄（即 $x > 50$），由计算可得

$$\mu_{老年人}(55) = 0.5$$
$$\mu_{老年人}(60) = 0.8$$
$$\mu_{老年人}(70) = 0.94$$

这表明 55 岁的只能是"半老"，而 70 岁的人属于"老年人"集合的隶属程度为 0.94。

2. 模糊集合的运算

对于给定论域 U 上的模糊集合 A、B、C，借助于隶属函数定义它们之间的运算如下。

（1）相等：$\forall x \in U$，都有 $\mu_A(x) = \mu_B(x)$，则称 A 与 B 相等，记作 $A = B$。

（2）补集：$\forall x \in U$，都有 $\mu_B(x) = 1 - \mu_A(x)$，则称 B 是 A 的补集，记作 $B = \overline{A}$。

（3）包含：$\forall x \in U$，都有 $\mu_A(x) \geqslant \mu_B(x)$，则称 A 包含 B，记作 $A \supseteq B$。

（4）并集：$\forall x \in U$，都有 $\mu_C(x) = \max\{\mu_A(x), \mu_B(x)\} = \mu_A(x) \vee \mu_B(x)$，则称 C 是 A 与 B 的并集，记作 $C = A \cup B$。

（5）交集：$\forall x \in U$，都有 $\mu_C(x) = \min\{\mu_A(x), \mu_B(x)\} = \mu_A(x) \wedge \mu_B(x)$，则称 C 是 A 与 B 的交集，记作 $C = A \cap B$。

另外，普通集合中的交换律、幂等律、结合律、分配律、吸收律、摩根定律也同样适用于模糊集合的运算。

3. 模糊关系

1) 关系

客观世界的各事物之间普遍存在联系,描写事物之间联系的数学模型之一就是关系。关系常用符号 R 表示。

(1) 关系的概念。

若 R 为由集合 X 到集合 Y 的普通关系,则对任意 $x\in X,y\in Y$ 都只能有以下两种情况。

① x 与 y 有某种关系,即 xRy。

② 或 x 与 y 无某种关系,即 $x\bar{R}y$。

(2) 直积集。

由 X 到 Y 的关系 R,也可用序对 (x,y) 来表示,其中 $x\in X,y\in Y$。所有关系 R 的序对可以构成一个 R 集。

在集合 X 与集合 Y 中各取出一个元素排成序对,所有这样序对的集合称为 X 和 Y 的直积集(也称笛卡尔乘积集),记为

$$X\times Y=[(x,y)\mid x\in X,y\in Y]$$

显然,R 集是 X 和 Y 的直积集的一个子集,即

$$R\subset X\times Y$$

例如,有两个集合甲和乙,其中

$$甲=\{x\mid x\text{ 为甲班乒乓队队员}\},乙=\{y\mid y\text{ 为乙班乒乓队队员}\}$$

若 R 表示甲与乙之间对抗赛关系,甲队的 1 和乙队的 a 建立对打关系记为 $1Ra$;甲队的 2 和乙队的 b 建立对打关系,记为 $2Rb$;同理有 $3Rc$。则有

$$甲\times 乙=\{(1,a)(1,b)(1,c)(2,a)(2,b)(2,c),(3,a),(3,b)(3,c)\}$$

而

$$R=\{(1,a),(2,b),(3,c)\}$$

显然

$$R\subset 甲\times 乙$$

(3) 几个常见的关系。

常见的关系有自反性、对称性和传递性关系。

自反性关系。一个关系 R,若对 $\forall x\in X$,都有 xRx,即集合的每一个元素 x 都与自身有这一关系,则 R 为自反性关系。例如,把 X 看作集合,同族关系便具有自反性,但父子关系不具有自反性。

对称性关系。一个 X 中的关系 R,对于 $\forall x,y\in X$,若有 xRy,必有 yRx,即满足这一关系的两个元素的地位可以对调,则 R 为对称性关系。例如,兄弟关系和朋友关系都具有对称性,但父子关系不具有对称性。

传递性关系。一个 X 中的关系 R,对于 $\forall x,y,z\in X$,若有 xRy,yRz,必有 xRz,则 R 为传递性关系。例如,兄弟关系和同族关系具有传递性,但父子关系不具有传递性。

具有自反性和对称性的关系称为相容关系,具有传递性的关系称为等价关系。

2) 模糊关系

两组事物之间的关系不宜用"有"或"无"作肯定或否定回答时,可以用模糊关系来描述。

集合 X 到集合 Y 中的一个模糊关系 R 是直积空间 $X \times Y$ 中的一个模糊子集合。集合 X 到集合 X 中的模糊关系，称为集合 X 上的模糊关系。

一般说来，只要给出直积空间 $X \times Y$ 中的模糊集 R 的隶属函数 $\mu_R(x, y)$，集合 X 到集合 Y 的模糊关系 R 也就确定了。模糊关系也有自反性、对称性、传递性。

自反性。一个模糊关系 R，若对 $\forall x \in X$，必有 $\mu_R(x, x) = 1$，即每一个元素 x 与自身隶属于模糊关系 R 的程度为 1，则称 R 为具有自反性的模糊关系。例如，相像关系就具有自反性，仇敌关系就不具有自反性。

对称性。一个模糊关系 R，若 $\forall x, y \in X$，均有 $\mu_R(x, y) = \mu_R(y, x)$，即 x 与 y 隶属于模糊关系 R 的程度和 y 与 x 隶属于模糊关系 R 的程度相同，则称 R 为具有对称性的模糊关系。例如，相像关系就具有对称性，而相爱关系就不具有对称性。

传递性。一个模糊关系 R，若对 $\forall x, y, z \in X$，均有 $\min[\mu_R(x, y), \mu_R(y, z)] \leqslant \mu_R(x, z)$，即 x 与 y 隶属模糊关系 R 的程度和 y 与 z 隶属模糊关系 R 的程度中较小的一个值都小于 x 和 z 隶属于关系 R 的程度，则称 R 为具有传递性的模糊关系。

3）模糊矩阵

当用矩阵表示模糊关系时，矩阵中的 a_{ij} 表示集合 X 中第 i 个元素和集合 Y 中第 j 个元素隶属于模糊关系 R 的程度，记为 $\mu_R(x, y)$。其中 $\mu_R(x, y)$ 在闭区间 $[0,1]$ 中取值，我们把元素在闭区间 $[0,1]$ 中取值的矩阵称为模糊矩阵。

模糊矩阵的一般形式为

$$\boldsymbol{A} = \begin{bmatrix} a_{11} & a_{12} & \cdots & a_{1n} \\ a_{21} & a_{22} & \cdots & a_{2n} \\ \vdots & \vdots & \ddots & \vdots \\ a_{m1} & a_{m2} & \cdots & a_{mn} \end{bmatrix} \tag{4-1}$$

式中，$0 \leqslant a_{ij} \leqslant 1$，$1 \leqslant i \leqslant m$，$1 \leqslant j \leqslant n$，矩阵 $\boldsymbol{A}$ 可记为 $\boldsymbol{A} = (a_{ij})$。

（1）对于 $\boldsymbol{A} = (a_{ij})$ 和 $\boldsymbol{B} = (b_{ij})$，若有 $c_{ij} = \max(a_{ij}, b_{ij}) = a_{ij} \vee b_{ij}$，则称 $\boldsymbol{C} = (c_{ij})$ 为 $\boldsymbol{A}$ 和 $\boldsymbol{B}$ 的并，记为 $\boldsymbol{C} = \boldsymbol{A} \bigcup \boldsymbol{B}$。

（2）对于 $\boldsymbol{A} = (a_{ij})$ 和 $\boldsymbol{B} = (b_{ij})$，若有 $c_{ij} = \min(a_{ij}, b_{ij}) = a_{ij} \wedge b_{ij}$，则称 $\boldsymbol{C} = (c_{ij})$ 为 $\boldsymbol{A}$ 和 $\boldsymbol{B}$ 的交，记为 $\boldsymbol{C} = \boldsymbol{A} \bigcap \boldsymbol{B}$。

（3）对于 $\boldsymbol{A} = (a_{ij})$，则 $(1 - a_{ij})$ 为 $\boldsymbol{A}$ 的补矩阵，记为 $\bar{\boldsymbol{A}}$。

（4）模糊矩阵的乘法运算与普通矩阵乘法类似，所不同的是并非两项相乘后再相加，而是先取小后取大。若 $\boldsymbol{C} = \boldsymbol{A} \circ \boldsymbol{B}$（符号"$\circ$"表示矩阵乘法），则 $\boldsymbol{C}$ 中的元素 $c_{ij} = \max\{\min(a_{ik}, b_{kj})\} = \bigvee(a_{ik} \wedge b_{kj})$。

若有

$$\boldsymbol{A} = \begin{bmatrix} a_{11} & a_{12} \\ a_{21} & a_{22} \end{bmatrix}, \quad \boldsymbol{B} = \begin{bmatrix} b_{11} & b_{12} \\ b_{21} & b_{22} \end{bmatrix} \tag{4-2}$$

则

$$\boldsymbol{A} \circ \boldsymbol{B} = \begin{bmatrix} (a_{11} \wedge b_{11}) \vee (a_{12} \wedge b_{21}) & (a_{11} \wedge b_{12}) \vee (a_{12} \wedge b_{22}) \\ (a_{21} \wedge b_{11}) \vee (a_{22} \wedge b_{21}) & (a_{21} \wedge b_{12}) \vee (a_{22} \wedge b_{22}) \end{bmatrix} \tag{4-3}$$

4. 模糊逻辑

建立在取真"1"和取假"0"二值基础上的数理逻辑，已成为计算机科学的基础理论。然而,在研究复杂的系统时,二值逻辑就显得无能为力了。因为复杂系统不仅结构和功能复杂,涉及大量的参数和变量,而且具有模糊的特点。

模糊逻辑的真值 x 在区间 $[0,1]$ 中连续取值,x 越接近 1,说明真的程度越大。模糊逻辑是二值逻辑的直接推广,因此,模糊逻辑是无限多值逻辑,也就是连续值逻辑。模糊逻辑仍有二值逻辑的逻辑并(析取)、逻辑交(合取)、逻辑补(否定)的运算。

5. 模糊推理

应用模糊理论,可以对模糊命题进行模糊的演绎推理和归纳推理。这里主要讨论假言推理和条件语句。

1) 假言推理

设 a、b 分别被描述为 X 与 Y 中之模糊子集 A 与 B 中的元素,$(a) \rightarrow (b)$ 表示从 A 到 B 的一个模糊关系,它是 $X \times Y$ 的一个模糊子集,记作 $A \rightarrow B$(如 A 则 B),它的隶属函数为

$$\mu_{A \rightarrow B}(x,y) = [\mu_A(x) \wedge \mu_B(y)] \vee [1 - \mu_A(x)] \tag{4-4}$$

例如,若 x 小则 y 大,已给 x 较小,试问 y 如何?

设论域

$$X = \{1,2,3,4,5\} = Y$$

$$[小] = \frac{1}{1} + \frac{0.5}{2} + \frac{0}{3} + \frac{0}{4} + \frac{0}{5}$$

$$[较小] = \frac{1}{1} + \frac{0.5}{2} + \frac{0.2}{3} + \frac{0}{4} + \frac{0}{5}$$

$$[大] = \frac{0}{1} + \frac{0}{2} + \frac{0}{3} + \frac{0.5}{4} + \frac{1}{5}$$

则 $A \rightarrow B = [若 x 小则 y 大](x,y) = [[小](x) \wedge [大](y)] \vee [1 - [小](x)]$

算得矩阵 $\boldsymbol{R}$ 如下:

$$\mu_{小 \rightarrow 大}(x,y) = \begin{bmatrix} 0 & 0 & 0 & 0.5 & 1 \\ 0.5 & 0.5 & 0.5 & 0.5 & 0.5 \\ 1 & 1 & 1 & 1 & 1 \\ 1 & 1 & 1 & 1 & 1 \\ 1 & 1 & 1 & 1 & 1 \end{bmatrix} = \boldsymbol{R}$$

矩阵中各元素的值是按隶属函数算出来的。如第二行第四列中的 0.5 是按如下公式计算而得的:

$$\mu_{小 \rightarrow 大}(2,4) = [\mu_小(2) \wedge \mu_大(4)] \vee [1 - \mu_小(2)]$$
$$= [0.5 \wedge 0.5] \vee [1 - 0.5] = 0.5$$

然后,进行合成运算,由模糊集合较小的定义,可进行如下的合成运算:

$$[较小] \circ [若 x 小则 y 大] = \boldsymbol{A}_1 \circ \boldsymbol{R} = [1 \quad 0.4 \quad 0.2 \quad 0 \quad 0] \circ \boldsymbol{R}$$
$$= [0.4 \quad 0.4 \quad 0.4 \quad 0.5 \quad 1]$$

结果与 $[大] = \frac{0}{1} + \frac{0}{2} + \frac{0}{3} + \frac{0.5}{4} + \frac{1}{5}$ 相比较,可得到"Y 比较大"。

2) 模糊条件语句

在模糊自动控制中,应用较多的是模糊条件语句。它的一般语言格式为"若 A 则 B,否

则 C"。用模糊关系表示为

$$\boldsymbol{R} = (A \times B) \bigcup (\overline{A} \times C) \tag{4-5}$$

或表示为

$$\boldsymbol{R} = (a \rightarrow b) \bigcup (\overline{a} \rightarrow c) \tag{4-6}$$

其中，a 在论域 X 上，对应于 X 上的模糊子集 A；b,c 在论域 Y 上，对应于 Y 上的模糊子集 B,C。$(a \rightarrow b) \bigcup (\overline{a} \rightarrow c)$ 表示 $X \times Y$ 的一个模糊子集 $\boldsymbol{R}$，$\boldsymbol{R} = (A \times B) \bigcup (\overline{A} \times C)$，则隶属函数为

$$\mu_{(A \rightarrow B) \vee (\overline{A} \rightarrow C)} (x,y) = [\mu_A(x) \wedge \mu_B(y)] \vee [(1 - \mu_A(x)) \wedge \mu_C(y)] \tag{4-7}$$

若输入 A 时，根据模糊关系的合成规则，可按下式求得

$$B = A \circ \boldsymbol{R} = A \circ [(A \times B) \bigcup (\overline{A} \times C)] \tag{4-8}$$

即

$$B = A \circ [(A \rightarrow B) \vee (\overline{A} \rightarrow C)] \tag{4-9}$$

例如，若 x 轻则 y 重，否则 y 不很重，已知 x 很轻，试问 y 如何？已知 $X = Y = \{1,2,3,4,5\}$。

$$A = [轻] = \frac{1}{1} + \frac{0.8}{2} + \frac{0.6}{3} + \frac{0.4}{4} + \frac{0.2}{5};$$

$$B = [重] = \frac{0.2}{1} + \frac{0.4}{2} + \frac{0.6}{3} + \frac{0.8}{4} + \frac{1}{5};$$

$$C = [不很重] = \frac{0.96}{1} + \frac{0.84}{2} + \frac{0.64}{3} + \frac{0.36}{4} + \frac{0}{5};$$

$$A' = [很轻] = \frac{1}{1} + \frac{0.64}{2} + \frac{0.36}{3} + \frac{0.16}{4} + \frac{0.04}{5}。$$

为了求得输出，首先利用公式算出 $(A \rightarrow B) \vee (\overline{A} \rightarrow C)$ 的模糊矩阵 $\boldsymbol{R}$ 为

$$\boldsymbol{R} = \begin{bmatrix} 0.2 & 0.4 & 0.6 & 0.8 & 1 \\ 0.2 & 0.4 & 0.6 & 0.8 & 0.8 \\ 0.4 & 0.4 & 0.6 & 0.6 & 0.6 \\ 0.6 & 0.6 & 0.6 & 0.4 & 0.4 \\ 0.8 & 0.8 & 0.64 & 0.36 & 0.2 \end{bmatrix}$$

矩阵中各元素的值是按照隶属函数计算而得出的。如矩阵中第 5 行第 4 列的 0.36 是由如下公式计算得到的：

$$\mu_{(A \rightarrow B) \vee (\overline{A} \rightarrow C)} = [\mu_{轻}(5) \wedge \mu_{重}(4)] \vee [(1 - \mu_{轻}(5)) \wedge \mu_{不很重}(4)]$$

于是有

$$B' = A' \circ (A \rightarrow B) \vee (\overline{A} \rightarrow C) = A' \circ \boldsymbol{R} = (0.36 \quad 0.4 \quad 0.6 \quad 0.8 \quad 1)$$

即

$$B' = \frac{0.36}{1} + \frac{0.4}{2} + \frac{0.6}{3} + \frac{0.8}{4} + \frac{1}{5}$$

用模糊语言就是近似于[重]。

条件语句在模糊控制中得到了广泛的应用，实际上模糊控制规律都是模糊条件语句。

4.1.2 模糊控制原理

模糊控制系统通常由模糊控制器、执行机构、被控对象等组成，如图 4-1 所示。

图 4-1　模糊控制系统的组成

根据图 4-1 可知,模糊控制系统与通常的计算机控制系统的主要区别是采用了模糊控制器。模糊控制器是模糊控制系统的核心,一个模糊系统性能的优劣主要取决于模糊控制器的结构,所采用的模糊规则、合成推理算法以及模糊决策的方法等因素。下面讨论模糊控制器的组成和各部分的工作原理。

模糊控制器主要包括输入量模糊化接口、知识库、推理机、清晰化接口四部分,如图 4-2 所示。

图 4-2　模糊控制器的组成

1. 模糊化接口

模糊控制器的确定量输入必须经过模糊化接口模糊化后,转换成一个模糊向量才能用于模糊控制,具体可按模糊化等级进行模糊化。

例如,取值在$[a,b]$的连续量 x 经公式

$$y = \frac{12}{b-a}\left(x - \frac{a+b}{2}\right) \tag{4-10}$$

变换为取值在$[-6,6]$的连续量 y,再将 y 模糊化为七级,相应的模糊量用模糊语言表示如下:

在-6附近称为负大,记为 NL;

在-4附近称为负中,记为 NM;

在-2附近称为负小,记为 NS;

在 0 附近称为适中,记为 ZO;

在 2 附近称为正小,记为 PS;

在 4 附近称为正中,记为 PM;

在 6 附近称为正大,记为 PL。

因此,对于模糊输入变量 y,其模糊子集为 $y = \{NL, NM, NS, ZO, PS, PM, PL\}$。

这样,它们对应的模糊子集可用表 4-1 表示。表中的数为对应元素在对应模糊集中的隶属度。当然,这仅是一个示意性的表,目的在于说明从精确量向模糊量的转换过程。实际的模糊集要根据具体问题来规定。

表 4-1　模糊变量 y 不同等级的隶属度值

模糊变量	等　级												
	−6	−5	−4	−3	−2	−1	0	1	2	3	4	5	6
PL	0	0	0	0	0	0	0	0	0.2	0.4	0.7	0.8	1
PM	0	0	0	0	0	0	0	0	0.2	0.7	1	0.7	0.2
PS	0	0	0	0	0	0.3	0.8	1	0.7	0.5	0.2	0	0
ZO	0	0	0	0	0.1	0.6	1	0.6	0.1	0	0	0	0
NS	0	0.2	0.5	0.7	1	0.8	0.3	0	0	0	0	0	0
NM	0.2	0.7	1	0.7	0.2	0	0	0	0	0	0	0	0
NL	1	0.8	0.7	0.4	0.2	0	0	0	0	0	0	0	0

2. 知识库

知识库由数据库和规则库两部分组成。

数据库存放的是所有输入输出变量的全部模糊子集的隶属度向量值，若论域为连续域，则为隶属度函数。对于以上例子，需将表 4-1 中内容存放于数据库，在规则推理的模糊关系方程求解过程中，向推理机提供数据。但要说明的是，输入变量和输出变量的测量数据集不属于数据库存放范畴。

规则库用来存放全部模糊控制规则，在推理时为"推理机"提供控制规则。模糊控制器的规则是基于专家知识或手动操作经验建立的，它是按人的直觉推理的一种语言表示形式。模糊规则通常由一系列的关系词连接而成，如 if-then、else、also、end、or 等。关系词必须经过"翻译"才能将模糊规则数值化。如果某模糊控制器的输入变量为 e（误差）和 e_c（误差变化），它们相应的语言变量为 E 与 E_C。对于控制变量 U，给出下述一组模糊规则。

R_1：if E is NL and E_C is NL then U is PL

R_2：if E is NL and E_C is NM then U is PL

R_3：if E is NL and E_C is NS then U is PM

R_4：if E is NL and E_C is ZO then U is PM

R_5：if E is NM and E_C is NL then U is PL

R_6：if E is NM and E_C is NM then U is PL

R_7：if E is NM and E_C is NS then U is PM

R_8：if E is NM and E_C is ZO then U is PM

R_9：if E is NS and E_C is NL then U is PL

R_{10}：if E is NS and E_C is NM then U is PL

R_{11}：if E is NS and E_C is NS then U is PM

R_{12}：if E is NS and E_C is ZO then U is PS

R_{13}：if E is ZO and E_C is NL then U is PL

R_{14}：if E is ZO and E_C is NM then U is PM

R_{15}：if E is ZO and E_C is NS then U is PM

R_{16}：if E is ZO and E_C is ZO then U is ZO

通常把 if 部分称为前提部，而 then 部分称为结论部，语言变量 E 与 E_C 为输入变量，而 U 为输出变量。

3. 推理机

推理机是模糊控制器中,根据输入模糊量和知识库(数据库、规则库)完成模糊推理,并求解模糊关系方程,从而获得模糊控制量的功能部分。模糊控制规则也就是模糊决策,它是人们在控制生产过程中的经验总结。这些经验可以写成下列形式。

"如 A 则 B"型,也可以写成 if A then B。

"如 A 则 B 否则 C"型,也可以写成 if A then B else C。

"如 A 且 B 则 C"型,也可以写成 if A and B then C。

对于更复杂的系统,控制语言可能更复杂。例如,"如 A 且 B 且 C 则 D"等。

最简单的单输入单输出的控制系统如下所示:

$$\underset{A}{\overset{\text{论域}X}{\longrightarrow}}\boxed{\text{模糊关系}R}\underset{B}{\overset{\text{论域}Y}{\longrightarrow}}$$

则控制决策可用"如 A 则 B"型语言描述,即若输入为 A_1,则输出为

$$B_1 = A_1 \circ R = A_1 \circ (A \times B) \tag{4-11}$$

双输入单输出的控制系统表示如下:

$$\begin{array}{l}\underset{A}{\overset{\text{论域}X}{\longrightarrow}}\\ \boxed{\text{模糊关系}R}\underset{C}{\overset{\text{论域}Z}{\longrightarrow}}\\ \underset{B}{\overset{\text{论域}Y}{\longrightarrow}}\end{array}$$

其控制决策可用"如 A 且 B 则 C"型控制语言描述。如果输入为 A_1、B_1,则输出 C_1 为

$$C_1 = (A_1 \times B_1) \circ R = (A_1 \times B_1) \circ (A \times B \times C) \tag{4-12}$$

确定一个控制系统的模糊规则就是要求出模糊关系 R,而模糊关系 R 的求取又取决控制的模糊语言。

4. 清晰化接口

通过模糊决策所得到的输出是模糊量,要对其进行控制必须经过清晰化接口将其转换成精确量。若通过模糊决策所得的输出量为

$$B_1 = \{\mu_{C(\mu_1)/\mu_1}, \mu_{C(\mu_2)/\mu_2}, \cdots, \mu_{C(\mu_n)/\mu_n}\} \tag{4-13}$$

经常采用下面三种方法将其转换成精确的执行量。

1) 选择隶属度大的原则

若对应的模糊决策的模糊集 C 中,元素 $u^* \in U$ 满足:

$$\mu_{C(u^*)} \geqslant \mu_{C(u)}, \quad u \in U \tag{4-14}$$

则取 u^*(精确量)作为输出控制量。

如果这样的隶属度最大点 u^* 不唯一,就取它们的平均值 $\overline{u^*}$ 或 (u_1^*, u_p^*) 的中点 $\overline{(u_1^* + u_p^*)}/2$ 作为输出执行量(其中 $u_1^* \leqslant u_2^* \leqslant \cdots \leqslant u_p^*$)。这种方法简单、易行、实时性好,但它概括的信息量少。

例如,若

$$C = \frac{0.2}{2} + \frac{0.7}{3} + \frac{1}{4} + \frac{0.7}{5} + \frac{0.2}{6}$$

则按最大隶属度原则应取执行量 $u^* = 4$。

又如，若

$$C = \frac{0.1}{-4} + \frac{0.4}{-3} + \frac{0.8}{-2} + \frac{1}{-1} + \frac{1}{0} + \frac{0.4}{1}$$

则按平均值法，应取 $u^* = \frac{0 + (-1)}{2} = \frac{-1}{2} = -0.5$。

2）加权平均原则

该方法的输出控制量 u^* 由下式决定：

$$u^* = \frac{\sum_i \mu_{C(u_i)} u_i}{\sum_i \mu_{C(u_i)}} \tag{4-15}$$

在这种方法中，可以选择加权系数 K_i，则计算公式为

$$u^* = \frac{\sum_i K_i u_i}{\sum_i K_i} \tag{4-16}$$

加权直接影响系统的响应特性，因此该方法可以通过修改加权系数改善系统的响应特性。

例如，若 $C = \frac{0.2}{2} + \frac{0.7}{3} + \frac{1}{4} + \frac{0.7}{5} + \frac{0.2}{6}$，则可求得 u^* 为

$$u^* = \frac{2 \times 0.2 + 3 \times 0.7 + 4 \times 1 + 5 \times 0.7 + 6 \times 0.2}{0.2 + 0.7 + 1 + 0.7 + 0.2} = 4$$

3）中位数判决

在最大隶属度判决法中，只考虑了最大隶属数，而忽略了其他信息的影响。中位数判决法是将隶属函数曲线与横坐标所围成的面积平均分成两部分，以分界点所对应的论域元素 u_i 作为判决输出。

4.1.3　模糊控制器设计

根据图 4-1 和图 4-2 可知，设计一个模糊控制系统的关键是设计模糊控制器，而设计一个模糊控制器需要选择模糊控制器的结构、选取模糊规则、确定模糊化和清晰化方法、确定模糊控制器的参数、编写模糊控制算法程序。

1. 模糊控制器的结构设计

1）单输入单输出结构

在单输入单输出系统中，受人类控制过程的启发，一般可设计成一维或二维模糊控制器。在极少情况下，才有设计成三维模糊控制器的要求。模糊控制器的维数通常是指其输入变量的个数。

（1）一维模糊控制器。

这是一种最简单的模糊控制器，其输入和输出变量均只有一个。假设模糊控制器输入变量为 X，输出变量为 Y，此时的模糊规则（X 一般为控制误差，Y 为控制量）为

$$R_1: \text{if } X \text{ is } A_1 \quad \text{then } Y \text{ is } B_1 \text{ or}$$
$$\vdots$$
$$R_2: \text{if } X \text{ is } A_n \quad \text{then } Y \text{ is } B_n$$

这里，$A_1,\cdots,A_n$ 和 $B_1,\cdots,B_n$ 均为输入输出论域上的模糊子集。这类模糊规则的模糊关系为

$$R_{(x,y)}=\bigcup_{i=1}^{n} A_i \times B_i \tag{4-17}$$

（2）二维模糊控制器。

二维是指模糊控制器的输入变量有两个，而输出变量只有一个。这类模糊规则的一般形式为

$$R_i: \text{if} \quad X_1 \quad \text{is } A_i^1 \text{ and } X_2 \quad \text{is } A_i^2 \text{ then } Y \text{ is } B_i$$

这里，A_i^1、A_i^2 和 B_i 均为论域上的模糊子集。这类模糊规则的模糊关系为

$$R_{(x,y)}=\bigcup_{i=1}^{n} (A_i^1 \times A_i^2) \times B_i \tag{4-18}$$

在实际系统中，X_1 一般为误差，X_2 一般为误差变化率，Y 一般为控制量。

2）多输入多输出结构

工业过程中的许多被控对象比较复杂，往往具有一个以上的输入和输出变量。

以二输入三输出为例，则有

$$R_i: \text{if}(X_1 \text{ is } A_i^1 \text{ and } X_2 \text{ is } A_i^2) \text{ then}(Y_1 \text{ is } B_i^1 \text{ and } Y_2 \text{ is } B_i^2 \text{ and } Y_3 \text{ is } B_i^3)$$

由于人对具体事物的逻辑思维一般不超过三维，因而很难对多输入多输出系统直接提取控制规则。例如，已有样本数据 (X_1,X_2,Y_1,Y_2,Y_3)，则可将之变换为 (X_1,X_2,Y_1)，(X_1,X_2,Y_2)，(X_1,X_2,Y_3)。这样，首先把多输入多输出系统转换为多输入单输出的结构形式，然后用单输入单输出系统的设计方法进行模糊控制器设计。该方法不仅设计简单，而且经人们的长期实践检验，证明也是可行的，这就是多变量控制系统的模糊解耦问题。

2. 模糊规则的选择和模糊推理

1）模糊规则的选择

（1）模糊语言变量的确定。

一般一个语言变量的语言值越多，对事物的描述就越准确，可能得到的控制效果就越好。当然，过细的划分反而使控制规则变得复杂，因此应视具体情况而定。如误差等的语言变量的语言值一般取{负大，负中，负小，负零，正零，正小，正中，正大}。

（2）语言值隶属函数的确定。

语言值的隶属函数又称为语言值的语义规则，它有时以连续函数的形式出现，有时以离散的量化等级形式出现。连续的隶属函数描述比较准确，而离散的量化等级简洁直观。

（3）模糊控制规则的建立。

模糊控制规则的建立常采用经验归纳法和推理合成法。经验归纳法就是根据人的控制经验和直觉推理，经整理、加工和提炼后构成模糊规则的方法，它实质上是从感性认识上升到理性认识的一个飞跃过程。推理合成法是根据已有的输入输出数据对，通过模糊推理合成求取模糊控制规则。

2）模糊推理

模糊推理有时也称为似然推理，其一般形式为以下两种。

（1）一维形式

$$\text{if } X \text{ is } A \text{ then } Y \text{ is } B$$

$$\text{if } X \text{ is } A_1 \text{ then } Y \text{ is } ?$$

（2）二维形式

$$\text{if } X \text{ is } A \text{ and } Y \text{ is } B \text{ then } Z \text{ is } C$$

3. 清晰化

清晰化的目的是根据模糊推理的结果，求得最能反映控制量的真实分布。目前常用的方法有三种，即最大隶属度法、加权平均原则和中位数判决法。

4. 模糊控制器论域及比例因子的确定

众所周知，任何系统的信号都是有界的。在模糊控制系统中，这个有限界一般称为该变量的基本论域，它是实际系统的变化范围。以双输入单输出模糊控制系统为例，设定误差的基本论域为 $(-|e_{max}|, |e_{max}|)$，误差变化率的基本论域为 $(-|e_{cmax}|, |e_{cmax}|)$，控制量的变化范围为 $(-|u_{max}|, |u_{max}|)$。类似地，设误差的模糊论域为

$$E = \{-l, -(l-1), \cdots, 0, 1, 2, \cdots, l\}$$

误差变化率的论域为

$$E_C = \{-m, -(m-1), \cdots, 0, 1, 2, \cdots, m\}$$

控制量所取的论域为

$$N = \{-n, -(n-1), \cdots, 0, 1, 2, \cdots, n\}$$

若用 $\alpha_e, \alpha_c, \alpha_u$ 分别表示误差、误差变化率和控制量的比例因子，则有

$$\alpha_e = l / |e_{max}| \tag{4-19}$$

$$\alpha_c = m / |e_{cmax}| \tag{4-20}$$

$$\alpha_u = n / |u_{max}| \tag{4-21}$$

一般，α_e 越大，系统的超调量越大，过渡过程就越长；α_e 越小，则系统变化越慢，稳态精度降低。α_c 越大，则系统输出变化率越小，系统变化越慢；若 α_c 越小，则系统反应越快，但超调量增大。

5. 编写模糊控制器的算法程序

模糊控制器的算法如下。

（1）设置输入、输出变量及控制量的基本论域，即 $e \in (-|e_{max}|, |e_{max}|)$，$e_c \in (-|e_{cmax}|, |e_{cmax}|)$，$u \in (-|u_{max}|, |u_{max}|)$。预置量化常数 α_e、α_c、α_u，采样周期 T。

（2）判断采样时间到否，若时间已到，则转第（3）步，否则转第（2）步。

（3）启动 A/D 转换，进行数据采集和数字滤波等。

（4）计算 e 和 e_c，并判断它们是否已超过上（下）限值，若已超过，则将其设定为上（下）限值。

（5）按给定的输入比例因子 α_e、α_c 量化（模糊化）并由此查询控制表。

（6）查得控制量的量化值清晰化后，乘上适当的比例因子 α_u。若 u 已超过上（下）限值，则设置为上（下）限值。

（7）启动 D/A 转换，作为模糊控制器实际模拟量输出。

（8）判断控制时间是否已到。若时间已到则停机，否则转第（2）步。

4.1.4　双输入单输出模糊控制系统设计

一般的模糊控制器都是采用双输入单输出系统，即在控制过程中，不仅对实际偏差自动

进行调节,还要求对实际误差变化率进行调节,这样才能保证系统稳定,不致产生振荡。

1) 模糊控制器的基本结构

对于双输入单输出系统,采用模糊控制器的闭环系统框图如图 4-3 所示。

图 4-3　双输入单输出模糊控制系统框图

图 4-3 中,e 为实际偏差,α_e 为偏差比例因子;e_c 为实际偏差变化率,α_c 为偏差变化率比例因子;u 为控制量,α_u 为控制量的比例因子。

2) 模糊化

设置输入输出变量的论域,并预置常数 α_e、α_c、α_u,如果偏差 $e \in (-|e_{\max}|, |e_{\max}|)$,且 $l=6$,则由式(4-19)可知误差的比例因子为 $\alpha_e = 6/|e_{\max}|$,这样就有

$$E = \alpha_e \cdot e$$

采用就近取整的原则,得 E 的论域为

$$\{-6,-5,-4,-3,-2,-1,-0,+0,+1,+2,+3,+4,+5,+6\}$$

利用负大(NL)、负中(NM)、负小(NS)、负零(NO)、正零(PO)、正小(PS)、正中(PM)、正大(PL)8 个模糊状态来描述变量 E,那么 E 的赋值如表 4-2 所示。

表 4-2　偏差 E 的赋值表

模糊变量	E													
	−6	−5	−4	−3	−2	−1	−0	+0	1	2	3	4	5	6
PL	0	0	0	0	0	0	0	0	0	0	0.1	0.4	0.8	1.0
PM	0	0	0	0	0	0	0	0	0	0.2	0.7	1.0	0.7	0.2
PS	0	0	0	0	0	0	0	0.3	0.8	1.0	0.5	0.1	0	0
PO	0	0	0	0	0	0	0	1.0	0.6	0.1	0	0	0	0
NO	0	0	0	0	0.1	0.6	1.0	0	0	0	0	0	0	0
NS	0	0	0.1	0.5	1.0	0.8	0.3	0	0	0	0	0	0	0
NM	0.2	0.7	1.0	0.7	0.2	0	0	0	0	0	0	0	0	0
NL	1.0	0.8	0.4	0.4	0.1	0	0	0	0	0	0	0	0	0

如果偏差变化率 $e_c \in (-|e_{c\max}|, |e_{c\max}|)$,且 $m=6$,则由式(4-20)采用类似方法得 E_C 的论域为 $\{-6,-5,-4,-3,-2,-1,0,1,2,3,4,5,6\}$。

若采用负大(NL)、负中(NM)、负小(NS)、零(O)、正小(PS)、正中(PM)、正大(PL)7 个模糊状态来描述 E_C,那么 E_C 的赋值如表 4-3 所示。

表 4-3　偏差变化率 E_C 的赋值表

模糊变量	E_C												
	-6	-5	-4	-3	-2	-1	0	1	2	3	4	5	6
PL	0	0	0	0	0	0	0	0	0	0.1	0.4	0.8	1.0
PM	0	0	0	0	0	0	0	0	0.2	0.7	1.0	0.7	0.2
PS	0	0	0	0	0	0	0	0.9	1.0	0.7	0.2	0	0
O	0	0	0	0	0	0.5	1.0	0.5	0	0	0	0	0
NS	0	0	0.2	0.7	1.0	0.9	0	0	0	0	0	0	0
NM	0.2	0.7	1.0	0.7	0.2	0	0	0	0	0	0	0	0
NL	1.0	0.8	0.4	0.1	0	0	0	0	0	0	0	0	0

类似地，得到输出 U 的论域（由式（6.1.21）得到）$\{-7,-6,-5,-4,-3,-2,-1,0,1,2,3,4,5,6,7\}$，也采用 NL、NM、NS、O、PS、PM、PL 7 个模糊状态来描述 U，那么 U 的赋值如表 4-4 所示。

表 4-4　输出 U 的赋值表

模糊变量	U														
	-7	-6	-5	-4	-3	-2	-1	0	1	2	3	4	5	6	7
PL	0	0	0	0	0	0	0	0	0	0	0	0.1	0.4	0.8	1.0
PM	0	0	0	0	0	0	0	0	0	0.2	0.7	1.0	0.7	0.2	0
PS	0	0	0	0	0	0	0	0.4	1.0	0.8	0.4	0.1	0	0	0
O	0	0	0	0	0	0	0.5	1.0	0.5	0	0	0	0	0	0
NS	0	0	0	0.1	0.4	0.8	1.0	0.4	0	0	0	0	0	0	0
NM	0	0.2	0.7	1.0	0.7	0.2	0	0	0	0	0	0	0	0	0
NL	1.0	0.8	0.4	0.1	0	0	0	0	0	0	0	0	0	0	0

3）模糊控制规则、模糊关系和模糊推理

对于双输入单输出系统，一般都采用"If A and B then C"来描述。因此，模糊关系为

$$R = A \times B \times C$$

模糊控制器在某一时刻的输出值为

$$U(k) = [E(k) \times E_C(k)] \circ R$$

为了节省 CPU 的运算时间，增强系统的实时性，节省系统存储空间，通常离线进行模糊矩阵 $\boldsymbol{R}$、输出 $U(k)$ 的计算。本模糊控制器把实际的控制策略归纳为控制规则表，如表 4-5 所示，表中"＊"表示在控制过程中不可能出现的情况，称之为"死区"。

表 4-5　推理语言控制规则表（输出 U）

E_C	E							
	NL	NM	NS	NO	PO	PS	PM	PL
PL	PL	PM	NL	NL	NL	NL	＊	＊
PM	PL	PM	NM	NM	NS	NS	＊	＊
PS	PL	PM	NS	NS	NS	NS	NM	NL
O	PL	PM	PS	O	O	NS	NM	NL
NS	PL	PM	PS	PS	PS	PS	NM	NL
NM	＊	＊	PS	PM	PM	PM	NM	NL
NL	＊	＊	PL	PL	PL	PL	NM	NL

4) 清晰化

采用最大隶属度的规则进行模糊决策,将 $U(k)$ 经过清晰化转换成相应的确定量。把运算结果存储在系统中,如表 4-6 所示。系统运行时通过查表得到确定的输出控制量,然后将输出控制量乘适当的比例因子 α_u,其结果用来进行 D/A 转换输出控制,完成控制生产过程的任务。

表 4-6 控制表(U)

E_C	E													
	-6	-5	-4	-3	-2	-1	-0	$+0$	1	2	3	4	5	6
-6	7	6	7	6	4	4	4	4	2	1	0	0	0	0
-5	6	6	6	6	4	4	4	4	2	1	0	0	0	0
-4	7	6	7	6	4	4	4	4	2	1	0	0	0	0
-3	6	6	6	6	5	5	5	5	2	-2	0	-2	-2	-2
-2	7	6	7	6	4	4	1	1	0	-3	-3	-4	-4	-4
-1	7	6	7	6	4	4	1	1	0	-3	-3	-7	-6	-7
0	7	6	7	6	4	1	0	0	-1	-4	-6	-7	-6	-7
1	4	4	4	3	1	0	-1	-1	-4	-4	-6	-7	-6	-7
2	4	4	4	2	0	0	-1	-1	-4	-4	-6	-7	-6	-7
3	2	2	2	0	0	0	-1	-1	-3	-3	-6	-6	-6	-6
4	0	0	0	-1	-1	-3	-4	-4	-4	-4	-6	-7	-6	-7
5	0	0	0	-1	-1	-2	-4	-4	-4	-4	-6	-6	-6	-6
6	0	0	0	-1	-1	-1	-4	-4	-4	-4	-6	-7	-6	-7

4.2 神经网络控制技术

神经网络控制(Neural Networks Control,NNC)是一种基本不依赖精确数学模型的智能控制方法,比较适用于那些具有不确定性或高度非线性的控制对象,具有较强的适应和学习功能。

4.2.1 神经网络基础

1. 生物神经元模型

人脑是由大量的神经细胞组合而成的,它们之间相互连接。每个神经细胞(也称为神经元)结构如图 4-4 所示。

由图 4-4 中可以看出,脑神经元由细胞体、树突和轴突等构成。细胞体是神经元的中心,它一般又由细胞核、细胞膜等组成。树突是神经元的主要接收器,它主要用来接收信息。轴突的作用主要是传导信息,它将信息从轴突起点传导到轴突末梢,轴突末梢与另一个神经元的树突或细胞体构成一种突触的机构。通过突触实现神经元之间的信息传递。

2. 人工神经元模型

人工神经网络是利用物理器件或仿真程序来模拟生物神经网络的某些结构和功能。图 4-5 是最典型的人工神经元模型。

图 4-4 神经细胞结构

1—细胞核；2—细胞体；3—树突；4—轴突；5—髓鞘；6—轴突末梢

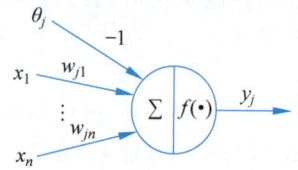

图 4-5 人工神经元模型

人工神经元模型的输入输出关系为

$$s_j = \sum_{i=1}^{n} w_{ji} x_i - \theta_j = \sum_{i=0}^{n} w_{ji} x_i \quad (x_0 = \theta_j, w_{j0} = -1), \quad y_j = f(s_j) \quad (4\text{-}22)$$

式中，θ_j 为阈值；w_{ji} 为连接权系数；$f(\cdot)$ 为输出变换函数。表 4-7 为几种常见的神经元变换函数。

表 4-7 常见的神经元变换函数

序　号	变　换　函　数	数学表达式	曲　线　形　状
1	比例函数	$y = f(s) = s$	
2	符号函数	$y = f(s) = \begin{cases} 1, & s \geqslant 0 \\ -1, & s < 0 \end{cases}$	
3	阶跃函数	$y = f(s) = \begin{cases} 1, & s \geqslant 0 \\ 0, & s < 0 \end{cases}$	
4	饱和函数	$y = f(s) = \begin{cases} 1, & s > \dfrac{1}{k} \\ ks, & -\dfrac{1}{k} \leqslant s \leqslant \dfrac{1}{k} \\ -1, & s < -\dfrac{1}{k} \end{cases}$	

序　号	变 换 函 数	数学表达式	曲 线 形 状
5	双曲函数	$y=f(s)=\dfrac{1-\mathrm{e}^{-\mu s}}{1+\mathrm{e}^{-\mu s}}$	
6	S形函数	$y=f(s)=\dfrac{1}{1+\mathrm{e}^{-\mu s}}$	

3. 人工神经网络

人工神经网络是一个并行和分布式的信息处理网络结构,该网络结构一般由许多个神经元组成,每个神经元有一个单一的输出,它可以连接到很多其他的神经元,其输入有多个连接通路,每个连接通路对应一个连接权系数。神经网络是一个具有如下性质的有向图。

(1) 对于每个结点有一个状态变量 x_j。

(2) 结点 i 到结点 j 有一个连接权系数 w_{ji}。

(3) 对于每一个结点有一个阈值 θ_j。

(4) 对于每个结点定义一个变换函数 $f_j[x_i,w_{ji},\theta_j(i\neq j)]$,最常见的情形为

$$f\left(\sum_i w_{ji}x_i-\theta_j\right) \tag{4-23}$$

图 4-6 表示了两个典型的神经网络结构,图 4-6(a)为前馈型网络,图 4-6(b)为反馈型网络。常见的神经网络包括反向传播(Back Propagation,BP)神经网络、Hopfield 神经网络、Boltzmann 神经网络、径向基函数(Radial Basis Function,RBF)神经网络等。

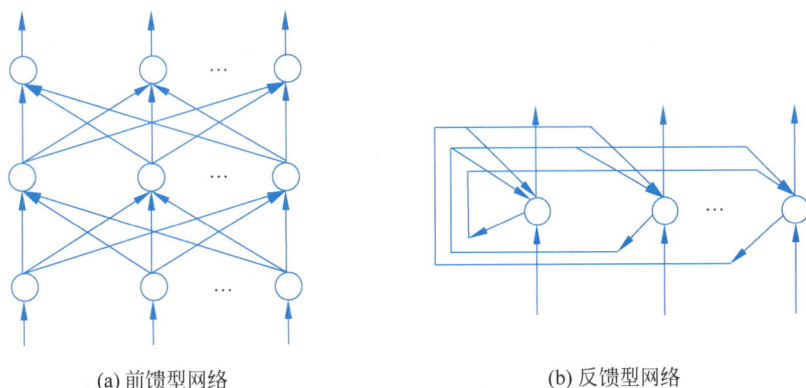

(a) 前馈型网络　　　　　　　　　　　(b) 反馈型网络

图 4-6　典型的神经网络结构

4.2.2　神经网络控制

典型的神经网络控制包括神经网络监督控制(或称神经网络学习控制)、神经网络直接

逆控制、神经网络自适应控制（自校正、模型参考控制，含直接与间接自适应控制）、神经网络内模控制、神经网络预测控制等。

1. 神经网络监督控制

一般来说，当被控对象的解析模型未知或部分未知时，利用传统的控制理论设计控制器是极其困难的。但这并不等于该系统是不可控的。在许多实际控制问题中，人工控制或 PID 控制可能是唯一的选择。但在工况条件极其恶劣，或控制任务只是一些单调、重复和繁重的简单操作时，我们有必要应用自动控制器代替上述手工操作。

取代人工控制的途径有多种。可以将手工操作中的经验总结成普通的规则或模糊规则，然后构造相应的专家控制器或模糊控制器，其中，专家控制器将在下一节介绍。在知识难以表达的情况下，可以应用神经网络学习人的控制行为，即对人工控制器建模，然后用此神经网络控制器代替。

例如，可以考虑在传统控制器（如 PID 控制器）的基础上，再增加一个神经网络控制器，如图 4-7 所示，此时神经网络控制器实际是一个前馈控制器，因此它建立的是被控对象的逆模型。神经网络控制器通过向传统控制器的输出进行学习、在线调整自己，目标是使反馈误差 $e(t)$ 或 $u_1(t)$ 趋近于零，从而使自己逐渐在控制作用中占据主导地位，以便最终取消反馈控制器的作用。当系统出现干扰时，反馈控制器仍然可以重新起作用，采用这种前馈加反馈的监督控制方法，不仅可确保控制系统的稳定性和鲁棒性，而且可有效地提高系统的精度和自适应能力。

图 4-7　神经网络监督控制

2. 神经网络直接逆控制

神经网络直接逆控制是将被控对象的神经网络逆模型，直接与被控对象串联，以使期望输出（即网络输入）与对象实际输出之间的传递函数等于 1，从而在将此网络作为前馈控制器后，使被控对象的输出为期望输出。神经网络直接逆控制已被应用于机器人控制。例如，Miller 应用神经网络直接逆控制，使 PUMA 机械手的跟踪精度达到百分之一的数量级。

神经网络直接逆控制的可用性在相当程度上取决于模型的准确程度。由于缺乏反馈，简单连接的直接逆控制缺乏鲁棒性。为此，一般应使其具有在线学习能力，即逆模型的连接权必须能够在线修正。

图 4-8 给出了两种结构方案。在图 4-8(a) 中，NN1 和 NN2 具有完全相同的网络结构（逆模型），并且采用相同的学习算法，即 NN1 和 NN2 的连接权都沿 $E = \dfrac{1}{2}\sum_k e(k)^{\mathrm{T}} e(k)$ 的负梯度方向进行修正。上述评价函数也可采用其他更一般的加权形式，结构方案如图 4-8(b) 所示。

(a) NN1和NN2网络结构和学习算法相同　　(b) 评价函数采用其他更一般的加权形式

图 4-8　神经网络直接逆控制结构方案

3. 神经网络自适应控制

神经网络自适应控制可分为自校正控制(STC)与模型参考控制(MRAC)。两者的区别：自校正控制将根据对系统正向和(或)逆模型辨识的结果，直接调节控制器内部参数，使系统满足给定的性能指标；而在模型参考控制中，闭环控制系统的期望性能由一个稳定的参考模型描述，它被定义为 $\{r(t),y^m(t)\}$ 输入-输出对，控制系统的目的是使被控对象的输出 $y(t)$ 一致渐近地趋近于参考模型的输出，即 $\lim\limits_{t\to\infty}\|y(t)-y^m(t)\|\leqslant\varepsilon$，其中，$\varepsilon$ 是一个给定的小正数。

1) 神经网络自校正控制

神经网络自校正控制也分为间接与直接控制。它们的根本区别在于，前者使用常规控制器，离线辨识的神经网络估计器需要具有足够高的建模精度；而后者则同时使用神经网络控制器和神经网络估计器，其中估计器可进行在线修正。

(1) 直接自校正控制。神经网络直接自校正控制有时也称神经网络直接逆控制，它们本质上是完全一致的。其结构图如图 4-8 所示。

(2) 间接自校正控制。神经网络间接自校正自适应控制的结构框图如图 4-9 所示。假定被控对象为如下单变量仿射非线性系统：

$$y_{k+1}=f(y_k)+g(y_k)u_k \tag{4-24}$$

图 4-9　神经网络间接自校正自适应控制

如果利用神经网络对非线性函数 $f(y_k)$ 和 $g(y_k)$ 进行离线辨识，得到具有足够逼近精度的估计值 $\hat{f}(y_k)$ 和 $\hat{g}(y_k)$，则常规控制律可直接给出，为

$$u_k=[y_{d,k+1}-\hat{f}(y_k)]/\hat{g}(y_k) \tag{4-25}$$

式中，$y_{d,k+1}$ 是 $k+1$ 时刻的期望输出值。

类似地，也可以利用神经网络估计输出响应的特性参数，如上升时间 t_s、超调量 $\sigma\%$ 或二阶系统的自然振荡频率 ω_n 及阻尼系数 ζ 等，然后用常规的极点配置方法调整控制器的参数。

2) 神经网络模型参考控制

神经网络模型参考控制也分为直接与间接控制，分别如图 4-10 和图 4-11 所示。

（1）直接模型参考自适应控制。

如图 4-10 所示，神经网络直接模型参考自适应控制中，神经网络控制器的作用是使被控对象与参考模型输出之差 $e_c(t) = y(t) - y^m(t) \to 0$ 或 $e_c(t)$ 的二次型最小。

图 4-10　神经网络直接模型参考自适应控制

（2）间接模型参考自适应控制。

如图 4-11 所示，神经网络辨识器（NNI）首先离线辨识被控对象的正向模型，并可以进行在线学习修正。

图 4-11　神经网络间接模型参考自适应控制

4. 神经网络内模控制

在神经网络内模控制中，系统的正向模型与实际系统并联，两者输出之差被用作反馈信号，此反馈信号又由前向通道的滤波器及控制器进行处理。图 4-12 给出了内模控制的神经网络实现。其中，被控对象的正向模型及控制器（逆模型）均由神经网络实现，滤波器仍然是常规的线性滤波器。

图 4-12　神经网络内模控制

4.3　专家控制技术

4.3.1　专家系统

专家系统是一种计算机程序，其内部含有大量的某个领域专家水平的知识和经验，能够利用人类专家的知识和解决问题的经验方法来处理该领域的高水平难题。专家系统是一个具有大量专门知识与经验的程序系统,它应用人工智能技术和计算机,根据某领域一个或多个专家提供的知识和经验进行推理和判断,模拟人类专家的决策过程,以便解决那些需要人类专家才能处理好的复杂问题。

1. 专家系统结构

图 4-13 为理想专家系统的结构,主要包括接口、知识库、黑板、解释器、推理机等部分。

图 4-13 理想专家系统结构

接口(界面)是人与系统进行信息交流的媒介,它为用户提供了直观方便的交互作用手段。接口的功能是识别与解释用户向系统提供的命令、问题和数据等信息,并把这些信息转化为系统的内部表示形式。另外,接口也将系统向用户提出的问题、得出的结果和作出的解释以用户易于理解的形式提供给用户。

知识库包括两部分内容。一部分是已知的同当前问题有关的数据信息;另一部分是进行推理时要用到的一般知识和领域知识,这些知识大多以规则、网络和过程等形式表示。

黑板是用来记录系统推理过程中用到的控制信息、中间假设和中间结果的数据库。它包括计划、议程和中间解三部分。计划记录了当前问题总的处理计划、目标、问题的当前状态和问题背景。议程记录了一些待执行的动作,这些动作大多是由黑板中已有结果与知识库中的规则作用而得到的。中间解区域存放当前系统已产生的结果和候选假设。

推理机包括调度器、协调器和执行器。调度器按照系统建造者所给出的控制知识,从议程中选择一个项作为系统下一步要执行的动作。执行器应用知识库及黑板中记录的信息,执行调度器所选定的动作。协调器的主要作用是当得到新数据或新假设时,对已得到的结果进行修正,以保持前后结果的一致性。

解释器的功能是向用户解释系统的行为,包括解释结论的正确性及系统输出其他候选解的原因。为完成这一功能,通常需要利用黑板中记录的中间结果、中间假设和知识库中的知识。

2. 建立专家系统的步骤

建立专家系统的步骤一般如下。

1）设计初始数据库

知识库的设计是建立专家系统最重要和最艰巨的任务。初始知识库的设计包括以下几点。

（1）问题知识化，即辨别所研究问题的实质，如要解决的任务是什么，它是如何定义的，可否把它分解为子问题或子任务，它包含哪些典型数据等。

（2）知识概念化，即概括知识表示所需要的关键概念及其关系，如数据类型、已知条件和目标、提出的假设及控制策略等。

（3）概念形式化，即确定用来组织知识的数据结构形式，应用人工智能中各种知识表示方法把与概念化过程有关的关键概念、子问题及信息流特征等变换为比较正式的表达，它包括假设空间、过程模型和数据特性等。

（4）形式规则化，即编制规则，把形式化了的知识变换为由编程语言表示的可供计算机执行的语句和程序。

（5）规则合法化，即确认规则化了的知识的合理性，检验规则的有效性。

2）原型机的开发与实验

在选定知识表达方法之后，即可着手建立整个系统所需要的实验子集，它包括整个模型的典型知识，而且只涉及与实验有关的足够简单任务和推理过程。

3）知识库的改进与归纳

反复对知识库及推理规则进行改进实验，归纳出更完善的结果。经过较长时间的努力，可以使系统在一定范围内达到人类专家的水平。

4.3.2 专家控制介绍

专家系统是一种计算机程序，它通过模拟人类专家的推理过程和知识，能以人类专家的水平解决问题。专家系统技术使我们能够把数学算法和控制工程师的操作经验融合，可以最大限度地利用已有知识，达到传统控制方式难以取得的控制效果。瑞典学者 Åström 最早将专家系统技术引入了自动控制，并在1984年提出了专家控制的概念。专家控制系统的关键是通过基于知识结构的启发式逻辑的应用，使其比常规控制系统更灵活，更容易适应情况的变化。

与传统控制相比，专家控制利用先验知识和在线信息，具备实时推理和决策的能力，能对时变系统、非线性系统和易受到各种干扰的受控过程给出有效的控制决策，并通过增加知识量不断改善控制系统的性能，它能够取代熟练操作工人，完成程序性任务，运行方便可靠。专家控制系统特别适合操作环境频繁或剧烈变化、在有限时间间隔内必须作出决策结果、需要专家经验或采用符号逻辑解决问题的场合，或者数学模型不存在或不充分的、结构不清楚的过程，以及用常规算法实现需很大计算量和高昂代价的复杂问题。

专家控制系统大致可以分为以下几类。

1. 基于规则的专家自整定控制

常规控制器的参数，例如 PID，由控制工程师和装置操作员来确定，以 IF… THEN… ELSE 规则形式储存在知识库中。当系统运行时，通过一个模式分类和辨识器获取过程的特征行为。推理机构根据调整规则和分类模式自动地调整控制器的参数，使系统的性能得到提高。基于规则的专家自整定控制器结构如图 4-14 所示。

图 4-14　基于规则的专家自整定控制器结构

专家自整定控制器提供了一个将实时控制算法(从简单的 PID 控制到自适应控制)和逻辑运算结合的结构。Åström 给出了一种智能 PID 控制器,其中各种不同的控制算法(例如 P、PI、PD 和 PID)的控制参数都可以根据数据库和过程的分类进行选择和调整,例如根据死区时间和过程增益。

2. 专家监督控制

专家监督控制系统的结构通常包括一个含有信号处理和常规控制算法的直接控制层,和一个含有知识库和推理机构的监督层,用来在线进行性能检测、故障检测和诊断。监督控制更注重于对系统的监督、目标优化、故障分析和诊断、紧急情况处理和决策。如图 4-15 所示为专家监督控制系统结构框图。

图 4-15　专家监督控制系统结构框图

专家监督控制系统的决策是与主要扰动、技术故障、不合适的人工介入等情况相联系的。很多任务可以由监督控制规划来完成,例如开机、关机、过程优化、故障诊断、误操作行为、始止时刻参数估计程序和报警操作等。专家监督控制系统是一种重要的基于知识的控制系统,它们通常被应用在流程工业和加工制造系统中,以获得高质量、低消耗,并用于故障诊断、紧急情况处理和危险预报等。

3. 混合型专家控制

混合型专家控制系统是一种复合式的智能控制系统,它应用多层递阶结构,综合了各种技术,包括专家系统技术、模式识别、模糊逻辑、神经元网络和计算机过程控制技术。由于知识来源多种多样,在混合型专家控制系统中多采用黑板式结构。黑板是通过适当地划分问题的范围来最大限度地保证知识来源独立性的工作空间。这种结构可以容纳各式各样的知识,用户可以在任何知识源中存储或读取信息。黑板用来对有关问题的中间决策进行记录和表格化。

混合型专家控制系统能够有效地在完整性与简洁性之间取得折中,从而最大限度提高系统性能。例如,某个基于规则的方法只能够处理某些领域的问题,而一个神经网络由于具备并行处理和在线学习的能力可以在某些特定场合使用。这样,在一定条件下把专家系统和神经网络结合可以获得更好的控制效果。

混合型专家控制系统具备许多优良的特性,例如非单调性推理、模式精确匹配、面向对象规划、超越规则和实时性。目前,混合型专家控制系统不如基于规则的控制器和专家监督控制系统那样成熟,并存在一些有待进一步研究的问题。

4. 仿人智能控制

1980 年前后,我国的周其鉴、李祖枢等提出了仿人智能控制的研究方向,这种仿人智能控制和专家控制有着密切的联系,通常将其归为专家控制的一个方向。

仿人智能控制研究的主要目标不是被控对象,而是控制器本身,研究控制器的结构和功能如何更好地模拟控制专家宏观上大脑的功能和行为功能。仿人智能控制的研究从分层递阶智能控制系统的最低层次(直接控制级)着手,直接对人的控制经验、技巧和各种直觉推理逻辑进行测辨、概括和总结,编制成各种简单实用、精度高、鲁棒性强、能实时运行的控制算法并用于实际控制系统。仿人智能控制方法的基本原理是模仿人的启发式直觉推理逻辑,即通过特征辨识判断系统当前所处的特征状态,确定控制的策略,进行多模态控制或决策。

仿人智能控制器有多种模式,例如仿人比例控制、仿人智能积分控制、智能采样控制、仿人智能开关控制等。它通常可表示为一种高阶产生式系统结构,它由目标级产生式和间接级产生式组成,具体的结构是分层递阶的,并遵照层次随"智能增加而精度降低"的原则,较高层解决较低层中的状态描述、操作变更以及规则选择等问题,间接影响整个控制问题的求解。这种高阶产生式系统结构实际是一种分层信息处理与决策机构。

仿人智能控制拥有分层的信息处理和决策机构,具备在线特征辨识和特征记忆的特点,运用启发式直觉推理逻辑,使用建立在经典控制理论基础之上的多模态控制方法,实现被控对象的仿人智能化控制,在很大程度上体现了专家控制的思想,具有其本质特征。

4.3.3　专家控制基本思想

实际控制系统中存在的启发式逻辑本质是实现控制目标的各种规律性的经验知识。这些经验知识难以用一般的数值形式表达,而适宜于用符号形式加以描述;再者,这些经验知识既不能简单地罗列,又难以用解析的方法综合,也必须给予恰当的组织,并且能够自动地进行推理。因此,专家控制系统必须建立起数学模型与知识模型相结合的广义知识模型,它的运行机制必须是包含数值算法在内的知识推理。人工智能中的专家系统技术为此类经验知识的表示和处理提供了有效的方法。

1. 专家控制的知识表示

专家控制系统是基于知识的系统,可以把其涉及的知识分为两类:一类是对象知识,其中一部分属于先验知识,例如控制问题类型、受控变量等,另一部分是属于系统运行时的动态知识,如参数变化和中间控制结果等;另一类是控制知识,其中一部分属于定量知识,即各种有关的解析算法,另一部分属于定性知识,即各种有关的经验原则等。

知识表示方法有以下几种。

1) 产生式规则表示法

其知识库由大量的产生式规则组成,其规则的一般形式为

IF 条件 1 AND 条件 2 ⋯ AND 条件 N

THEN 结论或动作

其中,条件、动作或结论可以用自然语言或数学式表达。

用规则表示知识的优点是表达方式简单,与人类思维过程比较接近,容易理解。规则具有独立性,且包含的知识量少,容易修改扩充。

2) 框架表示法

框架是一种表示定型状态的数据结构,其顶层是固定的,表示某个固定的概念、对象或事件,其下层由一些称为槽的结构组成。每个槽可以按实际情况被一定类型的实例或数据填充(赋值),填写的内容称为槽值;每个槽可有若干侧面;相互关联的若干框架可以连接起来组成框架系统,以表示一个完整的知识。为了表示与时间相关的知识,利用框架的槽值可以是一个过程的特点,用附加的过程(一段程序)来描述时序性的知识,也可以在框架中设几个槽来定义与时间有关的属性,如时间格式、时间区间标记和时间值等。

在基于框架的专家系统中可方便地进行默认推理,即在对框架的槽进行填值或搜索时,如无特别说明,默认框架的槽继承了父框架的相应槽值,并在此基础上作进一步的处理和推理,这样可以处理动态变化和干扰环境下不完整的数据输入。

3) 状态空间表示法

这是一种过程式知识表示法,它利用状态变量和操作表示系统或问题的有关知识。状态空间可表示为三元组

$$(\{S_s\}, \{F\}, \{S_\tau\})$$

式中,S_s 表示初始状态集合;F 表示操作集合;S_τ 表示目标状态集合。由于状态空间表示中隐含了时间关系,即状态转移对应动作的执行顺序,可直接用来表示实时控制知识。

利用状态空间表示法可较好地表达与时序有关的控制知识,利用图的存储及搜索技术进行问题的求解可提高系统的精度和灵活性。但随着知识量的增大,状态空间急剧增大,可能出现组合爆炸的问题,需与其他方式共同使用。

4) 混合表示法

混合表示法包括两种结合。

(1) 框架与规则相结合。在规则中包含框架或框架中的槽值,即允许规则的项,如条件、结论等是框架或框架的槽值,当以某种方式使这些框架匹配成功时,就认为该规则成立,其规则的形式可表示为

IF 框架实例 1 AND 框架实例 2

THEN 框架实例 N

(2) 数学模型与基于规则的技术相结合。实时控制专家系统在知识库中不仅要存储以规则形式表达的经验性知识,还必须吸收大量已成熟的数学模型和方法,在推理过程中把它们有机地结合起来。

5) 其他知识表达形式

例如语义网络、谓词逻辑等,都可以被应用到专家控制中的知识库的构建中,而人工智能技术也相应地提供了针对上述知识表达方式的推理方法。

可以将专家控制的知识库分为数据库和规则库分别加以构造。数据库中包括静态数据和动态数据、系统的性能指标以及推导的中间过程的结论等,这些知识通常用框架表示法进

行组织。而规则库由各种启发式推理逻辑构成，其中的知识通常用产生式规则表示法加以描述。对知识的这种分类组织形式比较简单，被绝大多数的现有的专家控制系统所采用，能够满足基本的工程需要。

2. 专家控制的推理与控制策略

专家控制的推理机制可以表示为如下模型：

$$U = f(E, K, I) \tag{4-26}$$

式中，$U = \{u_1, u_2, \cdots, u_m\}$ 为控制器的输出作用集；$E = \{e_1, e_2, \cdots, e_n\}$ 为控制器的输入集；$K = \{k_1, k_2, \cdots, k_p\}$ 为系统的数据项集；$I = \{i_1, i_2, \cdots, i_q\}$ 为具体推理机构的输出集。

依照产生式规则的表达形式，f 可被看作一种智能算子，其基本形式为

$$\text{IF } E \text{ AND } K \text{ THEN } <\text{IF } I \text{ THEN } U>$$

即根据输入信息和系统中的知识进行推理，然后根据推理结果输出相应的控制行为。这个智能算子可以根据不同的知识表达方法选择不同的推理方式，应用不同的推理策略，从而具有不同的具体表示形式。

专家控制往往具有模糊性、不确定性和不完全性，因此专家控制的推理计算过程也要具备某种不确定性。通过将知识库中的知识赋予相应的可信度，在推理过程中完成可信度的转移和计算，可以得到带有可信度的推理结果。从这一意义上讲，推理的方式可以分为以下几种。

1）演绎推理

演绎推理是把前提所具备的可信度完全转移到结论。如果把领域知识表示成必然的因果关系，则按逻辑关系进行的推理所得的结论是肯定的。前提与结论具有相同的可信度。

2）归纳推理

归纳推理是把前提所具有的可信度部分地转移到结论，从而推出一个比前提可信度低的结论。应用归纳推理可以从个别的事物和现象推导出普遍性规律。

3）确定性推理

针对不确定的事实，根据不充分的论据和不完全的知识进行推理，是在条件检索和执行推理的基础上加入对不确定性知识的处理，例如 Bayes 概率法。

此外，由于实时性要求，实时控制专家系统往往还应同时具有时序推理、并行推理、非单调推理等其他推理功能。

专家控制的推理策略主要有以下几种。

（1）数据驱动控制策略，也称前向链控制，基于此策略的推理称为正向推理。

（2）目标驱动控制策略，也称后向链控制，基于此策略的推理称为反向推理。

（3）双向推理控制策略，正向推理与反向推理的综合。

正向推理和反向推理各有优缺点。正向推理可以充分利用用户已知的信息，但推理目的不明确；反向推理的目的性较强，但却不能充分利用用户已知的信息；双向推理则结合了两者的优点，先通过数据驱动帮助选择初始目标，然后用目标驱动求解这个目标。目前大多数实时控制专家系统采用正向推理策略，也有部分采用了双向推理策略。

4.3.4 专家控制组织结构

专家控制系统的一般结构如图 4-16 所示。在这个结构图中，知识库独立于知识处理机

构。由于它是模块化结构,因此非常灵活,很容易被扩展和修改。知识库存放着关于过程的特殊领域的知识、控制工程原理、控制专家与操作员的经验和各种解析算法,它是整个系统的基础。推理机构的任务是根据一系列推理规则,使用知识和在线信息推理得到问题解答。信息处理器的主要功能是处理在线信息,提出或识别信息特征,从而获得动态过程的当时状态和未来趋势,并且为知识库和推理机构的决策过程提供有用信息。学习子系统根据在线信息特征提取知识,从而提高解决问题的能力。知识获取子系统自动或半自动获得专家知识。解释机构向操作者提供推理的过程和结果。装置操作员可以通过界面向知识库输入指令,监测系统的操作状态。

图 4-16 专家控制系统的一般结构

专家控制系统的组织结构有以下两个显著特点。

(1) 知识库可以由定量知识与定性知识分离构造。数值算法位于知识库的底层,直接与控制器连接,以便得到快速的控制响应。而作为推理机制规则来源的各种定性知识处于较高的智能层次,实现以启发式逻辑推理为主的控制功能。

(2) 用户可以通过知识获取系统直接与内部规则、进而间接与数值算法进行交互,以便操作人员可以对控制系统进行离线修改和在线监督干预。

以上是专家控制系统应具备的主要特征,而实际使用的专家控制系统只需在一定程度上具备这些功能。

4.4 其他智能控制技术

本节简要介绍分层递阶智能控制、学习控制和智能优化算法等技术。这些智能技术与控制技术相互交融、相互促进,用于常规及复杂控制技术难以解决的控制问题,代表着控制技术的新兴发展方向。这些控制算法的详细内容读者可根据需要查阅有关文献。

1. 分层递阶智能控制

分层递阶智能控制是由 Saridis 提出的,作为一种认知和控制系统的统一方法论,其控制是根据分层管理系统中十分重要的"精度随智能提高而降低"的原理而分级分配的。这种分级递阶控制由组织级、协调级、执行级三级组成。

2. 学习控制

学习控制能够通过与控制对象和环境的闭环交互作用,根据过去获得的经验信息,逐步改进控制系统的性能。学习控制具有一定的自主性,学习控制系统的性能随时间而变,学习控制具有记忆和性能反馈功能。学习控制大致可分为基于模式识别的学习控制、基于迭代和重复的学习控制以及基于联结的学习控制等。

3. 智能优化算法

模拟退火算法、遗传算法、粒子群优化算法、蚁群优化算法、人工免疫算法、混合优化策略等,通过模拟并揭示某些自然现象或过程而得到发展,其思想和内容涉及数学、物理、生物进化、人工智能、神经科学和工程系统等方面,为解决复杂问题提供了新的思路和途径。这些优化算法在许多领域得到了成功应用。由于这些算法构造了直观性和自然机理,因此通常被称作智能优化算法。

习题与思考题

1. 模糊控制器的主要组成部分有哪些?
2. 请给出双输入单输出模糊控制器的设计步骤与设计内容。
3. 神经网络控制中常用的神经元变换函数有哪些?
4. 神经网络控制主要包括哪些控制方法?
5. 专家控制技术主要分哪几大类?
6. 专家控制的推理策略主要有哪几种?

第 5 章

CHAPTER 5

计算机控制系统的
硬件设计技术

在计算机控制系统中,工业控制机的主机必须通过输入/输出接口与过程通道才能和生产过程相连,因此输入/输出接口与过程通道是工业控制机的重要组成部分。

接口是计算机(工业控制机)的主机与外部设备交换信息的桥梁,它包括输入接口和输出接口。接口技术是研究计算机(工业控制机)的主机与外部设备之间如何交换信息的技术。外部设备的各种信息通过输入接口送到计算机(工业控制机)的主机,而计算机(工业控制机)主机的各种信息通过输出接口送到外部设备。系统运行过程中,信息的交换是频繁发生的。

过程通道是在计算机(工业控制机)的主机和生产过程之间设置的信息传送和转换的连接通道,它包括模拟量输入通道、模拟量输出通道、数字量(开关量)输入通道、数字量(开关量)输出通道、脉冲量输入通道、脉冲量输出通道。生产过程的各种参数通过输入通道送到计算机(工业控制机)的主机,计算机(工业控制机)的主机将计算和处理后的结果通过输出通道送到生产过程,从而实现计算机(工业控制机)对生产过程的自动控制。

5.1 工业控制机及其接口扩展技术

工业控制机是指按生产过程控制的特点和要求而设计的计算机,它主要包括工业计算机(总线式工业控制机、平板式工业控制机、嵌入式工业控制机、工业掌上电脑、工业一体机、工业显示器),可编程控制器,嵌入式系统,智能调节器,其他智能测控装置。由于总线式工业控制机和可编程控制器应用较多,其次是嵌入式系统,而可编程控制器另有课程介绍,因此,本节重点介绍总线式工业控制机和嵌入式系统的接口扩展技术。

5.1.1 工业控制机总线技术

总线就是一组信号线的集合,它定义了各引线的信号、电气、机械特性,使计算机内部各组成部分之间以及不同的计算机之间建立信号联系,进行信息传送和通信。总线是工业控制机的重要组成部分,它包括内部总线和外部总线。按照总线标准设计和生产的工控机模板,经过不同的组合,可以配置成各种用途的计算机控制系统。

1. 内部总线

内部总线是计算机内部功能模板之间进行通信和芯片之间进行通信的总线,它是构成完整的计算机系统的内部信息枢纽。内部总线又可分为片级总线和系统总线。

片级总线是模板内各芯片、元器件相互连接的信息传输通道，包括数据总线、地址总线、控制总线、I^2C 总线、SPI 总线、SCI 总线等。

系统总线是模板间传输信息的公共通道，包括 PC 总线、ISA 总线、PCI/Compact PCI 总线、PCI-E 总线等板级总线。

下面对系统总线进行简要介绍。

1）PC 总线

1981 年，伴随以 Intel 8088 为 CPU 的 IBM PC/XT 计算机的问世，IBM PC 总线诞生了。PC 总线是 IBM PC 总线的简称，是 8 位的并行系统总线，工作频率为 4.77MHz，最大数据传输速率为 2.38MB/s，其插槽是双列引脚，共有 62 根信号线。

2）ISA 总线

1984 年，IBM PC/AT 问世。为了开发与 IBM PC 兼容的外围设备，行业内部逐渐确立了以 IBM PC 总线规范为基础的工业标准体系结构（Industry Standard Architecture，ISA）总线。1987 年 IEEE 正式制定了 ISA 总线标准。ISA 总线是 8/16 位的并行系统总线，工作频率为 8MHz，最大数据传输速率为 8MB/s，插槽引脚共有 98 根信号线。ISA 总线插槽由上下两部分组成：双列 62 引脚的 8 位基本插槽和双列 36 引脚的 16 位扩充插槽。16 位的 ISA 总线向下兼容 8 位的 PC 总线。

ISA 总线的基本插槽可以独立使用，但只能有 8 位的数据宽度和 20 位的地址宽度。如果需要 16 位的数据或者需要 20 位以上的地址，则需要采用 8 位基本插槽加 16 位扩充插槽的方式，但是 16 位扩充插槽不能独立工作。16 位扩充插槽除了增加数据宽度和地址宽度以外，还扩充了中断和 DMA 请求等信号。

ISA 总线数据线宽度为 16 位，地址线宽度为 24 位，总线时钟为 8MHz，中断源为边沿触发，尤其是硬件配置技术性强、欠灵活。ISA 总线主要用于基于 Intel 处理器 80x86（或兼容产品）的 PC 机，它的信号线与 Intel 系列处理器和控制器的信号线非常相似。下面对 ISA 信号作简要说明。

（1）$A_0 \sim A_{19}$ 输出，地址信号线。

（2）$SA_{17} \sim SA_{23}$ 输出，扩展地址信号线，为基于 80386 CPU 以上的系统输出高位地址 $A_{17} \sim A_{23}$。地址信号线 $A_0 \sim A_{19}$ 可以访问 ISA 总线的 1MB 地址空间。而扩展地址信号线 $SA_{17} \sim SA_{23}$ 用于确定 16MB 地址空间的高位。$A_0 \sim A_{19}$ 是经过锁存的地址信号，在整个 ISA 总线访问周期内一直保持有效。$SA_{17} \sim SA_{23}$ 为非锁存信号，但比 $A_0 \sim A_{19}$ 提前有效，可以使地址译码电路提前开始译码。

（3）$D_0 \sim D_7$、$SD_8 \sim SD_{15}$ 输入/输出，数据信号线。

（4）$\overline{SBHE}$ 输出，高位字节选择信号。高 8 位数据总线 $SD_8 \sim SD_{15}$ 是 16 位 ISA 总线扩充插槽的信号。$\overline{SBHE}$ 为高位字节选择信号，$\overline{SBHE}$ 有效时高 8 位数据通过 $SD_8 \sim SD_{15}$ 传送，这样可同时进行 16 位的操作。

（5）ALE 输出，地址锁存信号，其作用同 8086 的 ALE。

（6）AEN 输出，DMA 地址使用信号，高电平有效。ANE 信号用来指出当前是 DMA 工作周期还是 CPU 工作周期。当 AEN 为高电平时，DMA 控制器控制总线，实现 DMA 传送，即系统由 DMA 提供读写、地址等总线信号；当 AEN 为低电平时，CPU 控制总线。通常 AEN 用于连接地址译码器的输入功能，选择 DMA 要访问的设备或者选择 CPU 将要访问的设备。

(7) $\overline{\text{SMEMR}}$、$\overline{\text{SMEMW}}$、$\overline{\text{IOR}}$、$\overline{\text{IOW}}$、$\overline{\text{MEMR}}$、$\overline{\text{MEMW}}$ 输出,存储器读写和 I/O 读写信号。其中,$\overline{\text{SMEMR}}$、$\overline{\text{SMEMW}}$ 为访问 1MB 以上存储空间的读写信号。$\overline{\text{MEMR}}$、$\overline{\text{MEMW}}$ 有效时,$\overline{\text{SMEMR}}$、$\overline{\text{SMEMW}}$ 无效。

(8) IOCHRDY 输入,高电平有效,输入为高电平表示 I/O 通道已准备好。

(9) $\overline{\text{NOWS}}$ 输入,零等待信号,低电平有效。此信号有效时,不再插入等待时钟。

(10) $\overline{\text{IOCHCHK}}$输入,I/O 通道校验错信号。$\overline{\text{IOCHCHK}}$ 用于 I/O 通道设备的逻辑校验。注意,该信号在 PC 机内部连接了非屏蔽中断,使用时要谨慎。

(11) CLK 输出,系统时钟信号。早期的 ISA 总线为了保持与 CPU 同步,其时钟频率通常在 $4.77\sim8.33$MHz 变化。但目前 ISA 总线通常作为系统低速的扩充总线,没必要保持与 CPU 一致的时钟频率,因而大多是固定的频率 8MHz。

(12) $\text{DRQ}_{0\sim3}$、$\text{DRQ}_{5\sim7}$ 输入,DMA 应答信号。

(13) TC 输出,所有 DMA 通道的计数结束信号。

(14) $\text{IRQ}_{3\sim7}$、IRQ_9、$\text{IRQ}_{10\sim15}$ 输入,中断请求信号。直接由 2 片 8259 引出,总线上的外部设备利用这些信号向 CPU 提出中断请求。信号的上升沿有效,并要求其保持高电平一直到 CPU 响应为止。其余的 $\text{IRQ}_{0\sim2}$、IRQ_8、和 IRQ_{13} 由 PC 主板占用。

(15) $\overline{\text{M16}}$、$\overline{\text{IO16}}$ 输入,16 位存储器传送请求、16 位 I/O 传送请求。ISA 总线可以进行 8 位数据传送,也可以进行 16 位数据传送。当 ISA 总线扩展设备希望进行 16 位数据传送时,可以令 $\overline{\text{M16}}$ 或 $\overline{\text{IO16}}$ 为有效的低电平,向总线控制器发出 16 位数据传送请求。否则 ISA 总线以 8 位数据形式进行传送。

(16) $\overline{\text{MASTER}}$ 输入,总线主设备确认。ISA 总线设备一般工作在从模块方式,接受 CPU 访问。即使 DMA 取得了总线控制权,ISA 总线扩展卡仍以从模块方式响应。只有在 $\overline{\text{MASTER}}$ 信号与 DMA 控制器配合使用时,ISA 总线设备才真正体现主模块功能。

3) PCI/Compact PCI 总线

外围部件互联(Peripheral Component Interconnect,PCI)总线是美国 SIG(Special Interest Group of Association for Computer Machinery)集团推出的 64 位并行系统总线。1991 年,Intel 公司首先提出了 PCI 的概念。PCI 总线也支持总线主控技术,允许智能设备在需要时取得总线控制权,以加速数据传输。

PCI 总线的总引脚数为 120 条。其中,主控设备 49 条、目标设备 47 条。可选引脚 51 条(主要用于 64 位扩展、中断请求、Cache 支持等)。

CPU 总线和 PCI 总线由桥接电路(习惯上称为北桥芯片)相连。芯片中除了含有桥接电路外,还有 Cache 控制器和 DRAM 控制器等其他控制电路。

PCI 总线和 ISA/EISA 总线之间也通过桥接电路(习惯上称为南桥芯片)相连,ISA/EISA 总线上挂接传统的慢速设备,继承原有的资源。

此外,PCI 总线还有其他一些连接方式,如双 PCI 总线方式、PCI-to-PCI 方式、多处理器服务器方式等,限于篇幅,不再详细介绍。

Compact PCI 总线是一种基于标准 PCI 总线的小巧而坚固的高性能总线。1994 年 PCI 工业计算机制造商联盟(PCI Industrial Computer Manufacturers Group,PICMG)提出了 Compact PCI 技术,它定义了更加坚固耐用的 PCI 总线版本。在电气、逻辑和软件方面,它与 PCI 总线标准完全兼容。

PCI 总线的主要性能如下。

（1）支持 10 台外设。

（2）总线时钟频率为 33.3MHz/66MHz。

（3）最大数据传输速率为 133MB/s。

（4）时钟同步方式。

（5）与 CPU 及时钟频率无关。

（6）总线宽度 32 位(5V)/64 位(3.3V)。

（7）能自动识别外设。

（8）特别适合与 Intel CPU 协同工作。

PCI 总线的其他性能如下。

（1）具有与处理器和存储器子系统完全并行操作的能力。

（2）具有隐含的中央仲裁系统。

（3）采用多路复用方式(地址线和数据线)减少了引脚数。

（4）支持 64 位寻址。

（5）完全的多总线主控能力。

（6）提供地址和数据的奇偶校验。

（7）可以转换 5V 和 3.3V 的信号环境。

4）PCI-E 总线

PCI-E(PCI-Express)是 Intel 公司在 2001 年提出的高速串行全双工多通道差分传输计算机总线标准。PCI-E 总线保持与传统 PCI 总线的软件兼容性，它的主要优势是数据传输速率高，目前最高可达到 10GB/s，而且还有相当大的发展潜力。因为体系结构发生了改变，所以插槽并不兼容。但目前大部分计算机主板既提供 PCI 插槽又提供 PCI-E 插槽，从而提高了硬件的兼容性和灵活性。

PCI-E 总线与 PCI 总线相比具有的主要技术优势(以 PCI-E 1.0 标准为例)如下。

（1）PCI-E 总线是高速串行差分传输总线，进行点对点传输，每个传输通路独享带宽，总线工作频率为 2.5GHz(100MHz 基准频率下)。

（2）PCI-E 总线支持双向传输模式和数据分通路传输模式，其中数据分通路传输模式可以支持 1、4、8、16 和 32 个数据通路(Lane)，即 ×1、×4、×8、×16 和 ×32 宽度的 PCI-E 链路。尽管 PCI-E×32 插槽在技术上提供了巨大的性能优势，但在实际的主板上并不常见，因为大多数应用并不需要如此高的带宽。PCI-E×1、×4、×8、×16 数据通路对应的插槽分别为 36、64、98、164 根信号线，数据传输速率分别为 512MB/s、2.0GB/s、4.0GB/s、8.0GB/s。

（3）PCI-E 总线充分利用先进的点到点互连、基于交换的技术、基于包的协议来实现新的总线性能和特征。电源管理、服务质量、热插拔支持、数据完整性、错误处理机制等也是 PCI-E 总线所支持的高级特征。

（4）对 PCI 总线良好的继承性，可以保持软件的继承和可靠性。PCI-E 总线关键的特征，比如应用模型、存储结构、软件接口等与传统 PCI 总线保持一致，但是并行的 PCI 总线被一种具有高度扩展性的、完全串行的总线所替代。PCI-E 插槽具有向下兼容性，较高速度的设备可以插入较低速度的插槽中,但性能可能受到一定限制。

(5) PCI-E 总线充分利用先进的点到点互连,降低了系统硬件平台设计的复杂性和难度,从而大大降低了系统的开发制造设计成本,极大地提高了系统的性价比和鲁棒性。系统总线带宽提高的同时,减少了硬件 PIN 的数量,硬件的成本直接下降。

PCI-E 总线硬件协议如下。

PCI-E 总线的连接建立在一个双向序列的(1-bit)点对点连接基础之上,称之为"传输通道"。与 PCI 总线连接形成鲜明对比的是 PCI 总线是基于总线控制、所有设备共同分享单向 32 位并行总线。PCI-E 总线是一个多层协议,由一个交换层、一个数据链接层和一个物理传输层构成。物理层又可进一步分为逻辑子层和电气子层。逻辑子层又可分为物理代码子层和介质访问控制子层。

PCI-E 总线物理链路的一个数据通路由两组差分信号,共 4 根信号线组成。其中,发送端的 TX 部件与接收端的 RX 部件使用一组差分信号连接,该链路被称为发送端的发送链路,也是接收端的接收链路;而发送端的 RX 部件与接收端的 TX 部件使用另一组差分信号连接,该链路被称为发送端的接收链路,也是接收端的发送链路。一个 PCI-E 链路可以由多个数据通路组成。

高速差分信号电气规范要求其发送端串接一个电容,以进行 AC 耦合,该电容也被称为 AC 耦合电容。PCI-E 链路使用差分信号进行数据传送,一个差分信号由 D+ 和 D- 两个信号组成,信号接收端通过比较这两个信号的差值,判断发送端发送的是逻辑"1"还是逻辑"0"。

PCI-E 6.0 标准如下。

PCI-E 是一项不断发展和完善的总线技术。2022 年 1 月 12 日,PCI-SIG 组织正式发布了 PCI-E 6.0 标准,与 PCI-E 5.0 标准相比带宽再次翻倍,达到了 64 GT/s(Giga Transmission per second,千兆传输每秒)。2022 年 1 月 27 日,Rambus 公司全球首个发布了完全符合 PCI-E 6.0 标准的控制器,支持全部新特性,主要面向高性能计算、数据中心、人工智能与机器学习、汽车、物联网、国防、航空等高精尖领域。该控制器支持 PCI-E 6.0 标准的 64GT/s 数据传输速率,×1 数据通路即可带来 8GB/s 的单向物理带宽(相当于 PCI-E 4.0×4),×16 数据通路的单向物理带宽则更高。当前 PCI-E 已有更高标准,此处不再赘述。

5)其他总线

PC/104 总线是一种专门为嵌入式控制而定义的工业总线标准。PC/104 总线有两个版本,分别与 PC 和 ISA 总线相对应,8 位 PC/104 总线有 64 线引脚(单列双排插针和插孔),16 位 PC/104 总线有 104(64+40)线引脚(双列双排插针和插孔),PC104 总线因此得名。小型化的尺寸(90×96mm)、极低的功耗(典型模块为 1~2W)和堆栈的总线形式(决定了其高可靠性),使其受到了众多从事嵌入式产品生产厂商的欢迎,在嵌入式系统领域逐渐流行。全世界已有多家厂商在生产和销售符合 PC/104 总线规范的嵌入式板卡。

PC/104 plus 总线为单列三排 120 线引脚,为了向下兼容,PC/I04 Plus 总线保持了 PC/104 总线的所有特性。PC/104 Plus 总线与 PCI 总线相对应。一个计算机主板可以同时拥有 ISA 总线和 PCI 总线,同样,一个 PC/104 CPU 模块则可以同时拥有 PC/104 和 PC/104 plus 总线。

STD 总线是国际上流行的一种用于工业控制的标准微机总线,于 1987 年被批准为 IEEE-961 标准。STD 总线采用 56 线双列插座,插件尺寸为 165.1mm×114.3mm,是 8/16

位微处理器总线标准（可使用各种型号的 CPU）。STD 总线采用公共母板结构，即其总线布置在一块母板（底板）上，板上安装若干插座，插座对应引脚都连到同一根总线信号线上。系统采用模块式结构，各种功能模块（如 CPU 模块、存储器模块、图形显示模块、A/D 转换模块、D/A 转换模块、开关量 I/O 模块等）都按标准的插件尺寸制造。各功能模块可插入任意插座，只要模块的信号、引脚都符合 STD 规范，就可以在 STD 总线上运行。因此可以根据需要组成不同规模的微机系统。

2. 外部总线

外部总线是计算机与计算机之间或计算机与其他智能设备之间进行通信的连线，常用的外部总线有 RS-232C、USB、IEEE-488 等总线。

1）RS-232C 串行通信总线

RS-232C 是一种串行外部总线，是由美国电子工业协会（EIA）制定的一种串行接口标准。RS 为"推荐标准"的缩写，232 为标识号，C 表示修改次数。RS-232C 的机械特性要求使用 25 芯标准连接插头或 9 芯标准连接插头，每个引脚有固定的定义。

RS-232C 的电气特性要求总线信号采用负逻辑，如表 5-1 所示。逻辑"1"状态的电平为 $-15\sim-5\text{V}$，逻辑"0"状态的电平为 $+5\sim+15\text{V}$，其中 $-5\sim+5\text{V}$ 用作信号状态的变迁区。在串行通信中还把逻辑"1"称为传号（Mark）或 Off 状态，把逻辑"0"称为空号（Space）或 On 状态。

表 5-1　RS-232C 总线信号

电　　平	逻辑状态	信号条件	功　　能
$-15\text{V}<V_1<-5\text{V}$	1	传号（Mark）	Off
$+5\text{V}<V_1<+15\text{V}$	0	空号（Space）	On

RS-232C 采用集成电路 MC1488 发送器和 MC1489 接收器，进行 TTL 电平与 RS-232C 电平的相互转换。RS-232C 规定了其通信距离不大于 15m，传送信号的速率不大于 20kb/s，每个信号使用一根导线，并共用一根信号地线。由于采用单端输入和公共信号地线，所以容易引进干扰。

2）USB 串行通信总线

通用串行总线（Universal Serial Bus，USB）是由 Compaq、DEC、IBM、Intel、Microsoft、NEC 和 NT（北方电讯）七大公司共同推出的新一代接口标准。它是一种连接外围设备的机外总线。USB 的主要性能特点如下。

（1）具有热插拔功能。USB 提供机箱外的热插拔连接，连接外设时不必再打开机箱，也不必关闭主机电源。这个特点为用户提供了很大的方便。

（2）USB 采用级联方式连接各个外设。每个 USB 设备用一个 USB 插头连接到前一个外设的 USB 插座上，而其本身又提供一个 USB 插座供下一个 USB 外设连接用。通过这种类似菊花链式的连接，一个 USB 控制器可以连接多达 127 个外设，而两个外设间的距离（线缆长度）可达 5m。USB 统一的 4 针圆形插头将取代机箱后部众多的串/并口（鼠标、调制解调器）、键盘等插头。USB 能智能识别 USB 链上外围设备的插入或拆卸，扩充卡、DIP 开关、跳线、IRQ、DMA 通道、I/O 地址都将成为过去。

（3）适用于外设连接。根据 USB 规范，现已发展到 USB 4 版本。USB 1.0 的传输速率最大为 1.5Mb/s、USB 1.1 的传输速率达到了 12Mb/s,USB 2.0 的传输速率达到了 480Mb/s,USB 3.0 的传输速率达到了 5Gb/s,USB 4 的传输速率达到了 40Gb/s。USB 4 可兼容 USB 3 和 USB 2 的设备。也就是说,USB 4 可以兼容以前的协议标准,不过对于 USB 1.0 和 USB 1.1 就不支持了。

5.1.2 系统总线接口扩展技术

1. I/O 端口及 I/O 操作

接口电路内部一般设置若干寄存器,用以暂存 CPU 和外设之间传输的数据、状态和控制信息。相应的寄存器分别称为数据寄存器、状态寄存器和控制寄存器。这些能够被 CPU 直接访问的寄存器统称为端口(Port),分别叫作数据端口、状态端口和控制端口。每个端口具有一个独立的地址作为 CPU 区分各个端口的依据。接口功能不同,内部包含的端口数目也不同。

1) 数据端口

数据端口(Data Port)用以存放外设送往 CPU 的数据以及 CPU 输出到外设的数据。这些数据是主机和外设之间交换的最基本信息,长度一般为 1~2 字节。数据端口主要起数据缓冲作用。

2) 状态端口

状态端口(State Port)主要用来指示外设的当前状态。每种状态用一个二进制位表示,每个外设可以有几个状态位,它们可被 CPU 读取,以测试或检查外设的状态,决定程序的流程。

一般接口电路中常见的状态位有准备就绪位(Ready)、外设忙位(Busy)、错误位(Error)等。

3) 命令端口

命令端口(Command Port)也称控制端口(Control Port),用来存放 CPU 向接口发出的各种命令和控制字,以便控制接口或设备的动作。接口功能不同,接口芯片的结构也就不同,控制字的格式和内容自然各不相同。一般可编程接口芯片往往具有工作方式命令字、操作命令字等。

CPU 可以对端口进行读写操作。归根到底,CPU 和外设的数据交换实质就是 CPU 的内部寄存器和接口内部端口之间的数据交换。CPU 对数据端口进行一次读或写操作也就是与该接口连接的外设进行一次数据传送;CPU 对状态端口进行一次读操作,就可以获得外设或接口自身的状态代码;CPU 把若干位控制代码写入控制端口,则意味着对该接口或外设发出一个控制命令,要求该接口或外设按规定的要求工作。

可见,CPU 与外设之间的数据输入/输出、联络、控制等操作,都是通过对相应端口的读/写操作完成的。通常所说的外设地址就是外设接口各端口的地址。一个外设接口可能包含多个端口,相应就有多个端口地址。

2. I/O 端口编址方式

类似于 CPU 读写存储器需要通过存储器地址区分内存单元,CPU 通过端口地址实现对多个端口的读写选择。给 I/O 端口编址时,一种方式是把端口看作特殊的内存单元,和存储器统一编址,称为存储器映射;另一种方式是把 I/O 端口和存储单位分开,独立编址,称为 I/O 映射。

1）统一编址

把系统中的每一个 I/O 端口看作一个存储单元，与存储单元统一编址，访问存储器的所有指令均可用来访问 I/O 端口，不用设置专门的 I/O 指令，所以称为存储器映射 I/O（Memory Mapped I/O）编址方式。该方式实质上是把 I/O 端口地址映射到存储空间，作为整个存储空间的一小部分。换言之，系统把存储空间的一小部分划归外设使用，大部分仍归存储单元所有。摩托罗拉公司的 MC6800 及 68HC05 等处理器采用这种方式访问 I/O 端口设备。

统一编址方式的优点是系统指令集中不必包含专门的 I/O 指令，简化了指令系统设计；可以使用种类多、功能强的存储器指令访问外设端口；I/O 端口地址空间可大可小，灵活性强。缺点是 I/O 端口地址具有与存储器地址相同的长度，增大了译码的复杂程度，延长了译码时间，降低了输入输出效率。

2）独立编址

对系统中的 I/O 端口单独编址，构成独立的 I/O 端口地址空间，采用专门的 I/O 指令访问具有独立空间的 I/O 端口，称为 I/O 映射。Intel 公司的 80x86 系列机采用了独立编址方式访问外设。

独立编址方式的优点是将输入输出指令和访问存储器指令明显区分，使程序清晰，可读性好；I/O 端口地址较短，I/O 指令长度短，译码电路简单，指令执行速度快。不足之处是指令系统必须设置专门的 I/O 指令，其功能不如存储器指令强大。

以上两种 I/O 端口编址方式各有利弊，不同类型的 CPU 根据外设特点可以采用不同的编址方式。

3. I/O 端口地址译码技术

微机系统中有多个接口，接口内部往往包含多个端口，I/O 操作是 CPU 对端口寄存器的读写操作。CPU 通过地址对不同的接口或端口加以区分。把 CPU 送出的地址转变为芯片选择和端口区分的依据是地址译码电路。每当 CPU 执行输入输出指令时，就进入 I/O 端口读写周期，此时首先是端口地址有效，然后是 I/O 读写控制信号“或”有效，把对端口地址译码产生的译码信号同“或”结合一同控制对 I/O 端口的读或写操作。

1）三种译码方式

从寻址方式看，地址译码方法基本上可以分为线选法、部分译码法和全译码法。三种方法各有特点，在硬件设计过程中，可以根据具体需求来适当选择。

（1）**线选法**。高位地址线不经过译码，直接（或经反相器）分别连接各存储器芯片或者端口的片选端来区别各芯片或端口的地址。如果采用线选法，会造成地址重叠，且各芯片地址不连续，因此在软件上必须保证这些片选线每次寻址时只能有一个部件有效。

（2）**部分译码法**。用片内寻址外的高位地址的一部分译码产生片选信号。部分译码法较全译码法简单，但存在地址重叠区。因此，也必须通过软件保证这些片选线每次寻址时只能有一个部件有效。

（3）**全译码法**。其最终目标是唯一确定一个端口或寄存器的地址，需要所有地址线都参加译码。一般情况下，片内寻址未用的全部高位地址线都参加译码，译码输出作为片选信号，再与片内寻址地址线一起译码生成一个唯一地址。全译码法的优点是每个芯片的地址范围唯一确定，而且各片之间是连续的。缺点是译码电路比较复杂。

2）I/O 端口地址译码电路信号

在译码过程中,译码电路不仅与地址信号有关,而且与控制信号有关。译码电路把地址和控制信号进行组合,产生对芯片或端口的选择信号。以 ISA 总线为例,I/O 端口地址译码电路除了受 $A_0 \sim A_9$ 这 10 根地址线所确定的地址范围的限制之外,还要用到其他一些控制信号。如:利用 $\overline{IOR}$ 或 $\overline{IOW}$ 信号控制对端口的读写、利用 AEN 信号控制非 DMA 传送、利用 $\overline{IO16}$ 信号控制对 8 位还是 16 位端口操作、利用 $\overline{SBHE}$ 信号控制端口的奇偶地址。

可见,在设计地址译码电路时,不仅要选择地址范围,还要根据 CPU 与 I/O 端口交换数据时的流向(读/写)、数据宽度(8 位/16 位),以及是否采用奇偶地址等要求引入相应的控制信号,从而形成端口地址译码电路。

3）I/O 端口地址译码方法及电路形式

基于 ISA 总线的工控机系统由主板和一系列工业过程通道板卡组成。ISA 总线底板的每个插槽的总线信号是互联互通的,可以将多块过程通道板卡插入机箱内总线底板的各个插槽。为避免多块板卡出现争用总线情况,必须为每块过程通道板卡和外设接口板卡设置不同的 I/O 端口地址空间。在设计过程通道板卡时,一般使用地址空间 I/O 端口的译码电路实现这一要求。

I/O 端口地址译码的方法灵活多样,通常可由地址信号和控制信号的不同组合选择端口地址。与存储器的地址单元类似,一般把地址信号分为两部分:一部分是高位地址线与 CPU 或总线的控制信号组合,经过译码电路产生一个片选信号去选择某个 I/O 接口芯片,从而实现接口芯片的片间选择;另一部分是低位地址线直接连到 I/O 接口芯片,经过接口芯片内部的地址译码电路选择该接口电路的某个寄存器端口,实现接口芯片的片内寻址。

I/O 端口地址的译码方法一般有两种,即固定地址译码,开关选择译码。

（1）固定地址译码。

固定地址译码是 PC 系统板卡译码常用的方法,它是根据确定的地址字段来设计译码电路,图 5-1 给出一个典型的 I/O 端口固定地址译码电路,该译码电路有 8 个端口地址。

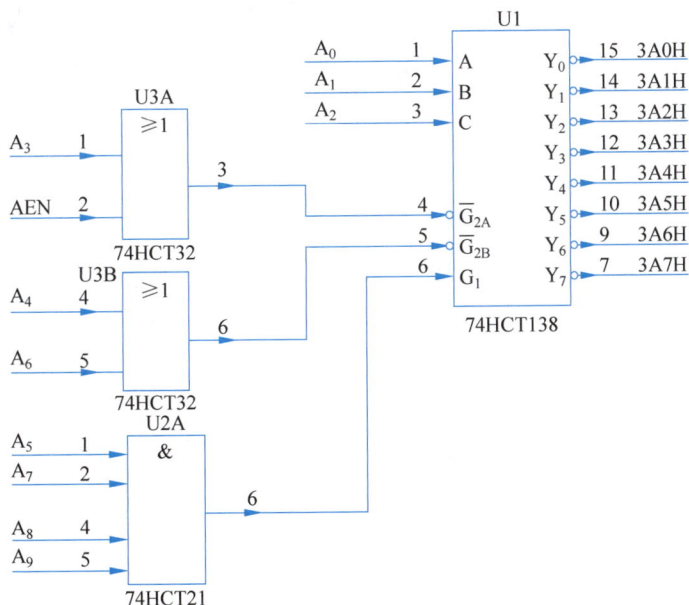

图 5-1　固定地址译码电路

固定地址译码电路的设计要点如下。

① 根据要求选择译码器：3A0H～3A7H 共 8 个端口故采用 3-8 译码器。

② 根据地址限定确定逻辑电路与译码器连接方法。

③ 3A0H～3A7H 中仅 A_2～A_0 变化（接译码器 3 个输入端）。

④ 不变的 A_9～A_3＝1110100B，这是确定高地址与译码器控制端连接的关键。

AEN 是 ISA 总线上的 DMA 周期的地址使能信号。CPU 控制总线时，AEN 输出逻辑 0；DMA 控制总线时，AEN 输出逻辑 1。把 AEN 连接在译码器的低电平使能低端上，保证了该数据采集卡是在 CPU 控制下工作的。在 CPU 工作周期该扩展卡是可以被访问的，而在 DMA 控制周期数据采集系统无效。

（2）开关选择译码。

固定地址译码方法的一个缺点是，它可能会与将来加入系统的同类板卡地址译码冲突。ISA 板卡的地址一般设计成用户可以设置，通常采用数据比较器和一组逻辑开关来实现 ISA 板卡高位地址的设定。

常用的数据比较器为 74HCT688，将比较器的一组数据输入端连接逻辑选择开关，另一组数据输入端连接到 ISA 总线的高位地址线上。逻辑选择开关可以设定成任意一组二进制编码，作为给该 ISA 板卡分配的高位地址。当 ISA 地址总线上发出地址时，数据比较器将它和开关设定的地址相比较，如果相等，比较器的输出端（P＝Q）输出有效的低电平，表示该板卡被选中。再将（P-Q）端连接板内的低位地址译码器，作为板内地址译码器的使能。图 5-2 开关选择译码电路中地址线 A_{15}～A_{10} 和 A_9～A_4 确定了板卡的基地址，A_3～A_1 确定了板卡内各端口的地址。如果把连接 Q_5～Q_0 的逻辑开关全部设置为闭合状态，则该板卡的高 12 位地址为 03EXH。因此，由译码器 Y_0 端连接的端口地址为 03E0H，由 Y_1 端连接的端口地址为 03E2H。

应该指出，除了上述两种地址译码方法外，可编程逻辑器件（Programmable Logic Device，PLD）也被广泛地应用于译码电路，如通用阵列逻辑（Generic Array Logic，GAL）器

图 5-2　开关选择译码电路

件、可编程阵列逻辑（Programming Array Logic，PAL）器件、可擦除可编程逻辑器件
（Erasable PLD，EPLD）、现场可编程门阵列（Field Programmable Gate Array，FPGA）等。

4. 总线端口扩展

ISA 总线端口扩展模板线路原理图如图 5-3 所示。

图 5-3　ISA 总线端口扩展模板线路原理图

1）板选译码与板内译码

板选译码采用开关式全译码电路，主要选用 74HCT688，$P_2 \sim P_7$ 接开关 W，$Q_2 \sim Q_7$ 接地址线 $A_9 \sim A_4$，AEN 接 74HCT688 的有效控制端 $\overline{G}$。对模板操作时，AEN 为低电平，$A_9 \sim A_4$ 的输出信息与开关状态须一致，即 P＝Q，74HCT688 的输出为低电平，控制板内译码电路 74HCT138 和数据总线驱动器 74HCT245。此时，可对模板进行读写操作。因此，开关状态决定了模板的基地址。

板内译码电路采用 74HCT138，板选译码输出控制 74HCT138 的使能控制端，A、B、C 译码输入信号接地址线 A_0、A_1、A_2，译码器 74HCT138 的输出选通各输入/输出端口，其中 Y_0 选通端口（端口地址＝基地址＋0），Y_1 选通端口 2（端口地址＝基地址＋1），Y_2 选通端口 3（端口地址＝基地址＋2），Y_3 选通端口 4（端口地址＝基地址＋3）。

2）总线驱动及逻辑控制

数据总线缓冲器采用 74HCT245，其有效控制端 $\overline{E}$ 由板选译码 74HCT688 输出控制，其方向控制端 DIR 由 $\overline{IOR}$ 控制。

因为板上只接一个负载，省去了地址总线驱动器。

$\overline{IOR}$、$\overline{IOW}$ 通过 74HCT125 驱动控制板内的有关信号。

3）端口及其读写控制

I/O 端口的读写由 Y_0、Y_1、Y_2、Y_3 等译码输出信号与 $\overline{IOR}$、$\overline{IOW}$ 组合控制。

5.1.3　外部总线接口扩展技术

1. 平衡与不平衡传输方式

串行数据传输的线路通常有两种方式，即平衡方式与不平衡方式，其电气接口电路如图 5-4 所示。不平衡方式是用单线传输信号，以地线作为信号的回路，接收器是用单线输入信号的；平衡方式是用双绞线传输信号，信号在双绞线中自成回路不通过地线，接收器是用双端

(a) 不平衡驱动、非差分接收

(b) 平衡驱动、差分接收

图 5-4　串行数据传输的电气接口电路

差分方式输入信号的。在不平衡方式中,信号线上所感应到的干扰和地线上的干扰将叠加从而影响接收信号;而在平衡方式中,双绞线上所感应的干扰相互抵消,地线上的干扰也不影响接收端。因此平衡传输方式在抗干扰方面有较良好的性能,并适合较远距离的数据传输。

RS-232C 的电气接口使用了不平衡的发送器和接收器,是单端双极性电源供电电路,其原理如图 5-4(a)所示。每个信号只有一根导线,两个传输方向仅有一个信号地线,可能在各信号成分间产生干扰。这种电路有较大的局限性,其速度和距离均受到限制。所以 RS-232C 规定其最高传输速率为 19.2kb/s,最大传输距离为 15m。

2. RS-422A/RS-485

为了解决上述地电平电位差问题,RS-422A 采用平衡驱动和差分接收方法,从根本上消除信号地线。这种驱动器相当于两个单端驱动器,它们的输入是同一个信号,而一个驱动器的输出正好与另一个的反相。当干扰信号作为共模信号出现时,接收器则接收差分输入电压。只要接收器具有足够的抗共模电压工作范围,它就能识别这两种信号并正确接收传送的信息。

RS-422A 标准规定了差分平衡的电气接口,如图 5-4(b)所示。它能够在较长距离内明显地提高数据传输速率,如在 1200m 距离内把传输速率提高到 100kbaud,或在较短距离内提高到 10Mbaud。这种性能的改善是由于平衡结构的优点而产生的,差分平衡结构能从地线的干扰中分离出有效信号。实际上,差分接收器可以区分 0.20V 以上的电位差,因此,可不受对地参考系统的地电位的波动和共模电路电磁干扰的影响。

采用 RS-422A 实现两点之间远程通信时,其连接方式如图 5-5(a)所示,需要两对平衡差分电路形成全双工传输电路。

(a) RS-422A两点传输电路

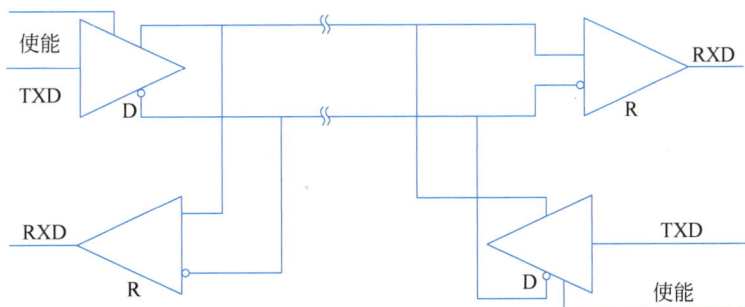

(b) RS-485两点传输电路

图 5-5　RS-422A 与 RS-485 传输电路

RS-485 是 RS-422A 的变形，它与 RS-422A 都是采用平衡差分电路，区别在于按照上述的工作要求，RS-485 为半双工工作方式，因而可以采用一对平衡差分信号线来连接。采用 RS-485 进行两点之间远程通信时的连接电路如图 5-5(b)所示。由于任何时候只能有一点处于发送状态，因此发送电路必须由使能信号加以控制。

由于传统的 RS-232C 应用十分广泛，为了在实际应用中把处于远距离的两台或多台带有 RS-232C 接口的系统连接起来，进行通信或组成分布式系统，这时不能直接应用 RS-232C 连接，但可用 RS-232C/422A 转换环节来解决。在原有的 RS-232C 接口上附加一个转换装置，两个转换装置之间采用 RS-422A 方式连接，其结构示意图如图 5-6 所示。转换装置的原理是通过光电隔离器件将 RS-232C 的 1489 与 RS-422A 的 75174 相连，而 RS-232C 电路中的 1488 则与 RS-422A 中的 75175 相连，从而完成电气接口标准的转换。

图 5-6　RS-232C/422A 转换传输示意图

3. RS-485 多点互连

在许多工业控制及通信联络系统中，往往为多点互连而不是两点直连，而且在大多数情况下，在任一时刻只有一个主控模块（点）发送数据，而其他模块（点）处在接收数据的状态，于是便产生了主从结构形式的 RS-485 标准。RS-485 用于多点互联时非常方便，可以省掉许多信号线。应用 RS-485 可以联网构成分布式系统，其联网示意图如图 5-7 所示。

图 5-7　RS-485 联网示意图

RS-422A 和 RS-485 的驱动/接收电路区别不大,在许多情况下,RS-422A 可以和 RS-485 互连。RS-485 标准允许最多并联 32 台驱动器和 32 台接收器。几种通信接口的比较如表 5-2 所示。

表 5-2　RS-232C、RS-422A 以及 RS-485 的比较

接　口	RS-232C	RS-422A	RS-485
连接台数	1 台驱动器 1 台接收器	1 台驱动器 10 台接收器	32 台驱动器 32 台接收器
传输距离与速率	15m,20kb/s	12m,10Mb/s 120m,1Mb/s 1200m,100kb/s	12m,10Mb/s 120m,1Mb/s 1200m,100kb/s

5.1.4　嵌入式系统接口扩展技术

对于嵌入式系统,串行接口扩展和并行接口扩展的设计选择取决于具体的应用需求、系统资源限制以及成本。串行接口扩展适用于需要长距离、低成本通信的场景,而并行接口扩展则更适合于对数据传输速率有较高要求且线路布局较为简单的应用环境之中。

1. 嵌入式系统串行接口扩展技术

嵌入式系统串行接口扩展技术主要包括 USB 接口技术、以太网接口技术、I^2C 接口技术、SPI 接口技术、蓝牙接口技术等。

USB 接口技术。USB 是一种通用的数字接口标准,具有高速传输、热插拔、多设备支持等优点,常用于嵌入式系统中进行设备连接和数据传输。

以太网接口技术。以太网是一种广泛应用于局域网和互联网的通信协议,嵌入式系统中常使用以太网接口实现网络通信和数据传输。

I^2C 接口技术。I^2C 是一种串行通信协议,可以实现多个设备之间的通信,常用于连接传感器、存储器等外设。

SPI 接口技术。SPI 是一种串行外设接口,具有高速传输、简单硬件接口等特点,常用于连接存储器、传感器等外设。

蓝牙接口技术。蓝牙是一种短距离无线通信技术,嵌入式系统中常使用蓝牙接口实现无线通信和数据传输。

这些串行接口扩展技术使得嵌入式系统能够与外部设备进行高效的数据交换和通信,从而扩展了系统的功能和性能。

2. 嵌入式系统并行接口扩展技术

嵌入式系统并行接口扩展设计则主要涉及并行通信技术,与串行通信相比,并行通信可以同时传输多位数据,因此传输速率较快,但需要的线路较多,一般适用于近距离通信。并行接口扩展可设计通用输入/输出(General Purpose Input/Output,GPIO)接口以支持多种输入输出需求,CPU 可以对 GPIO 进行存取操作,实现更多的输入输出功能。GPIO 用于配置引脚为输入或输出模式。例如,通过设置特定的寄存器位来控制引脚的数据方向和电平状态。在设计时,需要考虑并行通信的线路复杂性、控制逻辑的复杂性以及系统资源的占用情况。当然,还可以使用 Intel 8255、Intel 8155 等芯片进行接口扩展设计,限于篇幅,不再详细介绍。

5.2 输入/输出接口与过程通道设计原理

计算机控制系统中，由于实时性要求，工控机不仅具有系统支持功能，而且拥有各种输入/输出接口与过程通道，因此本节以 PC/ISA/PCI/PCI-E 总线式工控机为例，详细阐述各种基于系统总线的输入/输出接口与过程通道的设计原理，如图 5-8 所示。对于嵌入式系统，无须借助 PC/ISA/PCI/PCI-E 总线，输入/输出接口与过程通道可直接与主机相连。

图 5-8　基于系统总线的输入/输出接口与过程通道设计原理

5.2.1 数字量输入/输出接口与过程通道

1. 数字量输入接口与过程通道

工业控制机用于生产过程的自动控制，需要处理一种最基本的输入/输出信号，即数字量（开关量）信号，这些信号包括开关的闭合与断开、指示灯的亮与灭、继电器或接触器的吸合与释放、马达的启动与停止、阀门的打开与关闭等，这些信号的共同特征是以二进制的逻辑"1"和"0"出现。在计算机控制系统中，数字量的二进制数码的每一位都可以代表生产过程的一个状态，这些状态作为控制的依据。下面主要阐述数字量输入接口与过程通道的设计原理。

1）数字量输入接口与过程通道的结构

数字量输入接口与过程通道主要由输入信号调理电路、数字量输入接口、输入接口地址译码电路等组成，如图 5-9 所示。

图 5-9　数字量输入接口与过程通道结构

2）输入信号调理电路

数字量（开关量）输入通道的基本功能就是接收外部装置或生产过程的状态信号。这些状态信号的形式可能是电压、电流、开关的触点，引起瞬时高压、过电压、接触抖动等现象。为了将外部开关量信号输入计算机，必须将现场输入的状态信号经转换、保护、滤波、隔离等措施转换成计算机能够接收的逻辑信号，这些功能称为数字量（开关量）输入信号调理。下面针对不同情况分别介绍相应的输入信号调理技术。

（1）小功率输入信号调理电路。

图 5-10 所示为从开关、继电器等接点输入信号的小功率输入信号调理电路。它将接点的接通和断开动作转换成 TTL 电平信号与计算机相连。为了清除由于接点的机械抖动而产生的振荡信号，一般都应加入有较长时间常数的积分电路消除这种振荡。图 5-10(a)所示为一种简单的、采用积分电路消除开关抖动的方法。图 5-10(b)所示为采用 R-S 触发器消除开关两次反跳的方法。

(a) 采用积分电路　　　　　(b) 采用R-S触发器

图 5-10　小功率输入信号调理电路

（2）大功率输入信号调理电路。

在大功率系统中，需要从电磁离合等大功率器件的接点输入信号。这种情况下，为了使接点工作可靠，接点两端至少要加 24V 的直流电压。因为直流电平的响应快、不易产生干扰，电路又简单，因而被广泛采用。

但是这种电路所带电压高，所以高压与低压之间用光电耦合器进行隔离，大功率输入信号调理电路如图 5-11 所示。

3）数字量输入接口

对生产过程进行控制时，往往要收集生产过程的状态信息，根据状态信息，再给出控制量，因此，数字量输入接口可用三态门缓冲器 74HCT244 作为输入缓冲器获得状态信息，如图 5-12 所示。经过端口地址译码，得到片选信号 $\overline{CS}$，当在执行 IN 指令周期时，产生 $\overline{IOR}$ 信号，则被测的状态信息可通过三态门送到 PC 总线式工业控制机的数据总线，然后装入

图 5-11　大功率输入信号调理电路

AL 寄存器，设片选端口地址为 port，可用如下指令来完成取数

$$MOV \quad DX, port$$
$$IN \quad AL，DX$$

三态门缓冲器 74HCT244 用来隔离输入和输出线路，在两者之间起缓冲作用。另外，74HCT244 有 8 个通道，可输入 8 个开关状态。

图 5-12　数字量输入接口

2. 数字量输出接口与过程通道

1）数字量输出接口与过程通道的结构

数字量输出接口与过程通道主要由数字量输出接口、输出信号驱动电路、输出接口地址译码电路等组成，如图 5-13 所示。

图 5-13　数字量输出接口与过程通道结构

2）输出信号驱动电路

（1）小功率直流驱动电路。

小功率直流驱动电路包括功率晶体管输出驱动继电器电路和达林顿阵列输出驱动继电

器电路。

采用功率晶体管输出驱动继电器的电路如图 5-14 所示。因负载呈电感性，所以输出必须加装克服反电势的保护二极管 VD。J 为继电器的线圈，其触点应串联在负载回路中。

MC1416 是达林顿阵列驱动器，它内含 7 个达林顿复合管，每个复合管的电流都在 500mA 以上，截止时承受 100V 电压。图 5-15 给出了 MC1416 内部电路原理图和使用方法。为了防止 MC1416 组件反向击穿，可使用内部保护二极管。$J_1 \sim J_7$ 为 7 个继电器的线圈，其触点分别串联在各自的负载回路中。

图 5-14　功率晶体管输出驱动继电器

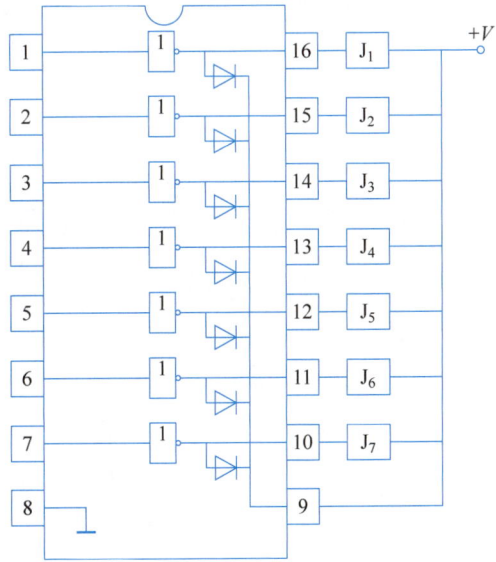

图 5-15　MC1416 内部电路原理图

（2）大功率交流驱动电路。

固态继电器（Solid State Relay，SSR）是一种四端有源器件，图 5-16 为固态继电器的结构和使用方法。输入/输出之间采用光电耦合器进行隔离。零交叉电路可使交流电压变化到 0V 附近时让电路接通，从而减少干扰。电路接通以后，由触发电路给出晶闸管器件的触发信号。

图 5-16　固态继电器的结构及用法

3）数字量输出接口

当对生产过程进行控制时，一般控制状态需进行保持，直到下次给出新的值为止，这时输出就要锁存。因此，数字量输出接口可用 74HCT273 作为 8 位输出锁存器对状态输出信号进行锁存，如图 5-17 所示。由于 PC 总线式工业控制机的 I/O 端口在写总线周期时序关系中，总线数据 $D_0 \sim D_7$ 比 $\overline{IOW}$ 前沿（下降沿）稍晚，因此利用 $\overline{IOW}$ 的后沿产生的上升沿锁存数据。经过端口地址译码，得到片选信号 $\overline{CS}$，当在执行 OUT 指令周期时，产生 $\overline{IOW}$ 信号，设片选端口地址为 port，可用以下指令完成数据输出控制。

$$MOV \quad AL, \quad DATA$$
$$MOV \quad DX, \quad port$$
$$OUT \quad DX, \quad AL$$

74HCT273 有 8 个通道，可输出 8 个开关状态，并可驱动 8 个输出装置。

图 5-17　数字量输出接口

5.2.2　模拟量输入接口与过程通道

在计算机控制系统中，模拟量输入接口与过程通道的任务是将从系统生产过程中检测到的模拟信号转换为二进制数字信号，并送往计算机。传感器是将生产过程工艺参数转换为电参数的装置。大多数传感器的输出是直流电压（或电流）信号，也有一些传感器把电阻值、电容值、电感值的变化作为输出量。传感器的输出经过信号调理电路变成 $0 \sim 5V$ 或 $1 \sim 5V$ 的标准信号。为了避免弱小电压模拟信号传输带来的麻烦，经常要将传感器的输出信号经变送器（如温度变送器、压力变送器、流量变送器等）变送，即将温度、压力、流量等信号变成 $0 \sim 10mA$ 或 $4 \sim 20mA$ 的标准信号。

1. 模拟量输入接口与过程通道的组成

模拟量输入接口与过程通道的组成结构如图 5-18 所示，一般由信号调理或 I/V 变换、多路转换器、采样保持器、A/D 转换器、接口等环节组成。

2. 信号调理或 I/V 变换

1）信号调理电路

信号调理电路主要通过非电量的转换、信号的变换、放大、滤波、线性化、共模抑制及隔离等方法，将非电量和非标准的电信号转换成标准的电信号。信号调理电路是传感器和 A/D 转换器之间以及 D/A 转换器和执行机构之间的桥梁，也是测控系统中重要的组成部分。

图 5-18　模拟量输入接口与过程通道的组成结构

(1) 非电信号的检测-不平衡电桥。

电桥是将电阻、电感、电容等参数的变化变换为电压或电流输出的一种测量电路。由于电桥电路具有灵敏度高、测量范围宽、容易实现温度补偿等优点，因此被广泛采用。图 5-19 为一个热电阻测量电桥电路，由 3 个精密电阻 R_1、R_2、R_3 和热电阻 R_{pt} 构成。激励源(电压或电流)接到 E 端，AB 两端接到测量放大电路。

一般情况下 $R_2=R_3$，$R_1=100\Omega$，当测量温度为 0 时，R_{pt} 为 100Ω(铂热电阻分度号为 Pt100)，此时电桥平衡，输出电压 $V_{out}=0$。当温度变化时，R_{pt} 的阻值是温度的函数，即

$$R_{pt}(t)=R_0+\alpha(t)t=R_0+\Delta R$$

式中，R_0 为 0℃时的电阻；$\alpha(t)$ 是电阻温度系数；t 为测量温度。在某温度下产生不平衡电压 ΔV，由 ΔV 即可推算出温度。

用热电阻测温时，工业设备距离计算机很远，引线将很长，若采用两线制连接，由于导线电阻，容易产生误差，为此，热电阻采用三线制与调理电路相连，如图 5-20 所示。引线 A 和引线 B 分别接在两个可抵消的桥臂上，引线的常值误差及随温度变化引起的误差一起被补偿掉，这种方法简单、价廉，实践中可用于百米以上距离。

图 5-19　热电阻测量电桥电路

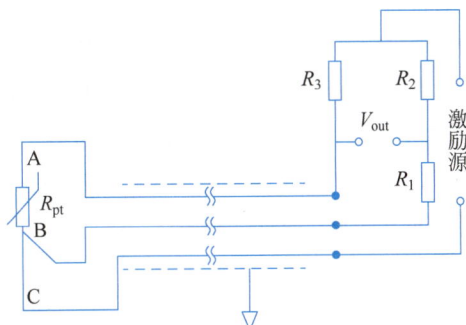

图 5-20　热电阻三线制接线图

(2) 信号放大电路。

信号放大电路是最常用的电路，例如上述电桥输出电压一般达不到要求的电平，需要用运算放大器放大。运算放大器的选择主要考虑精度要求(失调及失调温漂)、速度要求(带宽、上升率)、幅度要求(工作电压范围及增益)及共模抑制要求。常用于前置放大器的有 μA741、LF347(低精度)；OP-07、OP-27(中等精度)；ICL7650、AD526(高精度)等。

① 基于 ICL7650 的前置放大电路。

基于 ICL7650 的前置放大电路如图 5-21 所示。第一级差分放大电路采用了性能优良的自校零放大器(ICL7650)，该放大器失调电压(V_{on})为 $0.7\mu V$，失调电压平均温度系数

（$\Delta V_{os}/\Delta T$）为 $0.01\mu V/℃$，输入电流（I_0）为 $35\mu A$，输入电阻（R_i）为 $10^{12}\Omega$，输出电压摆幅为 $-4.85\sim+4.95V$，共模抑制比（CMRR）为 130dB，单位增益带宽为 2MHz，放大器增益可以设置为 $K=1\sim500$，输出电压精度 $\leqslant0.2\%$，输出噪声 $\leqslant5mV$。

图 5-21　基于 ICL7650 的前置放大电路

对于热电偶信号调理可用上述信号放大电路。

② AD526 可编程增益仪用放大器。

AD526 是可通过软件对增益进行编程的单端输入的仪用放大器，器件本身提供的增益是 ×1、×2、×4、×8、×16 等 5 挡。它是一个包括放大器、电阻网络和 TTL 数字逻辑电路的完整的器件，使用时不需外加任何元件就可工作。器件经激光修正后的电路，具有很低的增益误差和很低的非线性。在增益 Au＝16 时，小信号带宽为 35kHz，输入偏置电流小于 50pA，输入失调电压小于 0.5mV。在增益 Au 为 1、2、4 时，增益误差仅为 0.01%。这些性能使得 AD526 可广泛于需要软件编程的任何放大电路中。

AD526 可以在透明与锁存两种模式下工作。透明模式是 13 脚 $\overline{CLK}$ 端接地。锁存模式是 $\overline{CLK}$ 内逻辑信号提供。在透明模式下，如果 B 为高电平，$\overline{CS}$ 或 $\overline{CLK}$ 为逻辑"0"时，输入模拟信号在 A2、A1、A0 逻辑电平到来时增益立即响应。在锁存模式下，当 $\overline{CS}$ 或 $\overline{CLK}$ 变为逻辑"1"时，增益码 A2、A1、A0、B 被锁存到内部寄存器中。直到 $\overline{CS}$ 或 $\overline{CLK}$ 由"1"电平回到"0"时才消除。通常 A0、A1、A2、$\overline{CLK}$、$\overline{CS}$ 和 B 由 CPU 提供。表 5-3 列出了透明、锁存与增益的关系。

表 5-3　增益控制状态表

增　益　码				控　制	状　　态		增　益　码				控　制	状　　态	
A2	A1	A0	B	$\overline{CLK}$ ($\overline{CS}=0$)	增益	模式	x	x	x	0	0	1	透明
x	x	x	x	1	前状态	锁存	x	x	x	0	1	1	锁存
0	0	0	1	0	1	透明	0	0	0	1	1	1	锁存
0	0	1	1	0	2	透明	0	0	1	1	1	2	锁存
0	1	0	1	0	4	透明	0	1	0	1	1	4	锁存
0	1	1	1	0	8	透明	0	1	1	1	1	8	锁存
1	x	x	1	0	16	透明	1	x	x	1	1	16	锁存

注：x 表示为任意状态

利用 AD526 进行放大器的设计既可采用透明模式,也可以采用锁存模式。若采用透明模式,用户必须另行解决 A2、A1、A0 的锁存问题,例如利用 I/O 接口中的锁存器 74HCT174、74HCT74 等,否则增益的大小将会随 A2、A1、A0 的变化而变化。图 5-22(a)是 AD526 内部结构图,图 5-22(b)是其基本接法。

图 5-22 AD526 内部结构和基本接法

2)I/V 变换

变送器输出的信号为 0~10mA 或 4~20mA 的统一信号,需要经过 I/V 变换电路变成电压信号后才能处理。对于电动单元组合仪表,DDZ-Ⅱ型的输出信号标准为 0~10mA,而 DDZ-Ⅲ型和 DDZ-S 系列的输出信号标准为 4~20mA,因此,针对以上情况讨论 I/V 变换的实现方法。

(1)无源 I/V 变换。

无源 I/V 变换主要利用无源器件电阻实现,并加滤波和输出限幅等保护措施,电路如图 5-23 所示。

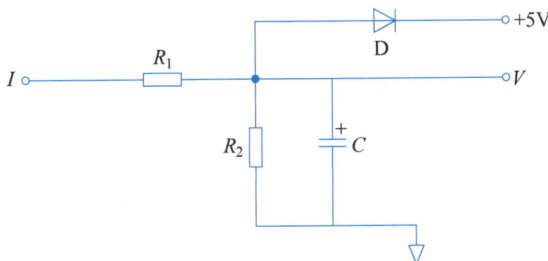

图 5-23 无源 I/V 变换电路

对于 0~10mA 输入信号,可取 $R_1=100\Omega$,$R_2=500\Omega$,且 R_2 为精密电阻,这样当输入电流 I 为 0~10mA 时,输出的 V 为 0~5V。对于 4~20mA 输入信号,可取 $R_1=100\Omega$,$R_2=250\Omega$,且 R_2 为精密电阻,这样当输入电流 I 为 4~20mA 时,输出的 V 为 1~5V。

(2)有源 I/V 变换。

有源 I/V 变换主要由有源器件运算放大器、电阻组成,电路如图 5-24 所示。

图 5-24 有源 I/V 变换电路

R_2 为精密电阻，阻值为 250Ω，通过取样电阻 R_2 将电流信号转换为电压信号。取精密电阻 $R_3=1\mathrm{k}\Omega$，R_f 设定为 $4.7\mathrm{k}\Omega$ 的精密多圈电位器，通过调整 R_f，可使 $0\sim10\mathrm{mA}$ 输入对应 $0\sim5\mathrm{V}$ 的电压输出，$4\sim20\mathrm{mA}$ 输入对应 $1\sim5\mathrm{V}$ 的电压输出。

3. 多路转换器

多路转换器又称多路开关，它是用来切换模拟电压信号的关键元件。利用多路开关可将各个输入信号依次或随机地连接到公用放大器或 A/D 转换器上。为了提高过程参数的测量精度，对多路开关提出了较高的要求。理想的多路开关的开路电阻为无穷大，接通时的导通电阻为零。此外，还希望切换速度快、噪声小、寿命长、工作可靠。

常用的多路开关有 CD4051（或 MC14051）、AD7501、LF13508 等。CD4051 的原理图如图 5-25 所示，它是单端的 8 通道开关，有三根二进制的控制输入端和一根禁止输入端 INH（高电平禁止）。片上有二进制译码器，可由 A、B、C 三个二进制信号在 8 个通道中选择一个，使输入和输出接通。而当 INH 为高电平时，不论 A、B、C 为何值，8 个通道均不通。

图 5-25 CD4051 原理图

CD4051 通道选择如表 5-4 所示。CD4051 有较宽的数字和模拟信号电平，数字信号为 $3\sim15\mathrm{V}$，模拟信号峰-峰值为 $15V_{\mathrm{P-P}}$；当 $V_{\mathrm{DD}}-V_{\mathrm{EE}}=15\mathrm{V}$，输入幅值为 $15V_{\mathrm{P-P}}$ 时，其导通电阻为 80Ω；当 $V_{\mathrm{DD}}-V_{\mathrm{EE}}=10\mathrm{V}$ 时，其断开时的漏电流为 $\pm10\mathrm{pA}$，静态功耗为 $1\mu\mathrm{W}$。

4. 采样、量化及采样/保持器

1）信号的采样

信号的采样过程如图 5-26 所示。按一定的时间间隔 T，把时间连续和幅值也连续的模拟信号，转变成在时刻 $0,T,2T,\cdots,kT$ 的一连串脉冲输出信号的过程称为采样过程。执行采样动作的开关 K 为采样开关或采样器。τ 为采样宽度，代表采样开关闭合的时间。采样

后的脉冲序列 $y^*(t)$ 为采样信号,采样器的输入信号 $y(t)$ 为原信号,采样开关每次通断的时间间隔 T 为采样周期。采样信号 $y(t)$ 在时间上是离散的,但在幅值上仍是连续的,所以采样信号是一个离散的模拟信号。

表 5-4 CD4051 通道选择

地 址 输 入				S_m 接通
$\overline{INH}$	C	B	A	
1	$\times$	$\times$	$\times$	禁止
0	0	0	0	S_0
0	0	0	1	S_1
0	0	1	0	S_2
0	0	1	1	S_3
0	1	0	0	S_4
0	1	0	1	S_5
0	1	1	0	S_6
0	1	1	1	S_7

图 5-26 信号的采样过程

从信号的采样过程可知,采样不是取全部时间上的信号值,而是取某些时间上的值。这样处理后会不会造成信号的丢失呢? 香农采样定理指出:如果模拟信号(包括噪声干扰在内)频谱的最高频率为 f_{max},只要按照采样频率 $f \geqslant 2f_{max}$ 进行采样,那么采样信号 $y^*(t)$ 就能唯一地复现 $y(t)$。香农采样定理给出了 $y^*(t)$ 唯一地复现 $y(t)$ 所必需的最低采样频率。实际应用中,常取 $f \geqslant (5 \sim 10)f_{max}$,甚至更高。

2) 量化

量化是采用一组数码(如二进制码)来逼近离散模拟信号的幅值,将其转换为数字信号。将采样信号转换为数字信号的过程称为量化过程,执行量化动作的装置是 A/D 转换器。字长为 n 的 A/D 转换器把 $y_{min} \sim y_{max}$ 范围内变化的采样信号变换为数字 $0 \sim 2^n - 1$,其最低有效位(LSB)所对应的模拟量 q 为量化单位。

$$q = \frac{y_{max} - y_{min}}{2^n - 1}$$

量化过程实际是一个用 q 去度量采样值幅值高低的小数归整过程,如同人们用单位长度(mm 或其他)去度量人的身高一样。由于量化过程是一个小数归整过程,因而存在量化误差,量化误差为 $(\pm 1/2)q$。例如,$q = 20\text{mV}$ 时,量化误差为 $\pm 10\text{mV}$,$0.990 \sim 1.009\text{V}$ 范围内的采样值,其量化结果是相同的,都是数字 50。

在 A/D 转换器的字长 n 足够长时，则量化误差足够小，可以认为数字信号近似于采样信号。在这种假设下，数字系统便可沿用采样系统理论进行分析、设计。

3）采样保持器

（1）孔径时间和孔径误差的消除。

在模拟量输入通道中，A/D 转换器将模拟信号转换成数字量总需要一定的时间，完成一次 A/D 转换所需的时间称为孔径时间。对于随时间变化的模拟信号，孔径时间决定了每一个采样时刻的最大转换误差，即为孔径误差。例如，图 5-27 所示的正弦模拟电压信号，如果从 t_0 时刻开始进行 A/D 转换，但转换结束的时刻已为 t_1，模拟电压信号已发生 Δu 的变化。因此，对于一定的转换时间，最大的误差可能发生在信号过 0 的时刻。因为此时 du/dt 最大，孔径时间 $t_{A/D}$ 一定，所以此时 Δu 最大。

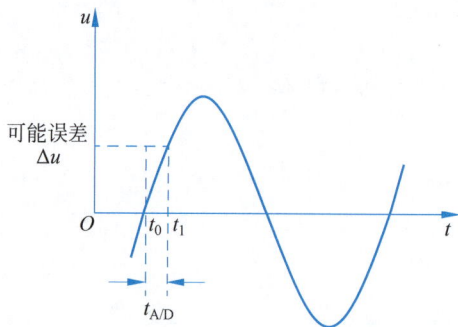

图 5-27　由 $t_{A/D}$ 引起的误差

令 $u = U_m \sin\omega t$，则

$$\frac{du}{dt} = U_m \omega \cos\omega t = U_m 2\pi f \cos\omega t$$

式中，U_m 为正弦模拟信号的幅值；f 为信号频率。

在坐标的原点，有

$$\frac{\Delta u}{\Delta t} = U_m 2\pi f$$

取 $\Delta t = t_{A/D}$，则可得原点处 A/D 转换的不确定电压误差为

$$\Delta u = U_m 2\pi f t_{A/D}$$

误差的百分数为

$$\sigma = \frac{\Delta u \times 100}{U_m} = 2\pi f t_{A/D} \times 100$$

由此可知，对于一定的转换时间 $t_{A/D}$，误差的百分数和信号频率成正比。为了确保 A/D 转换的精度，使误差的百分数不超过 0.1，不得不限制信号的频率范围。

一个 10 位的 A/D 转换器（量化精度为 0.1%），孔径时间为 $10\mu s$，如果要求转换误差在转换精度内，则允许转换的正弦波模拟信号的最大频率为

$$f = \frac{0.1}{2\pi \times 10 \times 1^{-6} \times 100 s} \approx 16\,\mathrm{Hz}$$

为了提高模拟量输入信号的频率范围，以适应某些随时间变化较快的信号的要求，可采用带有保持电路的采样器，即采样保持器。

（2）采样保持原理。

A/D 转换过程（即采样信号的量化过程）需要时间，这个时间称为 A/D 转换时间。在 A/D 转换期间，如果输入信号变化较大，就会引起转换误差。所以，一般情况下采样信号都不直接送至 A/D 转换器转换，还需加保持器作信号保持。保持器把 $t = kT$ 时刻的采样值保持到 A/D 转换结束。T 为采样周期，$k = 0, 1, 2, \cdots$ 为采样序号。

采样保持器的基本组成电路如图 5-28 所示,由输入/输出缓冲器 A_1、A_2,采样开关 K,保持电容 C_H 等组成。采样时,K 闭合,V_{IN} 通过 A_1 对 C_H 快速充电,V_{OUT} 跟随 V_{IN};保持期间,K 断开,由于 A_2 的输入阻抗很高,理想情况下 $V_{OUT} = V_C$ 保持不变,采样保持器一旦进入保持期,便应立即启动 A/D 转换器,保证 A/D 转换期间输入恒定。

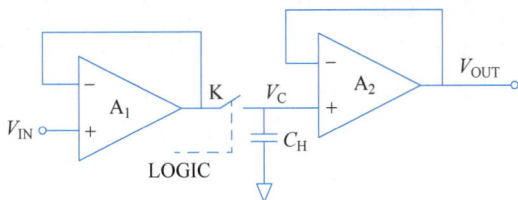

图 5-28　采样保持器的基本电路

（3）常用的采样保持器。

常用的集成采样保持器有 AD582（原理结构如图 5-29(a)所示）、LF398（原理结构如图 5-29(b)所示）。采用 TTL 逻辑电平控制采样和保持。LF398 的采样控制电平为"1",保持电平为"0",AD582 相反。OFFSET 用于零位调整。保持电容 C_H 通常是外接的,其取值与采样频率和精度有关,常选择 $510 \sim 1000\text{pF}$。减小 C_H 可提高采样频率,但会降低精度。

(a) AD582

(b) LF398

图 5-29　常用采样保持器原理结构

一般选用聚苯乙烯、聚四氟乙烯等高质量电容器作 C_H。逻辑电平基准输入端（AD582 的第 11 引脚、LF398 的第 7 引脚）能使逻辑电平采样保持控制输入端（AD582 的第 12 引脚、LF398 的第 8 引脚）与各种逻辑电平兼容。当逻辑电平基准输入端接地时，逻辑电平采样保持控制输入端与 TTL 逻辑电平兼容。

选择采样保持器的主要因素有获取时间、电压下降率等。LF398 的 C_H 取值 $0.01\mu F$ 时，信号达到 0.01% 精度所需的获取时间（采样时间）为 $25\mu s$，保持期间的输出电压下降率为 $3mV/s$。若 A/D 转换器的转换时间为 $100\mu s$，转换期间，保持器输出电压下降约 $300\mu V$。当被测信号变化缓慢时，若 A/D 转换器转换时间足够短，可以不加采样保持器。

5. A/D 转换器及其接口技术

1）8 位 A/D 转换器及其接口技术

（1）8 位 A/D 转换器 ADC0809。

ADC0809 是一种带有 8 通道模拟开关的 8 位逐次逼近式 A/D 转换器，转换时间为 $100\mu s$ 左右，线性误差为 $(\pm 1/2)$LSB，采用 28 脚双立直插式封装，其逻辑结构如图 5-30 所示。ADC0809 由 8 通道模拟开关、通道选择逻辑（地址锁存与译码）、8 位 A/D 转换器及三态输出锁存缓冲器组成。

图 5-30　ADC0809 逻辑结构

① 8 通道模拟开关及通道选择逻辑。

该部分的功能是实现 8 选 1 操作，通道选择信号 C、B、A 与所选通道之间的关系如表 5-5 所示。

表 5-5　通道选择逻辑

C	B	A	所 选 通 道
0	0	0	IN0
0	0	1	IN1
...			
1	1	1	IN7

地址锁存允许信号(ALE、正脉冲)用于通道选择信号 C、B、A 的锁存。加至 C、B、A 上的通道选择信号在 ALE 的作用下送入通道选择逻辑后,通道 i 上的模拟输入(V_{INi},$i=0$,$1,\cdots,7$)被送至 A/D 转换器转换。

② 8 位 A/D 转换器。

8 位 A/D 转换器对选送至输入端的信号 V_I 进行转换,转换结果 $D(D=0\sim2^8-1)$ 存入三态输出锁存缓冲器。它在 START 上收到一个启动转换命令(正脉冲)后开始转换,$100\mu s$ 左右(64 个时钟周期)后转换结束(相应的时钟频率为 640kHz)。转换结束时,EOC 信号由低电平变为高电平,通知 CPU 读结果。启动后,CPU 可用查询方式(将转换结束信号接至一条 I/O 线上)或中断方式(EOC 作为中断请求信号引入中断逻辑)了解 A/D 转换过程是否结束。

③ 三态输出锁存缓冲器。

用于存放转换结果 D,输出允许信号 OE 为高电平时,D 由 $D_7\sim D_0$ 上输出;OE 为低电平输入时,数据输出线 $D_7\sim D_0$ 为高阻态。

ADC0809 的量化单位:$q=\dfrac{V_{REF(+)}-V_{REF(-)}}{2^8}$。

通常基准电压 $V_{REF(+)}=5.12V$,$V_{REF(-)}=0V$,此时 $q=20mV$,则转换结果为

$$D=\frac{V_{IN}(mV)}{q(mV)}$$

如 $V_{IN}=2.5V$ 时,$D=125$。$V_{CC}(+5V)$、$GND(0V)$ 分别为 ADC0809 的工作电源和电源地。

(2) ADC0809 与工控机接口。

A/D 转换器通常都具有三态数据输出缓冲器,因而允许 A/D 转换器直接与系统总线连接。图 5-31 给出了 ADC0809 与工控机的接口原理,ALE 与 START 引脚相连接,转换结束信号 EOC 接 IRQ_{10}。

图 5-31 ADC0809 与工控机接口原理

ADC0809 的模拟量采集程序过程如下。

若 I/O 操作时,对于输入端 IN_0,A/D 转换启动输入的端口地址为 BASE,则 A/D 转换

结束后进入中断服务程序，读取 A/D 转换结果的端口地址为 BASE。

A/D 转换的子程序段如下。

① 启动子程序。

```
ADSTART: MOV DX,BASE
         OUT DX,AL
         NOP
         RET
```

② 读数子程序。

```
ADREAD: MOV     DX,BASE
        IN      AL,DX
        RET
```

若需要 8 通道模拟量采集程序时，则再加上循环，并修改输入通道号的端口地址和 A/D 转换结果存储地址即可。

2）12 位 A/D 转换器及其接口技术

（1）12 位 A/D 转换器 AD574A/AD1674。

AD574A/AD1674 是一种高性能的 12 位逐次逼近式 A/D 转换器，转换时间约为 $25\mu s/10\mu s$，线性误差为 $\pm 1/2$LSB，内部有时钟脉冲源和基准电压源，单通道单极性或双极性电压输入，采用 28 脚双立直插式封装，AD574A 原理如图 5-32 所示。AD574A 不带采样保持器，而 AD1674 自带采样保持器。AD1674 是 AD574A 的升级替代产品，与 AD574A 引脚兼容。AD574A 由 12 位 A/D 转换器、控制逻辑电路、三态输出锁存缓冲器、10V 参考电压源四部分构成。

图 5-32　AD574A 原理

① 12 位 A/D 转换器。

12 位 A/D 转换器的模拟输入可以是单极性的，也可以是双极性的。单极性应用时，将 BIP OFF 接 0V，双极性时接 10V。输入量程可以是 10V，也可以是 20V。输入信号在 10V 范围内变化时，将输入信号接至 $10V_{IN}$；在 20V 范围内变化时，接至 $20V_{IN}$。量程为 10V 和 20V 时，A/D 转换器的量化单位分别为 $10V/2^{12}$ 和 $20V/2^{12}$。

图 5-33 是 AD574A 的单、双极性应用时的输入信号连接方法,以及零点和量程调整方法。

(a) 单极性   (b) 双极性

图 5-33　AD574A 的输入信号连接方法

② 三态输出锁存缓冲器。

该缓冲器用于存放 12 位转换结果 $D(D=0 \sim 2^{12}-1)$。D 的输出方式有两种,引脚 $12/\overline{8}=1$ 时,D 的 $D_{11} \sim D_0$ 并行输出;$12/\overline{8}=0$ 时,D 的高 8 位 $D_{11} \sim D_4$ 与低 4 位 $D_3 \sim D_0$ 分时输出。

③ 控制逻辑电路。

控制逻辑的任务包含启动转换、控制转换过程和控制转换结果 D 的输出。控制信号的作用如表 5-6 所示。其中,CE、$\overline{\mathrm{CS}}$ 均为片选信号,R/$\overline{\mathrm{C}}$ 为读/启动控制信号。STS 为 AD574A 的状态输出信号。启动后,STS 为高电平表示正在转换;$25\mu s$ 后转换结束,STS 为低电平。CPU 可用查询或中断方式了解转换过程是否结束。

表 5-6　AD574A 控制信号真值表

CE	$\overline{\mathrm{CS}}$	R/$\overline{\mathrm{C}}$	12/$\overline{8}$	A_0	工 作 状 态
0	×	×	×	×	禁止
×	1	×	×	×	禁止
1	0	0	×	0	启动 12 位转换
1	0	0	×	1	启动 8 位转换
1	0	1	接 1 脚(+5V)	×	12 位并行输出有效
1	0	1	接 15 脚(地)	0	高 8 位并行输出有效
1	0	1	接 15 脚(地)	1	低 4 位加上尾随 4 个 0 有效

V_{LOGIC} 为逻辑电源端$(+5\mathrm{V})$,$V_{\mathrm{CC}}(+12 \sim +15\mathrm{V})$、$V_{\mathrm{EE}}(-12 \sim -15\mathrm{V})$ 分别为工作电源正、负端。

(2) AD1674/AD574A 与工控机接口。

12 位 A/D 转换器 AD1674(AD574A 也可参考,但其输入 V_{IN0} 或 V_{IN1} 需接采样保持器)与工控机接口的原理如图 5-34 所示。如模拟输入电压信号接 $V_{\mathrm{IN0}}(-5 \sim +5\mathrm{V}$ 双极性输入),A/D 转换数据输出线接 ISA 总线的 $D_7 \sim D_0$,8 位输出方式。转换结束信号 STS 经

反相后接 IRQ_{10}。

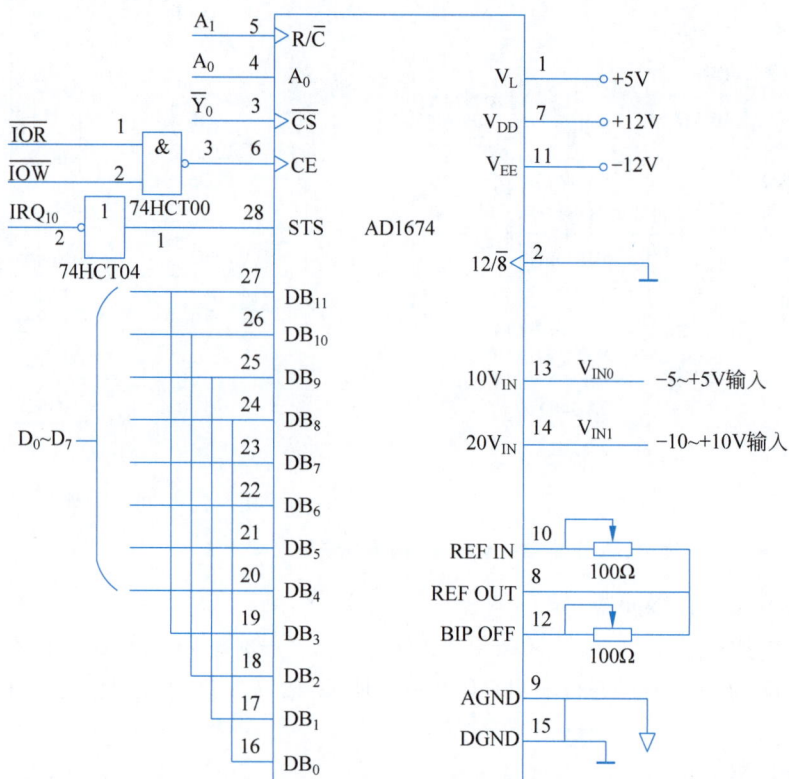

图 5-34　AD1674 与工控机接口原理

若片选信号有效时，高位地址为 BASE，则 12 位 A/D 转换启动控制端口地址为 BASE＋0。A/D 转换结束后进入中断服务程序，A/D 转换数据输出高 8 位端口地址为 BASE＋2，低 4 位端口地址为 BASE＋3。

A/D 转换的子程序段如下。

① 启动子程序。

```
ADSTART:MOV    DX,BASE + 0
        OUT    DX,AL
        NOP
        RET
```

② 读数子程序。

```
ADREAD:MOV    DX,BASE + 2
       IN     AL,DX
       MOV    AH,AL
       MOV    DX,BASE + 3
       IN     AL,DX
       RET
```

5.2.3　模拟量输出接口与过程通道

模拟量输出接口与过程通道是计算机控制系统实现控制输出的关键，它的任务是把计算机输出的数字量转换成模拟电压或电流信号,以便驱动相应的执行机构,达到控制的目的。模拟量输出通道一般由接口电路、D/A 转换器、V/I 变换等组成。

1. 模拟量输出接口与过程通道的结构型式

模拟量输出接口与过程通道的结构型式,主要取决于输出保持器的构成方式。输出保持器的主要作用是在新的控制信号到来之前,使本次控制信号维持不变。输出保持器一般有数字保持方案和模拟保持方案两种,决定了模拟量输出通道的两种基本结构型式。

1) 一个通道一个 D/A 转换器的型式

图 5-35 给出了一个通道一个 D/A 转换器的型式,微处理器和通道之间通过独立的接口缓冲器传送信息,这是一种数字保持的方案。它的优点是转换速度快、工作可靠,即使某一路 D/A 转换器有故障,也不会影响其他通道的工作。缺点是使用了较多的 D/A 转换器。但随着大规模集成电路技术的发展,这个缺点正在逐步得到克服,这种方案较易实现。

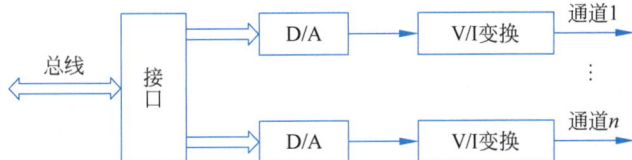

图 5-35 一个通道一个 D/A 转换器的结构

2) 多个通道共用一个 D/A 转换器的型式

图 5-36 给出了多个通道共用一个 D/A 转换器的结构型式。因为共用一个 D/A 转换器,故它必须在微型机控制下分时工作。即依次把 D/A 转换器转换成的模拟电压(或电流),通过多路模拟开关传送给输出采样保持器。这种结构型式的优点是节省了 D/A 转换器。但因为分时工作,这种结构只适用于通道数量多且速度要求不高的场合,另外,它还要用多路开关,且要求输出采样保持器的保持时间与采样时间之比较大。所以这种方案的可靠性较差。

图 5-36 多个通道共用 D/A 转换器的结构

2. D/A 转换器及其接口技术

1) 8 位 D/A 转换器及其接口

DAC0832 主要由 8 位输入寄存器、8 位 DAC 寄存器、采用 R-2R 电阻网络的 8 位 D/A 转换器、相应的选通控制逻辑四部分组成,采用 20 脚双立直插式封装。在集成电路 DAC0832 的内部,I_{OUT1} 和 R_{FB} 之间连接了一个反馈电阻。V_{REF} 为基准电压。

$DI_7 \sim DI_0$ 是 DAC0832 的 8 位数字信号 D 输入端,I_{OUT1} 和 I_{OUT2} 是它的模拟电流输出端,$I_{OUT1} + I_{OUT2} = C$(常数)。I_{OUT1} 和 I_{OUT2} 与 8 位输入数字量 D 之间的关系为 $D = 00H$ 时,$I_{OUT1} = 0$,$I_{OUT2} = C$;$D = 80H$ 时,$I_{OUT1} = 0.5C$,$I_{OUT2} = 0.5C$;$D = FFH$ 时,

$I_{OUT1} = C, I_{OUT2} = 0$。

D/A 转换器与工控机接口由 8 位 D/A 转换芯片 DAC0832、运算放大器和总线接口逻辑组成，如图 5-37 所示。为了使输出电压准确和调整方便，有时需要接上较大的外部反馈精密电阻 R_0 和 20Ω 左右的多圈精密电位器 R_w。

图 5-37　8 位 D/A 转换器与工控机接口原理

在输入锁存允许 ILE、片选 $\overline{CS}$ 有效时，写选通信号 $\overline{WR_1}$（负脉冲）能将输入数字 D 锁入 8 位输入寄存器。在传送控制/XFER 有效的条件下，$\overline{WR_2}$（负脉冲）能将输入寄存器中的数据传送到 DAC 寄存器。数据送入 DAC 寄存器后 $1\mu s$（建立时间），I_{OUT1} 和 I_{OUT2} 稳定。

一般情况下，把 $\overline{XFER}$ 和 $\overline{WR_2}$ 接地（此时 DAC 寄存器直通），ILE 接 +5V，总线上的 I/O 端口写信号作为 $\overline{WR_1}$，接口地址译码信号作为 $\overline{CS}$ 信号，使 DAC0832 接为单缓冲形式，数据 D 写入输入寄存器即可改变其模拟输出。在要求多个 D/A 转换同步工作（多个模拟输出同时改变）时，才将 DAC0832 接为双缓冲，此时，$\overline{XFER}$、$\overline{WR_2}$ 分别受接口地址译码信号、I/O 端口信号驱动。

DAC0832 工作在单缓冲寄存器方式，即当 $\overline{CS}$ 信号来时，$D_0 \sim D_7$ 数据线送来的数据直接进行 D/A 转换，当 $\overline{IOW}$ 变高时，则此数据便被锁存在输入寄存器中，因此 D/A 转换的输出也保持不变。DAC0832 将输入的数字量转换成差动的电流输出（I_{OUT1} 和 I_{OUT2}），为了使其能变成电压输出，又经过运算放大器 A，将它们形成单极性电压输出 $0 \sim +5V$（V_{REF} 为 $-5V$）或 $0 \sim +10V$（V_{REF} 为 $-10V$）。若要形成负电压输出，则 V_{REF} 需接正的基准电压。为了保证输出电流的线性度，两个电流输出端 I_{OUT1} 和 I_{OUT2} 的电位应尽可能地接近 0 电位，只有这样，将数字量转换后得到的输出电流将通过内部的反馈电阻 R_{FB} 流到放大器的输出端，否则运算放大器两输入端微小的电位差将导致很大的线性误差。

若 DAC0832 $\overline{CS}$ 的端口地址为 BASE，则将 7FH 转换为模拟电压的接口程序如下。

```
DAOUT: MOV    DX,BASE
       MOV    AL,7FH
       OUT    DX,AL
       RET
```

2）12 位 D/A 转换器及其接口

DAC1210 的原理和控制信号（$\overline{CS}$、$\overline{WR_1}$、$\overline{WR_2}$、$\overline{XFER}$）的功能基本上与 DAC0832 相同，但有两点区别：一是它是 12 位的，有 12 条数据输入线（$DI_0 \sim DI_{11}$），其中 DI_0 为 LSB，DI_{11} 为最高有效位（MSB）。由于它比 DAC0832 多了 4 条数据输入线，故采用 24 脚双列直插式封装；二是可以用字节控制信号 $BYTE_1/\overline{BYTE_2}$ 控制数据的输入，当该信号为高电平时，12 位（$DI_0 \sim DI_{11}$）数据同时存入第一级的两个输入寄存器；反之，当该信号为低电平时，只将低 4 位（$DI_0 \sim DI_3$）数据存入 4 位输入寄存器。

D/A 转换器与工控机接口由 12 位 D/A 转换芯片 DAC1210、运算放大器和总线接口逻辑组成，如图 5-38 所示。端口地址译码器译出 $\overline{Y_0}$ 地址为基地址 BASE，则 D/A 转换高 8 位地址为 BASE＋1，低 8 位地址为 BASE＋0。

图 5-38　12 位 D/A 转换器与工控机接口原理

该电路的转换过程：当 $\overline{Y_0}$ 信号有效且 $A_0 = 1$，则 $BYTE_1/\overline{BYTE_2}$ 为高电平，同时当 $\overline{IOW}$ 信号到来时，高 8 位数据被写入 DAC1210 的高 8 位输入寄存器和低 4 位输入寄存器。当又一次 $\overline{IOW}$ 信号到来时，$A_0 = 0$，由于 $BYTE_1/\overline{BYTE_2}$ 为低电平，则高 8 位输入数据被锁存，低 4 位数据写入低 4 位输入寄存器，原先写入的内容被冲掉，同时 DAC1210 内的 12 位 DAC 寄存器和高 8 位及低 4 位输入第二级寄存器直通，因而这一新的数据由片内的 12 位 D/A 转换器开始转换。同样，为了使输出电压准确和调整方便，有时需要接上较大的外部反馈精密电阻 R_0 和 20Ω 左右的多圈精密电位器 R_w。

12 位 D/A 转换器接口程序如下。

```
DA12OUT:MOV      DX,BASE + 1
        MOV      AL,dataH    ;送高 8 位数据
        OUT      DX,AL
        MOV      DX,BASE + 0
        MOV      AL,dataL    ;送低 4 位数据
        OUT      DX,AL       ;12 位数据进行转换
        RET
```

3. 单极性与双极性电压输出电路

在实际应用中，通常采用 D/A 转换器外加运算放大器的方法，把 D/A 转换器的电流输出转换为电压输出。图 5-39 给出了 D/A 转换器的单极性与双极性输出电路。电阻 R_1、R_2、R_3 都为精密电阻。

图 5-39　D/A 转换器的单极性与双极性输出电路

V_{OUT1} 为单极性输出，若 D 为输入数字量，V_{REF} 为基准参考电压，且为 n 位 D/A 转换器，则有

$$V_{OUT1} = -V_{REF}\frac{D}{2^n}$$

V_{OUT2} 为双极性输出，且可推导得到

$$V_{OUT2} = -\left(\frac{R_3}{R_1}V_{REF} + \frac{R_3}{R_2}V_{OUT1}\right) = V_{REF}\left(\frac{D}{2^{n-1}} - 1\right)$$

4. V/I 变换

在实现 0～5V、0～10V、1～5V 直流电压信号到 0～10mA、4～20mA 电流转换时，可直接采用集成 V/I 变换电路完成。AD694 是 16 引脚的 4～20mA 集成 V/I 变换器，适当接线也可使其输出范围为 0～20mA。

AD694 的主要特点如下。

输出范围：4～20mA，0～20mA。

输入范围：0～2V 或 0～10V。

电源范围：+4.5～36V。

可与电流输出型 D/A 转换器直接配合使用，实现程控电流输出。

具有开路或超限报警功能。

对于不同的电源电压、输入和输出范围，AD694 的引脚接线也各不相同。表 5-7 为不同场合使用时 AD694 引脚的接线表。

表 5-7　AD694 引脚的接线表

输入电压/V	输出电流/mA	参考电压/V	最小的 V_s/V	Pin9	Pin4	Pin8
0～2.0	4～20	2	4.5	Pin5	Pin5	Pin7
0～10.0	4～20	2	12.5	Pin5	Open	Pin7
0～2.5	0～20	2	5.0	≥3V	Pin5	Pin7
0～12.0	0～20	2	15.0	≥3V	Open	Pin7
0～2.0	4～20	10	12.5	Pin5	Pin5	Open
0～10.0	4～20	10	12.5	Pin5	Open	Open
0～2.5	0～20	10	12.5	≥3V	Pin5	Open
0～12.5	0～20	10	15.0	≥3V	Open	Open

AD694 的使用也较为简单,对于输入 0～10V、输出 4～20mA、电源电压大于 12.5V 的情况,可参考图 5-40 的基本接法,在这种情况下,输出能驱动的最大负载为

$$R_L = (V_S - 2)/20\text{mA}$$

图 5-40　AD694 的基本应用

当电源电压为 12.5V 时,其最大负载电阻为 525Ω。

AD694 还可与 8 位、10 位、12 位等电流型 D/A 转换器直接配合使用,如利用 12 位 D/A 转换器 DAC1210 时,可参考图 5-41 的接法。其中 DAC1210 用单电源供电,AD694 的输出

图 5-41　DAC1210 与 AD694 的接口

范围为 $4\sim20mA$。AD694 还设有零点调整端和量程调整端，具体调整方法可参考其使用手册，这里不再讨论。

5.2.4　脉冲量输入/输出接口与过程通道

1. 脉冲量输入接口与过程通道

工业现场有许多光电磁等传感器，如脉冲编码器、旋转变压器、感应同步器、光栅、磁栅等。这些传感器产生的脉冲信号都需要脉冲量输入板卡或模块进行测量。脉冲量测量可以实现脉冲信号的输入和采集，并通过计数实现测频、测周期等功能。考虑工业现场电磁干扰，常采用光电隔离技术提高系统的抗干扰能力。

1）脉冲量输入接口与过程通道的结构

计算机控制系统中，生产线产品的计数、直线运动的位移、旋转运动的角度，这些信号的测量都需要传感器，而这些传感器的输出多为脉冲信号。脉冲量输入接口与过程通道主要由脉冲量输入信号调理电路、计数器/定时器与输入接口、地址译码器与接口控制逻辑等组成，如图 5-42 所示。

图 5-42　脉冲量输入接口与过程通道结构

2）输入信号调理电路

光电磁等传感器的输出是微弱电压脉冲信号，一般需经过放大、比较、隔离、整形等环节进行输入脉冲信号调理，转换成计数器能够接收的信号。脉冲量输入信号调理电路的组成如图 5-43 所示。

图 5-43　脉冲量输入信号调理电路的组成

这里，可采用 LM324 放大器对输入脉冲信号进行放大，采用 LM311 电压比较器把固定电压作为电平比较，采用 6N137 高速光耦合器进行光电隔离，采用 74HCT14 施密特触发器进行整形。脉冲量输入信号调理电路设计可见参考文献[22]和[55]。

3）计数/定时器与输入接口

（1）计数器/定时器工作原理。

Intel 8254（8253 的改进型）是一个 24 引脚的可编程计数/定时器通用芯片，其内部结构如图 5-44 所示。芯片内有 3 个相互独立的 16 位定时/计数器（T/C），每个 T/C 可按二进制或十进制计数，有 6 种工作方式，可作为外部事件计数器、频率发生器、实时时钟等，8254 有读回状态功能（8253 没有），最高工作频率可达到 10MHz（8253 为 2MHz）。

图 5-44　8254 内部结构

（2）计数器/定时器与 PC 总线接口。

8254 与 PC 总线接口原理如图 5-45 所示。图中，GATE 为控制计数器启动或中止的门控端，CLK 是计数器的脉冲输入端，OUT 为 CLK 的分频输出端（可接输出信号驱动电路）。

图 5-45　计数器/定时器与 PC 总线接口原理

计数器的计数结果可由数据总线 $D_0 \sim D_7$ 输入计算机。当 CLK 与外部脉冲量输入信号调理电路连接时，8254 可对外部传感器的脉冲信号进行计数；当 CLK 与 PC 总线的 CLK 连接时，8254 可通过 OUT 向外部输出脉冲信号。电路的主要技术参数如下。

输入通道数：9 路（采用 3 片 8254）。

工作模式：脉冲测量、事件计数、定时控制、频率输出。

计数器字长：16 位。

计数范围：$0 \sim 65535$（任一通道）。

隔离方式：光电隔离。

本电路采用 3 片 8254。8254 可用程序设置成多种工作方式，按二进制或十进制计数。本电路通过不同的连接方式，可使 8254 的时钟输入端 CLK 通过光电耦合器与被测现场信号相连，或与电路中的基准时钟相连。本电路也可将 $2 \sim 3$ 个计数器串联使用。对于 8254 的启停控制端 GATE，同样可以通过不同的连接方式选择，使其受外部信号的控制或设置为常允许。

本电路还采用中断方式工作，提供了三个中断源 IRQ_2、IRQ_3、IRQ_7。用户可根据需要将 8254 的 OUT 信号接至这三个中断源上，并可编写相应的中断管理及服务程序。注意不要将几个 OUT 信号接在同一中断源上。每个 8254 的 OUT 信号也可经过光电耦合器供工业过程现场使用。计数器/定时器 8254 和计算机的接口及编程与 8253 类似，对于学过"微机原理与接口技术"课程的人非常简单，这里不再赘述。

当然，电机等旋转设备常采用脉冲编码器作为传感器，并采用 M/T 法测量转速，其测速原理与方法可参考《运动控制系统》教材，这里不再赘述。

2. 脉冲量输出接口与过程通道

在计算机控制系统中，经常需要输出脉冲信号或设计脉冲功率接口，包括脉宽调制（Pulse Width Modulation，PWM）控制脉冲信号、数字触发脉冲信号、运动轨迹插补及数控系统运动控制等。因此需要设计脉冲量输出接口与过程通道。

1）脉冲量输出接口与过程通道的结构

脉冲量输出接口与过程通道主要由脉冲量输出信号驱动电路、脉冲量输出接口、地址译码器与接口控制逻辑等组成，如图 5-46 所示。

图 5-46 脉冲量输出接口与过程通道结构

2）输出信号驱动电路

在一些计算机控制系统中，被控对象是大功率装置或部件（如电机），功率接口技术则是关键技术，包括直流电机、交流电机、步进电机等的 PWM 控制技术和数字触发器控制技术。

（1）PWM 脉冲信号输出。

PWM 控制技术得到了广泛应用。对于 PWM 整流器/逆变器,主电路常用全控型绝缘栅双极型晶体管(Insulated Gate Bipolar Transistor,IGBT),控制电路常用 DSP 集成电路 TMS320F2407、TMS320F2812 和 TMS320F28335 等。同样,设计脉冲信号 PWM 控制电路的详细内容也可参考《电力电子技术》《运动控制系统》教材和有关产品手册,这里不再赘述。

（2）触发脉冲信号输出。

数字触发器控制技术得到了实际应用。对于相控整流器/逆变器(弱电控制、强电输出),主电路常用半控型晶闸管,控制电路常用数字触发器和脉冲变压器(主电路和控制电路电磁隔离)等。控制电路除了采用集成触发器 KJ004、KJ041 和 KJ042 等,还常使用数字触发器实现晶闸管电路的触发脉冲移相控制。为了保证数字触发器和主电路频率一致,采用同步变压器对数字触发电路进行定相。设计数字触发器的详细内容可参考《电力电子技术》《运动控制系统》教材和有关产品手册,这里不再赘述。

3）脉冲量输出接口

计算机(工控机)的脉冲量输出接口与数字量(开关量)输出接口类似,但高速的脉冲量输出接口有所不同。当然,根据图 5-45 所示的 8254,可以通过 OUT 向外部输出脉冲信号。高速的脉冲量输出接口也可使用 TMS320F2407、TMS320F2812 或 TMS320F28335 等直接与计算机总线接口,芯片内容和程序设计可参考有关 DSP 的资料和产品手册,这里不再赘述。

5.3　基于系统总线的计算机控制系统硬件设计

本节以研华公司推出的系统总线板卡为例,介绍数字量输入/输出板卡、模拟量输入/输出板卡和脉冲量输入/输出板卡的设计技术。

5.3.1　数字量输入/输出接口与过程通道模板设计

PCL-730 是研华公司推出的 32 通道隔离型 I/O 板卡,提供 16 路数字量(开关量)隔离输入通道和 16 路数字量(开关量)隔离输出通道,其组成框图如图 5-47 所示,由 ISA 总线接口、地址译码及控制电路、光电隔离电路、输出锁存器、输入缓冲器及连接器等部分组成。

图 5-47　PCL-730 板卡组成框图

$D_7 \sim D_0$（对应 ISA 总线的 $SD_7 \sim SD_0$）为数据线，A9～A0（对应 ISA 总线的 SA9～SA0）为地址线，$\overline{IOR}$、$\overline{IOW}$ 和 RESET 分别为 I/O 读、I/O 写和复位信号，CS1 用来选通隔离开关量输入低 8 位寄存器，CS2 用于选通隔离开关量输入高 8 位寄存器，$IDI_0 \sim IDI_{15}$ 为 16 路隔离开关量输入通道，$IDO_0 \sim IDO_{15}$ 为 16 路隔离开关量输出通道。

1. 寄存器地址

PCL-730 寄存器地址分配如表 5-8 所示。

表 5-8　PCL-730 寄存器地址分配

地　　址	W/R	寄存器名称	地　　址	W/R	寄存器名称
基地址＋00	R	隔离开关量输入低 8 位	基地址＋00	W	隔离开关量输出低 8 位
基地址＋01	R	隔离开关量输入高 8 位	基地址＋01	W	隔离开关量输出高 8 位

2. 程序设计举例

PCL-730 板卡的开关量输入/输出都只需要二条指令就可以完成。下面的程序段实现了隔离开关量输出的奇数通道输出低电平并读入 16 路隔离开关量输入通道的输入电平的功能（基地址设为 220H）。

C 语言程序如下：

```
outportb(0x220,0x55)      //隔离开关量输出的奇数通道输出低电平
outportb(0x221,0x55)
inportb(0x220)            //读入隔离开关量输入通道 0～7 的输入电平
inportb(0x221)            //读入隔离开关量输入通道 8～15 的输入电平
```

汇编语言程序如下：

```
MOV   DX,   220H        ;隔离开关量输出的奇数通道输出低电平
MOV   AL,   55H

OUT   DX,   AL
MOV   DX,   221H
OUT   DX,   AL
MOV   DX,   220H        ;读入隔离开关量输入通道 0～7 的输入电平
IN    AL,   DX
MOV   AH,   AL
MOV   DX,   221H        ;读入隔离开关量输入通道 8～15 的输入电平
IN    AL,   DX          ;读入 16 路隔离开关量输入通道的输入电平存在 AX 中
```

5.3.2　模拟量输入接口与过程通道模板设计

PCL-813B 是研华公司推出的基于 ISA 总线的数据采集卡，分辨率为 12 位，A/D 转换器为 AD574A/1674，转换时间为 $25/10\mu s$；提供 32 路单端隔离模拟量输入通道。通过软件编程双极性可选择 $\pm 5V$、$\pm 2.5V$、$\pm 1.25V$、$\pm 0.625V$ 电压；单极性可选择 $0\sim 10V$、$0\sim 5V$、$0\sim 2.5V$、$0\sim 1.25V$ 电压。

PCL-813B 数据采集卡组成框图如图 5-48 所示，由 ISA 总线接口、地址译码及控制电路、光电隔离电路、A/D 转换器、放大器、控制字寄存器、多路开关、滤波电路及连接器等部

分组成。$D_7 \sim D_0$（对应 ISA 总线的 $SD_7 \sim SD_0$）为数据线，$A_9 \sim A_0$（对应 ISA 总线的 $SA_9 \sim SA_0$）为地址线，$\overline{IOW}$、$\overline{IOR}$ 和 RESET 分别为 I/O 读、I/O 写和复位信号，IRQ 为中断请求输入，CHS 为通道选择线（多条），RDL（RDH）控制读 A/D 转换数据的低（高）字节，GC、SC、MC 分别为增益控制信号、采样控制信号和多路开关控制信号，ADS 表示隔离后的 A/D 转换状态，RL（RH）、ST 和 EOC 分别表示隔离后的低（高）字节读控制、启动控制信号和隔离前的 A/D 转换状态。

图 5-48　PCL-813B 数据采集卡组成框图

1. 寄存器地址分配

PCL-813B 的寄存器地址分配如下

基地址＋04：A/D 转换结果的低字节（只读）。

基地址＋05：A/D 转换结果的高字节（只读，包括 A/D 转换准备位）。

基地址＋09：增益控制（只写）。

基地址＋10：多路转换控制（只写）。

基地址＋12：A/D 转换软件触发。

2. 寄存器格式

PCL-813B 的寄存器格式如表 5-9 所示。DRDY 为数据准备位（A/D 转换状态位），"0"表示准备好，可以读取结果；$D_{11} \sim D_0$ 为 A/D 转换结果的数据位；G_1、G_0 为增益控制位，其组合用于选择增益及输入范围，如表 5-10 所示；$C_4 \sim C_0$ 为通道选择位，C_4 为高位，C_0 为低位，其二进制组合与通道号相对应，全"0"时选择通道 0（CH00），全 1 时选择通道 31（CH31）。

表 5-9　PCL-813B 寄存器格式

基地址＋04（base＋04）								基地址＋05（base＋05）							
位	7	6	5	4	3	2	1	0	位	7	6	5	4	3	2	1	0
定义	D_7	D_6	D_5	D_4	D_3	D_2	D_1	0	定义	×	×	×	DRDY	D_{11}	D_{10}	D_9	D_8
基地址＋09（base＋09）								基地址＋10（base＋10）							
位	7	6	5	4	3	2	1	0	位	7	6	5	4	3	2	1	0
定义	×	×	×	×	×	×	G_1	G_0	定义	×	×	×	C_4	C_3	C_2	C_1	C_0
基地址＋12（base＋12）															
位	7	6	5	4	3	2	1	0	位	7	6	5	4	3	2	1	0
定义	×	×	×	×	×	×	×	×	定义								

启动 A/D 转换只需向基地址＋12 单元进行一次写操作，与写入的内容无关。

表 5-10　PCL-813B 增益控制

G_1	G_0	增　　益	双极性输入范围	单极性输入范围
0	0	×1	±5V	0～10V
0	1	×2	±2.5V	0～5V
1	0	×4	±1.25V	0～2.5V
1	1	×8	±0.625V	0～1.25V

3. 程序设计举例

PCL-813B A/D 转换基于查询方式，由软件触发。A/D 转换器被触发后，利用程序检查 A/D 状态寄存器的数据准备位（DRDY）。如果检测到该位为"1"，则 A/D 转换正在进行。当 A/D 转换完成后，该位变为低电平，此时转换数据可由程序读出。其编程的基本步骤如下。

（1）设置增益寄存器（base＋09），选择输入范围。

（2）设置多路扫描寄存器，选择通道，并延时 5μs 以上。

（3）向触发寄存器 BASE＋12 写入任意值，触发 A/D 转换，并延时 20μs 以上。

（4）等待 A/D 转换完成，直到数据准备好信号变为低电平。

（5）读 A/D 数据寄存器（base＋5 和 base＋4）得到二进制数据。先读高字节，再读低字节，并将二进制数转换成整数。

C 语言参考程序段如下（基地址为 220H，单极性输入）：

```
int i, adch, adcl ;
outportb(0x229,0x01);          //置增益地址、选择 0～5V 输入范围
for(i = 0;i < 20;i++);         //延时
outportb(0x22a,chno);          //写入通道号
for(i = 0;i < 50;i++);         //延时
outportb(0x22c,0);             //启动 A/D 转换
do{
    adch = inportb (0x225);    //读 A/D 转换器状态
    } while ( ( adch & 0x10 ) == 0x10);
adch = inportb(0x225);         //读高字节
adcl = inportb(0x224);         //读低字节
i = (adch&0x0f) * 256 + adcl ; //拼装成整数
```

汇编语言参考程序段如下（基地址为 220H，单极性输入）：

```
        MOV     DX,0229H        ;置增益地址
        MOV     AL,01H          ;选择 0～5V 输入范围
        OUT     DX,AL
        CALL    L1              ;L1 为延时 5μs 子程序
        MOV     DX,022AH        ;写入通道号
        MOV     AL,00H
        OUT     DX,AL
        CALL    L2              ;L2 为延时 20μs 子程序
        MOV     DX,022CH        ;写入通道号
        MOV     AL,00H          ;启动 A/D 转换
        OUT     DX,AL
        MOV     DX,0225H        ;置状态口地址
POLLING:IN      AL,DX           ;读 A/D 转换器状态
        TEST    AL,00010000B    ;检测 DRDY 是否为 1
```

```
JNZ     POLLING
MOV     DX,0225H                    ;读高字节,存于 BH 中
IN      AL,DX
AND     AL,0FH
MOV     BH,AL
MOV     DX,0224H                    ;读低字节,存于 BL 中
IN      AL,DX
MOV     BL,AL
```

5.3.3　模拟量输出接口与过程通道模板设计

PCL-726 是研华公司推出的 D/A 转换板卡,分辨率为 12 位,线性度为 ±1/2 位,提供 6 通道模拟量输出,每个通道可以设置成 0~5V、0~10V、±5V、±10V 和 4~20mA 输出。另外,PCL-726 还提供与 TTL 兼容的 16 通道数字量输出和 16 通道数字量输入。板卡组成框图如图 5-49 所示。

图 5-49　PCL-726 板卡组成框图

1. 寄存器格式

PCL-726 寄存器地址分配如表 5-11 所示。

表 5-11　PCL-726 寄存器地址分配

地　　址	W/R	寄存器名称	地　　址	W/R	寄存器名称
基地址+00	W	D/A 通道 1♯高 4 位寄存器	基地址+06	W	D/A 通道 4♯高 4 位寄存器
基地址+01	W	D/A 通道 1♯低 8 位寄存器	基地址+07	W	D/A 通道 4♯低 8 位寄存器
基地址+02	W	D/A 通道 2♯高 4 位寄存器	基地址+08	W	D/A 通道 5♯高 4 位寄存器
基地址+03	W	D/A 通道 2♯低 8 位寄存器	基地址+09	W	D/A 通道 5♯低 8 位寄存器
基地址+04	W	D/A 通道 3♯高 4 他寄存器	基地址+10	W	D/A 通道 6♯高 4 位寄存器
基地址+05	W	D/A 通道 3♯低 8 位寄存器	基地址+11	W	D/A 通道 6♯低 8 位寄存器

2. D/A 转换程序流程

D/A 转换程序流程如下(以通道 1 为例)。

(1) 选择通道地址 $n=1(n=1\sim6)$。

（2）确定 D/A 转换高 4 位数据地址（基地址＋00）。

（3）置 D/A 转换高 4 位数据（$D_3 \sim D_0$ 有效）。

（4）确定 D/A 转换低 8 位数据地址（基地址＋01）。

（5）置 D/A 转换低 8 位数据并启动转换。

3. 程序设计举例

PCL-726 的 D/A 转换输出、数字量输入等操作均不需要状态查询，分辨率为 12 位，000H～0FFFH 分别对应输出 0％～100％。若输出 50％，则对应的输出数字量为 7FFH，设基地址为 220H，D/A 转换通道 1 输出 50％的程序如下。

汇编语言参考程序如下（基地址为 220H）：

```
MOV    AL,    07H          ;D/A 转换通道 1 输出 50 %
MOV    DX,    0220H
OUT    DX,    AL
MOV    DX,    0221H
MOV    AL,    0FFH
OUT    DX,    AL
```

5.3.4　脉冲量输入/输出接口与过程通道模板设计

PCI-1780U 是研华公司推出的 PCI 总线计数/定时板卡，采用门控（GATE）脉冲边沿触发信号或门控电平触发信号可使计数器启动或中止，可用作脉冲计数、周期测量、频率测量、脉宽测量、频率-电压转换、频率移相键控、日月时间计数、即时报警等，PCI-1780U 计数/定时板卡组成框图如图 5-50 所示。

图 5-50　PCI-1780U 计数/定时板卡组成框图

该板卡使用了比 8254 功能更强的 AM9513 芯片,能够通过 CPLD 实现计数器/定时器功能,此外,该板卡还提供 8 个 16 位计数器通道,具有 8 通道可编程时钟资源,8 路 TTL 数字量输出/8 路 TTL 数字量输入,最高输入频率达 20MHz,多种时钟可以选择。AM9513 相邻的计数器可内部级联成 80 位有效长度的计数器,每个计数器可按二进制或十进制作加 1 或减 1 计数。计算机可通过总线接口读取 PCI-1780U 计数/定时板卡的计数结果。

当然,该板卡可以通过计数器的 Out 通道向外部输出脉冲信号,也可以通过频率输出通道 Fout 0~3 向外部输出频率。

PCI-1780U 板卡的程序设计与 8254(或 8253)类似,非常简单。如有需要,读者可从研华公司网站直接下载该板卡的使用说明作为参考,这里不再介绍。

另外,研华公司的 ADAM-4080/4080D 计数器/频率输入模块(采用 RS-485 总线通信)具有两个 32 位计数器(计数器 0 和计数器 1),也可用于事件计数、频率测量和周期测量。

5.4 基于外部总线的计算机控制系统硬件设计

前面介绍了基于系统总线的计算机控制系统硬件设计技术,本节主要介绍基于外部总线的计算机控制系统硬件技术。计算机控制系统硬件设计常用外部总线 RS-232C、USB 或外部扩展总线 RS-485、RS-422。在工业控制方面,RS-485 由于具有平衡差分传输特性,因此,抗干扰性好、传输距离远、互联方便,非常适合于组成工业级的多机通信系统并得到了广泛的应用。

5.4.1 基于外部总线的硬件设计方案

基于外部总线 RS-485 可构成主从分布式测控系统。IPC 作为测控系统主站,配有 RS-232/485 转换器,实现对系统的监控与管理。可编程控制器(PLC)、智能调节器、智能远程 I/O 模块等装置大都具有 RS-485,可作为测控系统的从站,实现控制功能。

1. 基于 IPC＋RS-232/RS-485 转换模块的硬件设计

基于 IPC＋RS-232/RS-485 转换模块的硬件设计方案如图 5-51 所示。

图 5-51 基于 IPC＋RS-232/RS-485 转换模块的硬件设计方案

2. 基于 IPC＋ISA/PCI/PCI-E 总线 RS-485 转换卡的硬件设计

基于 IPC＋ISA/PCI/PCI-E 总线 RS-485 转换卡的硬件设计方案如图 5-52 所示。

图 5-52　基于 IPC＋ISA/PCI/PCI-E 总线 RC-485 转换卡的硬件设计方案

5.4.2　远程 I/O 模块

智能远程 I/O 模块是传感器和执行机构与计算机之间的多功能远程 I/O 单元，专为恶劣环境下的可靠操作而设计，具有内置的微处理器，严格的工业级塑料外壳，使其可以独立提供智能信号调理、I/O 隔离、模拟量 I/O、数字量 I/O、数据显示和串行数字通信接口。远程 I/O 模块可以安装在现场，就地完成 A/D 转换、D/A 转换、I/O 操作及脉冲量的计数、累计等操作，以通信方式和计算机交换信息，构成数据采集控制系统。通过 RS-485 中继器，可以将多达 256 个远程模块连接到 RS-485 网络，或者将最大通信距离延伸到 10km。

典型的远程 I/O 模块有研华公司的 ADAM-4000 系列和 ADAM-5000 系列、研发公司的 DAC-8000 系列、研祥公司的 Ark-14000 系列以及威达公司的牛顿-7000 系列。下面主要以研华公司的 ADAM-4000 系列模块为例进行介绍。

1. ADAM-4000 系列模块

ADAM-4000 系列模块的功能特点如下。

1）远端可编程输入范围

ADAM-4000 在存取多类型和范围的模拟量输入方面具有出色的能力，通过执行主机的命令，可以远端选择类型和范围，对不同的信号类型可使用同一种模块，极大地简化了设计和维护工作，可以使用一种模块处理整个工厂的测量数据。所有模块完全由主机在远端进行配置，因此不需任何物理性调节。

2）内置看门狗

看门狗（也称为看门狗定时器或警戒定时器）是工控机系统中常用的自恢复技术。其基本原理是将看门狗定时器的输出作为微处理器的复位信号，迫使系统重新启动。ADAM-4000 的看门狗定时器管理功能可以自动复位 ADAM-4000 系列模块，减少维护需求，提高了系统的可靠性和自恢复能力。

3）网络配置灵活

ADAM-4000 通过 RS-485 总线与主站连接成为一个主从式测控系统，可以实现点对点通信和广播通信（仅有的模块允许广播通信）。一条 RS-485 通信链路所连接的模块数是有限的，当需要配置更多的模块数时，可以使用 ADAM-4510 中继器，每个 ADAM-4510 中继器可再增加 32 个模块或将网络再延伸 1200m，一条 RS-485 通信链路最多可以连接 256 个 ADAM-4000 系列模块。

4）可选的独立控制策略

如果 ADAM-4000 系列模块由基于 PC 的 ADAM-4500 通信控制器所控制,即可组成一个独立控制策略,用户把用高级语言编写的程序装到 ADAM-4500 的闪存中,可根据用户的需要定做自己的应用环境。

5）模块化的工业设计

可以轻易地将模块安装在面板上、DIN 导轨上或重叠安装,通过插入式螺丝端子可以进行信号连接,确保了模块易安装、易更改、易维护。

6）满足工业环境的需要

ADAM-4000 系列模块可使用 10~30V 范围内的非调节电源,具有电源反相保护功能,并在不影响运行网络的情况下安全地接线或拆线。

2. ADAM-5000 系列模块

ADAM-5000 系列分布式数据采集控制系统的体积紧凑,符合现场总线的发展趋势,对诸如基于 RS-485 和 CAN 的流行现场总线架构,ADAM-5000 系列模块提供三种不同的数据采集及控制(DA&C)系统,使现场 I/O 设备容易构成 PC 应用网络。

ADAM-5000 系列模块具有以下功能特点。

1）系统设计灵活

ADAM-5000 系列模块允许用户根据需求架构适合自己的方案,内建可编程 I/O 范围及报警输出,提高了系统设计的灵活性,同时支持双绞线、无线调制解调器及光纤等通信媒介。

2）系统维护及故障处理

ADAM-5000 系列模块使用硬件自检及软件诊断来监测系统可能出现的问题,同时配置了看门狗定时器,若系统崩溃,看门狗会自动对系统复位。

3）易于安装及组网

ADAM-5000 系列模块非常易于安装在导轨或面板上。信号连接、网络修改及维护简单而快捷,构建一个多点网络只需带屏蔽的双绞线即可。网络地址用 DIP 开关很容易地设定。现场信号线可以接好端子后再插入模块。

4）数据采集及控制

ADAM-5000 系列模块通过多通道 I/O 模块进行数据采集和控制,系统由两部分组成:基座和 I/O 模块,基座可装 4 个模块(可达 64 个 I/O 点),根据 I/O 类型,可做出适合应用需要的配置。

5）三端隔离

由于噪声能通过 I/O 模块、电源以及通信进入系统,ADAM-5000 系列模块提供了 I/O 模块(DC 3000V)、电源(DC 3000V)及通信(DC 2500V)的隔离,三端隔离避免了接地环流,减少了噪声对系统的影响,并提供了对系统在浪涌及尖峰电压下的保护。

6）看门狗定时器

看门狗定时器可对微处理器进行监视并自动复位系统,减少了现场的维护工作。

7）内置诊断器

ADAM-5000 系列模块提供两种方式的诊断:硬件自诊断和软件诊断,这有助于用户检测及辨识系统或 I/O 模块的各种故障。

8）远程配置

ADAM-5000 系列模拟量输入模块可以配置不同的电压、电流、热电偶及热电阻输入范围。在系统某一节点上，所有参数，包括通信速度、高低限报警及校正参数等，均可通过远程设定。

9）报警输出

ADAM-5000 系列模块中数字量输出通道可配置为模拟量输入通道的报警输出。模拟量输入模块的高低报警信号及极限值可远程配置，每次 A/D 转换后，所得数字量将与预设的高、低报警限值相比较，根据比较结果，系统能改变数字量输出的状态，这就使 ADAM-5000 系列模块能独立于 PC 主机进行 ON/OFF 控制。

3. 应用举例——典型 ADAM-4000 系列 I/O 模块

1）典型模块组成与工作原理

典型 ADAM-4000 系列模块组成如下。

8 通道 16 位差分模拟量输入模块 ADAM-4017＋。

4 通道 12 位模拟量输出模块 ADAM-4024。

7 通道数字量输入与 8 通道数字量输出模块 ADAM-4050。

2 通道 32 位计数器模块 ADAM-4080D。

这些模块的工作原理和输入/输出接口与过程通道设计原理基本相同，这里不再赘述。此外，还有通信模块 ADAM-4520，它是隔离 RS-232 与 RS-485 的转换模块，将 RS-485 总线信号转换到 RS-232 总线信号，由计算机通过 RS-232 接口进行采集和控制。ADAM-4000 系列所有模块都提供了光电隔离保护。

2）ADAM 模块远程通信

由于模块与传感器、执行机构等的信号传输距离较短，再加上采用电缆屏蔽、双绞线等措施，因此可以很方便地解决信号的传输问题。模块的通信接口一般采用 RS-485，只需简单的命令就可以与远程模块通信，实现远程监控的目的，通信协议与模块的生产厂家有关，但都是采用面向字符的通信协议。主控计算机通过 RS-232 或 RS-485 通信协议以 ASCII 码格式与远程模块通信，实现远程模块的监控。主机向其中一个模块发出一个命令/回答序列。命令通常包含主机想要与之通信的模块地址、设置命令和数据。地址符合的模块执行命令并向主机送出应答。

计算机与 ADAM-4000 系列模块之间的数据交换有 3 个步骤，如图 5-53 所示。

（1）设备要求传送数据时，计算机会传送一个字符串过去。此字符串的第一个字符是前导符，在前导符之后是地址，地址之后是要设备解读的命令或数据。

（2）当设备收到要求字符串，并经判读确定后，便会送出计算机所要求的数据。数据被送出时会在其之前加上前导符与地址。

（3）计算机收到设备传送回来的字符串后，进行检查，当检查完成后，回送一个确定的字符串给设备，说明计算机已成功收到字符串；若传送失败，计算机也在此回送的字符串中要求设备重发数据。

另外，数据传送时，一般也会加上错误检查机制，最常用的方法是将此字符作运算，而在字符串的最后加上校验和字符。传送的双方利用此字符判断字符串的正确性。

通信的基本形式就是命令/响应，主机给指定地址的模块发送命令，等待模块一定时间

图 5-53　计算机与 ADAM-4000 系列模块之间的数据交换

后响应。如果没有响应,发生超时异常中断,命令返回。

3) 通信协议

中小型工业测控网络支持常用的两种通信协议,其一是通过使用特定的字符来执行通信控制功能,称之为面向字符的数据通信协议,其标准为 ISO-1745;其二是通过定义各字段长度、位置及作用来实现通信控制功能,称之为面向位流(比特)的数据通信协议,如高速数据链路控制协议(High level Data Link Control,HDLC),其标准为 ISO-3309、ISO-4335和 ISO-7809。后者比前者的通信效率高,适用于通信数据量较大的工业控制网络或 DCS系统。面向字符的协议具有简单明了的特点,又有比较长的使用历史及广泛的应用范围,所以对于通信速率要求不高、采用主从结构的中小型工业控制网络,使用面向字符的协议具有一定优势。目前,工业微机、调节仪表、中小型 PLC 和智能远程 I/O 子系统等标准化的工业控制设备都支持或部分支持面向字符的协议。

4) 通信方法

计算机与具有串行通信接口的设备实现通信的方法有三种:第一种是直接端口访问,实时性强,但界面编写麻烦,需要了解底层硬件的详细信息,不支持 Windows 2000 及以上操作系统,实际工程中一般不采用;第二种是调用 MSCOMM 控件,编程方便,具有更完善的发送和接收功能;第三种是调用 Windows API 函数,使用 Windows 提供的通信函数编写应用程序,要求对 Windows API 函数有深入了解,编程较难,但程序可移植性强。

5.4.3　其他测控装置

1. 智能调节器

智能调节器是一种智能化、数字化的过程控制仪表,不仅可接收 DC 4～20mA 电流信号,还具有数字通信接口 RS-422/485、RS-232 等,可与上位机连成主从式通信网络,能完成生产过程 1～4 个回路直接数字控制任务。除了在控制系统中作为常规的单机控制器使用外,在现代工业控制中还可以作组态使用,常常与上位机一起使用构成计算机监督控制系统。常用的智能调节器国外品牌有 Shimaden(日本岛电)、Yakogawa(日本横河)、Honewell(美国霍尼韦尔)、Omron(日本欧姆龙)以及 RKC(日本理化)等;国内品牌有厦门宇电自动化科技有限公司(厦门宇光)的 AI 系列。

1）硬件构成

智能调节器也被称为单回路数字调节器（Single Strategy Controller，SSC），其结构原理如图 5-54 所示。

图 5-54　智能调节器的结构原理

SSC 的硬件主要由 MPU 单元、过程 I/O 单元、PIA 单元、面板单元、编程单元、通信单元和硬手操单元等组成。

MPU 单元是调节器的核心，它包括微处理器（或单片微机）、系统存储器（PROM/EPROM、EAPROM、RAM）、时钟、看门狗和接口电路等。PROM/EPROM 中固化有调节器的监控程序和功能程序：监控程序负责面板（键盘、显示器等）管理和巡回采样控制等；功能程序即各种运算、控制、通信子程序（模块）的集合。EAPROM 用于存放系统组态程序，系统组态程序是根据系统控制流程，抽取所需的运算、控制模块（固化在 PROM/EPROM 中）进行软连接而形成的。系统组态用编程单元完成，组态结果即系统组态程序写入 EAPROM。有些单回路数字调节器的系统组态程序被固化在 EPROM 中。

PIA（Peripheral Interface Adapter，外围接口适配器）单元是过程 I/O 单元、键盘及显示单元与 MPU 连接的桥梁电路，实现电气隔离与数据缓冲、锁存等功能。

不同的系统组态程序能实现不同的控制过程，SSC 能通过编程组态的方法，方便地组建和修改控制系统，故又称为可编程调节器。

键盘、显示器也是数字调节器的重要组成部分，它是一种简单的人机接口，通过键盘可修改调节器参数和工作状态，显示器可让操作人员了解系统的工作状态。

通信单元（通信接口）使 SSC 能与集中监视操作站、上位机通信，组成多级微机控制系统，实现各种高级控制和管理。

2）软件构成

数字调节器的全部工作都是在硬件环境下，由微处理机执行程序完成的。数字调节器的软件包括以下几部分。

（1）监控管理程序。

这是一种较简单的系统软件，由它实现对输入/输出通道、键盘、显示器及通信等部件的管理，以及对调节器各硬件部分和程序进行故障监测及处理等。对于固定程序的调节器，监控管理程序较简单,主要用于修改和显示调节器的工作方式、参数及监视系统状态,如对各个调节回路的 PID 参数 T_I、T_D、K_P 及采样周期 T 等进行整定、设定,修改传感器或变送器量程、上下限报警值及进行调节器手动/自动工作方式的切换等。对于可编程调节器,还需提供一套可由用户进行系统组态的软件,包括编程语言的编辑及编译软件,这种程序编写比较复杂,但提供给用户的编程语言却十分简单,只要是有控制系统常识的人员都很容易掌握。这种调节器一般功能都十分丰富,具有很好的通用性和灵活性,让用户有很大的选择余地。

(2) 应用程序。

根据调节器的应用功能所编写的程序,如数据采集、数字滤波、标度变换、数据处理、控制算法、报警及输出等程序。在可编程调节器中,这些应用程序以模块形式给出,用户可用数字调节器的编程语言将这些模块进行组态,构成用户所需系统。

SSC 的运算、控制功能十分丰富,一般包括几十种运算、控制模块。运算模块不仅能实现各种复杂组合的四则运算,还能完成函数运算和逻辑运算。例如,用超前环节模块 $1+T_d s$(T_d 为超前时间)和滞后环节模块 $1/(1+T_i s)$(T_i 为滞后时间)组成函数 $(1+T_d s)/(1+T_i s)$;通过控制模块组态可构成 PID、串级、比值、前馈、选择、非线性、程序控制等。

另外,SSC 还有断电保护和自诊断功能,提高了系统的可靠性。

2. 可编程控制器

1) PLC 的硬件结构

PLC 内部电路的基本结构与普通微机类似,特别是和单片机的结构极为相似,如图 5-55 所示。主要由中央处理单元(CPU)、存储器(RAM、ROM、EEPROM、EPROM 等)、专门设计的输入/输出接口电路、通信接口和电源等单元组成。

图 5-55 PLC 组成结构示意图

PLC 的结构形式分为整体式、模块式和内插板式 3 类。

(1) 整体式结构的 PLC 是把电源、主机、输入/输出(DI、DO、AI、AO)、通信接口和外部设备接口集中装在一个机箱内,构成一个独立的复合模块。这种结构体积小,适用于输入/输出点少的设备。

(2) 模块式结构是将 PLC 按功能分为电源模块、主机模块、开关量输入模块、开关量输出模块、模拟量输入模块、模拟量输出模块、机架接口模块、通信模块和专用功能模块等。这种积木式结构可以灵活地配置小、中、大系统。

从结构上讲，由模块组合成系统有 3 种方法。

① 无底板。靠模块间接口直接相连，然后再固定到相应导轨上。欧姆龙公司的COMl、CJ1 机就是这种结构，比较紧凑。西门子公司的 S7-300 也如此，只是它还要用接线插头连接，如要单独固定时，还得另订购固定支架。

② 有底板。所有模块都固定在底板上，比较牢固，但底板的槽数是固定的，如 3、5、8、10槽等。这个槽数与实际的模块数不一定相等，所以，配置时难免有空槽。这既浪费，又多占空间，有时甚至还得用占空单元把多余的槽覆盖。

③ 用机架代替底板。所有模块都固定在机架上，这种结构比底板式的复杂，但更牢靠。用这种组合时，它的模块不用外壳，但有小面板，用组合后密封与信号显示。

模块式结构的优点之一是用户根据生产要求，可以灵活地配置小、中、大系统，这种积木式结构可以供用户逐步扩展系统和增加功能；优点之二是模块有密封外壳，既安全又防尘；优点之三是模块采用独立接线方式，安装和维护方便。

（3）为了适应机电一体化的要求，有的 PLC 制造成内插式的结构，可嵌入有关装置中。如有的数控系统，其逻辑量控制用的内置 PLC，就可用这种内插板式的 PLC 代替。它有输入点、输出点，还有通信口、扩展口及编程器口。PLC 有的功能，它都有。但它只是一个控制板，可很方便地嵌入有关装置中。

2）PLC 的软件结构

PLC 的软件可分为系统软件、编程软件和应用软件三部分。

（1）系统软件。

PLC 的系统软件分为两部分，一部分是固化于存储器（ROM、PROM 或 EPROM）中的由 PLC 生产厂家编写的系统程序（内核软件），和机器的硬件组成有关，完成系统诊断、命令解释、功能子程序调用管理、逻辑运算、通信和各种参数设定等功能，并对 PLC 的运行进行管理；另一部分是安装在编程器、操作监视器、工程师站和操作员站的组态编程软件及人机界面软件中，供工程师对 PLC 进行组态编程，供操作员对被控设备进行操作监视。

（2）编程软件。

根据 IEC61131-3 标准，PLC 支持 5 种编程软件或编程语言：指令表、梯形图、功能块图、顺序功能图、结构化文本。每种 PLC 可以支持其中一种或几种编程语言，视其功能或性能而定。

（3）应用软件。

用户根据生产过程的控制要求首先设计控制方案或控制策略，再用编程语言将其编写成应用程序或应用软件，并编译成可执行文件，然后下载到 PLC 中运行，实现控制策略，达到设计目的。为了对生产过程进行操作监视，用户还需要在监控组态软件的支持下绘制操作监视画面，这些应用画面在操作员站上运行，为操作员提供了图文并茂、形象逼真的动态操作环境。这些操作监视画面也属于应用软件，但它不在 PLC 中运行，而是在操作员站上运行。

3. 运动控制器

运动控制器是在以高速数字信号处理器（DSP）为代表的高性能高速微处理器及大规模可编程逻辑器件（FPGA）的基础上发展而来的。运动控制器主要用于对机械传动装置的位置、速度进行实时的控制管理,使运动部件按照预期的轨迹和规定的运动参数完成相应的动作。

1) 基于计算机标准总线的运动控制器

这种运动控制器大都采用 DSP 或微机芯片作为 CPU,具有开放体系结构,以 PC 机作为信息处理平台,运动控制器以插卡形式嵌入 PC 机,即"PC＋运动控制器"的模式。这样将 PC 机的信息处理能力和开放式的特点与运动控制器的运动轨迹控制能力有机地结合在一起,具有信息处理能力强、开放程度高、运动轨迹控制准确、通用性好的特点。可完成运动规划、高速实时插补、伺服滤波控制和 PLC 功能,它开放的函数库可供用户根据不同的需求,在 DOS 或 Windows 等平台下自行开发应用软件,组成各种控制系统,如美国 Delta Tau 公司的 PMAC 多轴运动控制器和固高公司的 GT/GH 系列运动控制器等。基于 PC 总线的运动控制器构成的开放式运动控制系统如图 5-56 所示。

图 5-56　开放式运动控制系统示意图

2) Soft 型开放式运动控制器

这种运动控制器提供给用户最大的灵活性,它的运动控制软件全部装在计算机中,而硬件部分仅是计算机与伺服驱动和外部 I/O 之间的标准化通用接口。就像计算机中可以安装各种品牌的声卡、CDROM 和相应的驱动程序一样。用户可以在 Windows 平台和其他操作系统的支持下,利用开放的运动控制内核,开发所需的控制功能,构成各种类型的高性能运动控制系统,从而提供给用户更多的选择和灵活性。基于 Soft 型开放式运动控制器开发的典型产品有美国 MDSI 公司的 Open CNC、德国 PA(Power Automation) 公司的 PA8000NT、美国 Soft Servo 公司基于网络的运动控制器和固高科技公司的 GO 系列运动控制器产品等。Soft 型开放式运动控制器的特点是开发、制造成本相对较低,能够给予系统集成商和开发商更加个性化的发展。

3) 嵌入式结构的运动控制器

这种运动控制器是把计算机嵌入运动控制器中的一种产品,它能够独立运行。运动控制器与计算机之间的通信依然是靠计算机总线,实质上是基于总线结构的运动控制器的一种变种。对于标准总线的计算机模块,这种产品采用了更加可靠的总线连接方式(采用针式连接器),更加适合工业应用。在使用中,采用如工业以太网、RS-485、SERCOS、PROFIBUS 等现场网络通信接口连接上级计算机或控制面板。嵌入式结构的运动控制器也可配置软盘和硬盘驱动器，甚至可以通过互联网进行远程诊断。例如美国 ADEPT 公司的 Smart Controller，固高科技公司的 GU 嵌入式运动控制平台系列产品等。

美国 Delta Tau Data System 公司推出的 PMAC 系列伺服控制器比较有代表性，它属于开放式的基于 PC 总线的运动控制器。PMAC 控制器以摩托罗拉公司的 DSP56001 为微处理器，20/30MHz 主频，60/40μs/轴的伺服更新率，36 位（64 千兆）位置计数范围，16 位 DAC 输出分辨率，10/15MHz 编码计数率，每秒可处理多达 500 条程序，可以完成直线或圆弧插补、"S-曲线"加速和减速、三次轨迹计算、样条曲线计算。利用 DSP 强大的运算功，能单卡可实现 1～32 轴多轴实时伺服控制，以串口、总线两种方式与上位机进行通信。

PMAC 控制器本身就相当于一个完整的计算机系统。依靠集成在卡上 ROM 中的程序，它能独立完成实时、多任务控制，而无须主机介入。PMAC 控制器配有较强的命令、函数库，用户可用制造商提供的编程语言（类似 QBASIC）调用这些命令和函数，编程较为方便。另外制造商还提供 PCOMM、PTALK 等函数库作为开发工具，用户可用高级语言调用自己所需的函数，完成控制软件的开发。PMAC 系统的开放性特征允许 CNC 系统通过 ODBC（开放数据库连接）、OLE（目标连接和嵌入）、DDE（动态数据交换）等运行专门设计的第三方软件程序。对于 OEM（原始设备制造商），Delta Tau Data System 公司提供 PMAC 软件库的 C++ 源代码许可证，允许整个系统全部用户化。PMAC 控制器主要利用 ISA、PC104、VEM、PCI 及 USB 等总线方式与上位机交换信息。

4. 变频器

变频器的主要任务是把恒压恒频（Constant Voltage Constant Frequency，CVCF）的交流电转换为变压变频（Variable Voltage Variable Frequency，VVVF）的交流电，以满足交流电机变频调速的需要。从结构上分，变频器可以分为交-交变频器（亦称直接变频器）和交-直-交变频器（亦称间接变频器）。

变频器的使用日益普及，功能也越来越强，已经跳出了仅作为交流电机调速驱动器应用的范围，现在很多变频器具有 PID 调节功能，与温度、压力、流量等传感器配合使用，可以构成一个单独的控制系统，而省去了控制器。新一代变频器均具有标准通信接口，用户可以利用通信接口在远处（如中央控制台）对变频器进行集中控制，适应自动化的要求。也可以使多台变频器组网应用，与计算机连接构成分布式控制系统。变频器使用场地相对分散，远距离集中控制成为变频器管理的趋势。在变频器中使用的串行通信接口通常为标准 485 接口，这种接口具有控制距离远、抗干扰能力强等优点。

5.5 硬件抗干扰技术

很多从事计算机控制工程的人员都有这样的经历，当他将经过千辛万苦安装和调试好的样机投入工业现场进行实际运行时，却不能正常工作。有的一开机就失灵，有的时好时坏，让人不知所措。为什么实验室能正常模拟运行的系统，到了工业环境就不能正常运行呢？原因是工业环境有强大的干扰，微机系统没有采取抗干扰措施，或者措施不力。由此可见抗干扰技术的重要性。干扰就是有用信号以外的噪声或造成计算机设备不能正常工作的破坏因素。

在与干扰作斗争的过程中,人们积累了很多经验,有硬件措施,有软件措施,也有软硬结合的措施。硬件措施如果得当,可将绝大多数干扰拒之门外,但仍然有少数干扰窜入微机系统,引起不良后果,所以软件抗干扰措施作为第二道防线是必不可少的。软件抗干扰措施是以 CPU 的开销为代价的,影响到系统的工作效率和实时性。因此一个成功的抗干扰系统是由硬件和软件相结合构成的。硬件抗干扰效率高,但要增加系统的投资和设备的体积。软件抗干扰投资低,但要降低系统的工作效率。

对于计算机控制系统,干扰既可能来源于外部,也可能来源于内部。外部干扰指那些与系统结构无关,而是由外界环境因素决定的;而内部干扰则是由系统结构、制造工艺等决定的。外部干扰主要是空间电或磁的影响,环境温度、湿度等气象条件也是外来干扰。内部干扰主要是分布电容、分布电感引起的耦合感应,电磁场辐射感应,长线传输的波反射,多点接地造成的电位差引起的干扰,寄生振荡引起的干扰,甚至元器件产生的噪声也属于内部干扰。

5.5.1　过程通道抗干扰技术

1. 串模干扰及其抑制方法

1)串模干扰

串模干扰是指叠加在被测信号上的干扰噪声。被测信号是指有用的直流信号或缓慢变化的交变信号,而干扰噪声是指无用的、变化较快的杂乱交变信号。串模干扰和被测信号在回路中所处的地位是相同的,总是以两者之和作为输入信号。串模干扰也称为常态干扰,如图 5-57 所示,U_s 为信号源,U_n 为干扰源。

2)串模干扰的抑制方法

串模干扰的抑制方法应从干扰信号的特性和来源入手,分别对不同情况采取相应的措施。

(1)如果串模干扰频率比被测信号频率高,则采用低通滤波器来抑制高频串模干扰;如果串模干扰频率比被测信号频率低,则采用高通滤波器来抑制低频串模干扰;如果串模干扰频率落在被测信号频谱的两侧,则应采用带通滤波器。

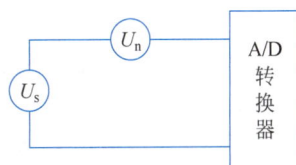

图 5-57　串模干扰示意图

一般情况下,串模干扰均比被测信号变化快,故常用二级阻容低通滤波网络作为 A/D 转换器的输入滤波器,如图 5-58 所示,它可使 50Hz 的串模干扰信号衰减 600 倍左右。该滤波器的时间常数小于 200ms,因此,当被测信号变化较快时,应相应改变网络参数,以适当减小时间常数。

图 5-58　二级阻容低通滤波网络

（2）当尖峰串模干扰成为主要干扰源时，用双积分式 A/D 转换器可以削弱串模干扰的影响。因为此类转换器是对输入信号的平均值而不是瞬时值进行转换，所以对尖峰干扰具有抑制能力。如果取积分周期等于主要串模干扰的周期或为整数倍，则通过积分比较变换后，对串模干扰有更好的抑制效果。

（3）对于串模干扰主要来自电磁感应的情况，对被测信号应尽可能早地进行前置放大，从而达到提高回路中的信号噪声比的目的；或者尽可能早地完成 A/D 转换或采取隔离和屏蔽等措施。

（4）从选择逻辑器件入手，利用逻辑器件的特性抑制串模干扰。此时可采用高抗扰度逻辑器件，通过高阈值电平抑制低噪声的干扰；也可采用低速逻辑器件抑制高频干扰；当然也可以人为地通过附加电容器，以降低某个逻辑电路的工作速度抑制高频干扰。对于主要由所选用的元器件内部的热扰动产生的随机噪声所形成的串模干扰，或在数字信号的传送过程中夹带的低噪声或窄脉冲干扰时，这种方法是比较有效的。

（5）采用双绞线作信号引线的目的是减少电磁感应，并且使各个小环路的感应电势互相呈反向抵消。选用带有屏蔽的双绞线或同轴电缆做信号线，且良好接地，并对测量仪表进行电磁屏蔽。

2. 共模干扰及其抑制方法

1）共模干扰

共模干扰是指 A/D 转换器两个输入端上共有的干扰电压。这种干扰可能是直流电压，也可能是交流电压，其幅值可达几伏甚至更高，取决于现场产生干扰的环境条件和计算机等设备的接地情况。共模干扰也称为共态干扰。

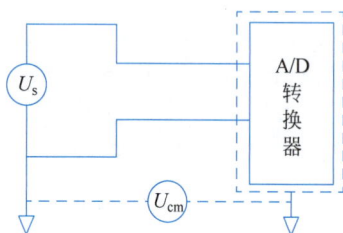

图 5-59 共模干扰示意图

因为在计算机控制生产过程时，被控制和被测试的参量可能很多，并且分散在生产现场的各个地方，一般都用很长的导线把计算机发出的控制信号传送到现场中的某个控制对象，或者把安装在某个装置中的传感器所产生的被测信号传送到计算机的 A/D 转换器。因此，被测信号 U_s 的参考接地点和计算机输入信号的参考接地点之间往往存在着一定的电位差 U_{cm}，如图 5-59 所示。对于 A/D 转换器的两个输入端，分别有 $U_s + U_{cm}$ 和 U_{cm} 两个输入信号。显然，U_{cm} 是共模干扰电压。

在计算机控制系统中，被测信号有单端对地输入和双端不对地输入两种输入方式，如图 5-60 所示。对于存在共模干扰的场合，不能采用单端对地输入方式，因为此时的共模干扰电压将全部成为串模干扰电压，如图 5-60(a) 所示。所以必须采用双端不对地输入方式，如图 5-60(b) 所示。

图中，Z_s、Z_{s1}、Z_{s2} 为信号源 U_s 的内阻抗，Z_c、Z_{c1}、Z_{c2} 为输入电路的输入阻抗。共模干扰电压 U_{cm} 对两个输入端形成两个电流回路，每个输入端 A 和 B 的共模电压分别为

$$U_A = \frac{U_{cm}}{Z_{s1} + Z_{c1}} Z_{c1} \tag{5-1}$$

$$U_B = \frac{U_{cm}}{Z_{s2} + Z_{c2}} Z_{c2} \tag{5-2}$$

(a) 单端对地　　　　　　　　(b) 双端不对地

图 5-60　被测信号的输入方式

两个输入端之间的共模电压为

$$U_{AB} = U_A - U_B = \left[\frac{Z_{c1}}{Z_{s1} + Z_{c1}} - \frac{Z_{c2}}{Z_{s2} + Z_{c2}} \right] U_{cm} \tag{5-3}$$

如果此时 $Z_{s1} = Z_{s2}$，$Z_{c1} = Z_{c2}$，那么 $U_{AB} = 0$，表示不会引入共模干扰，但上述条件实际上无法满足，只能做到 Z_{s1} 接近 Z_{s2}，Z_{c1} 接近 Z_{c2}，因此有 $U_{AB} \neq 0$，也就是说实际上总存在一定的共模干扰电压。显然，当 Z_{s1} 和 Z_{s2} 越小，Z_{c1} 和 Z_{c2} 越大，并且 Z_{c1} 与 Z_{c2} 越接近时，共模干扰的影响就越小。一般情况下，共模干扰电压 U_{cm} 总是转化成一定的串模干扰 U_n 出现在两个输入端之间。

为了衡量一个输入电路抑制共模干扰的能力，常用共模抑制比（Common Mode Rejection Ratio，CMRR）表示，即

$$CMRR = 20 \lg \frac{U_{cm}}{U_n} (dB) \tag{5-4}$$

式中，U_{cm} 是共模干扰电压；U_n 是 U_{cm} 转化的串模干扰电压。显然，对于单端对地输入方式，由于 $U_n = U_{cm}$，CMRR = 0，说明无共模抑制能力。对于双端不对地输入方式，由 U_{cm} 引入的串模干扰 U_n 越小，CMRR 就越大，抗共模干扰能力越强。

2）共模干扰的抑制方法

（1）变压器隔离。

利用变压器把模拟信号电路与数字信号电路隔离，即把模拟地与数字地断开，以使共模干扰电压 U_{cm} 不形成回路，从而抑制共模干扰（图 5-61）。另外，隔离前和隔离后应分别采用两组互相独立的电源，切断两部分的地线联系。

在图 5-61 中，被测信号 U_s 经放大后，首先通过调制器变换成交流信号，经隔离变压器 T 传输到二次侧，然后用解调器再将它变换为直流信号 U_{s2}，再对 U_{s2} 进行 A/D 转换。

图 5-61　变压器隔离

（2）光电隔离。

光电耦合器是由发光二极管和光电晶体管封装在一个管壳内组成的，发光二极管两端为信号输入端，光电晶体管的集电极和发射极分别作为光电耦合器的输出端，它们之间的信号是靠发光二极管在信号电压的控制下发光，传给光电晶体管来完成的。

光电耦合器有以下几个特点：首先，由于是密封在一个管壳内，或者是模压塑料封装的，所以不会受到外界光的干扰；其次，由于靠光传送信号，切断了各部件电路之间地线的联系；再次，发光二极管动态电阻非常小，而干扰源的内阻一般很大，能够传送到光电耦合器输入端的干扰信号就变得很小；最后，和晶体管的放大倍数相比，光电耦合器的传输比一般很小，远不如晶体管对干扰信号那样灵敏，而光电耦合器的发光二极管只有在通过一定的电流时才能发光。因此，即使是在干扰电压幅值较高的情况下，由于没有足够的能量，仍不能使发光二极管发光，从而可以有效地抑制干扰信号。此外，光电耦合器提供了较好的带宽、较低的输入失调漂移和增益温度系数，因此，能够较好地满足信号传输速率的要求。

在图 5-62 中，模拟信号 U_s 经放大后，再利用光电耦合器的线性区直接对模拟信号进行光电耦合传输。由于光电耦合器的线性区一般只能在某一特定的范围内，因此，应保证被传输信号的变化范围始终在线性区内。为保证线性耦合，既要严格挑选光电耦合器，又要采取相应的非线性校正措施，否则将产生较大的误差。另外，光电隔离前后两部分电路应分别采用两组独立的电源。

图 5-62 光电隔离

光电隔离与变压器隔离相比，实现起来比较容易、成本低、体积也小，因此在计算机控制系统中光电隔离得到了广泛的应用。

（3）浮地屏蔽。

采用浮地输入双层屏蔽放大器抑制共模干扰如图 5-63 所示。这是利用屏蔽方法使输入信号的"模拟地"浮空，从而达到抑制共模干扰的目的。

图 5-63 中，Z_1 和 Z_2 分别为模拟地与内屏蔽盒之间和内屏蔽盒与外屏蔽层（机壳）之间的绝缘阻抗，它们由漏电阻和分布电容组成，所以阻抗值很大。用于传送信号的屏蔽线的屏蔽层和 Z_2 为共模电压 U_{cm} 提供了共模电流 I_{cm1} 的通路，但此电流不会产生串模干扰，因为此时模拟地与内屏蔽盒是隔离的。由于屏蔽线的屏蔽层存在电阻 R_c，因此共模电压 U_{cm} 在电阻 R_c 上会产生较小的共模信号，它将在模拟量输入回路中产生共模电流 I_{cm2}，此 I_{cm2} 在模拟量输入回路中产生串模干扰电压。显然，由于 $R_c \ll Z_2$，$Z_s \ll Z_1$，故由 U_{cm} 引入的串模干扰电压非常弱。所以这是一种十分有效的共模抑制措施。

图 5-63　浮地输入双层屏蔽放大器

（4）采用仪表放大器提高共模抑制比。

仪表放大器具有共模抑制能力强、输入阻抗高、漂移低、增益可调等优点，是一种专门用来分离共模干扰与有用信号的器件。

3. 长线传输干扰及其抑制方法

1）长线传输干扰

计算机控制系统是一个从生产现场的传感器到计算机，再到生产现场执行机构的庞大系统。由生产现场到计算机的连线往往长达几十米，甚至几百米。即使在中央控制室内，各种连线也有几米到十几米长。由于计算机采用高速集成电路，致使长线的"长"是相对的。这里所谓的"长线"其长度并不长，而且取决于集成电路的运算速度。例如，对于飞秒级的数字电路，1m 左右的连线就应当作长线；而对于十飞秒级的电路，几米长的连线才需要当作长线。

信号在长线中传输遇到三个问题：一是长线传输易受到外界干扰；二是具有信号延时；三是高速变化的信号在长线中传输时，还会出现波反射现象。当信号在长线中传输时，由于传输线的分布电容和分布电感的影响，信号会在传输线内部产生正向前进的电压波和电流波，称为入射波；另外，如果传输线的终端阻抗与传输线的波阻抗不匹配，那么当入射波到达终端时，便会引起反射；同样，反射波到达传输线始端时，如果始端阻抗也不匹配，还会引起新的反射。这种信号的多次反射现象，使信号波形严重失真和畸变，并且引起干扰脉冲。

2）长线传输干扰的抑制方法

采用终端阻抗匹配或始端阻抗匹配，可以消除长线传输中的波反射或者把它抑制到最低限度。

（1）终端匹配。

为了进行阻抗匹配，必须事先知道传输线的波阻抗 R_p，波阻抗的测量如图 5-64 所示。调节可变电阻 R，并用示波器观察门 A 的波形，当达到完全匹配，即 $R = R_p$ 时，门 A 输出的波形不畸变，反射

图 5-64　测量传输线波阻抗

波完全消失，这时的 R 值就是该传输线的波阻抗。

为了避免外界干扰的影响，在计算机中常常采用双绞线和同轴电缆作信号线。双绞线的波阻抗一般在 $100\sim200\Omega$，绞花越密，波阻抗越低。同轴电缆的波阻抗在 $50\sim100\Omega$。根据传输线的基本理论，无损耗导线的波阻抗 R_p 为

$$R_p = \sqrt{\frac{L_0}{C_0}}$$

$$(5-5)$$

式中，L_0 为单位长度的电感（H）；C_0 为单位长度的电容（F）。

简单的终端匹配方法如图 5-65(a) 所示，如果传输线的波阻抗是 R_p，那么当 $R=R_p$ 时，便实现了终端匹配，消除了波反射。此时终端波形和始端波形的形状一致，只是时间上滞后。由于终端电阻变低，则加大负载，使波形的高电平下降，从而降低了高电平的抗干扰能力，但对波形的低电平没有影响。

为了克服上述匹配方法的缺点，可采用图 5-65(b) 所示的终端匹配方法。其等效电阻 R 为

$$R = \frac{R_1 R_2}{R_1 + R_2}$$

(a) 简单的终端匹配方法　　　　　　　　(b) 终端匹配方法

图 5-65　终端匹配

适当调整 R_1 和 R_2 的电阻值，可使 $R=R_p$。这种匹配方法也能消除波反射，优点是波形的高电平下降较少，缺点是低电平抬高，从而降低了低电平的抗干扰能力。为了同时兼顾高电平和低电平两种情况，可选取 $R_1=R_2=2R_p$，此时等效电阻 $R=R_p$。实践中，宁可使高电平降低得稍多一些，而让低电平抬高得少一些，可通过适当选取电阻 R_1 和 R_2，使 $R_1 > R_2$，从而达到此目的，当然还要保证等效电阻 $R=R_p$。

（2）始端匹配。

始端匹配如图 5-66 所示，在传输线始端串入电阻 R，也能基本上消除波反射，达到改善波形的目的。一般选择始端匹配电阻 R 为

$$R = R_p - R_{sc}$$

式中，R_{sc} 为门 A 输出低电平时的输出阻抗。

图 5-66　始端匹配

这种匹配方法的优点是波形的高电平不变,缺点是波形的低电平会抬高。其原因是终端门 B 的输入电流 I_{sr} 在始端匹配电阻 R 上存在压降。显然,终端所带负载门个数越多,则低电平抬高越显著。

5.5.2 主机抗干扰技术

计算机控制系统的 CPU 抗干扰措施常常采用看门狗、电源监控(掉电检测及保护)、复位等方法。这些方法可利用微处理器监控电路 MAX1232 来实现。

1. MAX1232 的结构原理

微处理器监控电路 MAX1232 给微处理器提供辅助功能以及电源供电监控功能,MAX1232 通过监控微处理器系统电源供电及监控软件的执行,来增强电路的可靠性,它提供一个反弹的(无锁的)手动复位输入。

当电源过电压、欠电压时,MAX1232 将提供至少 250ms 宽度的复位脉冲,其中能用数字式的方法来选择 5% 或 10% 的容限,这个复位脉冲也可以由无锁的手动复位输入;MAX1232 有一个可编程的监控定时器(看门狗)监督软件的执行,该看门狗可编程为 150ms、600ms 或 1.2s 的超时设置。MAX1232 的引脚如图 5-67 所示。

图 5-68 给出了 MAX1232 的内部结构。

$\overline{\text{PB RST}}$ 为按键复位输入。反弹式低电平有效输入,忽略小于 1ms 宽度的脉冲,确保识别 20ms 或更宽的输入脉冲。

图 5-67 MAX1232 的引脚

图 5-68 MAX1232 的内部结构

TD 为时间延迟,看门狗时基选择输入。TD=0 时,$t_{TD}=150\text{ms}$;TD 悬空时 $t_{TD}=600\text{ms}$;TD=V_{CC} 时,$t_{TD}=1.2\text{s}$。

TOL 为容限输入。TOL 接地时选取 5% 的容限;TOL 接 V_{CC} 时选取 10% 的容限。

GND 为地。

RST 为复位输出(高电平有效)。RST 产生的条件:若 V_{CC} 下降低于所选择的复位电压阈值,产生 RST 输出;若 $\overline{\text{PB RST}}$ 变低,产生 RST 输出;若在最小暂停周期内 $\overline{\text{ST}}$ 未选通,产生 RST 输出；若在加电源期间,产生 RST 输出。

$\overline{\text{RST}}$ 为复位输出(低电平有效)。产生条件同 RST。

$\overline{\text{ST}}$ 为选通输入看门狗定时器输入。

2. MAX1232 的主要功能

1）电源监控

电压检测器监控 V_{CC},每当 V_{CC} 低于所选择的容限时(5％ 容限时的电压典型值为 4.62V,10％ 容限时的电压典型值为 4.37V)就输出并保持复位信号。选择 5％ 的容限时, TOL 端接地；选择 10％ 的容限时,TOL 端接 V_{CC}。当 V_{CC} 恢复到容限内,复位输出信号至少保持 250ms 的宽度,才允许电源供电并使微处理器稳定工作。RST 输出并提供电流。当 $\overline{\text{RST}}$ 端输出时,形成一个开路漏电极 MOSFET(金属氧化物半导体场效应晶体管),该端降低并吸收电流,因而该端必须被拉高。

2）按钮复位输入

MAX1232 的 $\overline{\text{PB RST}}$ 端靠手动强制复位输出,该端保持的 t_{PBD} 是按钮复位延迟时间, 当 $\overline{\text{PB RST}}$ 升高到大于一定的电压值后,复位输出保持至少 250ms 的宽度。

一个机械按钮或一个有效的逻辑信号都能驱动 $\overline{\text{PB RST}}$,无锁按钮输入至少忽略了 1ms 的输入抖动,并且被保证能识别出 20ms 或更大的脉冲宽度。该 $\overline{\text{PB RST}}$ 在芯片内部被上拉到大约 $100\mu A$ 的 V_{CC} 上,因而不需要附加的上拉电阻。

3）监控定时器(看门狗)

看门狗是工业控制机普遍采用的抗干扰措施。尽管系统采用各种抗干扰措施,仍然难以保证万无一失,看门狗则有看守大门的作用,刚好弥补了这一缺憾。看门狗有多种用法, 但最主要的应用则是用于因干扰引起的系统"飞程序"等出错的检测和自动恢复。微处理器用一根 I/O 线来驱动 $\overline{\text{ST}}$ 输入,微处理器必须在一定时间内触发 $\overline{\text{ST}}$ 端(其时间取决于 TD),以便检测正常的软件执行。如果一个硬件或软件的失误导致 $\overline{\text{ST}}$ 没被触发,在一个最小超时间间隔内,$\overline{\text{ST}}$ 的触发只被脉冲的下降沿作用,这时 MAX1232 的复位输出至少保持 250ms 的宽度。

图 5-69 是一个典型的启动微处理器的例子。如果这个中断继续,那么在每一个超时间间隔内将产生一个新的复位脉冲,直到 $\overline{\text{ST}}$ 被触发为止。这个超时间隔取决于 TD 输入的

图 5-69　监控电路 MAX1232 的典型应用

连接,当 TD 接地时,看门狗为 150ms;当 TD 悬空时,看门狗为 600ms;TD 接 V_{CC} 时,看门狗为 1.2s。触发 $\overline{ST}$ 的软件例行程序是非常关键的,这个代码必须是在循环执行的软件中,并且这个时间(工作步长)至少要比所定的看门狗的时间短。通常采用的技术是从程序中的两部分来控制微处理器的 I/O 线。当软件工作在前台时,可以设置 I/O 线为高,当软件工作在后台方式或中断方式时,可以设置 I/O 线为低,如果这两种模式都不能正确执行,那么监控定时器,即看门狗就会产生复位脉冲信号。

3. 掉电保护和恢复运行

电网瞬间断电或电压突然下降将使微机系统陷入混乱状态,电网电压恢复正常后,微机系统难以恢复正常。掉电信号由监控电路 MAX1232 检测到,加到微处理器(CPU)的外部中断输入端。软件中将掉电中断规定为高级中断,使系统能够及时对掉电作出反应。在掉电中断服务子程序中,首先进行现场保护,把当时的重要状态参数、中间结果、某些专用寄存器的内容转移到专用的有后备电源的 RAM 中。其次是对有关外设妥善处理,如关闭各输入/输出口,使外设处于某一个非工作状态等。最后必须在专用的有后备电源的 RAM 中某一个或两个单元作上特定标记,即掉电标记。为保证掉电子程序能顺利执行,掉电检测电路必须在电源电压下降到 CPU 最低工作电压之前就提出中断申请,提前时间为几百微秒至数毫秒。

当电源恢复正常时,CPU 重新上电复位,复位后应首先检查是否有掉电标记,如果没有,按一般开机程序执行(系统初始化等)。如果有掉电标记,不应将系统初始化,而应按掉电中断服务子程序相反的方式恢复现场,以一种合理的安全方式使系统继续未完成的工作。

5.5.3　系统供电与接地技术

1. 供电技术

1) 供电系统的一般保护措施

计算机控制系统的供电一般采用图 5-70 所示的结构。交流稳压器用来保证 AC 220V 供电,交流电网频率为 50Hz,其中混杂了部分高频干扰信号。为此采用低通滤波器让 50Hz 的基波通过,而滤除高频干扰信号。最后由直流稳压电源给计算机供电,建议采用开关电源。开关电源用调节脉冲宽度的办法调整直流电压,调整管以开关方式工作,功耗低。这种电源用体积很小的高频变压器代替了一般线性稳压电源中的体积庞大的工频变压器,对电网电压的波动适应性强,抗干扰性能好。

AC 220V → 交流稳压器 → 低通滤波器 → 直流稳压电源 → 计算机

图 5-70　一般供电结构

2) 电源异常的保护措施

计算机控制系统的供电不允许中断,一旦中断将会影响生产。为此,可采用不间断电源(UPS),其原理如图 5-71 所示。正常情况下由交流电网供电,同时电池组处于浮充状态。如果交流供电中断,电池组经逆变器输出交流代替外界交流供电,这是一种无触点的不间断切换。UPS 是用电池组作为后备电源。如果外界交流电中断时间长,就需要大容量的蓄电池组。为了确保供电安全，可以采用交流发电机，或第二路交流供电线路。

图 5-71　具有不间断电源的供电结构

2. 接地技术

1）地线系统分析

在计算机控制系统中，一般有以下几种地线：模拟地、数字地、安全地、系统地、交流地。

模拟地作为传感器、变送器、放大器、A/D 和 D/A 转换器中模拟电路的零电位。模拟信号有精度要求，有时信号比较小，而且与生产现场连接。因此，必须认真对待模拟地。

数字地作为计算机中各种数字电路的零电位，应该与模拟地分开，避免模拟信号受数字脉冲的干扰。

安全地的目的是使设备机壳与大地等电位，以避免机壳带电而影响人身及设备安全。通常安全地又称为保护地或机壳地，机壳包括机架、外壳、屏蔽罩等。

统地就是上述几种地的最终回流点，直接与大地相连，如图 5-72 所示。众所周知，地球是导体而且体积非常大，因而其静电容量也非常大，电位比较恒定，所以人们把它的电位作为基准电位，也就是零电位。

图 5-72　回流法接地示意图

交流地是计算机交流供电电源地，即动力线地，它的地电位很不稳定。在交流地上任意两点之间往往有几伏至几十伏的电位差存在。另外，交流地也很容易带来各种干扰。因此，交流地绝对不允许分别与上述几种地相连，而且交流电源变压器的绝缘性能要好，要绝对避免漏电现象。

显然，正确接地是一个十分重要的问题。根据接地理论分析，低频电路应单点接地，高频电路应就近多点接地。一般来说，当频率小于 1MHz 时，可以采用单点接地方式；当频率高于 10MHz 时，可以采用多点接地方式。在 1～10MHz，如果采用单点接地，其地线长度不得超过波长的 1/20，否则应使用多点接地。单点接地的目的是避免形成地环路，地环路产生的电流会引入信号回路内引起干扰。

在过程控制计算机中，对上述各种地的处理一般采用分别回流法单点接地。回流线往往采用汇流条而不是一般的导线。汇流条是由多层铜导体构成，截面呈矩形，各层之间有绝缘层。采用多层汇流条以减少自感，可减少干扰的窜入途径。在稍考究的系统中，分别使用横向及纵向汇流条，机柜内各层机架之间分别设置汇流条，以最大限度地减少公共阻抗的影响。在空间上将数字地汇流条与模拟地汇流条隔开，以避免通过汇流条间电容产生耦合。安全地（机壳地）始终与信号地（模拟地、数字地）是浮离的。这些地只在最后汇聚一点，并且常常通过铜接地板交汇,然后用线径不小于 300mm^2 的多股铜软线焊接在接地极上后深埋地下。

2) 低频接地技术

在一个实际的计算机控制系统中,通道的信号频率绝大部分在 1MHz 以下。因此,本节只讨论低频接地而不涉及高频问题。

(1) 一点接地方式。

信号地线应采用一点接地,而不采用多点接地。一点接地主要有两种接法:串联接地(或称共同接地)和并联接地(或称分别接地)。

从防止噪声角度,如图 5-73 所示的串联接地方式最不适用。由于地电阻 r_1、r_2 和 r_3 是串联的,所以各电路间相互发生干扰。虽然这种接地方式很不合理,但由于比较简单,用的地方仍然很多。当各电路的电平相差不大时还可勉强使用;但当各电路的电平相差很大时就不能使用,因为高电平将会产生很大的地电流并干扰低电平电路。使用这种串联一点接地方式时还应注意把低电平电路放在距接地点最近的地方,即图 5-73 中最接近于地电位的 A 点。

图 5-73　串联一点接地

如图 5-74 所示的并联接地方式在低频时是最适用的,因为各电路的地电位只与本电路的地电流和地线阻抗有关,不会因地电流而引起各电路间的耦合。这种方式的缺点是需要连接很多根地线,用起来比较麻烦。

(2) 实用的低频接地。

一般在低频时用串联一点接地的综合接法,即在符合噪声标准和简单易行的条件下统筹兼顾。也就是说可用分组接法,即低电平电路经一组共同地线接地,高电平电路经另一组共同地线接地。注意不要把功率相差很多、噪声电平相差很大的电路接入同一组地线接地。

在一般的系统中至少要有 3 条分开的地线(为避免噪声耦合,3 种地线应分开),如图 5-75所示。一条是低电平电路地线(信号地线);一条是继电器、电动机等的地线(称为"噪声"地线);一条是设备机壳地线(称为"金属件"地线)。若设备使用交流电源,则电源地线应和金属件地线相连。这三条地线应在一点连接接地。使用这种方法接地时,可解决计算机控制系统的大部分接地问题。

图 5-74　并联一点接地

图 5-75　实用低频接地

3）通道馈线的接地技术

在"导线"的屏蔽中，针对电场耦合和磁场耦合干扰，讨论了屏蔽和抑制这种干扰的措施。其中也涉及了接地问题，但只讨论了该怎样接地，并没有说明应该在何处接地。这里则从如何克服地环流影响的角度来分析和解决应在哪里接地的问题。

（1）电路一点地基准。

一个实际的模拟量输入通道总可以简化成由信号源、输入馈线和输入放大器三部分组成。如图 5-76 所示将信号源与输入放大器分别接地的方式是不正确的。这种接地方式之所以错误，是因为它不仅会遭到磁场耦合的影响，而且还会因 A 和 B 两点的电位不等而引起环流噪声干扰。忽略导线电阻，误认为 A 和 B 两点都是地球的电位，应该相等，是造成这种接地错误的根本原因。实际上，由于各处接地体几何形状、材质、埋地深度不可能完全相同，土壤的电阻率因地层结构各异也相差甚大，使得接地电阻和接地电位可能有很大的差值。这种接地电位的不相等，几乎每个工业现场都要碰到，一定要引起注意。

为了克服双端接地的缺点，应将图 5-76 输入回路改为单端接地方式。当单端接地点位于信号源端时，放大器电源不接地；当单端接地点位于放大器端时，信号源不接地。

（2）电缆屏蔽层的接地。

当信号电路是一点接地时，低频电缆的屏蔽层也应一点接地。如欲将屏蔽层一点接地，则应选择较好的接地点。

当一个电路有一个不接地的信号源与一个接地的（即使不是接大地）放大器相连时，输入线的屏蔽层应接至放大器的公共端；当接地信号源与不接地放大器相连

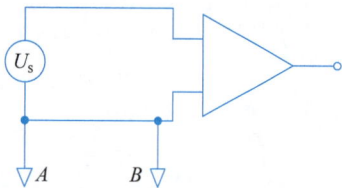

图 5-76　错误的接地方式

时，即使信号源端接的不是大地，输入线的屏蔽层也应接到信号源的公共端。这种单端接地方式如图 5-77 所示。

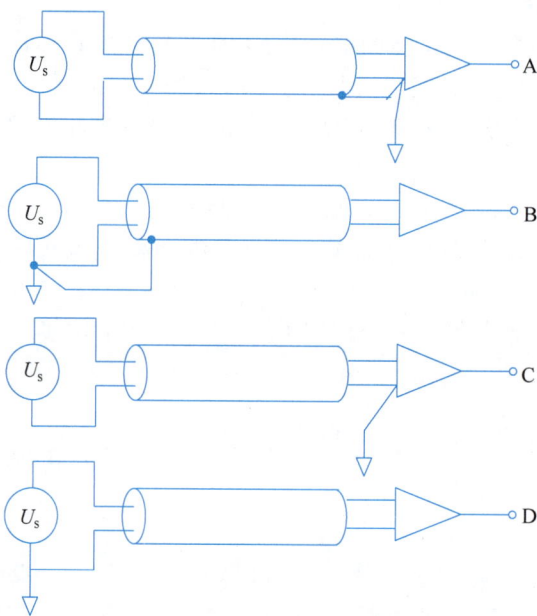

图 5-77　在低频时屏蔽电缆的单端接地方式

4）主机外壳接地但机芯浮空

为了提高计算机的抗干扰能力,将主机外壳作为屏蔽罩接地,而把机内器件架与外壳绝缘,绝缘电阻大于 $50M\Omega$,即机内信号地浮空,如图 5-78 所示。这种方法安全可靠,抗干扰能力强,但制造工艺复杂,一旦绝缘电阻降低就会引入干扰。

5）多机系统的接地

在计算机网络系统中,多台计算机之间相互通信,资源共享。如果接地不合理,将使整个网络系统无法正常工作。近距离的几台计算机安装在同一机房内,可采用类似图 5-79 那样的多机一点接地方法。对于远距离的计算机网络、多台计算机之间的数据通信,通过隔离的办法把地分开。例如,采用变压器隔离技术、光电隔离技术和无线电通信技术。

图 5-78 外壳接地、机芯浮空

图 5-79 多机系统的接地

习题与思考题

1. 什么是接口、接口技术和过程通道?

2. 采用 74LS244 和 74LS273 与 PC/ISA 总线式工业控制机接口,设计 8 通道数字量(开关量)输入接口和 8 通道数字量(开关量)输出接口,请画出接口电路原理图,并分别编写数字量输入和数字量输出程序。

3. 用 8 位 A/D 转换器 ADC0809 与 PC/ISA 总线式工业控制机接口,实现 8 通道模拟量采集。请画出接口原理图,并设计出 8 通道模拟量的数据采集程序。

4. 用 12 位 A/D 转换器 AD574A 与 PC/ISA 总线式工业控制机接口,实现模拟量采集。请画出接口电路原理图,并设计出 A/D 转换程序。

5. 请分别画出一路有源 I/V 变换电路和一路无源 I/V 变换电路图,并分别说明各元器件的作用。

6. 什么是采样过程、量化、孔径时间?

7. 采样保持器的作用是什么? 是否所有的模拟量输入通道中都需要采样保持器? 为什么?

8. 一个 8 位 A/D 转换器,孔径时间为 $100\mu s$,如果要求转换误差在 A/D 转换器的转换精度(0.4%)内,求允许转换的正弦波模拟信号的最大频率是多少?

9. 试使用 AD1674、LF398、CD4051 和 PC/ISA 总线式工业控制机接口,设计出 8 通道模拟量采集系统,请画出接口电路原理图,并编写相应的 8 通道模拟量数据采集程序。

10. 采用 DAC0832 和 ISA 总线式工业控制机接口，请画出接口电路原理图，并编写 D/A 转换程序。

11. 采用 DAC1210 和 ISA 总线式工业控制机接口，请画出接口电路原理图，并编写 D/A 转换程序。

12. 请分别画出 D/A 转换器的单极性和双极性电压输出电路，并分别推导出输出电压与输入数字量之间的关系式。

13. 什么是串模干扰和共模干扰？如何抑制？

14. MAX1232 有哪些主要功能？

15. 计算机控制系统中一般有哪几种地线？请画出回流法接地和一点接地示意图。

计算机控制系统的软件设计技术

在计算机控制系统中,不但有硬件,而且还有软件。软件是工业控制机的程序系统,它可分为系统软件和应用软件。应用软件是面向控制系统本身的程序,它是根据系统的具体要求,由用户自己设计的。软件设计的方法有两种,一种是由用户利用计算机语言编制需要的应用程序;另一种是利用组态软件,选择相应的模块,进行功能的综合。本章将详细介绍程序设计技术、人机接口(HMI/SCADA)技术、测量数据预处理与系统有限字长、数字控制器的工程实现、软件抗干扰技术。

6.1 程序设计技术

一个完整的程序设计过程如图 6-1 所示。首先要分析用户的要求,这大约占整个程序设计工作量的 10%;然后编写程序的说明,这大约也占 10%;接着进行程序的设计与编码,这大约占 30%,其中设计与编码几乎各占 15%;最后进行测试和调试,这要花费整个程序设计工作量的 40%以上。

一个控制系统要完成的任务往往是错综复杂的。程序设计的首要一步是要把程序承担的各项任务明确地定义。应用程序设计的每一步都是相互影响的。设计者往往同时在几个步骤上进行设计,如手编程序、查错、文件编制可能同时进行。

6.1.1 模块化与结构化程序设计

1. 模块化程序设计

模块化程序设计的出发点是把一个复杂的系统软件分解为若干功能模块,每个模块执行单一的功能,并且具有单入口单出口结构。模块化程序设计的传统方法是建立在把系统功能分解为程序过程或宏指令的基础上。但在很大的系统中,这种分解往往导致大量过程,这些过程虽然容易理解,但却有复杂的内部依赖关系,因此导致一些问题不好解决。

1)自底向上模块化设计

首先对最底层模块进行编码、测试和调试。这些模块正常工

图 6-1 程序设计过程

作后，就可以用它们来开发较高层的模块。例如，在编主程序前，先开发各个子程序，然后，用一个测试用的主程序来测试每一个子程序。这种方法是汇编语言设计常用的方法。

2）自顶向下模块化设计

首先对最高层进行编码、测试和调试。为了测试这些最高层模块，可以用"节点"来代替还未编码的较低层模块，这些"节点"的输入和输出满足程序的说明部分要求，但功能少得多。该方法一般适合用高级语言来设计程序。

上述两种方法各有优缺点。在自底向上开发中，高层模块设计中的根本错误也许要很晚才能发现。在自顶向下开发中，程序的大小和性能往往要在开发关键性的低层模块时才会表现出来。实际工作中，最好将两种方法结合使用。先开发高层模块和关键性低层模块，并用"节点"代替以后开发的不太重要的模块。

2. 结构化程序设计

结构化程序设计的概念最早由 Dijkstra E W 提出。1965 年他在一次会议上指出："可以从高级语言中取消 GO TO 语句""程序的质量与程序中所包含的 GO TO 语句的数量成反比。"1966 年，Böhm C 和 Jacopini G 证明了只用三种基本的控制结构就能实现任何单入口单出口的程序。这三种基本的控制结构是"顺序""选择""循环"，它们的流程如图 6-2 所示。

(a) 顺序结构　　(b) 选择结构

(c) 循环结构

图 6-2　程序的基本控制结构的流程

实际上用顺序结构和循环结构（又称 DO-WHILE 结构）完全可以实现选择结构（又称 IF-THEN-ELSE 结构），因此理论上最基本的控制结构只有两种。Böhm 和 Jacopini 的证明给结构化程序设计技术奠定了理论基础。

结构化程序设计是一种程序设计技术，它采用自顶向下逐步求精的设计方法和单入口单出口的控制结构。关于逐步求精方法，Niklaus Wirth 曾作过如下说明："我们对付复杂问题的最重要的办法是抽象，因此，对一个复杂的问题不应该立即用计算机指令、数字和逻辑符号来表示,而应该用较自然的抽象语句来表示,从而得出抽象程序。抽象程序对抽象的数据进行某些特定的运算并用某些合适的记号(可能是自然语言)来表示。对抽象程序进一步的分解,并进入下一个抽象层次,这样的精细化过程一直进行下去,直到程序能被计算机接受为止。这时的程序可能是用某种高级语言或机器指令书写的。"在总体设计阶段采用自顶向下逐步求精的方法,可以把一个复杂问题的解法分解和细化成一个由许多模块组成的层次结构的软件系统。在详细设计或编码阶段采用自顶向下逐步求精的方法,可以把一个模块的功能逐步分解细化为一系列具体的处理步骤或某种高级语言的语句。

程序设计通常分为五个步骤,即问题定义、程序设计、编码、调试、改进和再设计。问题定义阶段是要明确计算机完成哪些任务、执行什么程序、输入/输出的形式、与接口硬件电路的连接配合以及出错处理方法;程序设计是利用程序对任务进行描述,使用的方法有模块程序设计法和结构化程序设计法;编码是指程序设计人员选取一种适当的高级(或汇编)语言书写程序;调试是利用各种测试方法检查程序的正确性;改进和再设计是根据调试中的问题对原设计进行修改,并对程序进行改进设计和补充。

6.1.2 面向过程与面向对象的程序设计

1. 面向过程的程序设计及其局限性

过程式程序设计是面向功能的。编写程序时首先要定义所要实现的功能,然后为实现这些功能设计所要执行的步骤,这些步骤就是过程。编写代码实际等于分解这些步骤,使每一步骤直接对应一行代码。这就是过程式编程中的"逐步求精"的过程。所谓程序就是过程和顺序。为实现代码的重用,代码按照功能被组织到过程和函数中,以便需要时可反复调用。

这种方式不利于中大型软件的开发与维护,小部分数据或功能的改变会涉及很多的相关程序。分析其原因主要有两点:一是由于结构化方法将过程和数据分离为相互独立的实体,程序员在编程时必须时刻考虑所要处理数据的格式,对于不同的数据格式做相同的处理或对于相同的数据格式做不同处理时都需要编写不同的程序,所以结构化程序的可重用性不好;二是当数据和过程相对独立时,总存在着使用错误的数据调用正确的程序模块,或使用正确的数据调用错误的程序模块的危险,这就要求程序员必须尽可能地保持数据与程序间的相容性和一致性,显然这是比较困难的。而应用面向对象方法,可以较好地解决上述问题。

2. 面向对象的程序设计

与结构化方法采用许多符合人类思维习惯的原则和策略(如自顶向下、逐步求精等)方法不同,面向对象方法更强调运用人类在逻辑思维中经常采用的思想方法与原则,例如抽象、分类、继承、封装等,使软件开发人员能用自然思维的方法思考问题,用其他人也能理解的方法表达求解问题的方法。这两种方法在概念上存在以下主要区别。

(1)模块与对象。结构化方法中的模块是对功能的抽象,每个模块是一个处理单位,具有输入和输出功能。而面向对象方法的对象也具有模块性,但它是包括数据和操作的整体,是对数据和功能的抽象和统一。可以说,对象包含了模块的概念。

(2)过程调用和消息传递。在结构化程序设计中,过程是一个独立的实体,可以显式被其他过程(模块)调用,调用数据或信息可以通过实参传递。而在面向对象的程序设计中,方法是隶属于对象的,是对象功能的体现,不能有独立存在的方法。消息传递机制很自然地与分布式并行程序、多机系统和网络通信模型取得一致。在结构化程序设计中，同一个参数的调用，其结果是相同的。但在面向对象的程序设计中的消息传递则不同，同一消息的多次传递可能会产生不同的结果。

（3）类型和类。类型和类都是对数据和操作的抽象，即定义了一组具有共同特征的数据和可以作用于其上的一组操作。但是，类型比较偏重操作抽象，类则集成了数据抽象和操作抽象。另外，类引入了继承机制，实现了可扩充性。

（4）静态链接和动态链接。在面向对象的系统中，通过消息激活机制，可以把对象之间的静态链接联系在一起，使整个机体运转，实现系统的动态链接。

面向对象方法的基本原则是在用计算机解决问题时，按人们通常的思维方式建立问题域的模型，设计尽可能自然地表现求解方法的软件。因此，采用面向对象的设计方法，程序不仅易于被人理解，而且易于维护和修改，从而提高了程序的可靠性和可维护性；同时，可以提高公共问题域中程序模块化和重用化的可能性。

6.1.3　高级语言 I/O 控制台编程

对于 PC 总线式工业控制机，以 Turbo C 为例来说明其访问 I/O 端口的编程。Turbo C 通常有库函数，允许直接访问 I/O 端口，头文件〈conio.h〉中定义了 I/O 端口例程。inportb 和 outportb 分别表示从指定端口读一个字节数据和向指定端口写一个字节数据，inportw 和 outportw 分别表示从指定端口读一个字数据和向指定端口写一个字数据。

例如：

```
a = inportw(0x210);
b = inportb(0x220);
```

第一条指令表示将端口 210H 的 16 位二进制数（一个字）输入给变量 a，第二条指令表示将端口 220H 的 8 位二进制数（一字节）输入给变量 b。在 C 语言中，0x 开头的是十六进制数。

又如：

```
outportw(0x230,0x3435);
outportb(0x240,0x26);
```

第一条指令表示将 2 字节数 3435H 输出到端口 230H 中，第二条指令表示将单字节数 26H 输出到端口 240H 中。详细内容请参阅 Turbo C 方面的资料。

6.2　人机接口技术

6.2.1　HMI/SCADA 的含义

人机接口（Human Machine Interface, HMI）广义的解释就是"使用者与机器间沟通、传达及接收信息的一个接口"。利用计算机处理数据的强大功能，向用户提供诸如工艺流程图显示、动态数据画面显示、参数修改与设置、报表编制、趋势图生成、报警画面、打印参数以及生产管理等多种功能，为系统提供良好的人机界面。一般而言，HMI 系统必须有以下几项基本的能力。

（1）实时数据趋势显示，把获取的数据立即显示在屏幕上。

（2）历史数据趋势显示，把数据库中的数据作可视化的呈现。

（3）自动记录数据，自动将数据存储至数据库中，以便日后查看。

（4）警报的产生与记录，使用者可以定义一些警报产生的条件，比如温度或压力超过临界值，在这样的条件下系统会产生警报，通知作业员处理。

（5）报表的产生与打印，能把数据转换成报表的格式，并能够打印出来。

（6）图形接口控制，操作者能够通过图形接口直接控制机台等装置。

凡是具有系统监控和数据采集功能的软件，都可称为 SCADA（Supervisor Control and Data Acquisition）软件。它是建立在 PC 基础之上的自动化监控系统，具有以下的基本特征：图形界面、系统状态动态模拟、实时数据和历史趋势、报警处理系统、数据采集和记录、数据分析、报表输出。

SCADA 软件和硬件设备的连接方式主要可归纳为三种。

（1）标准通信协议。工业领域常用的标准协议有 ARCNET、CAN Bus、Device Net、Lon Works、Modbus、Profibus。SCADA 软件和硬件设备只要使用相同的通信协议，就可以直接通信，不需再安装其他驱动程序。

（2）标准数据交换接口。常用的有动态数据交换（Dynamic Data Exchange，DDE）与用于过程控制的 OLE（OLE for Process Control，OPC）。使用标准的数据交换接口，SCADA 软件以间接方式通过 DDE 或 OPC 内部数据交换中心（Data Exchange Center）与硬件设备通信。这种方式的优点在于，不管硬件设备是否使用标准的通信协议，制造商只需提供一套 DDE 或 OPC 的驱动，即可支持大部分的 SCADA 软件。

（3）绑定驱动（Native Driver）。绑定驱动程序是指针对特定硬件和目标设计的驱动。这种方式的优点是执行效率比使用其他驱动方式高，但缺点是兼容性差。制造商必须针对每一种 SCADA 软件提供特定的驱动程序。

HMI/SCADA 设计有两种方法：基于监控组态软件和基于可视化高级语言。

用组态软件实现监控，可以利用组态软件提供的硬件驱动功能直接与硬件进行通信，不需编写通信程序，且功能强大、灵活性好、可靠性高，但软件价格高，对硬件的依赖比较大，当组态软件不支持相关的硬件时就会受到限制。在复杂控制系统中可以采用此方法。

用户利用面向对象的可视化高级编程语言可自行编制软件实现系统监控，其中包括数据通信、界面实现、数据处理、实时监控和实时数据库功能等内容，该方法灵活性好、系统投资低、能适用于各种系统。但系统开发工作量大，特别是要实现工业生产中复杂的流程和工艺的逼真显示要花费大量的时间，可靠性难保证，对设计人员的经验和技术水平的要求高，这种方法需要自己编写通信程序。

6.2.2　基于监控组态软件设计人机接口

组态最早来自英文 Configuration，含义是使用软件工具对计算机及软件的各种资源进行配置，达到使计算机或软件按照预先设置自动完成特定任务，满足使用者要求的目的。监控组态软件，即 SCADA 软件，是指一些数据采集与过程控制的专用软件，它们是在自动控制系统监控层级的软件平台和开发环境，使用灵活的组态方式，为用户提供快速构建具有工业自动控制系统监控功能的、通用层次的软件工具。

目前，越来越多的自动化系统工程师已不再采用从芯片→电路设计→模块制作→系统组装调试→…的传统模式设计计算机控制系统，而是采用监控组态的系统集成模式。典型的监控组态软件，国内主要有组态王 Kingview（北京亚控科技发展有限公司的组态王是国内组态软件产品的典型代表）、MCGS（北京昆仑通态自动化软件科技有限公司）、Force Control（北京三维力控科技有限公司）等；国外主要有 InTouch（美国 Wonderware 公司，堪称监控组态软件的"鼻祖"）、Fix（美国 Intellution 公司）、WinCC（德国西门子公司）等。

计算机控制系统的组态功能可分为两个主要方面，即硬件组态和软件组态。硬件组态常以总线式（ISA 总线、PCI 总线或 PCI-E 总线）工业控制机为主进行选择和配置。软件组态常以监控组态软件为主来实现，控制工程师在不必了解计算机的硬件和程序的情况下，在 CRT 屏幕上采用菜单方式，用填表的办法，对输入、输出信号用"仪表组态"方法进行软连接。控制系统的软件组态是生成整个系统的重要技术，对每一个控制回路分别依照其控制回路图进行。最重要的工作是设计 3 个画面，即总貌画面、分组画面、回路画面。

组态工作是在监控组态软件支持下进行的，监控组态软件主要包括控制组态、图形生成系统、显示组态、I/O 通道登记、单位名称登记、实时和历史趋势曲线登记、报警系统登记、报表生成系统共 8 方面的内容。有些系统可根据特殊要求而进行一些特殊的组态工作。控制工程师利用工程师键盘，以人机对话方式完成组态操作，并将系统组态结果存入磁盘存储器，以在运行时使用。

6.2.3　基于可视化高级语言设计人机接口

1. Visual Basic

1991 年，微软公司推出了 Visual Basic 1.0，它的诞生标志着软件设计和开发的一个新时代的开始。Visual Basic 为开发 Windows 应用程序提供了强有力的工具。它极大地改变了人们对 Windows 的看法以及编写 Windows 应用程序的方式，简化了界面的设计，使程序员可以直观地设计应用程序的用户界面。通过事件驱动机制，用户在界面上的任何操作都被自动映射到相应的处理代码上。这样，程序员可以将精力集中在程序功能的实现上，无须像以前那样耗费大量的精力为界面编写代码。Visual Basic 还提供了对象的链接与嵌入（Object Linking and Embedding，OLE）功能，也就是在应用程序中，可以通过控制其他应用程序中的对象来借用它们的某些功能。而后多年，Visual Basic 经过了多次发展。在 2020 年 3 月 11 日，微软公司宣布不会再开发 Visual Basic 或增加功能。

2. Visual C++

自 1993 年微软公司推出 Visual C++ 1.0 后，Visual C++ 已成为软件开发的首选工具。基于编译程序，编程人员能够设计出良好的具有 Windows 界面特性的应用程序。Visual C++ 6.0 是到目前为止使用最普遍的 Visual C++ 编译程序版本。它包含 Microsoft 基本类（Foundation Class）和可以用来设计复杂的对话框、菜单、工具条、图像、应用程序所需的很多其他组件，可简化和加速 Windows 应用程序的开发。基于 Visual C++ 能够开发各式各样的适应用户要求的监控界面。

目前，用户使用较多的版本是 Visual C++ 2022。工控产品公司都提供 Active Visual C DAQ 控件，这是一套高效数据采集开发组件，可以方便地应用于 Visual C++、Visual Basic 以及支持 Active 控件的组态软件中，通过控件的属性、事件、方法可以很方便地对控件进行编程,用来开发数据采集的各种功能,包括模拟量输入输出(软件/中断/DMA)、数字量输入输出、脉冲量输入输出等。

3. C♯

C♯语言是微软公司在 2000 年推出的一款面向对象的编程语言,凭借其通用的语法和便捷的使用方法受到了很多企业和开发人员的青睐。它不仅去掉了 C++ 和 Java 语言中的一些复杂特性,还提供了可视化工具,能够高效地编写程序。C♯语言具备了面向对象语言的特征,即封装、继承、多态,并且添加了事件和委托,增强了编程的灵活性。

Visual Studio 2015 是专门一套基于组件的开发工具,主要用于.NET 平台下的软件开发,C♯语言作为.NET 平台下的首选编程语言,集成了大量类库,开发效率高,开发周期短。在该开发工具下可以开发控制台应用程序、Windows 窗体应用程序、ASP.NET 网站程序等。.NET 平台内封装了大量网络应用和数据库方面的类库,直接调用非常方便,支持串口、TCP 编程等。在工业控制界面编程可使用 Winform、WPF。其中 WPF 属于新一代界面引擎,无须通过 GDI＋画图,直接与显卡 DirectX 交互,渲染速度很快。WPF 是微软公司专门为界面编程打造的类库。在 Winform 开发过程中,经常用到的模块包括数据字典模块、参数配置模块、权限管理模块等。

6.3　测量数据预处理与系统有限字长

在计算机控制系统中,经常需对生产过程的各种信号进行测量。测量时,一般先用传感器把生产过程的信号转换成电信号,然后用 A/D 转换器把模拟信号变成数字信号读入计算机中。对于这样得到的数据,一般要进行一些预处理,其中最基本的为线性化处理、标度变换和系统误差的自动校准。

6.3.1　误差自动校准

系统误差是指在相同条件下,经过多次测量,误差的数值(包括大小符号)保持恒定,或按某种已知的规律变化的误差。这种误差的特点是,在一定的测量条件下,其变化规律是可以掌握的,产生误差的原因一般也是知道的。因此,原则上讲,系统误差是可以通过适当的技术途径来确定并加以校正的。在系统的测量输入通道中,一般均存在零点偏移和漂移,从而产生放大电路的增益误差及器件参数的不稳定等现象,它们会影响测量数据的准确性,这些误差都属于系统误差。有时必须对这些系统误差进行自动校准。其中偏移校准在实际中应用最多,并且常采用程序来实现,称为数字调零。数字调零电路如图 6-3 所示。

图 6-3　数字调零电路

在测量时,先把多路输入接到所需测量的一组输入电压上进行测量,测出这时的输入值为 x_1,然后把多路开关的输入接地,测出零输入时 A/D 转换器的输出为 x_0,用 x_1 减去 x_0

即为实际输入电压 x。采用这种方法,可避免由于输入电路、放大电路及 A/D 转换器本身的偏移及随时间和温度而发生的各种漂移的影响,从而大大降低对这些电路器件的偏移值的要求,降低硬件成本。

除了数字调零外,还可以采用偏移和增益误差的自动校准。自动校准的基本思想是在系统开机后或每隔一定时间自动测量基准参数,如数字电压表中的基准参数为基准电压和零电压,然后计算误差模型,获得并存储误差补偿因子。在正式测量时,根据测量结果和误差补偿因子,计算校准方程,从而消除误差。自动校准技术各种各样,下面介绍两种比较常用的方法。

1. 全自动校准

全自动校准由系统自动完成,不需人的介入,其电路结构见图 6-4。该电路的输入部分加有一个多路开关。系统在刚上电时或每隔一定时间时,自动进行一次校准。先把开关接地,测出这时的输入值 x_0,然后把开关接 V_R,测出输入值 x_1,并存放 x_1、x_0,在正式测量时,如测出的输入值为 x,则这时的 V 可用下式计算得出

$$V = \frac{x - x_0}{x_1 - x_0} \cdot V_R \tag{6-1}$$

采用这种方法测得的 V 与放大器的漂移和增益变化无关,与 V_R 的精度也无关。这样可大大提高测量精度,降低对电路器件的要求。

图 6-4　全自动校准电路

2. 人工自动校准

全自动校准只适于基准参数是电信号的场合,并且它不能校正由传感器引入的误差。为了克服这种缺点,可采用人工自动校准。

人工自动校准的原理与全自动校准差不多,只是不是自动定时进行校准,而是由人工在需要时接入标准的参数进行校准测量,把测得的数据存储,供以后使用。一般人工自动校准只测一个标准输入信号 y_R,零信号的补偿由数字调零来完成。设数字调零后测出的数据分别为 x_R(接校准输入 y_R 时)和 x(接被测输入 y 时),则可按下式来计算 y:

$$y = \frac{y_R}{x_R} \cdot x \tag{6-2}$$

如果在校准时,计算并存放 y_R/x_R 的值,则测量校准时,只需进行一次乘法即可。

有时校准输入信号 y_R 不容易得到,这时可采用现时的输入信号 y_i。校准时,计算机测出这时的对应输入 x_i,而人工采用其他的高精度仪器测出这时的 y_i,并输入计算机,然后计算机计算并存放 y_i/x_i 的值,代替 y_R/x_R 作校准系数。

人工自动校准特别适于传感器特性随时间发生变化的场合。如常用的湿敏电容等湿度

传感器,其特性随着时间的变化发生变化,一般一年以上的变化会大于精度容许值,这时可采用人工自动校准。即每隔一段时间(例如一个月或三个月),用其他方法测出这时的湿度值,然后把它作为校准值输入测量系统,以后测量时,计算机将自动用该输入值来校准以后的测量值。

6.3.2 线性化处理和非线性补偿

1. 铂热电阻的阻值与温度的关系

Pt100 铂热电阻适用于 $-200\sim850℃$ 全部或部分范围内测温,其主要特性是测温精度高、稳定性好。根据 IEC 标准 751—1983 规定,Pt100 铂热电阻的阻值与温度的关系为

在 $-200\sim0℃$ 范围内,有

$$R_t = R_0[1 + At + Bt^2 + C(t - 100℃)t^3] \tag{6-3}$$

在 $0\sim850℃$ 范围内,有

$$R_t = R_0(1 + At + Bt^2) \tag{6-4}$$

式中,$A = 3.90802 \times 10^{-3}℃^{-1}$; $B = -802 \times 10^{-7}℃^{-2}$; $C = -4.27350 \times 10^{-12}℃^{-4}$; $R_0 = 100\Omega$(0℃时的电阻值)。

若已知铂热电阻的阻值 R_t,按照式(6-3)或式(6-4)计算温度 t,对于工业控制机,占用的计算量比较大。一般地,先离线计算温度与铂热电阻阻值的对应关系表,即分度表,然后分段进行线性化,即用多段折线代替曲线。线性化过程时,首先判断测量数据处于哪一折线段内,然后按相应段的线性化公式计算线性值。也可以采用查表法求取温度。

2. 热电偶的热电势与温度的关系

热电偶的热电势同所测温度之间也是非线性关系。例如,铁-康铜热电偶在 $0\sim400℃$ 范围内,当允许误差 $<\pm1℃$,按式(6-5)计算温度

$$T = a_4E^4 + a_3E^3 + a_2E^2 + a_1E^1 \tag{6-5}$$

式中,E 为热电势(mV);T 为温度(℃);$a_1 = 1.9750953 \times 10$; $a_2 = -1.8542600 \times 10^{-1}$; $a_3 = 8.3683958 \times 10^{-1}$; $a_4 = -1.3280568 \times 10^{-4}$。

又例如,镍铬-镍铝热电偶,在 $400\sim1000℃$ 范围内,按下式计算温度

$$T = b_4E^4 + b_3E^3 + b_2E^2 + b_1E^1 + b_0 \tag{6-6}$$

式中,E 为热电势(mV);T 为温度(℃);$b_0 = -2.4707112 \times 10$; $b_1 = -2.9465633 \times 10$; $b_2 = -3.1332620 \times 10^{-1}$; $b_2 = 6.5075717 \times 10^{-3}$; $b_4 = -3.9663834 \times 10^{-5}$。

已知热电偶的热电势,按照上述公式计算温度,对于小型工业控制机,占用的计算量比较大。为了简单起见,可分段进行线性化,即用多段折线代替曲线。线性化过程时,首先判断测量数据处于哪一折线段内,然后按相应段的线性化公式计算线性值。折线段的分法并不是唯一的,可以视具体情况和要求来确定。当然,折线段数越多,线性化精度就越高,软件开销也相应增加。

3. 孔板差压与流量的关系

用孔板测量气体或液体的流量(Q),差压变送器输出的孔板差压信号(Δp)同实际流量 Q 之间呈平方根关系,即

$$Q = K\sqrt{\Delta p} \tag{6-7}$$

式中,K 是流量系数。

为了计算平方根,可采用牛顿(Newton)迭代法。设

$$y = \sqrt{x}, \quad x > 0$$

$$y(n) = \frac{1}{2}\left[y(n-1) + \frac{x}{y(n-1)}\right] \tag{6-8}$$

或

$$y(n) = y(n-1) + \frac{1}{2}\left[\frac{x}{y(n-1)} - y(n-1)\right] \tag{6-9}$$

关于牛顿迭代法的原理,以及初值 $y(0)$ 的选取,读者可参考有关文献。

4. 气体体积流量的非线性补偿

来自被控对象的某些检测信号与真实值有偏差。例如,用孔板测量气体的体积流量,当被测气体的温度和压力与设计孔板的基准温度和基准压力不同时,必须对用式(6-7)计算出的流量 Q 进行温度和压力补偿。一种简单的补偿公式为

$$Q_0 = Q\sqrt{\frac{T_0 p_1}{T_1 p_0}} \tag{6-10}$$

式中,T_0 为设计孔板的基准绝对温度(K);p_0 为设计孔板的基准绝对压力;T_1 为被测气体的实际绝对温度(K);p_1 为被测气体的实际绝对压力。

对于某些无法直接测量的参数,必须首先检测与它有关的参数,然后依照某种计算公式才能间接求出它的真实数值。例如,精馏塔的内回流流量是可检测的外回流流量、塔顶气相温度与回流液温度之差的函数,即

$$Q_1 = Q_2\left(1 + \frac{C_p}{\lambda}\Delta T\right) \tag{6-11}$$

式中,Q_1 为内回流流量;Q_2 为外回流流量;C_p 为液体比热容;λ 为液体汽化潜热;ΔT 为塔顶气相温度与回流液温度之差。

6.3.3　标度变换方法

计算机控制系统在读入被测模拟信号并转换成数字量后,往往要转换成操作人员所熟悉的工程值。这是因为被测量对象的各种数据的量纲与 A/D 转换器的输入值是不一样的。例如,压力的单位为 Pa,流量的单位为 m^3/h,温度的单位为℃等。这些参数经传感器和 A/D 转换器后得到一系列的数码,这些数码值并不一定等于原来带有量纲的参数值,它仅仅对应于参数值的大小,故必须把它们转换成带有量纲的数值后才能运算、显示或打印输出,这种转换就是标度变换。标度变换有各种类型,它取决于被测参数的传感器的类型,应根据实际要求选用适当的标度变换方法。

1. 线性变换公式

这种标度变换的前提是参数值与 A/D 转换结果之间为线性关系,线性变换是最常用的变换方法。它的变换公式如下:

$$Y = (Y_{max} - Y_{min})(X - N_{min})/(N_{max} - N_{min}) + Y_{min} \tag{6-12}$$

式中,Y 表示参数测量值;Y_{max} 表示参数量程最大值;Y_{min} 表示参数量程最小值;N_{max} 表示 Y_{max} 对应的 A/D 转换后的输入值;N_{min} 表示量程起点 Y_{min} 对应的 A/D 转换后的输入

值；X 表示测量值 Y 对应的 A/D 转换值。

一般情况，在编程时，Y_{max}、Y_{min}、N_{max}、N_{min} 都是已知的，因而可把式(6-12)变成如下形式：

$$Y = SC_1 \cdot X + SC_0 \tag{6-13}$$

式中，SC_1、SC_0 为一次多项式的两个系数，SC_0 取决于零点值，SC_1 为扩大因子。使用式(6-13)进行标度变换时，只需进行一次乘法和一次加法。如直接按式(6-12)计算，则需进行四次加减法、一次乘法、一次除法。在编程前，应根据 Y_{max}、Y_{min}、N_{max}、N_{min} 先算出 SC_1 和 SC_0，然后编写按 X 计算 Y 的程序。

2. 公式转换法

有些传感器测出的数据与实际的参数不是线性关系，它们有着由传感器和测量方法决定的函数关系，并且这些函数关系可用解析式来表示，这时可采用直接按解析式计算。

例如当用差压变送器测量信号时，由于差压与流量的平方成正比，实际流量 Y 与差压变送器经 A/D 转换后的测量值 X 为平方根关系。这时可采用如下计算公式：

$$Y = (Y_{max} - Y_{min}) \cdot \sqrt{\frac{X - N_{min}}{N_{max} - N_{min}}} + Y_{min} \tag{6-14}$$

式中，各参数的意义与式(6-12)相同。在实际编程时，这个公式也可像前面一样，变换成如下容易计算的形式：

$$Y = SC_2 \cdot \sqrt{X - SC_1} + SC_0 \tag{6-15}$$

式中，SC_2、SC_1、SC_0 均由 Y_{max}、Y_{min}、N_{max}、N_{min} 按式(6-14)计算得出。

3. 其他标度变换法

许多非线性传感器并不像流量传感器那样，可以写出一个简单的公式，或者虽然能够写出公式，但计算相当困难。这时可采用多项式插值法，也可以用线性插值法或查表法进行标度变换。

6.3.4　越限报警处理

对于由采样读入的数据或经计算机处理后的数据是否超出工艺参数的范围，计算机要加以判别，如果超出了规定数值，就需要通知操作人员采取相应的措施，确保生产的安全。

越限报警是工业控制过程中常见而又实用的一种报警形式，它分为上限报警、下限报警及上下限报警。如果需要判断的报警参数是 x_n，该参数的上下限约束值分别是 x_{max} 和 x_{min}，则上下限报警的物理意义如下。

(1) 上限报警。若 $x_n > x_{max}$，则上限报警，否则继续执行原定操作。

(2) 下限报警。若 $x_n < x_{min}$，则下限报警，否则继续执行原定操作。

(3) 上下限报警。若 $x_n > x_{max}$，则上限报警，否则对 $x_n < x_{min}$ 进行判别，若是则下限报警，否则继续执行原定操作。

根据上述规定，程序可以实现对被控参数 y、偏差 e 以及控制量 u 进行上下限检查。

6.3.5　量化误差来源

到目前为止，所讨论的计算机控制系统均只考虑了信号在时间上的离散化问题，而并未考虑幅值上的量化效应，图 6-5 为计算机控制系统的典型结构，为便于分析，图中将采样过程单独画出,而实际的 A/D 转换中包含了采样过程。

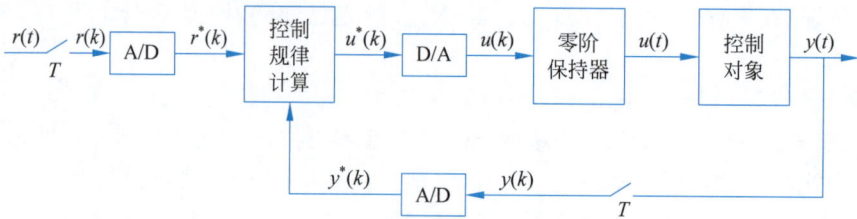

图 6-5　计算机控制系统的典型结构

1. 量化误差

设计算机字长为 n_1,采用定点无符号整数,则机内数的最小单位

$$q = \frac{1}{2^{n_1} - 1} \approx 2^{-n_1}$$

称为量化单位。

为了便于理解 q,下面举例说明。设模拟电压是 $0 \sim 5\mathrm{V}$,采用 8 位、12 位 A/D 转换器,则可表示的最小单位分别是

$$q_1 = \frac{5000}{2^8 - 1} \approx 19.6078(\mathrm{mV})$$

$$q_2 = \frac{5000}{2^{12} - 1} \approx 1.2210(\mathrm{mV})$$

通过 A/D 转换可计算出模拟电压 x 相当于多少个整量化单位,即

$$x = Lq + \varepsilon \tag{6-16}$$

式中,L 为整数。对于余数 $\varepsilon(\varepsilon < q)$ 可以用截尾或舍入来处理。

所谓截尾就是舍掉数值中小于 q 的余数 $\varepsilon(\varepsilon < q)$,其截尾误差 ε_t 为

$$\varepsilon_t = x_t - x \tag{6-17}$$

式中,x 为实际数值;x_t 为截尾后的数值。显然 $-q < \varepsilon_t \leqslant 0$。

舍入是指当被舍掉的余数 ε 大于或等于量化单位的一半时,则最小有效位加 1;而当余数 ε 小于量化单位的一半时,则舍掉 ε。这时舍入误差为

$$\varepsilon_r = x_r - x \tag{6-18}$$

式中,x 为实际数值;x_r 为舍入后的数值。显然,$-q/2 \leqslant \varepsilon_r \leqslant q/2$。

在计算机控制系统中数值误差源有三个。首先被测参数(模拟量)经 A/D 转换变成数字量时产生了第一次量化误差。在运算之前,运算式的参数(如 PID 算式中的 K_p、T_I、T_D 等)必须预先置入指定的内存单元,由于字长有限,对参数可采用截尾或舍入来处理。另外在运算过程中,也会产生误差,这些是在 CPU 内产生的第二次量化误差。计算机输出的数字控制量经 D/A 转换变成模拟量,在模拟量输出装置内产生了第三次量化误差。

2. 量化误差来源

产生量化误差的原因主要有以下几方面。

1) A/D 转换的量化效应

A/D 转换将模拟信号变换为时间上离散、幅值上量化的数字信号,根据 A/D 转换装置不同的实现原理,它将实现如图 6-6 所示的两种输入输出关系(图中以 $y(k)$ 为例),包括四

舍五入的情况和截尾的情况。

图 6-6 中，q 为量化单位，它的大小取决于 A/D 转换信号的最大幅度及转换的字长，设 $y(k)$ 的最大信号为 $\pm y_{\mathrm{m}}$，转换字长为 n_1，若转换后的二进制数用原码表示，则总共可表示 $2^{n_1}-1$ 个数，若用补码表示，则总共可产生 2^{n_1} 个数。由于在计算机中的数一般采用补码表示，因此可以算得 q 的大小为

$$q=\frac{2y_{\mathrm{m}}}{2^{n_1}}=\frac{y_{\mathrm{m}}}{2^{n_1-1}} \tag{6-19}$$

q 的大小反映了 A/D 转换装置的分辨能力，通常称 $q/2y_{\mathrm{m}}=2^{-n_1}$ 为 A/D 转换的分辨率，典型的 A/D 转换的位数为 8、10、12 或 14 位，其分辨率分别为 0.4%、0.1%、0.025% 或 0.006%。

图 6-6 所示的输入输出关系显示了典型的非线性特性，当 n_1 比较大，例如 $n_1\geqslant12$，即 A/D 转换的分辨率较高时，A/D 转换的量化效应对系统性能的影响较小，一般可以忽略它的影响，但当 $n_1\leqslant10$ 时，它将对系统性能产生影响，后面将要具体地分析它的影响。

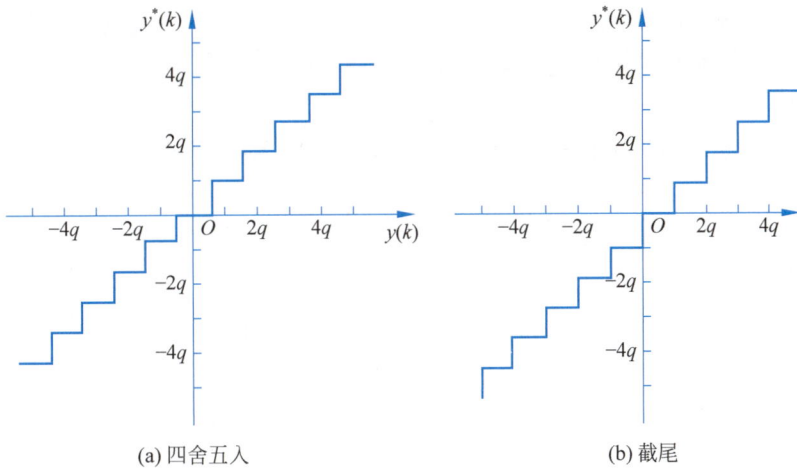

(a) 四舍五入　　　　　　　　　　(b) 截尾

图 6-6　A/D 转换的输入输出关系

2）控制规律计算中的量化效应

根据图 6-5，经过量化的数字信号送入计算机的中央处理单元进行控制规律的计算，设计算所用的字长 n_2，一般 $n_2\geqslant n_1$，由于计算所用字长是有限的，因此计算过程中也会产生量化误差。另外，在计算过程中，采用定点还是浮点运算也是很关键的问题，由于浮点运算一般均需要用双倍字长，因此量化误差通常很小，可以忽略不计。但是浮点数运算速度较慢，而在计算机实时控制中，常常对计算速度有很高的要求，因此，很多地方仍主要采用定点运算。对于定点数表示，加或减的运算是准确的，这时需要合适地选定比例因子，以避免出现上溢或下溢的问题。对于乘或除的运算，会产生双倍的字长，但是结果数仍只能用单字长来表示，因而也会产生量化误差的问题，这里对于低位数也可采用舍入或截尾两种方法进行处理。

3）控制参数的量化效应

在进行控制规律的计算时，其中的一些参数与要求的参数也会存在一定的误差，字长越

长,这种误差便越小,在工程上,由于控制对象的模型是不准确的,其参数误差有时可高达20%,因此,一般也不必要求控制器参数非常准确。因此,控制参数的量化效应通常可以忽略,但是在有些问题本身对控制器参数很灵敏,因此参数的量化效应也可能对系统性能产生很大的影响。

4) D/A 转换的量化效应

由于计算所用的字长通常比 D/A 转换的字长要长,因此,经过 D/A 转换后,从 $u^*(k)$ 到 $u(k)$ 之间(见图 6-5),也存在如图 6-6 所示的量化效应。

6.3.6 A/D、D/A 转换器及运算字长的选择

为减少量化误差,在条件允许的情况下,可尽量加大字长。下面分别讨论 A/D 转换器、D/A 转换器和运算字长的选取。

1. A/D 转换器的字长选择

为把量化误差限制在所允许的范围内,应使 A/D 转换器有足够的字长。确定字长时要考虑的因素是输入信号 x 的动态范围和分辨率。

1)输入信号的动态范围

设输入信号的最大值和最小值之差为

$$x_{\max} - x_{\min} = (2^{n_1} - 1)\lambda \tag{6-20}$$

式中,n_1 为 A/D 转换器的字长;λ 为转换当量(mV/b)。则动态范围为

$$2^{n_1} - 1 = \frac{x_{\max} - x_{\min}}{\lambda} \tag{6-21}$$

因此,A/D 转换器字长为

$$n_1 \geqslant \log_2\left(1 + \frac{x_{\max} - x_{\min}}{\lambda}\right) \tag{6-22}$$

2)分辨率

有时要求 A/D 转换器的字长以分辨率形式给出。分辨率定义为

$$D = \frac{1}{2^{n_1} - 1} \tag{6-23}$$

例如,8 位的分辨率为

$$D = \frac{1}{2^8 - 1} \approx 0.0039215$$

16 位的分辨率为

$$D = \frac{1}{2^{16} - 1} \approx 0.0000152$$

如果所要求的分辨率为 D_0,则字长

$$n_1 \geqslant \log_2\left(1 + \frac{1}{D_0}\right) \tag{6-24}$$

例如,某温度控制系统的温度范围为 $0 \sim 200{}^\circ\text{C}$,要求分辨率为 0.005(即相当于 $1{}^\circ\text{C}$),可求出 A/D 转换器字长为

$$n_1 \geqslant \log_2\left(1 + \frac{1}{D_0}\right) = \log_2\left(1 + \frac{1}{0.005}\right) \approx 7.65$$

因此，取 A/D 转换器字长 n_1 为 8 位。

2. D/A 转换器的字长选择

D/A 转换器输出一般都通过功率放大器放大后驱动执行机构。设执行机构的最大输入值为 u_{max}（或 i_{max}），最小输入值为 u_{min}（或 i_{min}），灵敏度为 λ，参照式(6-22)可得 D/A 转换器的字长为

$$n_1 \geqslant \log_2 \left(1 + \frac{u_{max} - u_{min}}{\lambda} \right) \tag{6-25}$$

或

$$n_1 \geqslant \log_2 \left(1 + \frac{i_{max} - i_{min}}{\lambda} \right) \tag{6-26}$$

即 D/A 转换器的输出经过功率放大器放大后应满足执行机构输入动态范围的要求。一般情况下，可选 D/A 转换器字长小于或等于 A/D 转换器字长。

在计算机控制中，常用的 A/D 和 D/A 转换器字长为 8 位、10 位和 12 位，按照上述公式估算出的字长取整后再选择这两种之一。特殊被控对象，可选更高分辨率（如 14 位、16 位）的 A/D 和 D/A 转换器。

目前，计算机中的数据处理常采用浮点数而不是定点数，浮点数的运算精度和字长可以不用考虑。

6.4　数字控制器的工程实现

数字控制器的算法程序可被所有的控制回路公用，只是各控制回路提供的原始数据不同。因此，必须为每个回路提供一段内存数据区（即线性表）以便存放参数。既然数字控制器是公共子程序，那就应该在设计时考虑各种工程实际问题，并含有多种功能，以便用户选择。数字控制器算法的工程实现可分为六部分，如图 6-7 所示。此外，为了便于数字控制器的操作显示，通常给每个数字控制器配置一个回路操作显示器，它与模拟调节器的面板操作显示相类似。下面以数字 PID 控制器为例来说明数字控制器的工程实现。

图 6-7　数字控制器算法的工程实现

6.4.1　给定值和被控量处理

1. 给定值处理

给定值处理包括选择给定值(SV)和给定值变化率(SR)限制两部分，如图 6-8 所示。通过选择软开关 CL/CR，可以构成内给定状态或外给定状态；通过选择软开关 CAS/SCC，可

以构成串级控制或 SCC 控制。

图 6-8　给定值处理

1）内给定状态

当软开关 CL/CR 切向 CL 位置时，选择操作员设置的给定值 SVL。这时系统处于单回路控制的内给定状态，利用给定值键可以改变给定值。

2）外给定状态

当软开关 CL/CR 切向 CR 位置时，给定值来自上位计算机、主回路或运算模块。这时系统处于外给定状态。在此状态下，可以实现以下两种控制方式。

（1）SCC 控制。

当软开关 CAS/SCC 切向 SCC 位置时，接收来自上位计算机的给定值 SVS，以便实现二级计算机控制（监督控制）。

（2）串级控制。

当软开关 CAS/SCC 切向 CAS 位置时，给定值 SVC 来自主调节模块，实现串级控制。

3）给定值变化率限制

为了减少给定值突变对控制系统的扰动，防止比例、微分饱和，以实现平稳控制，需要对给定值的变化率 SR 加以限制。SR 的选取要适中，过小会使响应变慢，过大则达不到限制的目的。

综上所述，在给定值处理中，共有三个输入量（SVL、SVC、SVS），两个输出量（SV、CSV），两个开关量（CL/CR、CAS/SCC），一个变化率（SR）。为了便于 PID 控制程序调用这些变量，需要给每个 PID 控制模块提供一段内存数据区存储以上变量。

2. 被控量处理

为了安全运行，需要对被控量 PV 进行上下限报警处理，其原理如图 6-9 所示。

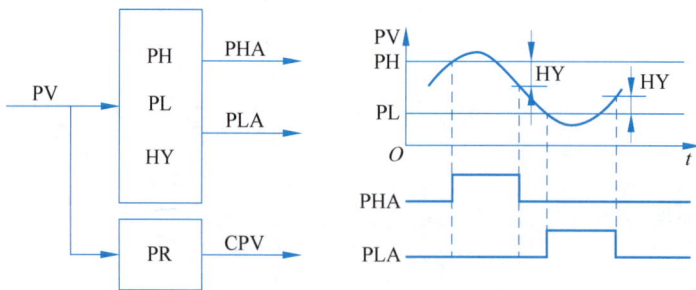

图 6-9　控制量处理

当 PV＞PH（上限值）时，则上限报警状态（PHA）为 1。

当 PV＜PL（下限值）时，则下限报警状态（PLA）为 1。

当出现上、下限报警状态（PHA，PLA）时，它们通过驱动电路发出声或光提醒操作员注意。为了不使 PHA/PLA 的状态频繁改变，可以设置一定的报警死区（HY）。为了实现平稳控制,需要对参与控制的被控量变化率(PR)加以限制。PR的选取要适中,过小会使响应变慢,过大则达不到限制的目的。

被控量处理数据区存放一个输入量PV,三个输出量PHA、PLA和CPV,四个参数PH、PL、HY和PR。

6.4.2　偏差处理

偏差处理分为计算偏差、偏差报警、非线性特性和输入补偿四部分,如图6-10所示。

图 6-10　偏差处理

1. 计算偏差

根据正/反作用方式(D/R)计算偏差DV,即

当$D/R=0$,代表正作用,此时偏差$DV_+ = CPV - CSV$;

当$D/R=1$,代表反作用,此时偏差$DV_- = CSV - CPV$。

2. 偏差报警

对于控制要求较高的对象,不仅要设置被控制量PV的上、下限报警,而且要设置偏差报警。当偏差绝对值$|DV| > DL$时,则偏差报警状态DLA为"1"。

3. 输入补偿

根据输入补偿方式(ICM)状态,决定偏差(DVC)与输入补偿量(ICV)之间的关系,即

当$ICM=0$,代表无补偿,此时$CDV=DVC$;

当$ICM=1$,代表加补偿,此时$CDV=DVC+ICV$;

当$ICM=2$,代表减补偿,此时$CDV=DVC-ICV$;

当$ICM=3$,代表置换补偿,此时$CDV=ICV$。

利用加、减输入补偿,可以分别实现前馈控制和纯滞后补偿施密斯控制。

4. 非线性特性

为了实现非线性PID控制或带死区的PID控制,设置了非线性区$-A \sim +A$和非线性增益K,非线性特性如图6-11所示。其中:

当$K=0$时,为带死区的PID控制;

当$0<K<1$时,为非线性PID控制;

当$K=1$时,为正常的PID控制。

偏差处理数据区共存放一个输入补偿量ICV,

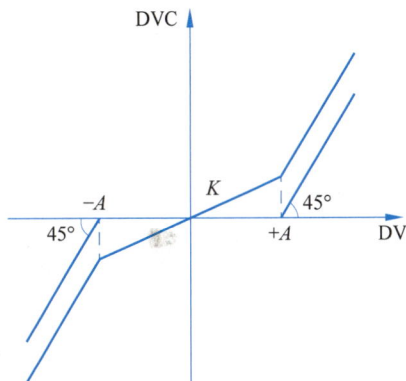

图 6-11　非线性特性

两个输出量 DLA 和 CDV，两个状态量 D/R 和 ICM，以及四个参数 DL、$-A$、$+A$ 和 K。

6.4.3　控制算法的实现

在自动状态下需要进行控制计算，即按照各种控制算法的差分方程计算控制量 U，并进行上、下限限幅处理。如图 6-12 所示，以 PID 控制算法为例，当软开关 DV/PV 切向 DV 位置时，选用偏差微分方式；当软开关 DV/PV 切向 PV 位置时，则选用测量（即被控量）微分方式。

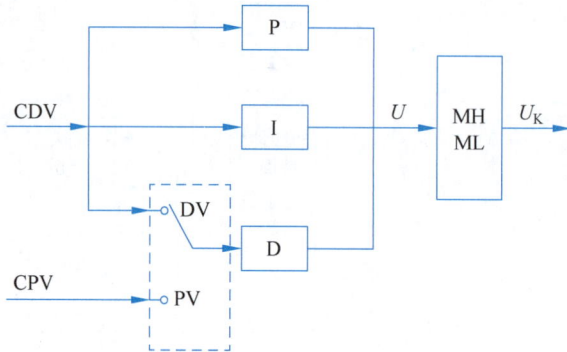

图 6-12　PID 计算

在 PID 计算数据区，不仅要存放 PID 参数（K_P 或 δ、T_I、T_D）和采样控制周期 T，还要存放微分方式（DV/PV）、积分分离值（ε），控制量上限限值（MH）和下限限值（ML），以及控制量（U_K）。为了进行递推运算，还应保存历史数据，如 $e(k-1)$、$e(k-2)$ 和 $u(k-1)$。

6.4.4　控制量处理

一般情况下，在输出控制量 U_K 之前，还应经过图 6-13 所示的各项处理和判断，以便扩展控制功能，实现安全平稳操作。

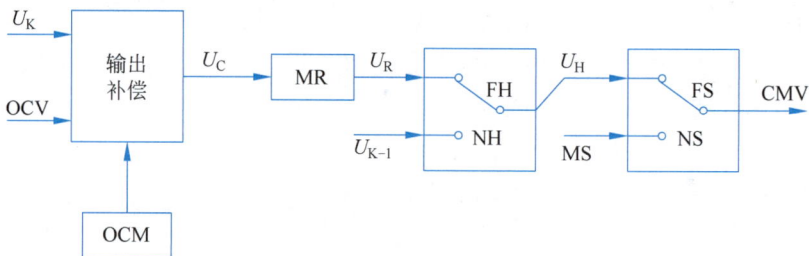

图 6-13　控制量处理

1. 输出补偿

根据输出补偿方式（OCM）的状态，决定控制量 U_K 与输出补偿量（OCV）之间的关系，即当 OCM＝0，代表无补偿，此时 $U_C＝U_K$；

当 OCM＝1，代表加补偿，此时 $U_C＝U_K+OCV$；

当 OCM＝2，代表减补偿，此时 $U_C＝U_K-OCV$；

当 OVM＝3，代表置换补偿，此时 $U_C＝OCV$。

利用输出补偿可以扩大实际应用范围，灵活组成复杂的数字控制器，以便组成复杂的自动控制系统。

2. 变化率限制

为了实现平稳操作,需要对控制量的变化率(MR)加以限制。MR 的选取要适中,过小会使操作缓慢,过大则达不到限制的目的。

3. 输出保持

当软开关 FH/NH 切向 NH 位置时,该时刻的控制量 $u(k)$ 等于前一时刻的控制量 $u(k-1)$,即输出控制量保持不变。当软开关 FH/NH 切向 FH 位置时,又恢复正常输出方式。软开关 FH/NH 状态一般来自系统安全报警开关。

4. 安全输出

当软开关 FS/NS 切向 NS 位置时,该时刻的控制量等于预置的安全输出量(MS)。当软开关 FS/NS 切向 FS 位置时,又恢复正常输出方式。软开关 FS/NS 状态一般来自系统安全报警开关。

控制量处理数据区需要存放 OCV 和 OCM,MR 限制值,软开关 FH/NH 和 FS/NS,安全输出量(MS),以及控制量(CMV)。

6.4.5　自动/手动切换

在正常运行时,系统处于自动状态;而在调试阶段或出现故障时,系统处于手动状态。图 6-14 为自动/手动切换处理框图。

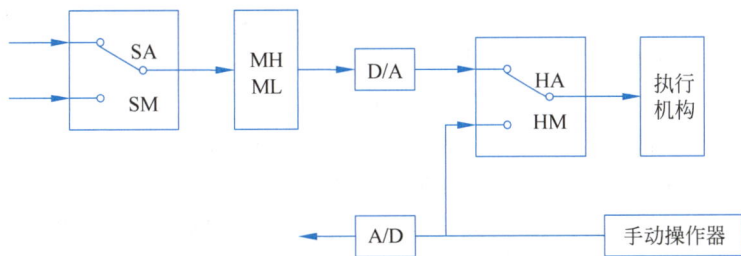

图 6-14　自动/手动切换处理框图

1. 软自动/软手动

当软开关 SA/SM 切向 SA 位置时,系统处于正常的自动状态,称为软自动(SA);反之,切向 SM 位置时,控制量来自操作键盘或上位计算机,此时系统处于计算机手动状态,称为软手动(SM)。一般在调试阶段,采用 SM 方式。

2. 控制量限幅

为了保证执行机构工作在有效范围内,需要对控制量 U_s 进行上、下限限幅处理,使得 MH≤MV≤ML,再经 D/A 转换器输出 DC 0~10mA 或 DC 4~20mA 信号。

3. 自动/手动

对于一般的计算机控制系统,可采用手动操作器作为计算机的后备操作。当切换开关处于 HA 位置时,控制量 MV 通过 D/A 转换器输出,此时系统处于正常的计算机控制方式,称为自动状态(HA 状态);反之,若切向 HM 位置,则计算机不再承担控制任务,由运行人员通过手动操作器输出 DC 0~10mA 或 DC 4~20mA 信号,对执行机构进行远方操作,称为手动状态(HM 状态)。

4. 无平衡无扰动切换

无平衡无扰动切换是指在进行手动到自动或自动到手动的切换之前，无须由人工进行手动输出控制信号与自动输出控制信号之间的对位平衡操作，就可以保证切换时不会对执行机构的现有位置产生扰动。为此，应采取以下措施。

为了实现从手动到自动的无平衡无扰动切换，在手动（SM 或 HM）状态下，尽管不进行 PID 计算，但应使给定值（CSV）跟踪被控量（CPV），同时也要把历史数据，如 $e(k-1)$ 和 $e(k-2)$ 清零，还要使 $u(k-1)$ 跟踪手动控制量（MV 或 VM）。这样，一旦切向自动而 $u(k-1)$ 又等于切换瞬间的手动控制量，这就保证了 PID 控制量的连续性。当然，这一切需要有相应的硬件电路配合。

当从自动（SA 与 HA）切向软手动（SM）时，只要计算机应用程序工作正常，就能自动保证无扰动切换。当从自动（SA 与 HA）切向硬手动（HM）时，通过手动操作器电路，也能保证无扰动切换。

从输出保持状态或安全输出状态切向正常的自动工作状态时，同样需要进行无扰动切换，为此可采取类似的措施，不再赘述。

自动手动切换数据区需要存放软手动控制量（SMV）、软开关 SA/SM 状态、控制量上限限值（MH）和下限限值（ML）、手动控制量（MV）、切换开关 HA/HM 状态以及手动操作器输出（VM）。

以上讨论了 PID 控制程序的各部分功能及相应的数据区。完整的 PID 控制模块数据区除了上述各部分外，还有被控量量程上限（RH）和量程下限（RL）、工程单位代码、采样（控制）周期等。该数据区是 PID 控制模块存在的标志，可把它看作数字 PID 控制器的实体。只有正确地填写 PID 数据区才能实现 PID 控制系统。

采用上述数字控制器，不仅可以组成单回路控制系统，而且可以组成串级、前馈、纯滞后补偿（Smith）等复杂控制系统，对于后面两种系统还应增加补偿器运算模块。利用该控制模块和各种功能运算模块的组合，可以组成各种控制系统来满足生产过程控制的要求。

6.5   软件抗干扰技术

为了提高工业控制系统的可靠性，仅靠硬件抗干扰措施是不够的，还需要进一步借助软件措施克服某些干扰。在计算机控制系统中，如能正确地采用软件抗干扰措施，与硬件抗干扰措施构成双道抗干扰防线，无疑将大大提高工业控制系统的可靠性。经常采用的软件抗干扰技术是数字滤波技术、开关量的软件抗干扰技术、指令冗余技术、软件陷阱技术等。

6.5.1   数字滤波技术

一般计算机应用系统的模拟输入信号中，均含有各种噪声和干扰，它们来自被测信号源本身、传感器、外界干扰等。为了准确进行测量和控制，必须消除被测信号中的噪声和干扰。噪声有两大类：一类为周期性的；另一类为不规则的。前者的典型代表为 50Hz 的工频干扰。对于这类信号，采用积分时间等于 20ms 的整数倍双积分 A/D 转换器可有效地消除其影响。后者为随机信号，它不是周期信号。对于随机干扰，可以用数字滤波方法予以削弱或滤除。数字滤波是通过一定的计算或判断程序减少干扰在有用信号中的比重。故实质上它是一种程序滤波。数字滤波克服了模拟滤波器的不足,与模拟滤波器相比,它有以下几个优点。

(1) 数字滤波是用程序实现的,不需要增加硬设备,所以可靠性高、稳定性好。

(2) 数字滤波可以对频率很低(如 0.01Hz)的信号实现滤波,克服了模拟滤波器的缺陷。

(3) 数字滤波器可以根据信号的不同,采用不同的滤波方法或滤波参数,具有灵活、方便、功能强的特点。

由于数字滤波器具有以上优点,所以数字滤波在计算机应用系统中得到了广泛的应用。

1. 算术平均值法

算术平均值法是要按输入的 N 个采样数据 $x_i (i=1 \sim N)$,寻找一个 y,使 y 与各采样值间的偏差的平方和为最小,即

$$E = \min \left[\sum_{i=1}^{N} (y - x_i)^2 \right] \tag{6-27}$$

由一元函数求极值原理可得

$$y = \frac{1}{N} \sum_{i=1}^{N} x_i \tag{6-28}$$

这时,可满足式(6-27),式(6-28)即是算数平均值法。

设第二次的测量值包括信号成分 s_i 和噪声成分 c_i,则进行 N 次测量后信号成分之和为

$$\sum_{i=1}^{N} s_i = NS \tag{6-29}$$

噪声的强度用均方根衡量,当噪声为随机信号时,进行 N 次测量的噪声强度之和为

$$\sqrt{\sum_{i=1}^{N} c_i^2} = \sqrt{N} C \tag{6-30}$$

上两式中,S、C 分别表示进行 N 次测量后信号和噪声的平均幅度。

对 N 次测量结果进行算术平均后的信噪比为

$$\frac{NS}{\sqrt{N} C} = \sqrt{N} \frac{S}{C} \tag{6-31}$$

式中,S/C 是求算术平均值前的信噪比。采用算术平均值法后,使信噪比提高了 $\sqrt{N}$ 倍。

算术平均值法适用于对一般的具有随机干扰的信号的滤波。它特别适于信号本身在某一数值范围附近作上下波动的情况,如流量、液平面等信号的测量。由式(6-31)可知,算术平均值法对信号的平滑滤波程度完全取决于 N。当 N 较大时,平滑度高,但灵敏度低,即外界信号的变化对测量计算结果 y 的影响小;当 N 较小时,平滑度较低,但灵敏度高。应按具体情况选取 N,如对一般流量的测量,可取 $N=8 \sim 16$;对压力等的测量,可取 $N=4$。

2. 中位值滤波法

中位值滤波法的原理是对被测参数连续采样 m 次($m \geqslant 3$ 且是奇数),并按大小顺序排列;再取中间值作为本次采样的有效数据。中位值滤波法和平均值滤波法结合使用,滤波效果会更好。即在每个采样周期,先用中位值滤波法得到 m 个滤波值,再对这 m 个滤波值进行算术平均,得到可用的被测参数。

3. 限幅滤波法

由于大的随机干扰或采样器的不稳定，使得采样数据偏离实际值太远时，可采用上、下限限幅，即

当 $y(n) \geqslant y_H$ 时，取 $y(n) = y_H$（上限值）；

当 $y(n) \leqslant y_L$ 时，取 $y(n) = y_L$（下限值）；

当 $y_L < y(n) < y_H$ 时，取 $y(n)$；

而且采用限速（亦称限制变化率），即

当 $|y(n) - y(n-1)| \leqslant \Delta y_0$ 时，取 $y(n)$；

当 $|y(n) + y(n-1)| > \Delta y_0$ 时，取 $y(n) = y(n-1)$。

式中，Δy_0 为两次相邻采样值之差的最大可能变化量。Δy_0 的选取取决于采样周期 T 及被测参数 y 应有的正常变化率。因此，一定要按照实际情况确定 Δy_0、y_H 及 y_L，否则，非但达不到滤波效果，反而会降低控制质量。

4. 惯性滤波法

常用的 RC 滤波器的传递函数是

$$\frac{Y(s)}{X(s)} = \frac{1}{T_f s + 1} \tag{6-32}$$

式中，$T_f = RC$，它的滤波效果取决于滤波时间常数 T_f。因此，RC 滤波器不可能对极低频率的信号进行滤波。为此，人们模仿式（6-32）做成一阶惯性滤波器亦称低通滤波器，即在 $t = kT$（T 为采样周期，k 为采样序列）时将式（6-32）写成差分方程：

$$T_f \frac{y(k) - y(k-1)}{T} + y(k) = x(k) \tag{6-33}$$

稍加整理得

$$y(k) = \frac{T}{T_f + T} x(k) + \frac{T_f}{T_f + T} y(k-1) = (1 - \alpha) x(k) + \alpha y(k-1) \tag{6-34}$$

式中，$\alpha = \dfrac{T_f}{T_f + T}$ 为滤波系数，且 $0 < \alpha < 1$；T 为采样周期；T_f 为滤波器时间常数。

根据惯性滤波器的频率特性，滤波系数 α 越大，则带宽越窄，滤波频率也越低。因此，需要根据实际情况适当选取 α，使得被测参数既不出现明显的纹波，反应又不太迟缓。

以上讨论了四种数字滤波方法，在实际应用中，究竟选取哪种数字滤波方法，应视具体情况而定。算术平均值滤波法适用于周期性干扰，中位值滤波法和限幅滤波法适用于偶然的脉冲干扰，惯性滤波法适用于高频及低频的干扰信号，加权平均值滤波法适用于纯迟延较大的被控对象。如果同时采用几种滤波方法，一般先用中位值滤波法或限幅滤波法，然后再用算术平均值滤波法。如果应用不恰当，非但达不到滤波效果，反而会降低控制质量。

6.5.2　开关量的软件抗干扰技术

1. 开关量（数字量）信号输入抗干扰措施

干扰信号多呈毛刺状，作用时间短，利用这一特点，我们在采集某一开关量信号时，可多次重复采集，直到连续两次或两次以上结果完全一致方为有效。若多次采样后，信号总是变化不定，可停止采集，给出报警信号，由于开关量信号主要是来自各类开关型状态传感器，如限

位开关、操作按钮、电气触点等,对这些信号的采集不能用多次平均方法,必须绝对一致才行。

如果开关量信号超过 8 个,可按 8 个一组进行分组处理,也可定义多字节信息暂存区,按类似方法处理。在满足实时性要求的前提下,如果在各次采集数字信号之间接入一段延时,效果会好一些,能对抗较宽的干扰。

2. 开关量(数字量)信号输出抗干扰措施

输出设备是电位控制型还是同步锁存型,对干扰的敏感性相差较大。前者有良好的抗毛刺干扰能力,后者则不耐干扰,当锁存线上出现干扰时,它就会盲目锁存当前的数据,也不管此时数据是否有效。输出设备的惯性(响应速度)与干扰的耐受能力也有很大关系。惯性大的输出设备(如各类电磁执行机构)对毛刺干扰有一定的耐受能力。惯性小的输出设备(如通信口、显示设备)耐受能力就小一些。在软件上,最为有效的方法就是重复输出同一个数据。只要有可能,其重复周期尽可能短些。外设设备接收一个被干扰的错误信息后,还来不及作出有效的反应,一个正确的输出信息又来到了,就可及时防止错误动作的产生。另外,各类数据锁存器尽可能和 CPU 安装在同一电路板上,使传输线上传送的都是已锁存好的电位控制信号,对于重要的输出设备,最好建立检测通道,CPU 可以通过检测通道来确定输出结果的正确性。

6.5.3　指令冗余技术

对于嵌入式应用系统,当 CPU 受到干扰后,往往将一些操作数当作指令码来执行,引起程序混乱。当程序弹飞到某一单字节指令上时,便自动纳入正轨。当程序弹飞到某一双字节指令上时,有可能落到其操作数上,从而继续出错。当程序弹飞到三字节指令上时,因它有两个操作数,继续出错的机会就更大。因此,我们应多采用单字节指令,并在关键的地方人为地插入一些单字节指令(NOP)或将有效单字节指令重复书写,这便是指令冗余。指令冗余无疑会降低系统的效率,但在绝大多数情况下,CPU 还不至于忙到不能多执行几条指令的程度,故这种方法被广泛采用。

在一些对程序流向起决定作用的指令之前插入两条 NOP 指令,以保证弹飞的程序迅速纳入正确轨道。在某些对系统工作状态重要的指令前也可插入两条 NOP 指令,以保证正确执行。指令冗余技术可以减少程序弹飞的次数,使其很快纳入程序轨道,但这并不能保证在失控期间不干坏事,更不能保证程序纳入正常轨道后就太平无事了,解决这个问题必须采用软件容错技术。

6.5.4　软件陷阱技术

在嵌入式应用系统中,指令冗余使弹飞的程序安定下来是有条件的,首先弹飞的程序必须落到程序区,其次必须执行到冗余指令。软件陷阱是一条引导指令,强行将捕获的程序引向一个指定的地址,在那里有一段专门对程序出错进行处理的程序。如果我们把这段程序的入口标号记为 ERR,那么软件陷阱即为一条无条件转移指令,为了加强其捕捉效果,一般还在它前面加两条 NOP 指令,因此真正的软件陷阱由三条指令构成:

```
NOP
NOP
JMP ERR
```

软件陷阱安排在以下 4 种地方：

（1）未使用的中断向量区；

（2）未使用的大片 ROM 空间；

（3）表格；

（4）程序区。

由于软件陷阱都安排在正常程序执行不到的地方，故不影响程序执行效率，在当前 EPROM 容量足够的条件下，软件陷阱还是多多益善。

习题与思考题

1. 什么是模块化程序设计和结构化程序设计？程序设计通常分为哪 5 个步骤？

2. HMI/SCADA 的含义是什么？监控组态软件设计有哪几种方法？基于监控组态软件可实现哪些功能？

3. 某热处理炉温度变化范围为 $0\sim1350℃$，经温度变送器变换为 $1\sim5V$ 电压送至 ADC0809，ADC0809 的输入范围为 $0\sim5V$。当 $t=kT$ 时，ADC0809 的转换结果为 6AH，问此时的炉内温度为多少？

4. 为使数字 PID 控制器实现从手动到自动的无平衡无扰动切换，应采取哪些措施？

5. 某炉温变化范围为 $0\sim1500℃$，要求分辨率为 $3℃$，温度变送器输出范围为 $0\sim5V$。若 A/D 转换器的输入范围也为 $0\sim5V$，则求 A/D 转换器的字长应为多少位？若 A/D 转换器的字长不变，现在通过变送器零点迁移而将信号零点迁移到 $600℃$，此时系统对炉温变化的分辨率为多少？

6. 某执行机构的输入变化范围为 $4\sim20mA$，灵敏度为 $0.05mA$，应选 D/A 转换器的字长为多少位？

7. 数字控制器算法的工程实现可分为哪几部分？请图示说明。

8. 编制一个能完成中位值滤波加上算术平均值滤波的子程序。设对变量采样测量 7 次，7 个采样值排序后取中间的 3 个采样值平均，每个采样值为 12 位二进制数。

分布式测控网络技术

数据通信是工业测控网络和分散型测控系统的关键技术。在一个规模较大的工业测控系统中,常常会有几十个、几百个甚至更多的测量和控制对象,即使速度很高的系统也难以满足要求,因此必须将任务分给多个计算机系统并行工作,不同地理位置和不同功能的计算机之间需要交换信息,如果把它们按照统一的协议连接起来就构成了计算机分布式测控网络系统。

本章主要介绍工业网络技术、通信技术、基于串行总线的测控网络技术、分布式控制系统、现场总线技术、系统集成技术、综合自动化技术、工业互联网和智能工厂。

7.1　工业网络技术

近年来,工业网络技术获得了迅速发展,它不同于以传递信息为目的的邮电通信网络,也不同于以共享资源和处理信息为主要目的的局域网络,它传输信息的最终目的是促进物质或能量的运动。它不仅要在工业环境中可靠运行,而且要控制现场的各类生产过程,使工业自动化系统发挥最佳性能。工业网络的能力有限,拓扑结构封闭,而且它承载的协议和数据是专用的。不过,这些解决方案正在被应用更广泛的标准(例如以太网)所取代,这些标准运行 TCP/IP 甚至 Web 协议,而不是专用的接口。工业网络开始走向标准化。

7.1.1　工业网络概述

1. 网络拓扑结构

网络中互连的点称为节点或站,节点间的物理连接结构称为拓扑,采用拓扑学研究节点和节点间连线(称链路)的几何排列。局部网络通常有 4 种拓扑结构:星形、环形、总线型和树形(见图 7-1)。

(a) 星形结构　　　(b) 环形结构　　　(c) 总线型结构　　　(d) 树形结构

图 7-1　局域网的拓扑结构

1）星形结构

图 7-1(a)是星形结构。星形结构的中心节点是主节点，它接收各分散节点的信息再转发给相应节点，具有中继交换和数据处理功能。当某一节点想传输数据时，它首先向中心节点发送一个请求，以便和另一个目的节点建立连接。一旦两节点建立了连接，则在这两节点间就像是有一条专用线路连接起来一样，可进行数据通信。可见，中心节点的转接技术是星形结构传输信息的核心，它出现故障会危及全网，故要求工作必须绝对可靠。中心节点负担重、成本高、可靠性差是星形结构的最大弱点。

星形结构网络的特点如下：

(1) 网络结构简单，便于控制和管理，建网容易；

(2) 网络延迟时间短，传输错误率较低；

(3) 网络可靠性较低，一旦中心节点出现故障将导致全网瘫痪；

(4) 网络资源大部分在外围点上，相互之间必须经过中心节点中转才能传送信息，资源共享能力较差；

(5) 通信电路都是专用线路，利用率不高，因此网络成本较高。

2）环形结构

环形结构如图 7-1(b)所示。其各节点通过环接口连于一条首尾相连的闭合环形通信线路中，环网中，数据按事先规定的方向从一个节点单向传送到另一个节点。任何一个节点发送的信息都必须经过环路中的全部环接口。只有当传送信息的目的地址与环上某节点的地址相等时，信息才被该节点的环接口接收；否则，信息继续传送至下一节点的环接口，直到发送到该信息目标发送的节点环接口为止。由于信息从源节点到目的节点要经过环路中的每个节点，故任何节点出现故障均会导致环路不能正常工作，可靠性差。

环形结构网络具有以下特点：

(1) 信息流在网络中沿固定的方向流动，故两节点之间仅有唯一的通路，简化了路径选择控制；

(2) 环路中每个节点的收发信息均由环接口自主控制，因此控制软件较简单；

(3) 环形结构节点数的增加将影响信息的传输效率，故扩展受到一定的限制。

环形结构较适合于信息处理和自动化系统中使用，是微机局部网络中常用的结构之一。特别是 IBM 公司推出令牌环网之后，环形结构就被越来越多的人所采用。

3）总线型结构

总线型结构如图 7-1(c)所示。各节点经其接口，通过一条或几条通信线路与公共总线连接。任何节点的信息都可以沿总线传输，并且能被总线中的任何一节点所接收。由于它的传输方向是从发送节点向两端扩散，类似于广播电台发射的电磁波向四周扩散，因此，总线型网络又被称为广播式网络。

总线型结构网络的接口内具有发送器和接收器。接收器接收总线上的串行信息，并将其转换为并行信息发送到节点；发送器则将并行信息转换成串行信息广播发送到总线上。当在总线上发送的信息目的地址与某一节点的接口地址相符时，传送的信息就被该节点接收。由于一条公共总线具有一定的负载能力，因此总线长度有限，所能连接的节点数也有限。总线型结构网络具有如下特点：

(1) 结构简单灵活，扩展方便；

(2) 可靠性高,网络响应速度快;

(3) 共享资源能力强,便于广播式工作;

(4) 设备少、价格低、安装和使用方便;

(5) 由于所有节点共用一条总线,因此总线上传送的信息容易发生冲突和碰撞,故不宜用在实时性要求高的场合。解决总线信息冲突(通常称之为瓶颈)是总线型结构的重要问题。

4) 树形结构

树形结构是分层结构,适用于分级管理和控制系统,如图 7-1(d) 所示。它与星形结构相比,由于通信线路总长度较短,故联网成本低,易于维护和扩展,但结构较星形结构复杂。网络中除标有数字 1、2、3、4 的各节点及其连线外,任一节点或连线的故障均影响它所在支路网络的正常工作。树形结构网络具有如下特点:

(1) 由多个层次的星形结构纵向连接而成,每个节点都是计算机或转接设备;

(2) 与星形网络相比,树形网络总长度短、成本较低、节点易于扩充,但是树形网络复杂,与节点相连的链路有故障时,对整个网络的影响较大;

(3) 易于扩展;

(4) 故障隔离较容易;

(5) 越靠近树的根部,节点的性能就越好,各个节点对根的依赖性太大。

目前,总线型结构是使用最广泛的结构,也是传统的主流网络结构。实际组建网络时,网络的拓扑结构不一定仅限于某一种,通常是几种拓扑结构的综合。

2. 介质访问控制技术

在局部网络中,由于各节点通过公共传输通路(也称之为信道)传输信息,因此任何一个物理信道在某一时间段内只能为一个节点服务,即被某节点占用来传输信息,这就产生了如何合理使用信道、合理分配信道的问题,也就是各节点既充分利用信道的空间时间传送信息,也不至于发生各信息间的互相冲突。传输访问控制方式的功能就是合理解决信道的分配。目前局部网络常用的传输访问控制方式有 3 种,即冲突检测的载波侦听多路访问、令牌环、令牌总线。3 种方式都得到 IEEE 802 委员会的认可,成为国际标准,下面分别说明。

1) 冲突检测的载波侦听多路访问(CSMA/CD)

CSMA/CD 是由 Xerox 公司提出,又称随机访问技术或争用技术。主要用于总线型和树形结构网络。该控制方式的工作原理:当某一节点要发送信息时,首先要侦听网络中有无其他节点正在发送信息,若没有则立即发送;否则,即网络中已有某节点发送信息(信道被占用),该节点就需等待一段时间,再侦听,直至信道空闲,开始发送。CSMA/CD 是指多个节点共同使用同一条线路,任何节点发送信息前都必须先检查网络的线路是否有信息传输。

CSMA/CD 技术中,需解决信道被占用时等待时间的确定和信息冲突两个问题。

确定等待时间的方法如下:

(1) 当某节点检测到信道被占用后,继续检测,待发现信道空闲时,立即发送。

(2) 当某节点检测到信道被占用后就延迟一个随机的时间,然后再检测。重复这一过程,直到信道空闲,开始发送。

解决冲突的问题可有多种办法,这里只说明冲突检测的解决办法。当某节点开始占用网络信道发送信息时,该节点再继续对网络检测一段时间,也就是说该节点一边发送一边接收,且把收到的信息和自己发送的信息进行比较,若比较结果相同,说明发送正常进行,可以继续发送;若比较结果不同,说明网络上还有其他节点发送信息,会引起数据混乱,发生冲突,此时应立即停止发送,等待一个随机时间后,再重复以上过程。

CSMA/CD原理较简单,且技术上较易实现。网络中各节点处于同等地位,无须集中控制,但不能提供优先级控制,所有节点都有平等竞争的能力,在网络负载不重的情况下,有较高的效率,但当网络负载增大时,发送信息的等待时间延长,效率显著降低。

2) 令牌环(Token Ring)

令牌环全称是令牌通行环(Token Passing Ring),仅适用于环形结构网络。在这种方式中,令牌是控制标志,网络中只设一张令牌,只有获得令牌的节点才能发送信息,发送完成后,令牌又传给相邻的另一节点。令牌传递的方法:令牌依次沿着每个节点传送,使每个节点都有平等发送信息的机会。令牌有"空"和"忙"两个状态。"空"表示令牌没有被占用,即令牌正在携带信息发送。当"空"的令牌传送至正待发送信息的节点时,该节点立即发送信息并置令牌为"忙"状态。在一个节点占用令牌期间,其他节点只能处于接收状态。当所发信息绕环一周,并由发送节点清除时,"忙"令牌又被置为"空"状态,绕环传送令牌。当下一节点要发送信息时,则下一节点便得到这一令牌,并可发送信息。

令牌环的优点是能提供可调整的访问控制方式,能提供优先权服务,有较强的实时性。缺点是需要对令牌进行维护,且空闲令牌的丢失将会降低环路的利用率,控制电路复杂。

3) 令牌总线(Token Passing Bus)

令牌总线方式主要用于总线型或树形结构网络中。受令牌环的影响,它把总线型或树形传输介质上的各个节点形成一个逻辑环,即人为地给各节点规定一个顺序(例如,可按各节点号的大小排列)。逻辑环中的控制方式类同于令牌环。不同的是令牌总线中,信息可以双向传送、任何节点都能"听到"其他节点发出的信息。为此,节点发送的信息中要有下一个要控制的节点的地址。由于只有获得令牌的节点才可发送信息(此时其他节点只收不发),因此该方式不需要检测冲突就可以避免冲突。令牌总线具有如下优点:

(1) 吞吐能力大,吞吐量随数据传输速率的提高而增加;

(2) 控制功能不随电缆线长度的增加而减弱;

(3) 不需冲突检测,故信号电平可以有较大的动态范围;

(4) 具有一定的实时性。

可见,采用令牌总线方式的网络的联网距离较CSMA/CD及令牌环方式的网络远。

令牌总线的主要缺点是节点获得令牌的时间开销较大,一般一个节点都需要等待多次无效的令牌传送后才能获得令牌。表7-1对3种访问控制方式进行了比较。

表7-1　3种访问控制方式比较

性　　能	CSMA/CD	令 牌 总 线	令　牌　环
低负载	好	差	中
高负载	差	好	好
短包	差	中	中
长包	中	差	好

3. 信息交换技术

为了提高计算机通信网络的通信设备和线路的利用率,有必要研究通信网络上的信息交换技术。复杂网络系统中,两站之间交换信息存在路径选择问题,即如何控制信息传输才能提高通信效率。

通常使用三种信息交换技术:线路交换,报文交换和分组交换。对于每种信息交换技术的详细内容,读者可参见计算机网络方面的资料,这里不再赘述。

4. 差错控制技术

在通信线路上传输信息时,往往由于各种干扰,使接收端收到的信息出现错误。提高传输质量的方法有两种:第一种方法是改善信道的电性能,使误码率降低;第二种方法是接收端检验出错误后,自动纠正错误,或让发送端重新发送,直至接收到正确的信息为止。通常把第一种方法称为差错控制技术。

差错控制技术包括检验错误和纠正错误。检验错误的方法有两种:奇偶校验和循环冗余校验;纠正错误的方式有三种:重发纠错、自动纠错和混合纠错。

7.1.2 数据通信编码技术

不同系统或不同计算机之间的通信主要采用并行通信或串行通信两种方式。并行通信传送速率高,但传送距离短,通常小于 10m;串行通信传送速率低,但传送距离长,通常可达几十至几千米,甚至更远。发展串行通信的目的是在长距离间有效地传送数据,并尽可能减少通信线的条数。串行通信传输速率用波特率表示,波特率就是每秒传输二进制代码的位数。串行通信可分为异步和同步传输两种。

对于传输数字信号,最普遍且最简单的方法是用两个不同的电压表示数字位的两个状态(1 或 0)。例如,零电压表示 0,而恒定的正电压表示 1;或者用恒定的负电压表示 0,而恒定的正电压表示 1,如图 7-2 所示。该图用 4 种不同的脉冲代码来传输数字信号 10110010。图 7-2(a)属于不归零码(NRZ),在码元之间没有间隔,所以难以判定一位的结束和另一位的开始,需要有某种方法来使发送端和接收端同步。

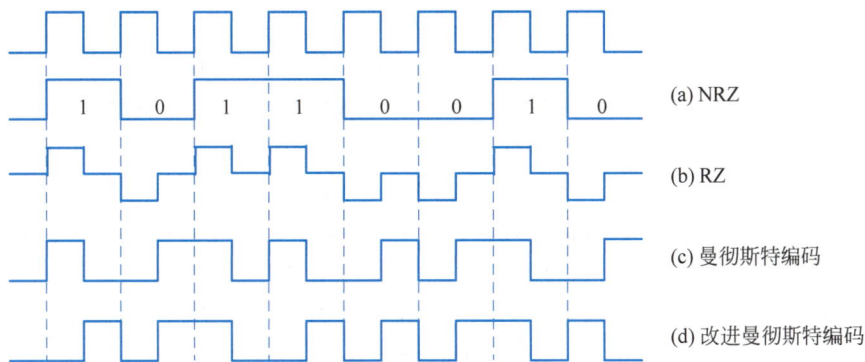

图 7-2　数据编码

图 7-2(b)、(c)属于归零码(RZ),它们共同点是每一位中间有一个跳变,位中间的跳变既作为同步时钟,也作为数据:从高到低的跳变表示 1,从低到高的跳变表示 0。接收端利用位中间的跳变很容易分离出同步时钟脉冲。因此,这两种传输编码得到广泛应用。由于

时钟数据包含于信号数据流中，因此这两种编码被人们称为自同步编码。

通常把图 7-2(c)称为曼彻斯特(Manchester)编码，它的改进形式如图 7-2(d)所示。用每位开始有无跳变来表示 0 或 1，即只要有电压变化(不管其变化方向如何)就表示 0，无电压变化就表示 1。人们把这种编码称为差动曼彻斯特编码。在使用双纹线作传输介质的网络中，这种编码是非常方便的。由于变化的极性无关紧要，因此当把设备连接到通信网络上时，完全可以不考虑哪条线应该接哪个端子。

7.1.3 网络协议及其层次结构

在计算机网络中各终端用户之间、用户与资源之间或资源与资源之间的对话与合作必须按照预先规定的协议进行。

分层设计方法对计算机和通信的未来发展同样重要。采用该方法，某一层的修改不会破坏整个设计或影响其他层的工作，甚至不影响相邻层的工作。相邻层之间通过接口发生联系。接口是包含在信息处理系统中的同一节点内部的不同功能层次之间有关的一组规则。

由于每层完成不同的功能，故接口是必不可少的。同一层中的某实体借助于该层协议与该层中另一实体通信。一个单独实体必须既是发送者又是接收者，使得整个交互过程规范化。这种交互过程借助刻画单独实体的动作而构成该层协议。

利用分层方法可以容易地实现网际联网、网络配置间的连接。利用对应于某分层结构的协议，可在系统的逻辑成分间建立有效的联系而不影响其他层。例如，网络的传输方式可从并行改为串行而不影响除最底层外的其他层。

为了实现计算机系统之间的互联，1977 年国际标准化组织(International Standard Organization，ISO)提出了开放系统互连参考模型(Open System Interconnection/Reference Model，OSI/RM)。这个网络层次结构模型规定了 7 个功能层，每层都使用自己的协议。"开放"是指一个系统若符合这些国际标准，它将对世界上遵守同样标准的所有系统开放。OSI/RM 层次结构如图 7-3 所示。下面简单介绍这 7 层的内容。

| 应用层 |
| 表示层 |
| 会话层 |
| 传输层 |
| 网络层 |
| 数据链路层 |
| 物理层 |

图 7-3 OSI/RM 层次结构

1. 物理层(Physical Layer)

物理层的任务是在信道上传输未经处理的信息。该层协议涉及通信双方的机械、电气和连接规程。如接插件的型号，每根线的作用，表示 1 用多少伏、0 用多少伏，一位占多宽，传输能否在两个方向同时进行，如何进行初始的连接，如何拆除连接等。RS-232C、RS-422A、RS-423A、RS-485 等均为物理层协议。该层协议已有国际标准，即国际电报电话咨询委员会(CCITT)1976 年提出的 X.25 协议建议的第一级。

2. 数据链路层(Data Link Layer)

数据链路层的任务是将可能有差错的物理链路改造为对于网络层是无差错的传输线路。它把输入数据组成数据帧，并在接收端检验传输的正确性。若正确则回送确认信息，若不正确则抛弃该帧，等待发送端超时重发。同步数据链路控制(SDLC)、高级数据链路控制(HDLC)以及异步串行数据链协议都属于此范围。

3. 网络层（Network Layer）

网络层也称分组层，它的任务是使网络中传输分组。网络层规定了分组（第三层的信息单位）在网络中是如何传输的。

网络层的任务是控制网络上信息的切换和路由选择。因此，本层要为数据从源点到终点建立物理连接和逻辑连接。

该层的国际标准协议是 X.25 协议建议的第三级。

4. 传输层（Transport Layer）

传输层的基本功能是从会话层接收数据，把它们传输到网络层并保证这些数据全部正确地到达另一端。

传输层是一个真正的源-目的或端-端层，即在源计算机上的程序与目的机上的类似程序使报头和控制报文进行对话。传输层负责确保高质量的网络服务。它的一个重要功能是控制端到端的数据的完整性。其总的目的是作为网络层和会话层的一个接口，确保网络层为会话层和网络的高级功能提供高质量的服务。

5. 会话层（Session Layer）

会话层的功能是控制建立或结束一个通信会话的进程。这一层检查并决定一个正常的通信是否正在发生。如果没有发生，这一层必须在不丢失数据的情况下恢复会话，或根据规定，在会话不能正常发生的情况下终止会话。

用户（即两个表示层进程）之间的连接称为会话。为了建立会话，用户必须提供希望连接的远程地址（会话地址），会话双方首先需要彼此确认，以证明双方有权从事会话和接收数据，然后两端必须同意在该会话中的各种选择项（例如半双工或全双工）的确定，在这之后开始传输数据。

6. 表示层（Presentation Layer）

表示层的功能是实现不同信息格式和编码之间的转换。常用的转换有正文压缩，例如将常用的词用缩写字母或特殊数字编码，消去重复的字符和空白等；提供加密、解密；不同计算机间不相容文件格式的转换（文件传输协议），不相容终端输入输出格式的转换（虚拟终端协议）。

7. 应用层（Application Layer）

应用层的内容视对系统的要求而定。它规定在不同应用情况下所允许的报文集合和对每个报文所采取的动作。

这一层负责与其他高级功能的通信，如分布式数据库和文件传输。这一层解决了数据传输完整性的问题或与发送/接收设备的速度不匹配的问题。

7.1.4　IEEE 802 标准

电气与电子工程师协会（IEEE）是世界上最大的专业学会。成立于 1980 年 2 月的 IEEE 802 课题组（IEEE Standards Project 802）在 1981 年底提出了 IEEE 802 局域网标准，该标准中重要的内容是对数据链路层又划分出两个子层，OSI/RM 与 IEEE 802 标准的对应关系如图 7-4 所示。

IEEE 802 标准将数据链路层分为逻辑链路控制（Logical Link Control，LLC）层和介质访问（存取）控制（Medium Access Control，MAC）层。LLC 层主要提供寻址、排序、差错控

OSI

OSI	
应用层	
表示层	
会话层	
传输层	
网络层	
数据链路层	
物理层	

对应的IEEE 802局域网标准

逻辑链路控制层
介质存取控制层
物理信号层

图 7-4　OSI/RM 模型与 IEEE 802 标准的关系

制等功能。MAC 层主要提供传输介质和访问控制方式。IEEE 802 标准是为局部网络制定的标准，包括以下内容。

IEEE 802.1：系统结构和网络互连。

IEEE 802.2：逻辑链路控制。

IEEE 802.3：CSMA/CD 总线访问方法和物理层技术规范。

IEEE 802.4：令牌总线访问方法和物理层技术规范。

IEEE 802.5：令牌环访问方法和物理层技术规范。

IEEE 802.6：城市网络访问方法和物理层技术规范。

IEEE 802.7：宽带网络标准。

IEEE 802.8：光纤网络标准。

IEEE 802.9：集成声音数据网络。

物理信号层完成数据的封装/拆装、发送/接收管理等功能，并通过介质存取部件(也称收发器)收发数据信号。

MAC 层支持介质存取，并为逻辑链路控制层提供服务。它支持的介质存取法包括 CSMA/CD、令牌总线和令牌环。

LLC 层支持数据链路功能、数据流控制、命令解释及产生响应等，并规定局部网络逻辑链路控制(Local Network Logical Link Control，LNLLC)协议。

此外，网络层也有变化。在 IEEE 802 标准中，定义了 3 种主要的局域网络技术，它们的介质访问控制分别是 CSMA/CD(IEEE 802.3)、令牌总线(IEEE 802.4)、令牌环(IEEE 802.5)。

7.1.5　工业网络的性能评价和选型

工业网络和计算机局部网络虽然没有本质的不同，但仍有一些差别，因为 IEEE 802 标准并没有充分考虑工厂环境。现结合工业测控环境简要讨论工业网络的选型。

1. 工业网络的性能评价

从拓扑结构和介质访问控制方式的角度对工业网络的性能进行评价，其评价准则可归纳为吞吐能力、稳定性、确定性、可靠性和灵活性 5 方面。目前，工业网络主要采用星形、环形、总线型拓扑结构，星形结构在办公自动化领域和邮电系统中得到了广泛应用，但在工业自动化领域里，由于其固有的缺陷而较少使用。总线型和环形结构成为工业网络的主流拓扑结构，总线型和环形结构最容易实现令牌控制方式。因为它们是静态互连拓扑中最简单的两种,并且完全对称,也不经过中间节点。对令牌方式来说,总线型和环形结构的适应性又有不同。环形结构是点到点连接,非相邻节点的信息传输必须经过其他节点,只是它可以实现检查转发,不但提高了传输速率,还节省了大量的缓存空间。而总线型结构是多点连接,真正的广播介质访问方式,令牌传递不像环形结构那样在结构上简单一致,它在物理总线上形成了一个逻辑环路,由于这个逻辑环路不固定,因此令牌传递和维护的算法要比环形结构复杂一些。

令牌环的数据吞吐能力高于令牌总线,主要原因在于它们控制结构上的差异,其中主要是介质访问方式的差异。令牌总线是广播式的,无论数据或令牌,或回答信息,都要独占介质,使传输数据的有效时间减少。而令牌环是顺序循环访问,类似于流水作业,一定条件下有并行工作的特性,其数据、令牌、回答信息可同时传递,增强了数据吞吐能力。由于同一原因,在负载变化的环境中,令牌环的稳定性能较令牌总线好。另外在低负载时,令牌空转时间多,而令牌总线在处理令牌时,延迟比环形大。由于令牌总线和令牌环在控制结构的通信方式上一样,因此确定性相同。因为令牌总线是无源连接,信息传输时不需转发,所以特别可靠,当它增减节点时都无须断开原系统,有硬连接的节点进退网的操作也比较简单,因此令牌总线的可靠性和灵活性强于令牌环。

2. 工业网络的选型

1)大型系统的工业网络选型

大型系统常采用分散型控制的模式,系统主要分为 3 级,并采用纵向层次结构,其网络选型可按以下特点考虑。

(1)分散过程控制级。主要完成自动调节和程序控制,可靠性、实时性要求较高。系统一般按调节回路或设备分布,呈典型递阶控制特性,横向联系少。该级数据量不大,数据包较短,地理分布区域也较小。该级采用令牌总线、主从总线型或星形结构比较合适,从性能价格比考虑,主从总线型结构最佳。

(2)集中操作监控级。该级数据处理量较大,数据包较长且规整,实时性、可靠性、灵活性也较高。系统一般按设备和功能混合分布,横向联系较多。因此,该级采用令牌总线结构较好。

(3)综合信息管理级。该级数据多且传输量大,系统按功能横向分布,地域范围广,灵活性要求较低,工作站容量大。因此,本级宜采用令牌环结构。

2)中小型系统的工业网络选型

主从总线型和星形结构兼有简单、易实现、技术成熟、经济等优点;主要缺陷是由于分布性不良引起的可靠性问题,从根本上影响了它们作为主流结构的资格。但在系统的分散过程控制级,控制系统大多呈递阶特性,其特征就是上下级关系的主从性,此缺陷即被覆盖。加之该级分散度越来越高、数据少、距离近,环形结构明显不适用。如果节点不多,令牌总线结构则大材小用,因此可选择主从总线型和星形结构。

令牌环是一种很有前途的网络结构。它是有源的点对点传输,可覆盖面积大,适用于大数据量、大范围通信。也由于这点,其可靠性略差。它在增减节点时要断开原系统,这些性能均不如令牌总线。令牌环和令牌总线的这些特点,正好符合管理级和监控级各自的要求。

对只有集中操作监控级和分散过程控制级的中小型系统,考虑结构上的一致性以及便于设计和维护,两级同时使用令牌总线结构也不错。在数据传输量大、节点较少且分散的场合，监控级直接选用令牌环结构也是较好的形式。另外，星形结构目前具有比较厚实的基础和技术上的继承性。因此这种结构在短时期内也是适用和有效的，尤其是在老企业的技术改造中。

7.2 集散控制系统

集散控制系统（Distributed Control System，DCS）也称分布式控制系统，是以计算机为基础，采用控制功能分散、显示操作集中、兼顾分而自治和综合协调的设计原则的新一代仪表控制系统。DCS综合了计算机（Computer）技术、控制（Control）技术、CRT显示技术、通信（Communication）技术即4C技术，集中了连续控制、批量控制、逻辑顺序控制、数据采集等功能。先进的DCS将以计算机集成制造/过程系统（CIMS/CIPS）为目标，以新的控制方法、现场总线智能化仪表、专家系统、局域网络等新技术，为用户实现过程控制自动化与信息管理自动化相结合的管控一体化的综合集成系统。

DCS采用分散控制、集中操作、综合管理和分而自治的设计原则。DCS安全可靠、通用灵活性好、控制性能和综合管理能力最优，为工业过程的计算机控制开创了新方法。本节首先概述DCS，包括DCS的特点、DCS的体系结构、典型的DCS，然后分别介绍DCS的分散过程控制级、集中操作监控级、综合信息管理级。

7.2.1 集散控制系统概述

自从美国霍尼韦尔公司于1975年成功地推出世界上第一套DCS以来，现在世界上已有几十家自动化公司推出了上百种DCS，虽然这些系统各不相同，但在结构方面却大同小异，所不同的只是采用了不同的计算机、网络和设备。DCS已经走向成熟并获得了广泛应用。DCS的发展历程也是不断地由小规模到大规模的过程，从最初的小规模控制系统发展到综合控制管理系统，从而使工业控制系统进入了信息管理与综合控制的时代。本节主要介绍DCS的体系结构、特点和典型型式。

1. DCS的体系结构

随着计算机技术、网络技术和企业管理科学的发展，人们对企业综合自动化的层次设计也趋于简洁和明朗。根据整个企业集团的综合自动化与管理功能，DCS的体系结构可划分为4级，即现场设备级、分散控制级、集中监控级（MES）和综合管理级（ERP）。DCS各级的功能如图7-5所示，其体系结构可用图7-6表示。

1）现场设备级

现场设备级，主要包括现场仪表（传感器、变送器）和执行器，主要工作是把现场的各种物理信号（如温度、压力、流量、位移等）转变成电信号或数字信号，并进行一些必要的处理（滤波、简单诊断等）或者把各种控制输出信号转变成物理变量（如阀位、位移等）。到目前为止，该层的主要功能没有根本的变化。该层与分散控制级的主要接口仍然是4～20mA（模拟量）或电平信号（开关量）。不过，随着现场总线技术的普及、现场总线智能仪器仪表的成熟和成本的大幅降低，将来应用现场总线通信的各种智能仪表和执行机构会越来越流行。随着全厂综合自动化的发展，各种控制电机，特别是集成控制和驱动于一体的电机设备，也归为这一类。

图 7-5 DCS 各级的功能示意图

图 7-6 DCS 的体系结构

2）分散控制级

分散控制级是直接面向生产过程的，是 DCS 的控制基础，它直接完成数据采集、调节控制、顺序控制等控制功能，其输入是现场仪表（传感器、变送器）和电气开关的测量信号，其输出用来驱动执行机构。构成这一级的主要装置如下。

（1）现场控制站（工业控制机）。

（2）可编程控制器（PLC）。

（3）智能调节器。

（4）其他测控装置。

3）集中监控级

这一级以操作监视为主要任务，兼有部分管理功能。这一级是面向操作员和控制系统工程师的，因而这一级配备有技术手段齐备、功能强的计算机系统及各类外部装置，特别是CRT显示器和键盘，以及需要较大存储容量的硬盘或软盘支持，另外还需要功能强的软件支持，确保工程师和操作员对系统进行组态、监视和操作，对生产过程实行高级控制策略、调度优化、故障诊断、质量评估。其具体组成如下。

（1）监控计算机。

（2）工程师显示操作站。

（3）操作员显示操作站。

4）综合管理级

这一级由管理计算机、办公自动化系统、工厂自动化服务系统构成，从而实现整个企业的综合信息管理。综合信息管理主要包括生产管理和经营管理，主要有企业资源计划（ERP）、供应链管理（SCM）、客户关系管理（CRM）和产品生命周期管理（PLM）。

另外，DCS各级之间的信息传输主要依靠通信网络系统。根据各级的不同要求，通信网络也分低速、中速、高速。低速网络面向分散控制级，中速网络面向集中监控级，高速网络面向综合管理级。

2. DCS的特点

对一个规模庞大、结构复杂、功能全面的现代化生产过程控制系统，首先按系统结构从垂直方向分解为现场设备级、分散控制级、集中监控级、综合管理级，各级相互独立又相互联系；然后对每一级按功能从水平方向分为若干个子块。与一般的计算机控制系统相比，DCS具有以下几个特点。

1）硬件积木化

DCS采用积木化硬件组装式结构。由于硬件采用这种积木化组装结构，使得系统配置灵活，可以方便地构成多级控制系统。如果要扩大或缩小系统的规模，只需按要求在系统中增加或拆除部分单元，而系统不会受到任何影响。这样的组合方式有利于企业分批投资，逐步形成一个在功能和结构上从简单到复杂、从低级到高级的现代化管理系统。

2）软件模块化

DCS为用户提供了丰富的功能软件，用户只需按要求选用即可，极大地减少了用户的开发工作量。功能软件主要包括控制软件包、操作显示软件包和报表打印软件包等，并提供至少一种过程控制语言，供用户开发高级的应用软件。

控制软件包为用户提供各种过程控制的功能，主要包括数据采集和处理、控制算法、常用运算式和控制输出等功能模块。这些功能模块固化在现场控制站、PLC、智能调节器等装置中。用户可以通过组态方式自由选用这些功能模块，以便构成控制系统。

操作显示软件包为用户提供了丰富的人机接口联系功能，用户可在CRT显示器和键盘组成的操作站上进行集中操作和监视。可以选择多种CRT显示画面，如总貌显示、分组显示、回路显示、趋势显示、流程显示、报警显示和操作指导等画面，并可以在CRT显示画面上进行各种操作，所以它可以完全取代常规模拟仪表盘。

报表打印软件包可以向用户提供每小时、班、日、月工作报表，打印瞬时值、累计值、平均值、打印事件报警等。

过程控制语言可供用户开发高级应用程序,如最优控制、自适应控制、生产和经营管理等。如霍尼韦尔公司的 TDC 3000 提供了一种源于 Pascal 语言结构、面向过程控制的高级控制语言 CL;横河电机公司的系列产品中提供了嵌入式控制语言实时 Basic;Wonderware公司的 InTouch 提供了一种正文编辑程序。国内一些比较出色的 DCS 系统中也提供了控制语言,北京和利时公司的 HS2000 系统提供了功能块图、梯形图、计算公式等几种程序设计的方式;浙大中控公司的 SUPON JX-300 集散控制系统提供了梯形图语言和一种高级程序设计语言 SC。

3) 控制系统组态

DCS 设计了使用方便的面向问题的语言(Problem Oriented Language,POL),为用户提供了数十种常用的运算和控制模块,控制工程师只需按照系统的控制方案,从中任意选择模块,并以填表的方式定义这些软功能模块,进行控制系统的组态。控制系统的组态一般在操作站上进行。填表组态方式极大地提高了系统设计的效率,解决了用户使用计算机必须编程的困扰,这也是 DCS 能够得到广泛应用的原因之一。

4) 通信网络的应用

通信网络是 DCS 的神经中枢,它将物理上分散配置的多台计算机有机地连接,实现了相互协调、资源共享的集中管理。通过高速数据通信线,将现场控制站、局部操作站、监控计算机、中央操作站、管理计算机连接起来,构成多级控制系统。

DCS 一般采用同轴电缆或光纤作为通信线,有时也使用双绞线,通信距离可按用户要求从十几米到十几千米,通信速率为 $1\sim10\text{Mb/s}$,而光纤速率高达 100Mb/s。由于通信距离长和速率快,可满足大型企业的数据通信需求,实现实时控制和管理的需要。

5) 可靠性高

DCS 的可靠性高体现在系统结构、冗余技术、自诊断功能、抗干扰措施和高性能的元件上。

3. 典型的 DCS

CENTUM-XL 是日本横河电机推出的 DCS,结构如图 7-7 所示。CENTUM 采用 HF通信总线,基本长度为 2km,使用中继器可延长到 10km,通信速率为 1Mb/s。另外备有光导纤维通信系统 YEWLINK32,环形结构,节点间长度为 5km,环形线总长为 20km,通信速率为 32Mb/s。同时采用两根同轴电缆,实现冗余化通信。HF 通信总线上可以连接 32 台设备,图 7-7 中,YEWCOM-9000 为管理计算机,AIWS 为人工智能站,ECMP 为计算机站,ENGS 为工程师站,EOPS 为中央操作站,PRIN 为打印机,COPY 为复印机,COPSV 为局部操作站,CFCS2/EFCS 为现场控制站,CFCD2/EFCD 为双重化控制站,CFMS2/CFMS 为现场监视站,CFBS2 为高分散控制站。

CFCS2 和 CFCD2 内部有 255 个软功能模块(亦称内部仪表)和 40 张命令表,使用填表语言构成 40 个回路的控制系统。CFBS2 内安装 6 个独立的现场控制单元(CFCU2),每个CFCU2 具有 63 个软功能模块和 4 张顺序命令表,可以组成 8 个控制回路。CFMS2 可以输入 255 点模拟信号,如热电偶、热电阻和 mV DC 等信号。

为了提高系统的可靠性,控制站采用两种冗余方式,一种是 1 对 1 备用(如 CFCD2),另一种是 N 对 1(N 最大为 12)备用(如 CFBS2)。CFCD2 内有两套完全相同的 CPU、输入输

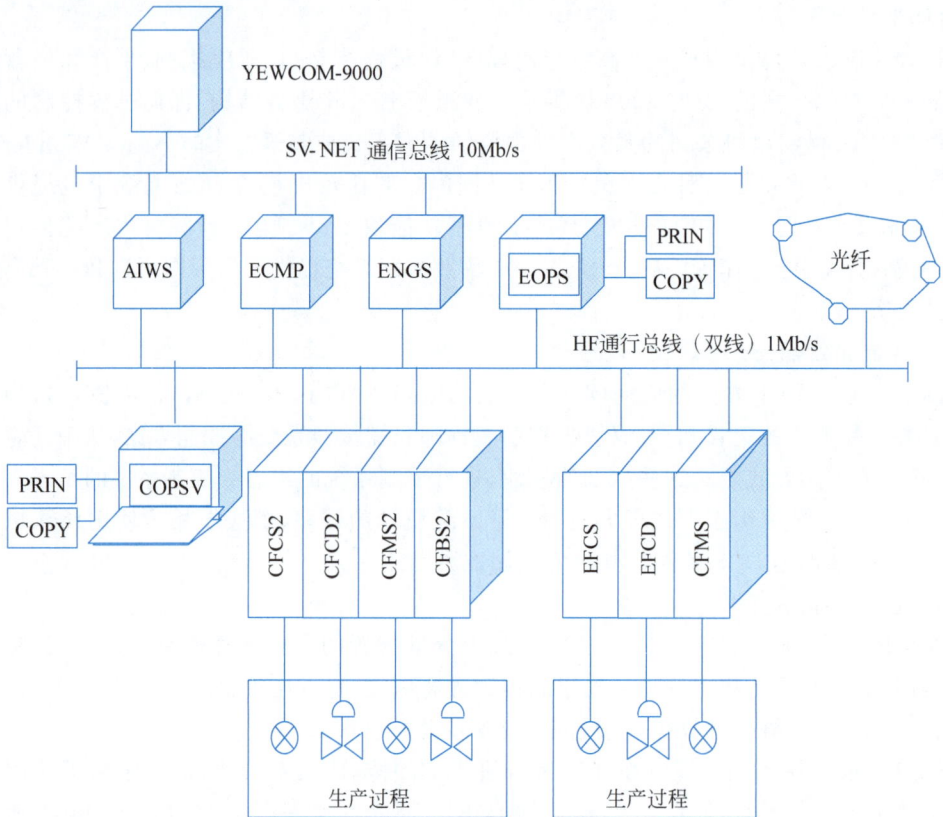

图 7-7　CENTUM-XL 控制系统结构

出、电源和内部总线,其中一套处于工作状态,另一套处于热备状态。一旦发生故障,进入无扰动切换。CFBS2 内部有 6 个独立的 CFCU2,当某一个 CFCU2 发生故障时,备用单元(BCU)便立即投入运行。CENTUM 从 1975 年问世以来,不断加以改进,1988 年又推出 CENTUM-XL DCS。该系统将控制、操作、管理、专家系统、开发和维护等功能融为一体,并且有计算机辅助设计(CAD)功能。它所采用的 SV-NET 通信总线按国际标准制造自动化协议(Manufacture Automation Protocol,MAP)设计,通信速率为 10Mb/s,传送距离标准为 500m,加光适配器可达 5500m,最多可连接 100 台设备。

CENTUM-XL 保留了原有的 HF 通信总线,并增加了现场控制站的功能。例如,EFCS 的 255 个内部仪表中 80 个为控制单元、100 个为指示单元、75 个为运算单元;另外还有 200 张顺序命令表,一般控制周期为 1s,并且有周期为 0.2s 的高速控制。EFCD 采用 1 对 1 备用。EFMS 可以输入 255 点模拟信号,如热电偶、热电阻和 mV DC 等信号;不仅有信号处理功能,而且有控制功能,比如补偿积算 127 个、内部仪表 255 个、内部开关 255 个,关系式和运算式 147 个等。

CENTUM-XL 具有 3 个 EOPS,EOPS 采用 32 位 CPU(MC 68020),内存 4MB/8MB,硬磁盘 40MB/80MB,彩色 CRT 显示器;一台 EOPS 可连接 3 个操作台(EOPC)、4 台打印机和一台彩色复印机;具有各种图形画面、语音信息和音响信息,监视 16000 点、300 幅画面和 2300 点趋势记录。ECMP 采用 Unix 操作系统,支持实时多任务 Basic 语言、Fortran 语言和 C 语言,进行高级控制、生产管理和经营管理等。AIWS 是一台具有人工智能的专家系统,用于进行最优化控制与决策。ENGS 进行 CAD、系统生成和控制系统组态等。

7.2.2　集散控制系统的分散控制级

DCS 的分散控制级,直接与生产现场的传感器(热电偶、热电阻)、变送器(温度、压力、液位、流量变送器等)、执行机构(调节阀、电磁阀等)、电气开关(输入输出触点)连接,完成生产过程控制,并能与集中监控级进行数据通信,接收显示操作站下传加载的参数和作业命令,以及将现场工作情况信息整理后向显示操作站报告。

分散控制级有许多类型的测控装置,但最常用的有 3 种类型,即现场控制站、智能调节器、可编程控制器(PLC)。

1. 现场控制站

现场控制站是 DCS 的核心,DCS 主要的控制功能由它完成。DCS 的性能、可靠性等重要指标也都要依靠现场控制站保证,因此对它的设计、生产及安装都有很高的要求。本书主要以 PCI 总线工业控制机作为现场控制站加以介绍。

1) 现场控制站的构成

现场控制站是由以下 5 部分构成。

(1) 机箱(柜)。

现场控制站的机箱(柜)内部均装有多层机架,以供安装电源及各种部件之用。其外壳均采用金属材料,活动部分之间有良好的电气连接,使其为内部的电子设备提供电磁屏蔽。为保证电磁屏蔽效果,也为了操作人员的安全,机柜要求可靠接地,接地电阻应小于 4Ω。

为保证机箱(柜)电子设备的散热降温,一般均装有风扇,以提供强制风冷气流。为防止灰尘侵入,在与箱(柜)内进行空气交换时,最好采用正压送风将箱(柜)外低温空气经过过滤网过滤后压入箱(柜)内。

(2) 电源。

高效、无干扰、稳定的供电系统是现场控制站工作的重要保证。现场控制站内各功能模板所需直流电源一般有 +5V、±15V(或 ±12V)、+24V 等。而对主机供电的电源一般均要求与对现场检测仪表或执行机构供电的电源在电气上互相隔离,以减少相互干扰。

(3) PCI 总线式工业控制机。

PCI 总线式工业控制机主要由主机、外部设备和过程输入输出通道组成。主要进行信号的采集、控制计算和控制输出,详见第 2 章。

(4) 通信控制单元。

通信控制单元实现分散控制级与集中监控级的数据通信。

(5) 手动/自动显示操作单元。

手动/自动显示操作单元作为后备安全措施,可以显示测量值(PV)、给定值(SP)、自动阀位输出值、手动阀位输出值,并具有硬手动操作功能,可直接调整输出阀位值。

2) 现场控制站的功能

现场控制站的功能主要有 6 种,即数据采集功能、DDC 控制功能、顺序控制功能、信号报警功能、打印报表功能和数据通信功能。

(1) 数据采集功能。

对过程参数,包括各类热电偶信号,热电阻信号,压力、液位、流量等信号进行数据采集、变换、处理、显示、存储、趋势曲线显示、事故报警等。

（2）DDC 控制功能。

直接数字控制（Direct Digital Control，DDC）功能是指接收现场的测量信号，进而求出设定值与测量值的偏差，并对偏差进行 PID 控制运算，最后求出新的控制量，并将此控制量转换成相应的电流送至执行机构。

（3）顺序控制功能。

它通过来自过程状态输入输出信号和反馈控制功能等状态信号，按预先设定的顺序和条件，对控制的各阶段进行逐次控制。

（4）信号报警功能。

对过程参量设置上限和下限，若超过上限和下限分别进行上限和下限报警；对非法的开关量状态进行报警；对出现的事故进行报警。信号报警是以声音、光或 CRT 显示器显示颜色变化表示。

（5）打印报表功能。

定时打印报表；随机打印过程参数；事故报表自动记录打印。

（6）数据通信功能。

完成分散控制级与集中监控级之间的信息交换。

3）现场控制站的工作方式

（1）控制模式。

现场控制站有以下 5 种控制模式。

① 自动。处于自动工作状态，给定值由本地给定，由给定值减去测量值作为偏差，由控制算法运算后输出控制量。

② 软手动。用软件实现手动操作，利用键盘进行输出值的增加或减少操作直接控制阀位值，在 CRT 显示器上可显示输出阀位值。

③ 串级。主回路的输出值送到副回路作为它的给定值。

④ 硬手动。将现场控制站切换到模拟显示操作单元，由操作者操作该单元，直接控制输出阀位值。

⑤ 上位机。由上位机设定给定值，然后传送给现场控制站；上位机也可以由高级控制算法的运算结果自动修改给定值，再传送给现场控制站，从而完成优化控制。

控制模式的优先级是硬手动＞软手动＞自动＞串级＞上位机。

（2）无扰动切换操作。

在控制系统中，由于工作模式的切换，可能会引起输出阀值的突然变化，产生扰动，因此需要采取以下措施实现无扰切换。

① PV 跟踪。在各种手动模式下，把 PV 送给 SP，即使 PV＝SP，从而保证偏差为 0，输出值不受影响。

② 阀位值跟踪。采用阀位值反馈的办法，将手动输出阀位值自动反馈到现场控制站的输入通道，作为一个检测点信号输入，经过转换及变换后送到模拟量输出通道，此时的输出值正好跟踪手动输出的阀位值。

③ 工作模式判定。自动、手动、串级、上位机等工作模式均有相应的标志状态，以供判断。

有了以上 3 种措施就可完成手动/自动方式的无扰切换。

但是,从自动到手动切换时如何保证无扰切换呢? 首先要求模拟显示操作单元应能显示自动模式的输出阀位值,同时也能显示手动输出阀位值,当切换之前,将手动输出阀位值与自动阀位值调到相同,然后再切换到手动模式,就保证了无扰切换。

2. 智能调节器

以微处理器技术为基础的智能调节器(如单回路、多回路智能调节器)使用日益广泛。近年来,由于它们具有数据通信功能,因此在 DCS 的分散控制级也得到了广泛的应用。智能调节器是一种数字化的过程控制仪表,其外表类似一般的盘装仪表,而其内部是由微处理器(如单片机 8051 系列、8098 系列)、RAM、ROM、模拟量和数字量 I/O 通道、电源等部分构成的一个微型计算机系统。一般有单回路、2 回路、4 回路或 8 回路的智能调节器,除一般 PID 之外,控制方式还可组成串级控制、前馈控制等。

智能调节器不仅可接收 4～20mA 电流信号输入的设定值,还具有异步通信接口 RS-422/485、RS-232 等,可与上位机连接成为主从式通信网络,接收上位机下传的控制参数,并上报各种过程参数。

3. 可编程控制器

可编程控制器(PLC)与智能调节器最大的不同点是 PLC 主要配置的是开关量输入输出通道,用于执行顺序控制功能。PLC 主要用于生产过程中按时间顺序控制或逻辑控制的场合,以取代复杂的继电器控制装置。

在较新型的 PLC 中,也提供了模拟量控制模块,其输入输出的模拟量标准与智能调节器相同。同时也提供了 PID 等控制算法,PLC 的高可靠性和它不断增强的功能,使它在 DCS 中得到了广泛的应用。

PLC 一般均带有通信接口,可与上位机连接成为主从式总线型网络,从而构成 DCS。

7.2.3 集散控制系统的集中监控级

DCS 的集中监控级主要是显示操作站,完成显示、操作、记录、报警等功能。它把过程参量的信息集中化,收集各个现场配置的控制站的数据,并通过简单的操作,进行过程量的显示、各种工艺流程图的显示、趋势曲线的显示以及改变过程参数,如设定值、控制参数、报警状态等信息。

显示操作站的另一功能是系统组态,因此可进行控制系统的生成、组态。

1. 显示操作站的构成

显示操作站主要由监控计算机、键盘、CRT 显示器、打印机等几部分构成。

1) 监控计算机

当今 DCS 的显示操作站功能强、速度快、记录数据量大,因此对显示操作站的监控计算机提出了很高的要求。一般 DCS 的显示操作站的监控计算机都采用 32 位的微机,内存一般在 512MB 以上,硬盘在 40GB 以上。

2) 键盘

在显示操作站中,有两种类型的键盘:一种为操作员键盘;另一种为工程师键盘。工程师键盘通常利用标准 ASCII 代码 101 键盘;操作员键盘则是面向操作工操作的键盘,力求操作简单、直观、易掌握。

（1）操作员键盘。

操作员键盘多采用有防水、防尘能力，有明确图案标志的薄膜键盘。这种键盘从键的分布上充分考虑了操作直观、方便的要求。在键体内装有电子蜂鸣器，以提示报警信息和操作响应。

随着显示技术的发展，许多DCS厂家引入了触摸屏显示输入技术，这样可省略操作员键盘，而是直接在屏上设有敏感区，操作员只要用手指触一下该点就可以达到输入操作的目的。

（2）工程师键盘。

DCS的工程师键盘是系统控制工程师用来编程和组态用的。该键盘一般采用大家较熟悉的标准键盘。

3）CRT显示器

作为显示操作站的CRT显示器均为彩色显示器，且分辨率较高，显示尺寸为17英寸、19英寸或21英寸，显示分辨率为1280×1024或更高。

4）打印机

打印机是DCS显示操作站不可缺少的外设。一般的DCS配备两台打印机，一台用于生产记录报表和报警列表打印；另一台用来复制流程画面，常采用彩色打印机。

2. 显示操作站的功能

显示操作站为用户提供仪表化的操作环境，通过CRT显示器进行操作来实现整个DCS的高效率运转。它是信息集中分配中心，也是显示操作的中心，具有控制系统的生成、组态、集中监视操作、报警、显示、报表、通信等功能。显示操作站主要提供与操作员以及工程师有关的系统的功能，即操作员在运转整个系统时必要的操作功能，以及工程师为了进行系统的生成和维护时必要的工程师功能。

1）操作员功能

操作员功能主要是指正常运行时的工艺监视和运行操作，主要由画面指示构成。

（1）DDC标准三画面。

① 总貌画面。用来监视DCS的运行状态，可指示仪表的位号、测量的光柱图形。在本画面中，当一些运行状态发生异常时，相应的仪表信号指示变成红色，在闪光的同时发出报警声音。

② 组貌画面。将DDC控制回路分成小组，通常每组8个回路，在操作时操作对应的键就可选择相应的组貌画面。DDC组貌画面每幅显示8个DDC回路。

③ 回路画面。也称调整画面。回路画面显示单个DDC回路的各参数，利用此画面可进行控制参数的修改、设定，完成单个回路的控制作用。在回路处于串级状态下时，在回路画面上可同时显示相关回路的状态及参数。

（2）图形显示功能。

可进行工艺流程图的显示，一幅工艺流程图由两部分组成：一部分是不随工况变化的基本图形，称为静态图；另一部分是随工况的变化而变化的数据、曲线、图形等，称为动态图，并且定时刷新其变化部分。工艺流程图可利用彩色CRT显示器的多种颜色予以组合，从而做到显示美观、醒目。

（3）趋势曲线画面。

趋势曲线画面具有趋势曲线显示功能。对过程参数的变化趋势进行记录、显示、存储，同时,在一幅画面显示多条曲线,以不同的颜色加以区分。当一个系统趋势曲线数目较多时,也同样进行分组登记、分组显示。

趋势曲线可被存储,以便具有历史趋势曲线的显示功能,一般可达一天或一个月,必要时还可以将趋势曲线存储在软盘中加以保存。操作员可通过趋势曲线的变化及时掌握过程变化情况,也可以通过历史趋势曲线分析控制系统运行状态,分析事故原因、产品质量好坏的原因,有助于分析和管理。

(4) 操作指导画面。

为了指导操作员准确及时地操作,帮助操作员记忆众多的操作项目,设计了操作指导画面。如果按画面要求操作正确,工序则能正常进展;否则,非但不接受错误操作,而且工序无法前进,从而保证了安全生产。

(5) 报警画面。

报警画面按时间顺序记录过程数据发生的上、下限报警和设备异常等,并且用颜色变化、闪光文字和声响区分报警级别,以引起操作员注意,使其立即采取相应措施。

2) 工程师功能

工程师功能主要包括系统的组态功能、控制功能、维护功能、管理功能等。

(1) 系统的组态功能。构成一个应用系统需进行系统的组态工作,系统工程师可依照给定的运算功能模块进行选择、连接、组态和设定参数,用户无须编写程序。组态工作是在系统运行之前进行的,或者说是离线进行的,一旦组态完成,系统就具备了运行能力。

(2) 系统的控制功能。执行由系统组态功能所生成的系统控制。包括反馈控制功能,即依据组态执行相应的控制功能,直到信号输出;顺序控制功能,执行顺序语言编写的功能,完成预定的开关量输入输出顺序控制功能。

(3) 系统的维护功能。用于定期检验各个作业,且在系统建立、修改时,把内容保存在磁盘中。

(4) 系统的管理功能。对系统进行管理,包括监视功能和控制功能中的管理、制表、事故报警、打印等管理。

7.2.4　集散控制系统的综合管理级

综合管理级在 DCS 中用来实现整个企业(或工厂)的综合信息管理,主要执行生产管理和经营管理功能。DCS 的综合管理级实际是一个管理信息系统(Management Information System,MIS),MIS 是借助自动化数据处理手段进行管理的系统。MIS 由计算机硬件、软件、数据库、各种规程和人共同组成。

1. MIS 的基本概念

MIS 是 Gallagher J D 在 1961 年首先提出的,他认为可以开发一个以计算机为主体、信息处理为中心的综合性系统,即 MIS。早期所提出的 MIS,设想它是单个、高度集中的系统,认为它能够处理所有的组织功能,实践证明这是非常复杂而又不现实的。现在,MIS 的概念是一些子系统的联合,这些子系统通过信息而发生联系。这意味着在一个企业中,可以组建若干个相关的 MIS,分别为不同的管理需要服务。总体来说,MIS 应向用户提供信息,以便改进决策能力和提高效率,这意味着信息是 MIS 最主要的资源。

1）管理

管理是指运用组织、计划、指导、控制、协调等基本行动,有效地利用人力、材料、资金、设备和方法等各种资源,发挥最高的效率,以实现一个组织机构所预定的目标和任务。充分发挥胸怀家国、担当作为的企业家精神,实现高水平管理。

管理的过程是从计划开始,然后予以实施,在实施中以加以控制,这三步活动构成循环过程,通过反馈再修改计划。管理作为一个过程,它由 3 部分组成:①对组织机构所有的活动和一切资源加以有效地安排和调配;②通过计划、组织、领导、控制、协调来实行对组织机构的管理;③建立目标,有了目标就有了发展方向,因此管理是一个为一定目标服务的过程。

管理工作的 6 个要素是目标、信息、人员、资金、设备、物资,它们构成物流、人流和信息流。管理信息有两类:一类是变动信息;另一类是固定信息。管理的基本职能是计划、组织、领导、控制、激励、协调、通信。这些管理职能对于不同层次的管理,其重要性也不相同。对企业的上层管理部门,计划(也称规划)是最主要的职能,组织是第二位的职能,而领导和控制职能相对前两项职能来说并不是主要的;对企业的中下层管理部门,领导和控制是主要的职能,除了制定短期计划和日常调度是中下层管理部门的职能以外,战略规划、战术规划以及组织职能不是其主要职能。一般来说,激励和协调属于领导这一基本职能的范围,通信可以属于组织职能的范围。

通信职能是指信息从一个人传递到另一个人,使信息、思想、知识等得到传播。一个企业的存在依赖一个良好的通信网络系统。据统计,一个管理人员从事的日常管理工作(如发布命令、领导和协调等活动)所花费的时间有 85% 以上是用于通信,当通信网络系统失灵时,企业的活动将陷入混乱。

2）信息

按照国际标准化组织的定义,信息是对人有用的、能够影响人们行为的数据。数据是对事实、概念或指令的一种特殊表达形式,它可以用人工或自动化装置进行通信、翻译或处理。按照 ISO 的定义,日常所说的数字、文字、图形、图像、声音等都可以看作数据。

信息有六个特征:可存储性,即可以保存在某种介质中;再使用性,即可多次使用;可传输性,即通过某种方式从甲地传送到乙地;可销售性,即可作为商品出售;可压缩性,即能够根据要求提取部分信息;增值性,是指信息积累到一定程度后能发生质的变化。

3）系统

按 ISO 的定义,系统是指由人、机器和各种方法构成的,用于完成一组特定功能的集合体。系统具有递归的含义,一个系统可以从属于一个比它更大的系统。

2. MIS 的组成

1）MIS 的硬件组成

在 DCS 中主要由管理计算机、办公自动化服务系统、工厂自动化服务系统构成综合信息管理级,这些是 MIS 的硬件组成,主要用来支持 MIS 的软件实现和运行。

2）MIS 的软件组成

企业 MIS 是一个以数据为中心的计算机信息系统。企业中的信息有两类:管理活动信息(包括日常管理、制订计划、战略性总体规划等信息)和职能部门活动信息(包括生产制造、市场经营、财务、人事等信息)。企业 MIS 可粗略地分为市场经营管理、生产管理、财务管理和人事管理 4 个子系统。子系统从功能上说应尽可能地独立,子系统之间通过信息而相互联系。

(1) 市场经营管理子系统。

市场经营管理的主要功能是为决策人提供有关市场的各种信息。该子系统的主要数据来源是顾客,他们向企业提出订货产品的质量和性能等方面的要求,以及使用产品后的反馈意见。另一个主要数据来源是企业的市场调查人员,他们收集有关市场的情报资料。市场经营管理信息子系统一般由计划与市场研究、分配、销售 3 部分组成。

(2) 生产管理子系统。

生产管理就是按照预先确定的产品数量、质量和完成期限,运用科学的方法,经过周密的计划与安排,按照特定制造过程,生产出合乎标准的产品。生产管理的职能包括预测、计划、控制 3 部分。

预测是生产管理的第一步,它是计划的必要前提。

计划是生产管理的第二步,在生产管理中有两种计划,即工厂计划和生产计划。工厂计划是指对工厂的布置、生产设备和厂内运输路线作出合理的安排和计划。生产计划是指根据预测的利润、市场需要、生产能力这三个因素,合理地安排计划期间企业生产的产品品种、数量和完成期限,有效地使用资金、人力、材料、设备等资源。生产计划要解决四个问题:制造什么? 如何制造? 在何处制造? 在什么时候完成? 生产计划首先要对产品进行分析,根据工艺流程,安排制作程序;其次安排材料计划;最后安排劳动计划。

控制是生产管理的第三步,即监督生产计划的具体实施。当实际情况与生产计划发生偏差时,要分析原因并及时纠正,以确保生产计划的顺利完成。生产管理中的控制包括生产控制、质量控制和库存控制。

(3) 财务管理子系统。

财务管理的重点是为了完成企业的总体目标,有效地组织和运用现有的资源,也就是科学地组织和运用企业的流动资金和固定资产。

(4) 人事管理子系统。

人事管理信息子系统的数据来源是有关作业的数据和人事变动的数据。一般来说,人事管理信息子系统由人事档案、人事计划、劳动管理组成。

3. DCS 中 MIS 的功能

DCS 的综合管理级主要由 MIS 来实现生产管理和经营管理。这一级进行市场预测和经济信息分析,针对原材料库存情况、生产进度、工艺流程及工艺参数、生产统计、报表,进行长期性的趋势分析,作出生产和经营决策,确保最佳化的经济效益。DCS 的综合管理级实际是由 MIS 的市场经营管理子系统和生产管理子系统来完成的。

7.3　现场总线控制系统

现场总线控制系统(Fieldbus Control System,FCS)是随着自动化、计算机、网络、通信和系统集成等技术的发展而产生的,它给自动化领域带来深刻变革。现场总线不仅仅是一种通信技术,也不仅仅是用数字仪表代替模拟仪表,它是用新一代的 FCS 代替传统的 DCS,实现现场总线通信网络与控制系统的集成。

7.3.1 现场总线概述

1. 现场总线及其体系结构

根据国际电工委员会（International Electrotechnical Commission，IEC）标准和现场总线基金会（Fieldbus Foundation，FF）的定义：现场总线是连接智能现场设备和自动化系统的数字式、双向传输、多分支结构的通信网络。现场总线是用于过程自动化和制造自动化最底层的现场仪表或现场设备互连的通信网络。FCS 是将通信线一直延伸到生产现场或生产设备，在生产现场直接构成现场通信网络，是现场通信网络与控制系统的集成。现场总线的体系结构主要表现在以下 6 方面。

1）现场通信网络

现场总线把通信线一直延伸到生产现场或生产设备，用于过程自动化和制造自动化的现场设备或现场仪表互连的现场通信网络，如图 7-8 所示，该图代表了 FF 定义的 FCS 的网络结构。

图 7-8 FF 定义的 FCS 的网络结构

2）现场设备互连

现场设备或现场仪表是指变送器、执行器、服务器和网桥、辅助设备、监控设备等，这些设备通过一对传输线互连（见图 7-8），传输线可使用双绞线、同轴电缆、光纤和电源线等，并可根据需要因地制宜地选择不同类型的传输介质。

（1）变送器。常用的变送器有温度、压力、流量、物位和分析五大类，每类又有多个品种。变送器既有检测、变换和补偿功能，又有 PID 控制和运算功能。

（2）执行器。常用的执行器有电动和气动两大类，每类又有多个品种。执行器的基本功能是控制信号的驱动和执行，还内含调节阀输出特性补偿、PID 控制和运算功能，另外有阀门特性自动校验和自诊断功能。

（3）服务器和网桥。服务器下接现场总线 H_1 和 H_2，上接局域网（Local Area Network，LAN）；网桥上接现场总线 H_2，下接现场总线 H_1（见图 7-8）。

（4）辅助设备。辅助设备有现场总线 H_1/气压转换器、现场总线 H_1/电流转换器、安全栅、总线电源、便携式编程器等。

（5）监控设备。监控设备主要有工程师站、操作员站和计算机站，工程师站提供 FCS 组态，操作员站提供工艺操作与监视，计算机站用于优化控制和建模。

3）互操作性

现场设备或现场仪表种类繁多，没有任何一家制造商可以提供一个工厂所需的全部现场设备，所以，不同厂商产品进行交互操作与互换是不可避免的。用户不希望为选用不同的产品而在硬件或软件上花很大力气，而希望将各厂商性能价格比最优的产品集成在一起，实现"即接即用"，用户希望对不同品牌的现场设备统一组态，构成自己所需要的控制回路，这就是现场设备互操作性的含义。现场设备互连是基本要求，只有实现互操作性，用户才能自由地集成 FCS。

4）分散功能块

FCS 废弃了 DCS 的输入输出单元和控制站，把 DCS 控制站的功能块分散地分配给现场仪表，从而构成虚拟控制站。由于功能分散在多台现场仪表中，并可统一组态，可供用户灵活选用各种功能块，构成所需控制系统，实现彻底的分散控制，如图 7-9 所示。其中，差压变送器含有模拟量输入功能块（AI110），调节阀含有 PID 控制功能块（PID110）及模拟量输出功能块（AO110），这三个功能块构成流量控制回路。

图 7-9　FCS 中的分散功能块

5）通信线供电

通信线供电方式允许现场仪表直接从通信线上获得能量，这种方式提供用于本质安全环境的低功耗现场仪表，与其配套的还有安全栅。众所周知，许多生产现场有可燃性物质，所有现场设备必须严格遵守安全防爆标准，现场总线设备也不例外。

6）开放式互联网络

现场总线为开放式互联网络，既可与同层网络互联，也可与不同层网络互联。开放式互联网络还体现在网络数据库共享方面，通过网络对现场设备和功能块统一组态，使不同厂商的网络及设备融为一体，构成统一的 FCS，如图 7-8 所示。

2. FCS 的变革

1）FCS 对自动化领域的变革

现场总线给当今的自动化领域带来 7 方面的变革：用一对通信线连接多台数字仪表代替一对信号线只能连接一台仪表；用多变量、双向、数字通信方式代替单变量、单向、模拟传输方式；用多功能的现场数字仪表代替单功能的现场模拟仪表；用分散式的虚拟控制站代替集中式的控制站；用 FCS 代替传统的 DCS；变革传统的信号标准、通信标准和系统标准；变革传统的自动化系统体系结构、设计方法和安装调试方法。自动化领域这场变革的深度和广度都将超过历史上任何一次，必将开创自动化控制的新纪元。

2）FCS 对 DCS 的变革

FCS 对 DCS 的变革体现在以下 5 方面。

（1）FCS 的信号传输实现了全数字化，最底层的传感器和执行器采用现场总线网络，从最底层开始逐层向上直至最高层均为通信网络互联。

（2）图 7-8 所示 FCS 的结构是全分散式，它废弃了图 7-10 所示传统 DCS 的输入输出单元和控制站，由现场设备或现场仪表取而代之，即把 DCS 控制站的功能化整为零，分散地分配给现场仪表，从而构成虚拟控制站，实现彻底的分散控制。

图 7-10　传统 DCS 控制层

（3）FCS 的现场设备具有互操作性，不同厂商的现场设备既可互连也可互换，并可以统一组态，彻底改变传统 DCS 控制层的封闭性和专用性。

（4）FCS 的通信网络为开放式互联网络，既可同层网络互联，也可与不同层网络互联，用户可极方便地共享网络数据库。

（5）FCS 的技术和标准实现了全开放，无专利许可要求，可供任何人使用。

以上变革必将导致一个全数字化、全分散式、全开放、可互操作和开放式互联网络的新一代 FCS 的出现。

3. 现场总线产生的原因

现场总线变革了传统的模拟仪表和 DCS，有人表示不理解，认为模拟仪表和 DCS 技术相当成熟，几十年形成的标准和系列已被世界公认，一旦变革可能吃力不讨好。为此有必要分析模拟仪表的缺点和现场总线的优点，两者比较的结果促使了现场总线的产生。

模拟仪表的缺点如下。

(1) 一对一结构。一台仪表、一对传输线、单向传输一个信号,如图 7-10 所示。这种一对一结构造成接线庞杂、工程周期长、安装费用高、维护困难。

(2) 可靠性差。模拟信号传输不仅精度低而且易受干扰。为此需采用各种抗干扰措施和提高精度措施,导致成本增加。

(3) 失控状态。操作员在控制室既不了解模拟仪表工作状态,也不能对其进行参数调整,更不能预测故障,导致操作员对模拟仪表处于"失控"状态。由于操作员不能及时发现现场仪表的故障而发生的事故已屡见不鲜。

(4) 互换性差。尽管模拟仪表统一了信号标准 DC 4~20mA,可是大部分技术参数仍由制造厂商自定,致使不同厂商的仪表无法互换。

现场总线的优点如下。

(1) 一对 N 结构。一对传输线、N 台仪表、双向传输多个信号,如图 7-8 所示。这种一对 N 结构使得接线简单、工程周期短、安装费用低、维护容易。如果增加现场设备或现场仪表,只需并行挂接到电缆上,无须架设新的电缆。

(2) 可靠性高。数字信号传输抗干扰强、精度高,无须采用抗干扰措施和提高精度的措施,从而降低了成本。

(3) 可控状态。操作员在控制室既可了解现场设备或现场仪表的工作状况,也能对其进行参数调整,还可预测或寻找故障,设备或仪表始终处于操作员的远程监视与可控状态,提高了系统的可靠性、可控性和可维护性。

(4) 互换性。用户可自由选择不同制造厂商的现场设备或现场仪表进行互连互换,实现"即接即用"。

(5) 互操作性。用户可把不同厂商的仪表集成在一起,进行统一组态。

(6) 综合功能。现场仪表既有检测、变换和补偿功能,又有控制和运算功能,实现一表多用,节省了成本。

(7) 分散控制。控制站分散在现场仪表中,通过现场仪表就可构成控制回路,实现彻底的分散控制,提高了系统的可靠性、自主性和灵活性,如图 7-8 所示。

(8) 统一组态。由于引入功能块的概念,所有制造厂商都使用相同的功能块,并统一组态。组态变得非常简单,用户不需要因为现场设备或现场仪表种类不同带来组态的不同,而进行培训或学习组态方法及编程语言。

(9) 开放式系统。现场总线为开放式互联网络,所有技术和标准是公开的,用户可自由集成不同厂商的通信网络,既可与同层网络互联,也可与不同层网络互联;另外,用户可极方便地共享网络数据库。

由于模拟仪表的诸多缺点,传统 DCS 无法摆脱模拟仪表的束缚,这就导致现场总线和新一代 FCS 的产生。FF 将现场总线示范工程与传统 DCS 相比,结果显示各项费用节省率为导线 82%、螺钉 63%、接口板 50%、安全栅 50%,另外还节省了材料费、工时费等。

每台现场设备就是一台微处理器,既有 CPU、内存、接口和通信等数字信号处理,也有非电量信号检测、变换和放大等模拟信号处理。现场总线的出现得益于微处理器技术、通信技术、集成电路技术的发展。

4. 现场总线的发展过程

早在 20 世纪 80 年代中期，国外就提出现场总线，但研究工作进展缓慢，而且无国际标准可遵守。部分国际组织研究现场总线的经过列举如下，以便读者了解现场总线标准的产生历程。

1）ISA/SP50

1984 年，美国仪表学会（Instrument Society of America，ISA）下属的标准实施（Standard and Practice，SP）第 50 组，简称 ISA/SP50 开始制定现场总线标准。1992 年，IEC 批准了 SP50 物理层标准。

2）PROFIBUS

1986 年，德国开始制定过程现场总线（Process Field Bus）标准，简称 PROFIBUS 标准。1990 年，完成了 PROFIBUS 标准制定工作，在德国 DIN 19245 标准中对其进行了论述。1994 年，PROFIBUS 组织又推出了用于过程自动化的现场总线 PROFIBUS-PA（Process Automation），通过总线供电，提供本质安全。

3）ISP 和 ISPF

1992 年，由西门子、Foxboro、Rosemount、Fisher、横河、ABB 等公司成立 ISP 组织，以德国 PROFIBUS 标准为基础制定了总线标准。1993 年成立了 ISP 基金会（ISP Foundation，ISPF）。

4）World FIP

1993 年，由霍尼韦尔、Bailey 等公司牵头，成立了 World FIP，约有 120 多个公司加盟，以法国 FIP 标准为基础制定现场总线标准。

5）HART 和 HCF

1986 年，由 Rosemount 公司提出 HART（Highway Addressable Remote Transducer）协议，即可寻址远程传感器数据通路通信协议，它是在 DC 4～20mA 模拟信号上叠加 FSK 数字信号，既可用作 DC 4～20mA 模拟仪表，也可用作数字通信仪表。显然，这是现场总线的过渡性协议。1993 年，成立了 HART 通信信息基金会（HCF），约有 70 多个公司加盟，如西门子、横河、E+H、Fisher、Rosemount 等公司。

6）FF

由于各大公司或企业集团极力维护自身的利益，互不相让，致使现场总线标准化工作进展缓慢。但广大用户要求革新模拟仪表和 DCS，尽快使用现场总线，而且当今的技术已经能满足现场总线的硬件环境和软件环境，各大仪表和 DCS 制造商又想早点有利可图，不想维持僵局。在这种情况下，1994 年 ISPF 和 World FIP 握手言和，成立了 FF，总部设在美国得克萨斯州的奥斯汀。该基金会聚集了世界著名仪表、DCS 和自动化设备制造商、研究机构和最终用户。FF 是一个非商业的公正的国际标准化组织，其宗旨是制定统一的国际现场总线标准，为世界上任何一个制造商或用户提供现场总线标准。

7.3.2　5 种典型的现场总线

目前，世界上出现了多种现场总线的企业、集团或国家标准。这使人们十分困惑，既然现场总线有如此多的优点，为什么统一标准却十分困难？这里存在两方面的原因：一是技术原因；二是商业利益。目前较流行的现场总线主要有以下五种：CAN、LonWorks、

PROFIBUS、HART 和 FF。

1. 控制器局域网络

控制器局域网络(Controller Area Network,CAN)是由德国 Bosch 公司为汽车的监测和控制而设计的,逐步发展到用于其他工业领域的控制。CAN 已成为 ISO 11898 标准。CAN 具有如下特性。

(1) CAN 通信速率为 5kb/s(10km)、1Mb/s(40m),节点数 110 个,传输介质为双绞线或光纤等。

(2) CAN 采用点对点、一点对多点及全局广播几种方式发送、接收数据。

(3) CAN 可实现全分布式多机系统且无主从机之分,每个节点均主动发送报文,用此特点可方便地构成多机备份系统。

(4) CAN 采用非破坏性总线优先级仲裁技术,当两个节点同时向网络发送信息时,优先级低的节点主动停止发送数据,而优先级高的节点可不受影响地继续发送信息;按节点类型分成不同的优先级,可以满足不同的实时要求。

(5) CAN 支持 4 类报文帧:数据帧、远程帧、出错帧、超载帧。采用短帧结构,每帧有效字节数为 8 个。这样传输时间短,受干扰的概率低,且具有较好的检错效果。

(6) CAN 采用循环冗余校验(Cyclic Redundancy Check,CRC)及其他检错措施,保证了极低的信息出错率。

(7) CAN 节点具有自动关闭功能,当节点错误严重的情况下自动切断与总线的联系,从而不影响总线正常工作。

(8) CAN 单片机。摩托罗拉公司生产带 CAN 模块的 MC68HC05x4,飞利浦公司生产带 CAN 模块的 82C200,Intel 公司生产带 CAN 模块的 P8XC592。

(9) CAN 控制器。飞利浦公司生产的 82C200,Intel 公司生产的 82527。

(10) CAN I/O 器件。飞利浦公司生产的 82C150 具有数字和模拟 I/O 接口。

2. 局部操作网络

局部操作网络(Local operating netWorks, LonWorks)是由美国 Echelon 公司研制,主要有如下特性。

(1) LonWorks 的通信速率为 78kb/s(2700m)、1.25Mb/s(130m),节点数 32000 个,传输介质为双绞线、同轴电缆、光纤、电源线等。

(2) LonWorks 采用 Lon Talk 通信协议,该协议遵循 ISO 定义的开放系统互连参考模型。

(3) LonWorks 的核心是神经元芯片,内含 3 个 8 位的 CPU。第 1 个 CPU 为介质访问控制处理器,实现 Lon Talk 协议的第 1 层和第 2 层。第 2 个 CPU 为网络处理器,实现 Lon Talk 协议的第 3～第 6 层。第 3 个 CPU 为应用处理器,实现 Lon Talk 协议的第 7 层,执行用户编写的代码及用户代码所调用的操作系统服务。

(4) 神经元芯片的编程语言为 Neuron C,它是从 ANSI C 派生的。LonWorks 提供了一套开发工具 LonBuilder 与 NodeBuilder。

(5) Lon Tank 协议提供了 5 种基本类型的报文服务:确认(Acknowledged)、非确认(Unacknowledged)、请求/响应(Request/Response)、重复(Repeated)、非确认重复(Unacknowledged Repeated)。

（6）Lon Tank 协议的 MAC 层对 CSMA 作了改进，采用一种新的称作可预测的 P-坚持（Predictive P-Persistent）CSMA 算法，根据总线负载随机调整时间槽 n（1～63），从而在负载较低时使介质访问延迟最小化，而在负载较高时使冲突的可能最小化。

3. 过程现场总线

过程现场总线（PROFIBUS）是德国标准，1991 年在 DIN 19245 标准中公布了该标准，PROFIBUS 有几种改进型，分别用于不同的场合。

（1）PROFIBUS-PA 用于过程自动化，通过总线供电提供本质安全性，可用于危险防爆区域。

（2）PROFIBUS-FMS（Fieldbus Message Specification，现场总线报文规范）用于一般自动化。

（3）PROFIBUS-DP（Decentralized Periphery，分布式外围设备）用于加工自动化，适用于分散的外围设备。

PROFIBUS 引入了功能模块的概念，不同的应用需要使用不同的模块。在一个确定的应用中，按照 PROFIBUS 规范来定义模块，写明其硬件和软件的性能，规范设备功能与 PROFIBUS 通信功能的一致性。

PROFIBUS 为开放系统协议，为了保证产品质量，在德国建立了 FZI 信息研究中心，对制造厂商和用户开放，对其产品进行一致性检测和实验性检测。

4. HART

HART 由美国 Rosemount 公司研制，HART 协议参照 ISO/OSI 模型的第 1、2、7 层，即物理层、数据链路层和应用层，主要有如下特性。

（1）物理层。采用基于 Bell 202 通信标准的 FSK 技术，即在 DC 4～20mA 模拟信号上叠加 FSK 数字信号，逻辑 1 为 1200Hz，逻辑 0 为 2200Hz，波特率为 1200b/s，调制信号为 $\pm 0.5mA$ 或 $0.25V_{p-p}$（250Ω 负载）。用屏蔽双绞线单台设备距离为 3000m，而多台设备互连距离为 1500m。

（2）数据链路层。数据帧长度不固定，最长 25 字节。可寻地址为 0～15，当地址为 0 时，处于 DC 4～20mA 与数字通信兼容状态；当地址为 1～15 时，则处于全数字通信状态。通信模式为"问答式"或"广播式"。

（3）应用层。规定了 3 类命令，第 1 类是通用命令，适用于遵守 HART 协议的所有产品；第 2 类是普通命令，适用于遵守 HART 协议的大部分产品；第 3 类是特殊命令，适用于遵守 HART 协议的特殊产品。另外，为用户提供了设备描述语言（Device Description Language，DDL）。

5. FF 现场总线

FF 推行的现场总线标准以 IEC/ISA SP-50 标准为蓝本，无专利许可要求，可供任何人使用。FF 现场总线标准共有 4 层协议，即物理层、数据链路层、应用层和用户层。下面简单介绍该标准各层协议的主要技术内容。对用户而言，物理层和用户层比较重要，因为前者有关于系统安装的若干规定，后者有关于组态的内容。

1）物理层

物理层（Physical Layer）标准号是 IEC 1158-2，已有多家公司生产出低速总线 H1 标准的专用芯片（ASIC）并可出售，它们是 Smar、横河、Shipstar、Borst、Automation、Fuji、VSLI。

物理层的任务是接收来自数据链路层的数据,经再加工变为电信号进行传输,或接收信号后进行相反的处理并将数据送至数据链路层。

物理层定义了传送数据帧的结构、信号波形的幅度限制,以及传输介质、波特率、功耗和网络拓扑结构。

(1) 传输介质可以采用有线电缆、光纤和无线通信。目前采用有线电缆作为传输介质已给出标准,见 ISA-SP 50.02 Port2。例如,使用屏蔽双绞线:H1 标准(31.25kb/s)为 ♯18AWG;H2 标准(1Mb/s)为 ♯22AWG;H2 标准(2.5Mb/s)为 ♯22AWG。

(2) 通过有线电缆传送信号的波特率定义了两种速率标准。①H1:31.25kb/s 低速率网络。采用 H1 标准,可以利用现有的有线电缆,能满足本质安全要求和利用同一电缆向现场装置供电。采用 H1 标准在同一电缆上连接 2~6 台现场装置,可以满足本质安全要求。采用 H1 标准在同一电缆线上连接 2~12 台现场装置,但不满足本质安全要求。如果单独用电缆线供电,那么,在同一传输信号的电缆线上,可以连接 2~32 台现场装置,但不满足本质安全要求。②H2:1Mb/s、2.5Mb/s 高速网络。H2 标准大大提高了传输波特率,但不能用信号线供电。

(3) H1 标准最大传输距离为 1900m(无须中继器),最多串接 4 台中继器。H2 标准在 1Mb/s 波特率下,最大传送距离为 750m;在 2.5Mb/s 波特率下,最大传送距离为 500m。

(4) 现场总线协议支持总线型、树形和点对点型 3 种拓扑结构。其中,树形结构仅支持低速 H1 版本。

(5) 编码方式和报文结构。控制设备的数据交换采用同步串行半双工方式,设备可在同一媒体中发送和接收数据,但发送和接收过程不能同时进行。现场总线数据信号采用自时钟曼彻斯特编码方式。由于数据传输过程是同步的,因此每帧数据无须使用起始位和停止位。在曼彻斯特编码中,编码时钟和数据结合在一起,所以上升沿代表逻辑 0,下降沿代表逻辑 1。

每帧报文的格式由前同步符(Preamble)、首定界符(Start Delimiter)、数据段和尾定界符(End Delimiter) 4 部分组成(图 7-11)。前同步符相当于电话信号中的振铃信号,用于唤醒接收设备,并使之与发送设备保持同步。每段报文中数据段的开头和结尾部分由定界符标出。请注意,定界符不同的曼彻斯特编码,用非数据正(N_+)和非数据负(N_-)表示,这样可以有效地标明数据段的范围。前同步符和定界符由发送设备中的物理层自动加到报文中,并在接收设备的物理层中被自动去掉。

2) 数据链路层

数据链路层(Data Link Layer)由上下两部分组成:下层部分的功能是对传输介质传送的信号进行发送、接收控制;上层部分的功能是对数据链路进行控制,保证数据传送到指定的装置。

在现场总线网络中的装置可以是主站,也可以是从站。主站有控制发送、接收数据的权力,从站仅有响应主站访问的权力。

现场总线为实现对传送的信号进行发送、接收控制,采用了融令牌和查询通信方式为一体的技术。在一个网络中可以有几个主站。初始化时,仅允许一个主站处于讲工作状态。讲工作状态传来后,主站查询从站,并用特殊的帧结构把讲工作状态传送给另一主站。

在网络中的装置均要有不冲突的站地址。所有的帧中包含目标地址和源地址。

图 7-11　现场总线报文结构

为了满足系统的可靠性，传送的数据必须可靠，所以在发送站的每一帧中加了两个字节的帧检查序列码（FCS）。在接收站进行解码时，可以判断是否有错。

现场总线系统有两类信息，即工作信息、背景信息。工作信息是指在装置之间传送的数据，例如过程变量。背景信息是指在某装置与操作台之间传送的数据，例如组态和诊断。

总之，数据链路层的任务是保证数据的完整性和决定何时与谁进行对话，数据链路帧格式如下。

格式控制	目标地址	源地址	参数	数据	校验

3）应用层

应用层（Application Layer）由现场总线访问子层（Fieldbus Access Sublayer，FAS）和FMS 两部分构成。

FAS 提供 3 类服务：发布/索取（Publisher/Subscriber），客户机/服务器（Client/Server），报告分发（Report Distribution），这 3 类服务被称为虚拟通信关系（Virtual Communication Relationships，VCR）。

FMS 规定了访问应用进程（Application Process，AP）的报文格式及服务。FMS 与对象字典（Object Dictionary，OD）配合，为现场设备规定了功能接口。FMS 通过调用 VCR，在现场设备之间传递报文。

4）用户层

用户层（User Layer）规定了标准的“功能块”供用户组态成为系统。利用功能块数据结构执行数据的采集、控制和输出功能。每一个功能块包含一种对数据进行处理的算法。用户为每一个功能块定义一个名称，称为块标记，在同一网络中名称必须唯一。数据被分解成输入、输出和内部变量。

利用句法、标记、参数名称在整个现场总线网络中寻找功能块。现场装置对用户在功能块中读写的数据按预先的算法进行处理，并具有将改变了的特性下装到整个现场总线网络的应用层的能力。

　　FF 规定了如下基本功能块：模入（AI），控制选择（CS），模出（AO），开入（DI），P、PD 控制，开出（DO），手动（ML），PID、PI、I 控制，偏置/增益（BG），比率（RA）。它还规定了如下先进功能块：脉冲输入、步进输出 PID、输入选择、复杂模出、装置控制、信号特征、复杂开关出、设定值程序发生、定时、分离器、运算、模拟接口、超前滞后补偿、积算、开关量接口、死区、模拟报警、算术运算、开关量报警等。

7.4　工业以太网测控系统

7.4.1　工业以太网概述

1. 以太网概述

　　以太网（Ethernet）是当今现有 LAN 采用的最通用的通信协议标准，组建于 20 世纪 70 年代早期。以太网是一种传输速率为 10Mb/s～10Gb/s 的常用 LAN 标准。在以太网中，所有计算机被连接一条同轴电缆上，采用 CSMA/CD 技术，采用竞争机制和总线拓扑结构。以太网由共享传输媒体（如双绞线电缆或同轴电缆）和多端口集线器、网桥或交换机构成。在星形或总线型结构中，集线器/交换机/网桥通过电缆使得计算机、打印机和工作站彼此之间相互连接。

2. 工业以太网

　　工业以太网（Industrial Ethernet）是应用于工业自动化领域的以太网技术，是基于 IEEE 802.3 标准的强大的区域和单元网络。近年来，随着工业互联网技术的普及与推广，以太网也得到了飞速发展，特别是以太网通信速率的提高、交换技术的发展，给解决以太网的非确定性问题带来了新的契机：首先，以太网的通信速率从 10Mb/s 发展到 10Gb/s，在相同通信量的条件下，通信速率的提高意味着网络负荷的减轻和碰撞的减少，也就意味着确定性提高；其次，以太网交换机为连接在其端口上的每个网络节点提供了独立的带宽，连接在同一个交换机上的不同设备不存在资源争夺，这就相当于每个设备独占一个网段；再次，全双工通信技术又为每一个设备与交换机端口之间提供了发送与接收的专用通道，使不同以太网设备之间的冲突大大降低（半双工交换式以太网）或完全避免（全双工交换式以太网）。因此，以太网成为确定性网络（Deterministic Network），从而为它应用于工业自动化控制消除了主要障碍。

3. 工业以太网原理及体系结构

　　FF 于 2000 年发布以太网规范，称为高速以太网（High Speed Ethernet，HSE）。HSE 是以太网协议 IEEE 802.3、TCP/IP 协议族与 FFIll 的结合体。FF 明确将 HSE 定位于实现控制网络与互联网的集成。

　　工业以太网协议有多种，如 EtherNet/IP、ProfiNet、EtherCAT、Modbus 等。对应于 ISO/OSI 通信参考模型，工业以太网协议在物理层和数据链路层均采用了 IEEE 802.3 标准，在网络层和传输层则采用被称为以太网"事实"标准的 TCP/IP 协议簇（包括 UDP、TCP、IP、ARP、ICMP、IGMP 等），它们构成了工业以太网的低 4 层。在高层协议上，工业以太网协议通常省略了会话层、表示层，而定义了应用层，有的工业以太网协议还定义了用户层（如 HSE），OSI/RM 与工业以太网通信模型的对应关系如图 7-12 所示。

图 7-12 OSI/RM 与工业以太网通信模型的对应关系

　　根据不同系统规模和具体情况，以太网灵活采用星形、环形（包括冗余双环）、线形（或类总线型）等网络拓扑结构。工业以太网中使用的通信线缆包括同轴电缆、双绞线和光缆，遵循 IEEE 指定的相关标准。根据工业环境的状况，工业以太网对环境的适应性比传统的商业以太网更强，包括设备、通信线缆、连接件在内的防爆性、抗腐蚀性、机械强度、电磁兼容性等。

　　工业以太网的关键技术包括通信的实时性、网络生存性和可用性、网络安全、传输距离、可互操作性与应用性协议。

4. 工业以太网的应用

　　工业以太网在技术上与商用以太网（即 IEEE 802.3 标准）兼容，但在产品设计时，在材质的选用、产品的强度和适用性方面能满足工业现场的需要，具有环境适应性强、可靠性和安全性高、安装方便的特点。因此，与其他现场总线或工业通信网络相比，工业以太网具有应用广泛、成本低廉、通信速率高、软硬件资源丰富、易与互联网连接、可持续发展、潜力大的优点，因此不仅垄断了工厂综合自动化的信息管理层网络，而且在过程监控层网络上也得到了广泛应用，并且有直接向下延伸、应用于工业现场设备层网络的趋势。

7.4.2 工业以太网测控系统设计

　　工业最常用的网络结构有基于 PLC 的分布式测控网络、基于 IPC 的测控网络（RS-485 总线架构、现场总线架构、工业以太网架构及以上方式的组合架构等）。以太网类产品因其远距离的数据传输能力、高速的数据通信能力正在成为工业应用的主导。以太网 I/O 模块向上提供一路 10/100M 以太网接口，利用它提供的 I/O 转以太网功能，能够将分散分布在工业现场的各种 I/O 数据通过工业以太网集中采集至服务器，系统的相应指令也可以通过工业以太网发送至工业现场设备用于控制系统运行。

1. 基于 ADAM-6000 模块的工业以太网结构

　　ADAM-6000 系列产品是基于以太网的数据采集和控制模块，它们集数据采集和网络传输能力于一身。使用这些模块可以轻而易举地建立低成本、适应于各个行业的基于以太网的数据采集和控制系统。通过标准以太网，ADAM-6000 模块可以实时地将来自传感器的数据发送到 LAN/以太网节点上。

1）ADAM-6000 模块的主要特征

ADAM-6000 模块具有 10M/100M 自适应网络能力,支持工业通用的 Modbus/TCP、UDP。通过 UDP/IP,可以同时向 8 个以太网节点发送数据。研华公司还为 ADAM-6000 模块提供了 OPC 服务器,在支持 OPC 的 HMI/SCADA 软件中可以方便地使用。

ADMA-6000 模块预置了智能数学函数,提升了系统的性能。其中,数字量输入模块提供了计数、总和函数;数字量输出模块提供了脉冲输出、继电器输出函数;模拟量输入模块提供了最大/最小/平均数据计算;模拟量输出模块提供了 PID 回路控制函数。

ADAM-6000 模块在同一个模块上集成多种类型的数据采集 I/O。ADAM-6000 模块都提供了一个预置的 Web 页面,可以通过网络实时显示端口数据,报警信号和模块状态可通过网络浏览器实时地监控端口数据。ADAM-6000 模块支持通用的 Modbus/TCP,可以便捷地与网络控制器或内置了 Modbus/TCP 的 HMI/SCADA 软件连接使用。研华公司还为 Modbus/TCP 提供了 OPC 服务器来和支持客户 OPC 的软件连接 ADAM-6000 模块实时数据,用户无须担心是否需要额外的驱动。以 Modbus/TCP 标准为基础,ADAM-6000 固件灌入了 Modbus/TCP 服务器。同时,研华公司还提供了 DLL 驱动程序、OPC 服务器,以及 Windows 配置工具。用户可以使用 Windows 配置工具,通过 Modbus/TCP 驱动程序或 Modbus/TCP OPC 服务器与 HMI 软件结合,配置 DA&C 系统,也可以使用 DLL 驱动程序或 ActiveX 控件开发应用系统。

2）基于 ADAM-6000 模块的硬件架构

工业以太网测控系统由研华公司 ADAM-6000 系列模块组成,如图 7-13 所示,包括热电阻输入模块 DAM-6015,差分模拟量输入模块 ADAM-6017,热电偶输入模块 ADAM-6018,具有以太网 10/100 Base-T 接口的数字量输入/输出模块 ADAM-6050、ADAM-6051,以及具有以太网 10/100 Base-T 接口的继电器输出模块 ADAM-6060、32 位计数器模块 ADAM-6051、模拟量输出模块 ADAM-6024。TL-WA200 和 EDS-16 通过 RJ45 接头连接。

图 7-13 基于工业以太网的测控系统结构

3）常用的 ADAM-6000 系列远程 I/O 模块

（1）模拟量输入输出模块。

模拟量输入模块通过为 A/D 转换器提供的光电隔离和 3000V 变压器隔离防止对地环路/浪涌电压对设备造成损坏。

ADAM-6015 是 16 位 6 通道热电阻输入模块,各通道输入范围可调。可以连接 Pt100、

Pt1000、Balco 500 或者 Ni50、Ni508 热电阻。以工程单位形式向主机发送数据。

ADAM-6017 是 16 位 8 通道差分模拟量输入模块，通道输入范围均可程控。

ADAM-6018 是 16 位 8 通道热电偶输入模块，所有通道的输入范围均可程控。

ADAM-6024 是 3 个模拟量输入/1 个模拟量输出模块。

（2）数字量输入/输出模块。

ADAM-6050 模块具有 12 个数字量输入，6 个输出通道，并且为以太网的无缝连接提供了 10/100 Base-T 接口。

ADAM-6051 模块提供 12 路数字量输入、2 路数字量输出和 2 个计数器（10MHz 时基），并且为以太网的无缝连接提供了 10/100 Base-T 接口。

（3）继电器输出模块。

ADAM-6060 模块提供 6 路继电器输出、6 路模拟量输入，并且为以太网的无缝连接提供了 10/100 Base-T 接口。除了以太网接口、内置网页，ADAM-6050 模块还提供了 6 路继电器输出和 6 路模拟量输入。

2. ADAM 以太网模块的应用软件

ADAM-6000 系列模块使用集成的专用应用软件工具进行系统配置，应用软件名称为 ADAM-5000TCP/6000 Utility Program，该工具同时支持 ADAM-5000/TCP 和 ADAM-6000 模块，提供了图形化界面来方便用户的配置工作，同时也可以方便地用来监控远端的 DA&C 系统。

3. 基于研华 ADAM-6000 模块构成工业以太网测控系统举例

以研华公司 ADAM-6050 开关量输入/输出模块为例，介绍它在工业以太网测控系统中的应用。研华公司 ADAM-6050 是一款基于以太网的数据采集模块，支持 ASCII 码、Modbus/TCP、TCP/IP、UDP 协议。该模块不仅可以实现通用的开关量输入输出，也可以实现计频计数、脉冲输出及延时输出，同时，该模块支持 P2P 和 GCL 功能。P2P 和 GCL 功能实现了在无控制器的情况下，ADAM-6050 模块和其他同类模块之间的数据通信与逻辑处理能力。P2P 和 GCL 采用简单易学的图形化编程，既可以实现单个模块的逻辑处理，也可以实现多个模块的逻辑处理。当 ADAM-6050 模块运行控制逻辑时，用户可在计算机中通过 ADAM. NET Utility 观察当前的逻辑执行情况。除此之外，任何一台计算机都可通过 HMI/SCADA 软件或网页浏览器（如 IE）等访问逻辑过程输入输出变化，因此整个系统是开放的，任何人不论何时何地都可方便进行监控。

1）系统模块选用

5 个 12 路输入/6 路输出开关量模块 ADAM-6050；

8 个工业 10/100TX 单模光纤媒体转换器 EKI-2541S；

1 个工业级 8 端口非网管型以太网交换机 EKI-2528。

2）系统架构图

系统架构如图 7-14 所示。从图 7-14 可以看出，整个系统架构简单，仅需 5 个 ADAM-6050 模块就可以实现对多个分布在不同地域的工厂主要报警状态的监控，而无须另外的计算机。如果已有以太网网络架构，则可将 ADAM-6050 模块直接接入网络中，可更节省布线。

图 7-14　基于研华 ADAM-6000 模块构成工业以太网测控系统架构图

7.5　系统集成与综合自动化系统

7.5.1　系统集成

1. 系统集成的含义

系统(System)是由多个元素有机结合在一起,并执行特定功能以达到特定目标的集合体,系统应有整体性、层次性、相关性、目的性以及环境适应性等特性。

集成(Integration)又可称为综合,可理解为一个整体的各部分之间能彼此自动地、协调地工作,以发挥整体效益,达到整体优化的目的。集成不仅是各种元素的简单拼接,而且要产生集成的效果。

系统集成(System Integration)可理解为按系统整体性原理,将原来没有联系或联系不紧密的元素组成具有一定功能的、满足一定目标、相互联系、彼此协调工作的新系统的过程、技术与科学,由此引出系统集成工程、系统集成技术、系统集成方法或理论、系统集成体系结构或框架以及系统集成商等。网络系统集成是各类系统集成的重要基础或支撑环境,计算机网络系统是一个重要的组成部分。

2. 网络系统集成框架

1) 控制网络与企业网络的集成框架

在 FCS 的层次结构中,处于基础的现场控制层和操作监控层是 FCS 必须具有的基本结构,属于控制网络;上面的生产管理层和决策管理层是企业信息网络必须具有的基本结构,属于信息网络或数据网络。这两类网络的集成可以看作 FCS 和企业网络的集成。FCS 和企业网络的集成技术可以有以下两种框架。

(1) 网间连接技术。

FCS 网络和企业网络之间通过网桥、路由器或网关等网间连接器互联,如图 7-15(a)所示。从协议的层次看,网桥(或交换器)是在链路层将数据帧存储转发,路由器是在网络层转发数据,一般把用于网络层以上的网络连接器通称为网关。

图 7-15　FCS 和企业网络的集成技术

（2）OPC 技术。

对象链接嵌入(Object Linking and Embedding,OLE)技术已广泛应用,OPC 是用于过程控制的 OLE(OLE for Process Control)技术。OPC 采用客户/服务器(Client/Server)结构,OPC 服务器对下层设备提供接口,使得现场控制层的各种过程信息能够进入 OPC 服务器,从而实现向下互联;另外,OPC 服务器还对上层设备提供标准接口,使得上层企业网络设备能够取得 OPC 服务器中的数据,从而实现向上互联,而且这两种互联都是双向的,即OPC 是 FCS 和企业网络之间连接的桥梁,如图 7-15(b)所示。

FCS 和企业网络的集成以及 FCS 和互联网络的集成还涉及以下一些关键技术。①OPC 技术。②开放数据库连接(Open Data Base Connectivity,ODBC)技术。③动态服务器主页(Active Server Page,ASP)技术。④用于客户端和服务器端的 ActiveX,包含 3 种对象,即 ActiveX control、ActiveX scripting、ActiveX document。⑤ActiveX 数据对象(ActiveX Data Object,ADO)用于 Web 服务器中数据库编程。

FCS 和网络的集成可构成远程监控系统(Remote Supervisory System,RSS),实现企业控制网(Infranet)、企业内部网(Intranet)和互联网的互联。人们通过网络对远方生产过程进行监视和控制,对现场设备进行诊断和维护,对生产企业进行管理和指导。

2) 控制网络系统集成框架

控制网络的系统集成主要考虑 FCS 与 DCS 的异构系统集成。FCS 和 DCS 各自为独立的系统,在两个系统之间可设立网关互相联系。两个系统分别保持其独立性,而又相互联系,如图 7-16 所示。

3. 集成系统的体系结构以及系统集成的内容与方法

随着工业设备、控制技术、计算机、通信技术越来越开放和标准化,按照一定的标准将不同供货商的产品和服务进行组合,构成集成的开放系统,由服务供应商承担责任和风险,对用户提供"交钥匙"(Turn-key)工程,成为系统集成的主要任务。系统集成不是一套单一的系统,也不是一套计算机硬件(包括计算机系统和网络),更不是一套软件(如 ERP);系统集成不仅是开放系统和标准化,而是一种融合了应用系统行业特征、计算机知识、通信技术和

图 7-16　FCS 与 DCS 的集成

系统工程方法的综合技术,它包含了许多思想、哲理和观念,是指导应用系统建设的总体规划、分步实施的方法和策略,是向用户提供符合需求的一体化解决方案。

虽然对于各个不同的行业,系统集成的主要任务和所参考的技术有所不同,但从广义上看,所有系统集成都包括系统体系结构、物理集成、信息集成、功能集成、经营集成和人机集成等方面的内容,因此都必须按照一定的系统化方法来进行。

1) 集成系统的体系结构

考虑集成系统体系结构,以系统的手段定义系统结构、参考模型,提出形式化建模方法、系统化分析与设计方法及综合指标评价方法,可以降低集成风险,提高集成效益,有效延展集成系统的生命周期。

集成系统的体系结构,目的在于为特定的系统集成提供一整套结构(Structure)、模型(Model)、基础设施(Infrastructure)和实施方法(Implementation)。也可以从视角(或观点)、时间尺度和参考模型这 3 方面来理解集成系统的体系结构。从时间角度看系统集成,它应该包括系统概念形成、可行性论证、需求分析、设计和实施以及运行等阶段。系统总是有生有灭的,而且系统的生灭是不断循环的。每个阶段所面临的任务不同,采用的技术手段和方法各异,核心问题呈现各自特有的重点。集成的基础设施是集成自动化企业中另一项重要内容。因为在实践中,各种应用系统的集成往往是在多个厂商提供的各种异构的软件、硬件的基础上,把各项单元技术的应用综合为一个整体,这就需要有一个能把不同层次的异构系统联系在一起的超级操作系统以及集成的基础设施。一般认为,应用系统的集成基础设施至少包括实现全系统范围的信息交换和通信管理的通信服务,实现全系统范围的数据及数据管理的信息服务(包括应用程序、机器和人的前端服务),以及实现经营过程控制服务、活动控制服务和资源管理服务的经营过程服务。这些服务的基本作用是完成异构同化作用，使用户可以通过集成的基础设施而方便地使用异构系统。

2）系统集成的内容与方法

（1）系统集成的核心——信息集成。

狭义的系统集成就是信息集成，即利用计算机、通信、数据库等信息处理技术和设备，采用一定的系统结构和设施对组织内外的业务数据流进行操作、传输和重组。信息集成所涉及的关键技术是数据分析、处理与操作，即通常所谓数据库技术。

（2）系统集成的基础——物理集成。

将系统所覆盖的各种通信、计算、控制和处理资源（包括计算机、机械处理设备与操作管理人员）实际连接起来，形成一个相互通信的整体（或称为系统的基础设施），这是物理集成的主要内容。

物理集成的关键技术是计算机及通信网络技术。一般而言，集成系统的网络可以分成企业控制网（Infranet）、企业内部网（Intranet）和企业外部网（Extranet）三部分。值得注意的是，网络技术的发展对系统的组织管理模式不断提出新的挑战，如今的制造业已出现了"扁平化结构""动态企业联盟""虚拟企业"等趋势。好的系统集成者不仅要为应用系统搭建一个可用网络，而是要深入分析应用系统业务流需求，找到它们与网络技术的关联，进而设计出更完整有效的应用系统基础设施。

（3）系统集成的目标——功能集成。

系统集成的任务是利用先进技术重组应用系统经营流程，从而实现既定功能，并为企业获得进一步发展空间。因此，系统集成者必须从系统功能的角度入手解剖应用系统业务流，分析数据关系，而不是反其道而行之。

（4）系统集成的关键——人机集成。

系统集成中容易忽视的是对人的考虑。集成系统不是完全自动化的系统，这是因为，有时因为成本或技术原因必须采用人力取代可能的自动化设备；人是系统的创建者、指挥者，人必须闭环在应用系统中。有数据表明，制造业中70％的系统故障源于人的错误判断或操作，金融系统中人的决策错误会造成重大经济损失。我们认为，集成的系统应是一个人机系统，即人机合理分工合作的人、机、环境和谐的系统。

人机集成可以从3个角度来考虑：从实施的角度确定自动化与人的创新劳动的分界；从生命周期的角度确定人、机在各阶段中的作用；从系统结构的角度确定不同人机交互的层次。

（5）系统集成的灵魂——经营集成。

任何企业都有一定的经营目标。制造企业的目标是以最优质的产品最大限度地满足客户要求以获得最大利润；证券服务的目标是以最快捷、准确全面的信息和分析帮助投资者迅速作出正确判断和行动；政府机关以服务大众、稳定社会为目标。系统集成最终必须为经营目标服务，为经营者提供更好的经营环境。

虚拟企业是经营集成的一个良好实例。虚拟企业是指原来独立经营的企业因为共同的利益彼此合作，形成地理上分布、经营上协调的虚拟实体。系统集成者在进行新的应用系统集成时，要充分考虑给予经营者更多的经营优势，如引入群决策支持系统（GDSS）、计算机支持协同工作（CSCW）、动态企业联盟、企业外部网等。

（6）系统集成的约束——价值集成。

系统集成者面临的集成任务常常是对原有分散的信息资源进行重新整合，而不是建立一个全新的系统。因此，如何使原有系统价值得以保留，是价值集成要解决的问题。原有系统的价值可能体现在客户数据等信息资源上，也可能体现在各种档次的计算机、操作设备等软硬件资源上，还可能体现在管理、操作人员的经验上。

（7）系统集成的保证——技术集成。

系统集成者必须密切关注技术的发展进程，主动将最新的技术思想和成熟的产品引入系统设计中，以确保设计的系统在若干年内仍具有生命力。

在具体的系统集成实践中，集成需要妥善处理先进性与实用性、通用性与专用性、长远与当前、开放性和安全性的技术协调。

7.5.2 Purdue 模型

在图 7-17 所示的 Purdue 模型中，综合自动化系统从功能上分为过程控制、过程优化、生产调度、企业管理和经营决策 5 个层次，将生产过程和管理过程明显分开。

图 7-17 Purdue 模型

工业生产过程是连续进行的，不能中断。各层之间的联系如图 7-18 所示。各个层次的作用分别如下。

（1）经营决策。依据企业内部和外部信息对企业产品策略、中长远目标、发展规划和企业经营提出决策支持。

（2）企业管理。对厂级、车间、各科室的生产和业务信息实现集成管理，并依据经营决策指令制定年、季、月综合计划。

（3）生产调度。完成生产计划分解，将年、月生产计划分解成旬、周、五日、三日或日作业调度计划，以形成调度指令，及时指挥生产。

（4）过程优化。根据调度指令完成过程优化操作、先进控制、故障诊断、过程仿真等功能。

（5）过程控制。完成对生产过程的监测和常规控制。

虽然这种体系框架在综合自动化系统的发展过程中起过很大的推动作用，但随着研究与开发的深入，它在综合自动化系统的设计和应用实践中遇到了较大问题。在工业企业的

图 7-18　综合自动化系统的功能层次的联系

生产经营活动中,除了底层的过程控制与顶层的企业管理和经营决策外,在中间层次是很难将生产行为与管理行为截然分开的。因此,在涉及大量既有生产性质又有管理性质的信息时,根据五层结构模型就很难明确划分应该属于综合自动化系统的哪一层次,这就造成了综合自动化系统研究与开发过程中概念的混乱和标准的难以统一。

7.5.3　ERP-MES-PCS 三层结构

1. ERP-MES-PCS 三层结构模型

为较好地解决上述问题,人们希望从企业经营管理、生产管理和过程控制 3 方面,实现企业的综合自动化,如图 7-19 所示,即建立企业资源计划（Enterprise Resources Planning,ERP）、生产执行系统（Manufacturing Execution System,MES）和过程控制系统（Process Control System,PCS）。三层结构的优势如下。

（1）更适合于扁平化的现代企业结构。相比于传统的五层 CIM 体系结构,ERP-MES-PCS/SCM 构成的三层结构更符合现代企业生产管理结构"扁平化"思想,促使管理从以职能功能为中心向以过程为中心转变,更易于集成和实现,进而解决了当前软件生产经营中经营层和生产层之间脱节的现状。

（2）生产成本较低。目前,许多软件开发商支持开发 MES 软件,MES 广泛采用分布式技术和重构技术,容易建立和被操作人员迅速掌握,开发费用较低。同时,由于当前许多企业已经购买和实现了企业的生产层和管理层的软件,可以在这些系统的基础上实现企业的集成,成本

图 7-19　综合自动化系统

较低。

（3）适用范围广。MES较好地解决了工业生产中存在的过程、设备、原料费用高，不可控因素多，计划与实际生产脱节等问题。

这一结构将综合自动化系统分为单纯考虑生产过程问题的PCS，单纯考虑企业经营管理问题的ERP，以及考虑生产与管理结合问题的中间层MES，使流程工艺综合自动化系统中原本难以处理的具有生产与管理双重性质的信息问题得到解决。

2. PCS

PCS是针对生产过程的需求和特点，运用控制理论对控制系统进行分析和综合，并采用适当的技术手段加以实现，以满足生产过程的安全性、经济性和稳定性等经济技术指标，其目标是使某一生产过程处于最佳运行状态。由于工业生产规模大，工艺流程复杂，若由人力直接参与操作与控制，劳动强度大，容易出事故，因此，工业企业生产过程自动化程度比其他企业高，大多数都采用仪表控制，特别是采用DCS或PLC来控制底层的工业生产过程。有些企业已采用先进控制技术，以保证生产单元和装置的平稳优化控制。

3. MES

MES根据企业的设备、原材料等情况，主要负责生产管理和调度执行。MES由生产调度系统编制生产调度指令，对各生产装置(或单元)进行优化计算，给出优化配方或生产方案(设定值)，从而使控制层按照优化的配方或生产方案对底层工业生产过程进行实时操作与控制。MES通过控制包括物料、设备、人员、流程指令和设施在内的所有工厂资源来提高制造竞争力，提供了一个统一平台，系统地集成诸如质量控制、文档管理、生产调度等功能。MES软件系统的功能主要包括物料管理、资源管理、作业/订单管理、质量管理、操作管理及行业法规管理等。

4. ERP

企业经营管理决策层利用ERP给出企业产品策略，其中包括产品品种、数量、上市时间等指标，并制订出优化生产计划。ERP负责生产计划制订、库存控制和财务管理，侧重于企业生产组织、生产管理、经营决策等方面的优化。软件功能组成上，ERP系统包含了主生产计划、生产作业计划、物料需求计划、销售管理、采购管理、成本管理、库存管理、财务管理及生产数据管理；同时，ERP系统还增加了体现工业特点的配方管理、计量单位的转换、关联产品、副产品流程作业管理、维护管理、供应链管理(SCM)、客户关系管理(CRM)和产品周期管理(PLM)等功能。

综合自动化系统在获取生产流程所需全部信息的基础上，将分散控制系统、生产调度系统和管理决策系统有机地集成，综合运用自动化技术、信息技术、计算机技术、生产加工技术和现代管理科学，从生产过程的全局出发，通过对生产活动所需的各种信息的集成，集控制、监测、优化、调度、管理、经营、决策于一体，形成一个能适应各种生产环境和市场需求的、总体最优的、高质量、高效益、高柔性的现代化企业综合自动化系统，以达到提高企业经济效益、适应能力和竞争能力的目的。

7.5.4 综合自动化系统的实现

在现代工业生产中，综合自动化系统(Integrated Automation System，IAS)不仅包括各种简单和复杂的自动调节系统、顺序逻辑控制系统、自动批处理控制系统、连锁保护系统等，也包括各生产装置先进控制、企业实时生产数据集成、生产过程流程模拟与优化、生产设备故障诊断和维护、根据市场和生产设备状态进行生产计划和排产调度的系统、以产品质量和成本为中心的生产管理系统、营销管理系统和财务管理系统等,涉及产品物流增值链和产品生命周期的所有过程,为企业提供全面的解决方案。

1. CIMS

计算机集成制造(Computer Integrated Manufacturing,CIM)概念最早由美国的约瑟夫·哈林顿博士于1973年提出。

计算机集成制造系统(Computer Integrated Manufacture System,CIMS)是未来工厂自动化的一种模式。借助于计算机的硬件、软件技术,综合运用现代管理技术、制造技术、信息技术、自动化技术、系统工程技术,将企业生产全部过程中有关人、技术、经营管理三要素及其信息流、物流有机地集成并优化运行,以使产品上市快、质量好、成本低、服务优,达到提高企业市场竞争能力的目的。

2. CIPS

CIMS应用到流程工业又称计算机集成过程系统(Computer Integrated Process System,CIPS),也称为流程工业综合自动化系统,在石油、化工、能源、食品、制药、炼钢和造纸等行业得到了广泛的实施和应用。CIPS充分利用企业内、外部的各种信息,将经营管理与生产控制有机地结合,可以为流程工业带来更大的经济效益。

3. CPS

信息物理系统(Cyber-Physical Systems,CPS)是一个综合计算、网络和物理环境的多维复杂系统,通过3C(Computation,Communication,Control)技术的有机融合与深度协作,实现大型工程系统的实时感知、动态控制和信息服务。CPS实现计算、通信与物理系统的一体化设计,可使系统更加可靠、高效、实时协同,具有重要而广泛的应用前景。

CPS的意义在于将物理设备联网并连接到互联网,让物理设备具有计算、通信、精确控制、远程协调和自治5大功能。CPS本质是一个具有控制属性的网络,但它又有别于现有的控制系统。CPS把通信放在与计算和控制同等的地位上,因为CPS强调分布式应用系统中物理设备之间的协调是离不开通信的。CPS对网络内部设备的远程协调能力、自治能力、控制对象的种类和数量能力,特别是网络规模远远超过现有的工控网络。

实现中国制造2025或德国工业4.0的前提之一是构建智能工厂,其核心要素包括CPS、物联网(Internet of Things,IOT)、智能认知、社交媒体、云计算、移动互联网以及M2M(Machine to Machine)。智能工厂将从现在通过中央控制的模式转向通过自行优化和控制其制造流程来实现。

1) 中国制造2025

针对第四次工业革命,我国提出了"中国制造2025"。随着新型工业化、信息化、城镇化、农业现代化同步推进,我国载人航天、载人深潜、大型飞机、北斗卫星导航、超级计算机、高铁装备、百万千瓦级发电装备、万米深海石油钻探设备等一批重大技术装备取得突破,形成了若干具有国际竞争力的优势产业和骨干企业,具备了建设工业强国的基础和条件。

依托优势企业,紧扣关键工序智能化、关键岗位机器人替代、生产过程智能优化控制、供应链优化,建设重点领域智能工厂、数字化车间,建立智能制造标准体系和信息安全保障系统,搭建智能制造网络系统平台。例如海尔中央空调有限公司、中车青岛四方机车车辆股份有限公司、海信(山东)空调有限公司、一汽解放青岛汽车有限公司、北京新能源汽车股份有限公司青岛分公司等数十家企业,已经建立了比较完善的智能工厂,研发、制造、运营、服务等全流程和全产业链初步实现了智能化。今后需要在以下十大重点领域进行突破:新一代信息技术产业、高档数控机床和机器人、航空航天装备、海洋工程装备及高技术船舶、先进轨道交通装备、节能与新能源汽车、电力装备、农机装备、新材料、生物医药及高性能医疗器械。

2) 德国工业 4.0

为了在新一轮工业革命中占领先机,在德国工程院、弗劳恩霍夫协会、西门子公司等德国学术界和产业界的建议和推动下,"工业 4.0"项目在 2013 年 4 月的汉诺威工业博览会上被正式推出。该项目是 2010 年 7 月德国政府《高技术战略 2020》确定的十大未来项目之一,旨在支持工业领域新一代革命性技术的研发与创新。

工业 4.0 已经成为制造业的一个流行概念,包括更高层次的互联性,更智能的设备、机器与设备之间的通信。工业 4.0 的关键是智能工厂。位于德国安贝格的西门子电子工厂是新一代智能工厂的一个很好例子。该工厂的内部是一组智能机器,它们能够协调从生产线到产品配送等一切要素。西门子电子工厂拥有超过 16 亿个机器组件,产品种类多达 950 种。在工业 4.0 时代,机器设备具有强大的数据处理能力,它们提供的信息、统计数据和动态分析能够使生产变得更精益、更节能。

7.6　工业互联网与智能工厂

7.6.1　无线传感器网络

1. 无线传感器网络的定义

无线传感器网络(Wireless Sensor Network,WSN)是指一组在空间上分散且专用的传感器,用于监视和记录环境的物理状况并在中央位置组织收集的数据。WSN 是一种分布式传感网络,它的末梢是可以感知和检查外部世界的传感器。WSN 中的传感器通过无线方式通信,因此网络设置灵活,设备位置可以随时更改,还可以与互联网进行有线或无线方式的连接,是通过无线通信方式形成的一个多跳自组织网络。

2. 无线传感器网络的组成

WSN 主要由三大部分组成,包括节点、感知网络和用户。其中,节点一般是通过一定方式被覆盖在一定的范围,整个范围按照一定要求能够满足监测的范围;传感网络是最主要的部分,它是将所有的节点信息通过固定的渠道进行收集,然后对这些节点信息进行一定的分析计算,将分析后的结果汇总到一个基站,最后通过卫星通信传输到指定的用户端,从而实现无线传感的要求。

3. 无线传感器网络的功能

WSN 是一项通过无线通信技术把数以万计的传感器节点以自由方式进行组织与结合进而形成的网络形式。构成传感器节点的单元分别为数据采集单元、数据传输单元、数据处理单元以及能量供应单元。其中,数据采集单元通常采集监测区域内的信息并加以转换,比如光强度、大气压力与湿度等;数据传输单元则主要以无线通信、交流信息以及发送接收采集的数据信息为主;数据处理单元通常处理全部节点的路由协议、管理任务以及定位装置等;能量供应单元为缩减传感器节点占据的面积,会选择微型电池的构成形式。

WSN 中的节点分为两种，一种是汇聚节点；另一种是用户节点。汇聚节点主要指的是网关能够在传感器节点中将错误的报告数据剔除，并与相关的报告结合，将数据融合，对发生的事件进行判断。汇聚节点与用户节点连接可借助广域网络或卫星直接通信，并对收集的数据进行处理。

传感器网络实现了数据的采集、处理和传输三种功能。它与通信技术和计算机技术共同构成信息技术的三大支柱。WSN 是由大量的静止或移动的传感器以自组织和多跳的方式构成的无线网络，以协作地感知、采集、处理和传输网络覆盖地理区域内被感知对象的信息，并最终把这些信息发送给网络的所有者。

4. 无线传感器网络的应用

WSN 可探测包括地震，电磁，温度，湿度，噪声，光强度，压力，土壤成分，移动物体的大小、速度和方向等周边环境情况，也可用于军事、航空、防暴、救灾、环境、医疗、保健、家居、工业、商业等领域。

7.6.2 物联网

物联网即"万物相连的互联网"，是在互联网基础上延伸和扩展的网络，将各种信息传感设备与网络结合起来而形成的一个巨大网络，实现任何时间、任何地点，人、机、物的互联互通。

1999 年，美国麻省理工学院（MIT）自动识别（Auto-ID）中心的阿什顿（Ashton）教授首先提出物联网的概念。

2005 年 11 月 17 日，在突尼斯举行的信息社会世界峰会（WSIS）上，国际电信联盟（ITU）发布了《ITU 互联网报告 2005：物联网》，正式提出了物联网的概念。

物联网的定义：通过红外传感器、射频识别（RFID）、激光扫描仪、全球定位系统等信息传感设备，按约定的协议，把任何物体与互联网相连接，从而进行信息交换与通信，以实现对物体的智能化识别、定位、监控、跟踪和管理的一种网络。

工业物联网则是以数据为"血液"，为工业互联网提供各种有用的信息和养分。在工业互联网体系内，工业软件是灵魂，是整体控制编排的中枢。工业物联网是工业互联网的基建，它连接了设备层和网络层，为平台层、软件层和应用层奠定了坚实的基础。工业物联网涵盖了云计算、网络、边缘计算和终端，全面打通工业互联网中的关键数据流。

物联网的五大核心技术包括感知层、信息汇聚层、传输层、信息处理层、应用层。

1. 感知层

感知层的核心技术如下。

1）传感器技术

传感器技术同计算机技术与通信技术一起被称为信息技术的三大技术。从仿生学观点，如果把计算机看作处理和识别信息的"大脑"，把通信系统看作传递信息的"神经系统"，那么传感器就是"感觉器官"。微型无线传感器技术以及以此组件的传感网是物联网感知层的重要技术手段。

2）射频识别技术

射频识别（Radio Frequency Identification，RFID）是通过无线电信号识别特定目标并读写相关数据的无线通信技术。RFID 已经在身份证、电子收费系统和物流管理等领域有了广泛应用。RFID技术市场应用成熟,标签成本低廉,但RFID一般不具备数据采集功能,多用来进行物品的甄别和属性的存储,且在金属和液体环境下应用受限,RFID技术属于物联网的信息采集层技术。

3)微机电系统

微机电系统(Micro-Electro Mechanical Systems,MEMS)是指利用大规模集成电路制造工艺,经过微米级加工,得到的集微型传感器、执行器以及信号处理和控制电路、接口电路、通信和电源于一体的微型机电系统。MEMS技术属于物联网的信息采集层技术。

4)GPS技术

全球定位系统(Global Position System,GPS)技术是具有海、陆、空全方位实时三维导航与定位能力的新一代卫星导航与定位系统。GPS作为移动感知技术,是物联网延伸到移动物体,采集移动物体信息的重要技术,更是物流智能化、智能交通的重要技术。

2. 信息汇聚层

信息汇聚层的核心技术如下。

1)WSN

WSN的基本功能是将一系列空间分散的传感器单元通过自组织的无线网络进行连接,从而将各自采集的数据通过无线网络进行传输汇总,以实现对空间分散范围内的物理或环境状况的协作监控,并根据这些信息进行相应的分析和处理。

WSN技术贯穿物联网的三个层面,是结合了计算、通信、传感器三项技术的一门新兴技术,具有较大范围、低成本、高密度、灵活布设、实时采集、全天候工作的优势,且对物联网其他产业具有显著带动作用。

2)Wi-Fi

无线保真(Wireless Fidelity,Wi-Fi)是一种基于接入点(Access Point,AP)的无线网络结构,目前已有一定规模的布设,在部分应用中与传感器相结合。Wi-Fi技术属于物联网的信息汇总层技术。

3)ZigBee

ZigBee是一种近距离、低复杂度、低功耗、低速率、低成本的双向无线通信技术,主要适用于自动控制和远程控制领域,是为了满足小型廉价设备的无线联网和控制而提出的。

ZigBee是IEEE 802.15.4技术的商业名称,其联盟由英国Invensys公司、日本三菱电气公司、美国摩托罗拉公司以及荷兰飞利浦半导体公司等组成,已经吸引了上百家芯片公司、无线设备开发商和制造商加盟。ZigBee技术的较低速率适合于无线控制和自动化应用。

4)蓝牙

蓝牙(Bluetooth)技术是一个开放性的、短距离无线通信技术标准IEEE 802.15。其通信原理是依靠专用的蓝牙芯片,使设备在短距离范围内发送无线电信号来寻找另一个蓝牙设备,一旦找到,相互之间便可以开始通信和交换信息。

5)近场通信

近场通信(Near Field Communication,NFC)是一种非接触式识别和互联技术。NFC技术具有以下特点:距离近、能耗低,通信距离不超过20cm;安全性高,是一种近距离的私密通信方式;与非接触智能卡技术兼容;传输速率较低。

6）超宽带

超宽带（Ultra Wide Band，UWB）是一种新型无线通信技术。采用时间间隔极短（小于1ns）的脉冲进行通信，又称为脉冲无线电、时域或无载波通信。其工作原理是发送和接收间隔严格受控的高斯单周期超短时脉冲。单周期超短时脉冲决定了信号的带宽很宽，接收机直接用一级前端交叉相关器就能把脉冲序列转换成基带信号，省去了传统通信设备中的中频级，极大地降低了设备复杂性。

3. 传输层

传输层的核心技术如下。

1）通信网

通信网是一种使用交换设备、传输设备，将地理上分散的用户终端设备互连起来实现通信和信息交换的系统。通信最基本的形式是在点与点之间建立通信系统，但这不能称为通信网，只有将许多的通信系统（传输系统）通过交换系统按一定拓扑结构组合在一起才能称之为通信。也就是说，有了交换系统才能使某一地区内任意两个终端用户相互接续，才能组成通信网。

2）4G/5G 通信技术

4G 于 2013 年前后问世，可称为宽带接入和分布网络，它集 3G 与 WLAN 于一体，能够传输高质量视频图像，包括宽带无线固定接入、宽带无线局域网、移动宽带系统和交互式广播网络。

5G 于 2019 年启用，核心任务是频谱效率提升、工作频段扩展、网络密度增加。相比 4G 在网络延迟、数据流量、峰值数据速率、可用频谱等方面具有更强的优势。

3）移动互联网

移动互联网是移动通信和互联网融合的产物，继承了移动随时、随地、随身和互联网分享、开放、互动的优势。

4）NGB

中国下一代广播电视网（Next Generation Broadcasting network，NGB）是以有线电视数字化和移动多媒体广播（China Mobile Multimedia Broadcasting，CMMB）的成果为基础，以自主创新的"高性能带宽信息网"核心技术为支撑，构建的适合我国国情、三网融合、有线无线相结合、全程全网的下一代广播电视网络。

5）窄带物联网

窄带物联网（Narrow Band Internet of Things，NB-IoT）是一种基于移动蜂窝网，面向低功耗、广覆盖的接入技术，能够很好地应对未来移动蜂窝网接入技术在应用规模、运营成本以及接入成本等方面的竞争。

4. 信息处理层

信息处理层的核心技术如下。

1）ERP

ERP 是指建立在信息技术基础上，以系统化的管理思想，为企业决策层及员工提供决策运行手段的管理平台。ERP 技术属于物联网的信息处理层技术。

2）专家系统

专家系统（Expert System）是一个含有大量的某个领域专家水平的知识与经验，能够利用人类专家的知识和经验来处理该领域问题的智能计算机程序系统。专家系统属于信息处理层技术。

3）云计算

云计算的概念由谷歌公司提出。它是指 IT 基础设施的交付和使用，通过网络以按需、易扩展的方式获得所需的资源。

5. 应用层

应用层主要是根据行业特点，借助互联网技术手段，开发各类的行业应用解决方案，将物联网的优势与行业的生产经营、信息化管理、组织调度结合起来形成各类物联网解决方案，构建智能化的行业应用。如交通行业，涉及智能交通技术；电力行业采用智能电网技术；物流行业采用智慧物流技术等。垂直行业的应用还涉及系统集成技术、资源打包技术等。

7.6.3　工业大数据与工业互联网

1. 工业大数据

工业大数据即工业数据的总和，分成三类，即企业信息化数据、工业物联网数据，以及外部跨界数据。人和机器是大数据产生的主体，人产生的数据有设计数据、业务数据、产品数据，机器数据有生产设备数据和工业产品数据。

2. 工业互联网

工业互联网不是"工业的互联网"，而是"工业互联的网"。工业互联网涵盖了工业物联网。工业互联网要实现人、机、物的全面互联，追求的是数字化；而工业物联网强调的是物与物的连接，追求的是自动化。

工业互联网是新一代信息通信技术与工业经济深度融合的新型基础设施、应用模式和工业生态，通过对人、机、物、系统等的全面连接，构建覆盖全产业链、全价值链的全新制造和服务体系，为工业乃至产业数字化、网络化、智能化发展提供了实现途径，是第四次工业革命的重要基石。

工业互联网是物联网、大数据、云计算等新一代信息技术与工业系统深度融合集成而形成的一种新的应用生态。在工业互联网的"采集、传输、计算"三要素中，采集端通过物联网技术实现机器、物品、人、控制系统的数据收集与相关联结。物联网已经成为当前工业互联网发展的关键技术。5G＋工业物联网带来大量的场景创新，海量设备接入使得边缘计算需求快速增长。

工业互联网不是互联网在工业中的简单应用，而是具有更为丰富的内涵和外延。它以网络为基础、平台为中枢、数据为要素、安全为保障，既是工业数字化、网络化、智能化转型的基础设施，也是互联网、大数据、人工智能与实体经济深度融合的应用模式，同时也是一种新业态、新产业，将重塑企业形态、供应链和产业链。

当前，工业互联网融合应用向国民经济重点行业广泛拓展，形成平台化设计、智能化制造、网络化协同、个性化定制、服务化延伸、数字化管理六大新模式，赋能、赋智、赋值作用不断显现，有力地促进了实体经济提质、增效、降本、绿色、安全发展。

7.6.4　数字化车间与智能工厂

《中国制造 2025》提出以推进信息化和工业化深度融合为主线，大力发展智能制造，构建信息化条件下的产业生态体系和新型制造模式。《中国制造2025》进一步指出：推进制造过程智能化，在重点领域试点建设智能工厂/数字化车间。数字化车间是建设智能工厂的重要基础，也是智能制造的重要一环，是制造企业实施智能制造的主战场，是制造企业走向智能制造的起点。

1. 数字化车间

数字化车间是基于生产设备、生产设施等硬件设施，以降本提质增效、快速响应市场为目的，在对工艺设计、生产组织、过程控制等环节优化管理的基础上，通过数字化、网络化、智能化等手段，在计算机虚拟环境中，对人、机、料、法、环、测等生产资源与生产过程进行设计、管理、仿真、优化、可视化等工作，以信息数字化及数据流动为主要特征，对生产资源、生产设备、生产设施以及生产过程进行精细、精准、敏捷、高效地管理与控制。数字化车间是智能车间的第一步，也是智能制造的重要基础，其本质是信息的集成。

2. 智能工厂

智能工厂作为实现智能制造的关键要素之一，是企业物资流、信息流、能源流的枢纽节点，是企业将设计数据、原材料变成用户所需要产品的物化环节，是创造物质财富的工具。智能工厂是通过信息技术与制造业的深度融合，以订单为导向、以数据为驱动的自动化，以智能为生产模式，采用数字孪生、物联网、大数据、人工智能、工业互联网等技术，将工厂内生产资源、生产要素、生产工艺、生产制造、生产管理等各环节高度协同，实现数字化设计、智能化生产、智慧化管理、协同化制造、绿色化制造、安全化管控和社会经济效益大幅提升的现代化工厂，其本质是人机有效交互。

3. 智能制造

智能制造是一种由智能机器和人类专家共同组成的人机一体化智能系统，它在制造过程中能进行智能活动，诸如分析、推理、判断、构思和决策等。通过人与智能机器的合作共事，可扩大、延伸和部分地取代人类专家在制造过程中的脑力劳动。智能制造把制造自动化的概念更新，并扩展到柔性化、智能化和高度集成化，其本质是人机一体化。

习题与思考题

1. 工业局部网络通常有哪四种拓扑结构？各有什么特点？

2. 工业局部网络常用的传输访问控制方式有哪三种？各有什么优缺点？

3. 国际标准化组织(ISO)提出的开放系统互连参考模型(即 OSI 模型)是怎样的？

4. IEEE 802 标准包括哪些主要内容？

5. 什么是现场总线？有哪几种典型的现场总线？它们的特点各是怎样的？

6. 举例说明基于工业以太网的测控系统结构形式是怎样的。

7. 什么是系统集成？有哪几种系统框架？它们的特点是怎样的？

8. 什么是 CIMS、CIPS 和 CPS？ERP-MES-PCS 三层结构模型各层的结构和特点是怎样的？

9. 什么是无线传感器网络、物联网、工业互联网和智能工厂？

计算机控制系统的设计与实现

计算机控制系统设计,既是一个理论问题,又是一个工程问题。计算机控制系统的理论设计包括建立被控对象的数学模型;确定满足一定技术经济指标的系统目标函数,寻求满足该目标函数的控制规律;选择适宜的计算方法和程序设计语言;进行系统功能的软硬件界面划分,并对硬件提出具体要求。计算机控制系统的工程设计,不仅要掌握生产过程的工艺要求,以及被控对象的动态和静态特性,而且要通晓自动检测技术、计算机技术、通信技术、自动控制技术、网络技术、微电子技术等,基本实现新型工业化、信息化、城镇化、农业现代化。

本章主要介绍计算机控制系统设计的原则与步骤、计算机控制系统的工程设计与实现、计算机控制系统的设计举例。

8.1 系统设计的原则与步骤

尽管计算机控制的生产过程多种多样,系统的设计方案和具体的技术指标也是千变万化,但在计算机控制系统的设计与实现过程中,方案论证应遵循共同的设计原则与步骤。

8.1.1 系统设计的原则

1. 安全可靠

工业控制计算机不同于一般的用于科学计算或管理的计算机,它的工作环境比较恶劣、社会因素比较复杂,周围的各种干扰随时威胁着它的正常运行,而且它所担当的控制重任又不允许它发生异常现象。这是因为,一旦控制系统出现故障,轻者影响生产,重者造成事故,产生不良后果。因此,在设计过程中须解决社会、环境和工程项目管理等问题,要把安全可靠放在首位。

首先要选用高性能的工业控制计算机,保证在恶劣的工业环境下仍能正常运行。其次是设计可靠的控制方案,并具有各种安全保护措施,比如报警、事故预测、事故处理、不间断电源等。

为了预防计算机故障,还常设计后备装置,对于一般的控制回路选用手动操作作为后备,对于重要的控制回路选用常规控制仪表作为后备。这样,一旦计算机出现故障,就把后备装置切换到控制回路中,维护生产过程的正常运行。对于特殊的控制对象,设计两台计算机互为备用地执行任务,称为双机系统。双机系统的工作方式一般分为备份工作方式和双工工作方式两种。在备份工作方式中，一台作为主机投入系统运行，另一台作为备份机也处于通电工作状态作为系统的热备份机，当主机出现故障时，专用程序切换装置便自动地把备份机切入系统运行，使其承担起主机的任务，而故障排除后的原主机则转为备份机，处于待命状态。在双工工作方式中，两台主机并行工作，同步执行同一个任务，并比较两机执行结果，如果结果相同，则表明正常工作，否则再重复执行，再校验两机结果，以排除随机故障干扰，若经过几次重复执行与校对，两机结果仍然不相同，则启动故障诊断程序，将其中一台故障机切离系统，让另一台主机继续执行。

2. 操作维护方便

操作方便表现在操作简单、直观形象、便于掌握，并不强求操作工要掌握计算机知识才能操作。既要体现操作的先进性，又要兼顾原有的操作习惯和技术规范。例如，操作工已习惯了 PID 调节器的面板操作，那就设计成回路操作显示面板，或在 CRT 显示器上设计成回路操作显示画面。

维修方便体现在易于查找故障，易于排除故障。采用标准的功能模板式结构，便于更换故障模板。并在功能模板上安装工作状态指示灯和监测点，便于维修人员检查。另外，配置诊断程序用来查找故障。

3. 实时性强

工业控制机的实时性表现在对内部和外部事件能及时地响应，并做出相应的处理，不丢失信息，不延误操作。计算机处理的事件一般分为两类：一类是定时事件，如数据的定时采集、运算控制等；另一类是随机事件，如事故、报警等。对于定时事件，系统设置时钟，保证定时处理。对于随机事件，系统设置中断，并根据故障的轻重缓急，预先分配中断级别，一旦事故发生，保证优先处理紧急故障。

4. 通用性好

计算机控制的对象千变万化，工业控制计算机的研制开发需要有一定的投资和周期。一般来说，不可能为一台装置或一个生产过程研制一台专用计算机。尽管对象多种多样，但从控制功能分析归类，仍然有共性。比如，过程控制对象的输入输出信号统一为 DC $0\sim10$mA 或 DC $4\sim20$mA，可以采用单回路、串级、前馈等常规 PID 控制。因此，系统设计时应考虑能适应各种不同设备和各种不同控制对象，并采用积木式结构，按照控制要求灵活构成系统。这就要求系统的通用性要好，并能灵活地进行扩充。

工业控制机的通用灵活性体现在两方面：一是硬件模板设计采用标准总线结构（如 PC 总线），配置各种通用的功能模板，以便在扩充功能时，只需增加功能模板就能实现；二是软件模块或控制算法采用标准模块结构，用户使用时不需要二次开发，只需按要求选择各种功能模块，灵活地进行控制系统组态。

5. 经济效益高

计算机控制应该带来高的经济效益，系统设计时要考虑性能价格比，要有市场竞争意识。经济效益表现在两方面，一是系统设计的性能价格比尽可能的高；二是投入产出比尽可能的低。

8.1.2 系统设计的步骤

计算机控制系统的设计虽然随被控对象、控制方式、系统规模的变化而有所差异，但系统设计的基本内容和主要步骤大致相同,系统工程项目的研制可分为4个阶段:工程项目与控制任务的确定阶段;工程项目的设计阶段;离线仿真和调试阶段;在线调试和运行阶段。下面对这4个阶段作必要的说明。

1. 工程项目与控制任务的确定阶段

工程项目与控制任务的确定一般按图8-1所示的流程进行。该流程既适合于甲方,也适合于乙方。甲方就是任务的委托方,甲方有时是直接用户,有时是本单位的上级主管部门,有时也可能是中介单位。乙方是系统工程项目的承接方。国际上习惯称甲方为"买方",称乙方为"卖方"。在一个计算机控制系统工程的研制和实施中,总是存在着甲乙双方关系。因此,能够对整个工程任务的研制过程中甲乙双方的关系及工作的内容有所了解是有益的。

1) 甲方提出任务委托书

在委托乙方承接系统工程项目前,甲方一定要提供正式的书面任务委托书。该委托书一定要有明确的系统技术性能指标要求,还要包含经费、计划进度、合作方式等内容。

2) 乙方研究任务委托书

乙方在接到任务委托书后要认真阅读,并逐条进行研究。对含糊不清、认识上有分歧和需补充或删减的地方要逐条标出,并拟订要进一步弄清的问题及修改意见。

3) 双方对委托书进行确认性修改

在乙方对委托书进行了认真研究之后,双方应就委托书的确认或修改事宜进行协商和讨论。为避免因行业和专业不同所带来的局限性,在讨论时应有各方面有经验的人员参加。经过确认或修改过的委托书中不应有含义不清的词汇和条款,而且双方的任务和技术界面必须划分清楚。

4) 乙方初步进行系统总体方案设计

由于任务和经费没有落实,所以这时总体方案的设计只能是粗线条的。在条件允许的情况下,应多做几个方案以便比较。这些方案应在"粗线条"的前提下尽量详细,把握的尺度是能清楚地反映三大关键问题:技术难点;经费概算;工期。

5) 乙方进行方案可行性论证

方案可行性论证的目的是估计承接该项任务的把握性,并为签订合同后的设计工作打下基础。论证的主要内容是技术可行性、经费可行性、进度可行性。特别要指出的是,对控制项目尤其应对可测性和可控性给予充分重视。

如果论证的结果是可行,接着就应做好签订合同前的准备工作;如果是不可行,则应与甲方进一步协商任务委托书的有关内容或对条款进行修改,若不能修改,则合同不能签订。

图8-1　确定控制任务的流程

6）签订合同书

合同书是双方达成一致意见的结果，也是以后双方合作的唯一依据和凭证。合同书（或协议书）应包含如下内容：经过双方修改和认可的甲方"任务委托书"的全部内容；双方的任务划分和各自应承担的责任；合作方式；付款方式；进度和计划安排；验收方式及条件；成果归属及违约的解决办法。

2. 工程项目的设计阶段

工程项目的设计阶段的流程如图 8-2 所示。主要包括组建项目研制小组、系统总体方案的设计、方案论证与评审、硬件和软件的分别细化设计、硬件和软件的分别调试、系统的组装。

图 8-2　工程项目的设计阶段流程

1）组建项目研制小组

在签订了合同或协议后，系统的研制进入设计阶段。为了完成系统设计，应首先把项目组成员确定下来。这个项目组应由懂得计算机硬件、软件和有控制经验的技术人员组成。还要明确分工和相互协调的合作关系。

2）系统总体方案设计

系统总体方案包括硬件总体方案和软件总体方案。硬件和软件的设计是相互有机联系的。因此，在设计时要经过多次的协调和反复，最后才能形成合理地统一在一起的总体方案。总体方案要形成硬件和软件的方块图，并建立说明文档，包括控制策略和控制算法的确定等。

3）方案论证与评审

方案论证与评审是对系统设计方案的把关和最终裁定。评审后确定的方案是进行具体设计和工程实施的依据，因此应邀请有关专家、主管领导及甲方代表参加。评审后应重新修改总体方案，评审通过的方案设计应该作为正式文件存档，原则上不应再作大的改动。

4）硬件和软件的分别细化设计

此步骤只能在总体方案评审后进行，如果进行太早会造成资源的浪费和返工。细化设计是将方块图中的方块画到最底层，然后进行底层块内的结构细化设计。硬件设计是指选购模板以及设计制作专用模板；软件设计是指将一个个模块编写成一条条的程序。

5）硬件和软件的分别调试

实际上，硬件、软件的设计中都需边设计边调试边修改，往往要经过几个反复过程才能完成。

6）系统的组装

硬件细化设计和软件细化设计完成后，分别进行调试。之后就可进行系统的组装，组装是离线仿真和调试阶段的前提和必要条件。

3. 离线仿真和调试阶段

离线仿真和调试阶段的流程如图 8-3 所示。离线仿真和调试是指在实验室而不是在工业现场进行的仿真和调试。离线仿真和调试实验后,还要进行考机运行。考机的目的是在连续不停机的运行中暴露问题和解决问题。

4. 在线调试和运行阶段

系统离线仿真和调试完成后便可进行在线调试和运行。在线调试和运行就是将系统和生产过程连接在一起,进行现场调试和运行。尽管离线仿真和调试工作非常认真、仔细,现场调试和运行仍可能出现问题,因此必须认真分析加以解决。系统运行正常后,再试运行一段时间,即可组织验收。验收是系统项目最终完成的标志,应由甲方主持、乙方参加,双方协同办理。验收完毕应形成验收文件存档。整个过程可用图 8-4 来形象地说明。

图 8-3 离线仿真和调试阶段流程   图 8-4 在线调试和运行阶段流程

8.2 系统的工程设计与实现

作为一个计算机控制系统工程项目,在研制过程中应该经过哪些步骤,应该怎样有条不紊地保证研制工作顺利进行,都是需要认真考虑的。如果步骤不清,或者每一步需要做什么不明确,就有可能引起研制过程中的混乱甚至返工。因此,需要充分发挥爱岗敬业、争创一流、精益求精的劳模精神和工匠精神。本节就系统的工程设计与实现的具体问题作进一步的讨论,这些具体问题对实际工作有重要的指导意义。

8.2.1 系统总体方案设计

设计一个性能优良的计算机控制系统时,要注重对实际问题的调查。通过对生产过程的深入了解、分析以及对工作过程和环境的熟悉,才能确定系统的控制任务,提出切实可行的系统总体方案。

1. 硬件总体方案设计

依据合同书(或协议书)的技术要求和已作过的初步方案,开展系统的硬件总体设计。总体设计的方法是"黑箱"设计法,即画方块图的方法。用这种方法作出的系统结构设计,只需明确各方块之间的信号输入输出关系和功能要求,而不需知道"黑箱"内具体结构。硬件总体方案设计主要包含以下几方面的内容。

1) 确定系统的结构和类型

根据系统要求，确定采用开环还是闭环控制。闭环控制还需进一步确定是单闭环还是多闭环控制。实际可供选择的控制系统类型有操作指导控制系统、直接数字控制（DDC）系统、监督计算机控制（SCC）系统、分级控制系统、分散型控制系统（DCS）、工业测控网络系统等。

2) 确定系统的构成方式

应优先选择采用工业控制机构成系统的方式。工业控制机具有系列化、模块化、标准化和开放结构，有利于系统设计者在系统设计时根据要求任意选择，像搭积木般地组建系统。这种方式可提高研制和开发速度，提高系统的技术水平和性能，增加可靠性。

当然，也可以采用通用的可编程控制器（PLC）或智能调节器构成计算机控制系统（如分散型控制系统、分级控制系统、工业网络）的前端机（或下位机）。

3) 现场设备选择

主要包含传感器、变送器和执行机构的选择，这些装置的选择要正确，它们是影响系统控制精度的重要因素之一。

4) 其他方面的考虑

总体方案设计中还应考虑人机联系方式、系统的机柜或机箱的结构设计、抗干扰等方面的问题。

2. 软件总体方案设计

依据合同书（或协议书）的技术要求和已作过的初步方案进行软件的总体设计。软件总体设计和硬件总体设计一样，也是采用结构化的"黑箱"设计法。先画出较高一级的方框图，然后再将大的方框分解成小的方框，直到能表达清楚为止。软件总体方案还应确定系统的数学模型、控制策略、控制算法等。

3. 系统总体方案设计

将硬件总体方案和软件总体方案结合在一起构成系统总体方案。总体方案论证可行后，要形成文件，建立总体方案文档。系统总体方案文件包括如下内容。

（1）系统的主要功能、技术指标、原理性方框图及文字说明。

（2）控制策略和控制算法，例如 PID 控制、达林算法、Smith 补偿控制、最少拍控制、串级控制、前馈控制、解耦控制、模糊控制、最优控制等。

（3）系统的硬件结构及配置，主要的软件功能、结构及框图。

（4）方案比较和选择。

（5）保证性能指标要求的技术措施。

（6）抗干扰和可靠性设计。

（7）机柜或机箱的结构设计。

（8）经费和进度计划的安排。

对所提出的总体方案设计要进行合理性、经济性、可靠性及可行性论证。论证通过后，便可形成作为系统设计依据的系统总体方案图和设计任务书，以指导具体的系统设计过程。

8.2.2 硬件的工程设计与实现

采用总线式工业控制机进行系统的硬件设计可以解决工业控制中的众多问题。由于总线式工业控制机的高度模块化和插板结构，因此，可以采用组合方式来简化计算机控制系统的设计。采用总线式工业控制机时，只需要简单地更换几块模板就可以很方便地变成另外一种功能的控制系统。在计算机控制系统中，一些控制功能既能由硬件实现，亦能用软件实现，故系统设计时，硬件、软件功能的划分要综合考虑。如果是工业测控网络结构，可根据前面介绍的分布式测控网络技术设计控制系统的硬件。

1. 选择系统的总线和主机机型

1) 选择系统的总线

系统采用总线结构具有很多优点。采用总线可以简化硬件设计，用户可根据需要直接选用符合总线标准的功能模板，而不必考虑模板插件之间的匹配问题，使系统硬件设计大大简化；系统可扩性好，仅需将按总线标准研制的新的功能模板插在总线槽中即可；系统更新性好，一旦出现新的微处理器、存储器芯片和接口电路，只要将这些新的芯片按总线标准研制成各类插件，即可取代原来的模板而升级更新系统。

(1) 内总线选择。

常用的工业控制机内总线有两种，即 ISA 总线和 PCI 总线，根据板卡类型选择其中一种。

(2) 外总线选择。

根据计算机控制系统的基本类型，如果采用 DCS 等，必然有通信的问题。外总线就是计算机与计算机之间、计算机与智能仪器或智能外设之间进行通信的总线，它包括通用串行总线(USB)和串行通信总线(RS-232C)。另外还有可进行远距离通信、多站点互联的通信总线 RS-422 和 RS-485。具体选择哪一种，要根据通信的速率、距离、系统拓扑结构、通信协议等要求综合分析才能确定。但需要说明的是，RS-422 和 RS-485 总线在工业控制机的主机中没有现成的接口装置，必须另外选择相应的通信接口板。

2) 选择主机机型

总线式工业控制机中有许多机型，随采用的 CPU 不同而不同。以 ISA 总线式工业控制机为例，其 CPU 有 Intel Pentium Ⅲ、Intel Pentium 4、Intel Pentium D、AMD AM2 Sempron、AMD AM2 Athlon 64 等多种品牌和型号，内存、硬盘、主频、显示卡、CRT 显示器也有多种规格。设计人员可根据要求合理地选型。

2. 选择输入输出通道模板

一个典型的计算机控制系统，除了有工业控制机的主机以外，还必须有各种输入输出通道模板，其中包括数字量 I/O(即 DI/DO)、模拟量 I/O(AI/AO)、脉冲量 I/O(PI/PO)等模板。

1) DI/DO 模板

PC 总线的并行 I/O 接口模板多种多样，通常可分为 TTL 电平的 DI/DO 和带光电隔离的 DI/DO 模板。通常和工业控制机共地装置的接口可以采用 TTL 电平，而其他装置与工业控制机之间则采用光电隔离。对于大容量 DI/DO 系统，往往选用大容量的 TTL 电平 DI/DO 模板，而将光电隔离及驱动功能安排在工业控制机总线之外的非总线模板上，如继电器板(包括固体继电器板)等。

2）AI/AO 模板

AI/AO 模板包括 A/D、D/A 转换模板及信号调理电路等。AI 模板输入可能是 0～±5V、1～5V、0～10mA、4～20mA 以及热电偶、热电阻和各种变送器的信号。AO 模板输出可能是 0～5V、1～5V、0～10mA、4～20mA 等信号。选择 AI/AO 模板时必须注意分辨率、转换速度、量程范围等技术指标。

3）PI/PO 模板

PI/PO 模板包括带光电隔离、脉冲输入信号调理、脉冲输出信号驱动的脉冲量输入输出模板。

系统中的输入输出模板可按需要进行组合，不管哪种类型的系统，其模板的选择与组合均由生产过程的输入参数和输出控制通道的种类和数量来确定。

3. 选择传感器/变送器和执行机构

1）选择传感器/变送器

根据实际应用情况选择了模拟量、开关量、脉冲量传感器，需要再选择相应的模拟量、开关量、脉冲量信号调理电路装置，以便变成标准信号送至工业控制机进行处理，实现数据采集。

变送器是将被测变量(如温度、压力、物位、流量、电压、电流等)转换为可远传的统一标准信号(0～10mA、4～20mA 等)的仪表，且输出信号与被测变量有一定的对应关系。在控制系统中将输出信号送至工业控制机进行处理，实现数据采集。

DDZ-Ⅲ型变送器输出的是 4～20mA 信号，供电电源为 24V DC 且采用二线制，DDZ-Ⅲ型变送器的性能比 DDZ-Ⅱ型变送器好，使用方便。DDZ-S 系列变送器是在总结 DDZ-Ⅱ型和 DDZ-Ⅲ型变送器的基础上，吸取了国外同类变送器的先进技术，采用模拟技术与数字技术相结合，开发出的新一代变送器。现场总线仪表也将被推广应用。

常用的变送器有温度变送器、压力变送器、液位变送器、差压变送器、流量变送器、各种电量变送器等。系统设计人员可根据被测参数的种类、量程，被测对象的介质类型和环境来选择变送器的具体型号。

2）选择执行机构

执行机构是控制系统中必不可少的组成部分，它的作用是接收计算机发出的控制信号，并将其转换成调整机构的动作，使生产过程按预先规定的要求正常运行。

执行机构分为气动、电动、液压三种类型。气动执行机构的特点是结构简单、价格低、防火防爆；电动执行机构的特点是体积小、种类多、使用方便；液压执行机构的特点是推力大、精度高。常用的为气动和电动执行机构。

在计算机控制系统中，将 0～10mA 或 4～20mA 电信号经电气转换器转换成标准的0.02～0.1MPa 气压信号之后，即可与气动执行机构(气动调节阀)配套使用。电动执行机构(电动调节阀)直接接收来自工业控制机 4～20mA 或 0～10mA 的输出信号，实现控制作用。

另外，还有各种有触点和无触点开关装置、脉冲装置也是执行机构，利用它们实现开关动作。电磁阀作为一种开关阀在工业中也得到了广泛的应用。

具体选择气动调节阀、电动调节阀、电磁阀、有触点和无触点开关之中的哪一种，要根据控制系统的要求确定。但要实现连续、精确的控制目的,必须选用气动或电动调节阀,而要求不高的控制系统可选用电磁阀。

8.2.3　软件的工程设计与实现

用工业控制机组建计算机控制系统不仅能减少系统硬件设计工作量,而且还能减少系统软件设计工作量。工业控制机一般都配有实时操作系统或实时监控程序,及各种控制、运算、组态软件等,可使系统设计者在最短的周期内开发出目标系统软件。如果是工业测控网络结构,可根据分布式测控网络技术设计控制系统的软件。

工业控制机一般把工业控制所需的各种功能以模块形式提供给用户,其中包括控制算法模块(多为 PID)、运算模块(四则运算、开方、最大值/最小值选择、一阶惯性、超前滞后、工程量变换、上下限报警等数十种)、计数/计时模块,逻辑运算模块,输入模块,输出模块,打印模块和 CRT 显示模块等。系统设计者根据控制要求选择所需的模块就能生成系统控制软件,因而软件设计工作量大为减少。为了便于系统组态(即选择模块组成系统),工业控制机提供了组态语言。

当然并不是所有的工业控制机都能给系统设计带来上述的方便,有些工业控制机只能提供硬件设计的方便,而应用软件需自行开发;若从选择单片机入手研制控制系统,系统的全部硬件、软件均需自行开发。自行开发控制软件时,应先画出程序总体流程图和各功能模块流程图,再选择程序设计语言,然后编制程序。编制程序时应先模块后整体。具体程序设计内容为以下几方面。

1. 数据类型和数据结构规划

在系统总体方案设计中,系统的各个模块之间有着各种因果关系,相互之间要进行各种信息传递。如数据处理模块和数据采集模块之间的关系,数据采集模块的输出信息就是数据处理模块的输入信息,同样,数据处理模块和显示模块、打印模块之间也有这种产销关系。各模块之间的关系体现在它们的接口条件,即输入条件和输出结果上。为了避免产销脱节现象,就必须严格规定好各个接口条件,即各接口参数的数据结构和数据类型。这一步工作可以这样来做:列出每一个执行模块要用到的参数、要输出的结果,对于与不同模块都有关的参数,只取一个名称,以保证同一个参数只有一种格式;然后为每个参数规划一个数据类型和数据结构。

从数据类型分类,可分为逻辑型和数值型数据,但通常将逻辑型数据归到软件编制中考虑。数值型数据可分为定点数和浮点数。定点数有直观、编程简单、运算速度快的优点,其缺点是表示的数值动态范围小、容易溢出。浮点数则相反,其数值动态范围大、相对精度稳定、不易溢出,但编程复杂、运算速度低。

如果某参数是一系列有序数据的集合,如采样信号序列,则不仅有数据类型问题,还有数据存放格式问题,即数据结构问题。这部分内容在前面章节已有介绍,这里不再讨论。

2. 资源分配

完成数据类型和数据结构的规划后,便可开始分配系统资源。系统资源包括 ROM、RAM、定时器/计数器、中断源、I/O 地址等。ROM 用来存放程序和表格。I/O 地址、定时器/计数器、中断源在任务分析时已经分配好任务了。因此,资源分配的主要工作是 RAM 的分配。RAM 规划后,应列出一张 RAM 的详细分配清单,作为编程依据。

3. 实时控制软件设计

1）数据采集及数据处理程序

数据采集程序主要包括多路信号的采样、输入变换、存储等。模拟输入信号为 DC 0～10mA 或 DC 4～20mA、DC mV 或电阻对应的弱小电压，前两种可以直接作为 A/D 转换模板的输入（电流经 I/V 变换变为 DC 0～5V 电压输入），后两种经放大器放大到 DC 0～5V 后再作为 A/D 转换模板的输入。开关触点状态通过数字量输入（DI）模板输入。

输入信号的点数可根据需要选取，用户必须规定清楚每个信号的量程和工业单位。

数据处理程序主要包括数字滤波程序、线性化处理和非线性补偿程序、标度变换程序、越限报警程序等。

2）控制算法程序

控制算法程序主要实现控制规律的计算，产生控制量。其中包括数字 PID 控制算法、达林算法、施密斯补偿控制算法、最少拍控制算法、串级控制算法、前馈控制算法、解耦控制算法、模糊控制算法、最优控制算法等。实际实现时，可选择合适的一种或几种控制算法实现控制。

3）控制量输出程序

控制量输出程序实现对控制量的处理（上下限和变化率处理）、控制量的变换及输出、驱动执行机构或各种电气开关。控制量也包括模拟量和开关量两种。模拟控制量由 D/A 转换模板输出，一般为标准的 DC 0～10mA 或 DC 4～20mA 信号，该信号驱动执行机构（如各种调节阀）。开关量控制信号驱动各种电气开关。

4）实时时钟和中断处理程序

实时时钟是计算机控制系统中一切与时间有关的过程的运行基础。时钟有两种，即绝对时钟和相对时钟。绝对时钟与当地的时间同步，有年、月、日、时、分、秒等功能。相对时钟与当地时间无关，一般只要时、分、秒就可以，在某些场合要精确到 0.1s 甚至 ms。

计算机控制系统中有很多任务是按时间来安排的，即有固定的作息时间。这些任务的触发和撤销由系统时钟控制，不用操作者直接干预，这在很多无人值班的场合尤其必要。实时任务有两类：第一类是周期性的，如每天固定时间启动，固定时间撤销的任务，它的重复周期是一天；第二类是临时性任务，操作者预定好启动和撤销时间后由系统时钟执行，但仅一次有效。作为一般情况，假设系统中有几个实时任务，每个任务都有自己的启动和撤销时刻。在系统中建立两个表格，一个是任务启动时刻表，一个是任务撤销时刻表，表格按作业顺序编号安排。为使任务启动和撤销及时准确，这一过程应安排在时钟中断子程序中来完成。定时中断服务程序在完成时钟调整后，就开始扫描启动时刻表和撤销时刻表，当表中某项和当前时刻完全相同时，通过查表位置指针就可以决定对应作业的编号，通过编号就可以启动或撤销相应的任务。

计算机控制系统中，有很多控制过程虽与时间（相对时钟）有关，但与当地时间（绝对时钟）无关。例如啤酒发酵微机控制系统，要求从 10℃降温 4h 到 5℃，保温 30h 后，再降温 2h 到 3℃，再保温。以上工艺过程与时间关系密切，但与上午、下午没有关系，只与开始投料时间有关，这一类的时间控制需要相对时钟信号。相对时钟的运行速度与绝对时钟一致，但数值完全独立。这就要求相对时钟必须另外开辟存储单元。在使用时，相对时钟要先初始化，再开始计时，计时到后便可唤醒指定任务。

许多实时任务（如采样周期、定时显示打印、定时数据处理等）都必须利用实时时钟实现。并由定时中断服务程序执行相应的动作或处理动作状态标志等。

另外，事故报警、掉电检测及处理、重要的事件处理等功能的实现也常常使用中断技术，以便计算机能对事件及时处理。事件处理用中断服务程序和相应的硬件电路完成。

5）数据管理程序

这部分程序用于生产管理，主要包括画面显示、变化趋势分析、报警记录、统计报表打印输出等。

6）数据通信程序

数据通信程序主要完成计算机与计算机之间、计算机与智能设备之间的信息传递和交换。这个功能主要在分散型控制系统、分级计算机控制系统、工业网络等系统中实现。

8.2.4　系统的调试与运行

系统的调试与运行分为离线仿真与调试阶段和在线调试与运行阶段。离线仿真与调试阶段一般在实验室或非工业现场进行，在线调试与运行阶段是在生产过程工业现场进行。其中离线仿真与调试阶段是基础，用于检查硬件和软件的整体性能，为现场投运作准备，现场投运是对全系统的实际考验与检查。系统调试的内容很丰富，碰到的问题千变万化，解决的方法多种多样，并没有统一的模式。

1. 离线仿真和调试

1）硬件调试

对于各种标准功能模板，按照说明书检查主要功能。比如主机板（CPU板）上 RAM 区的读写功能、ROM 区的读出功能、复位电路、时钟电路等的正确性。

在调试 A/D 和 D/A 转换模板之前，必须准备好信号源、数字电压表、电流表等。对这两种模板首先检查信号的零点和满量程，然后再分挡检查。例如满量程的 25%、50%、75%、100%，并且上行和下行来回调试，以便检查线性度是否合乎要求，如有多路开关板，应测试各通路是否正确切换。

利用开关量输入和输出程序来检查开关量输入（DI）和开关量输出（DO）模板。测试时可在输入端加开关量信号，检查读入状态的正确性；可在输出端检查（用万用表）输出状态的正确性。

硬件调试还包括现场仪表和执行机构，如压力变送器、差压变送器、流量变送器、温度变送器以及电动或气动调节阀等。这些仪表必须在安装之前按说明书要求校验完毕。

如果是分级计算机控制系统和分散型控制系统，还要调试通信功能，验证数据传输的正确性。

2）软件调试

软件调试的顺序是子程序、功能模块和主程序。有些程序的调试比较简单，利用开发装置（或仿真器）以及计算机提供的调试程序就可以进行调试。程序设计一般采用汇编语言和高级语言混合编程。对处理速度和实时性要求高的部分用汇编语言编程（如数据采集、时钟、中断、控制输出等），对速度和实时性要求不高的部分用高级语言编程（如数据处理、变换、图形、显示、打印、统计报表等）。

一般与过程输入输出通道无关的程序，都可用开发机（仿真器）的调试程序进行调试，不过有时为了能调试某些程序,可能要编写临时性的辅助程序。

系统控制模块的调试应分为开环和闭环两种情况进行。开环调试是检查阶跃响应特性,闭环调试是检查反馈控制功能。图 8-5 是 PID 控制模块的开环特性调试原理框图。首先可以通过 A/D 转换器输入一个阶跃电压。然后使 PID 控制模块程序按预定的控制周期 T 循环执行,控制量 u 经 D/A 转换器输出模拟电压(DC 0~5V)给记录仪记下它的阶跃响应曲线。

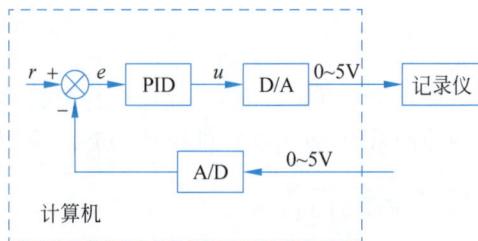

图 8-5　PID 控制模块的开环特性调试原理框图

开环阶跃响应实验可以包括以下几项。

(1) 不同比例带 $\delta(\delta=1/K_p)$、不同阶跃输入幅度和不同控制周期下正、反两种作用方向的纯比例控制的响应;

(2) 不同比例带、不同积分时间、不同阶跃输入幅度和不同控制周期下正、反两种作用方向的比例积分控制的响应;

(3) 不同比例带、不同积分时间、不同微分时间、不同阶跃输入幅度和不同控制周期下正、反两种作用方向的比例积分微分控制的响应。

上述几项内容的实验过程中,应该分析所记录的阶跃响应曲线,不仅要定性而且要定量地检查 P、I、D 参数是否准确,并且要满足一定的精度。这一点与模拟仪表调节器有所不同,由于模拟仪表调节器中电容、电阻参数具有分散性,以及电位器旋钮刻度盘分度不可能太细,因此不得不允许 P、I、D 参数的刻度值有较大的误差。但是计算机完全有条件进行准确的数字计算,保证 P、I、D 参数误差很小。

在完成 PID 控制模块开环特性调试的基础上,还必须进行闭环特性调试。闭环调试是按图 8-6 构成的单回路 PID 反馈控制系统。该图中的被控对象可以使用实验室物理模拟装置,也可以使用电子式模拟实验室设备。实验方法与模拟仪表调节器组成的控制系统类似,即分别做给定值 $r(k)$ 和外部扰动 $f(t)$ 的阶跃响应实验,改变 P、I、D 参数以及阶跃输入的幅度,分析被控制量 $y(t)$ 的阶跃响应曲线和 PID 控制器输出控制量 u 的记录曲线,判断闭环工作是否正确。主要分析判断以下几项内容:纯比例作用下残差与比例带的值是否吻合;积分作用下是否消除残差;微分作用对闭环特性是否有影响;正向和反向扰动下过渡过程曲线是否对称,等等。否则,必须根据发生的现象仔细分析,重新检查程序必须指出,由于数字 PID 控制器比模拟 PID 调节器增加了一些特殊功能。例如,积分分离、测量值微分(或微分先行)、死区 PID(或非线性 PID)、给定值和控制量的变化率限制、输入输出补偿、控制量限幅和保持等,应先暂时去掉这些特殊功能,首先进行纯 PID 控制闭环响应实验,这样便于发现问题。在纯 PID 控制闭环实验通过的基础上,再逐项加入上述特殊功能,并逐项检查是否正确。

运算模块是构成控制系统不可缺少的一部分。对于简单的运算模块可以用开发机(或仿真器)提供的调试程序检查其输入与输出关系。而对于具有复杂输入与输出曲线关系的运算模块,例如纯滞后补偿模块,可采用类似图 8-6 所示的方法进行调试,只要用运算模块替换 PID 控制模块,通过分析记录曲线来检查程序是否存在问题。

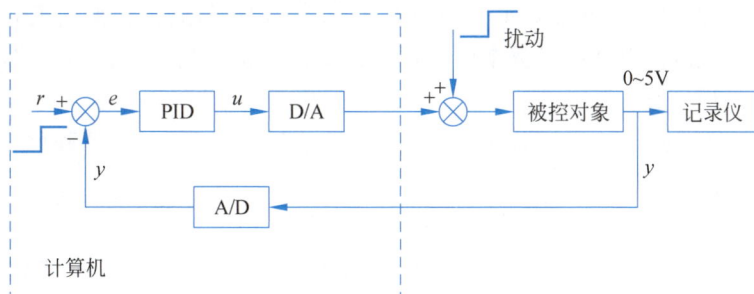

图 8-6 单回路 PID 控制模块的闭环调试框图

一旦所有的子程序和功能模块调试完毕,就可以用主程序将它们连接在一起进行整体调试。当然有人会问,既然所有模块都能单独地工作,为什么还要检查它们连接在一起能否正常工作呢？这是因为把它们连接在一起可能会产生不同软件层之间的交叉错误,一个模块的隐含错误对自身可能无影响,却会妨碍另一个模块的正常工作;对于单个模块允许的误差,当多个模块连起来可能放大到不可容忍的程度等,所以有必要进行整体调试。

整体调试的方法是自底向上逐步扩大。首先按分支将模块组合形成模块子集,调试完各模块子集,再将部分模块子集连接起来进行局部调试,最后进行全局调试。这样经过子集、局部和全局三步调试,完成整体调试工作。整体调试是对模块之间连接关系的检查,有时为了配合整体调试,在调试的各阶段须编制必要的临时性辅助程序,在调试完成后应删去。通过整体调试能够把设计中存在的问题和隐含的缺陷暴露出来,从而基本上消除了编程上的错误,为以后的仿真调试和在线调试及运行打下良好的基础。

3) 系统仿真

在硬件和软件分别联调后,并不意味着系统的设计和离线调试已经结束,为此,必须再进行全系统的硬件、软件统调。这时的统调实验,就是通常所说的"系统仿真"(也称为模拟调试)。系统仿真就是应用相似原理和类比关系研究事物,也就是用模型代替实际生产过程(即被控对象)进行实验和研究。系统仿真有以下 3 种类型:全物理仿真(或称在模拟环境条件下的全实物仿真)、半物理仿真(或称硬件闭路动态实验)和数字仿真(或称计算机仿真)。

系统仿真尽量采用全物理或半物理仿真。实验条件或工作状态越接近真实,其效果也就越好。对于纯数据采集系统,一般可做到全物理仿真;而对于控制系统,要做到全物理仿真几乎是不可能的。这是因为,我们不可能将实际生产过程(被控对象)搬到自己的实验室或研究室中,因此,控制系统只能进行离线半物理仿真。被控对象可用实验模型代替。不经过系统仿真和各种试验,试图在生产现场调试中一举成功的想法是不实际的,往往会被现场联调工作的现实所否定。

在系统仿真的基础上进行长时间的运行考验(称为考机),并根据实际运行环境的要求,进行特殊运行条件的考验。例如,高温和低温剧变运行试验,振动和抗电磁干扰试验,电源电压剧变和掉电试验等。

2. 在线调试和运行

在上述调试过程中，尽管工作很仔细，检查很严格，但仍然没有经受实践的考验。因此，在现场进行在线调试和运行过程中，设计人员与用户要密切配合，在实际运行前制定一系列调试计划、实施方案、安全措施、分工合作细则等。现场调试与运行过程是从小到大、从易到难、从手动到自动、从简单回路到复杂回路逐步过渡。为了做到有把握，现场安装及在线调试前先要进行下列检查。

（1）检测元件、变送器、显示仪表、调节阀等必须通过校验，保证精确度要求。作为检查，可进行一些现场校验。

（2）各种接线和导管必须经过检查，保证连接正确。例如，孔板的上下游接压导管要与差压变送器的正负压输入端极性一致；热电偶的正负端与相应的补偿导线相连接，并与温度变送器的正负输入端极性一致等。除了极性不得接反以外，对号位置不应接错，引压导管和气动导管必须畅通，不能中间堵塞。

（3）对在流量中采用隔离液的系统，要在清洗好引压导管以后，灌入隔离液（封液）。

（4）检查调节阀能否正确工作。旁路阀及上下游截断阀关闭或打开，要搞正确。

（5）检查系统的干扰情况和接地情况，如果不符合要求，应采取措施。

（6）对安全防护措施也要检查。

经过检查并已正确安装后即可进行系统的投运和参数的整定。投运时应先切入手动，等系统运行接近给定值时再切入自动。参数的整定应按第 4 章和第 5 章介绍的方法进行。

在现场调试的过程中，往往会出现错综复杂、时隐时现的奇怪现象，一时难以找到问题的根源。此时此刻，计算机控制系统设计者们要认真地共同分析，每个人不要轻易地怀疑别人所做的工作，以免掩盖问题的根源所在。

8.3 设计举例：啤酒发酵过程计算机控制系统

麦汁发酵过程是啤酒生产的重要环节。过去，啤酒发酵过程采用传统的手工操作控制，生产效率低、劳动强度大、不利于管理；啤酒质量差、产量低、酒损多。有些啤酒生产厂家采用常规的仪表调节系统，虽然给企业带来一些益处，但也不利于现代化管理和灵活地修改工艺参数。采用计算机对啤酒发酵过程进行自动控制和现代化管理，很好地解决了以上问题，获得了巨大的经济效益和社会效益。

8.3.1 啤酒发酵工艺及控制要求

1. 啤酒发酵工艺简介

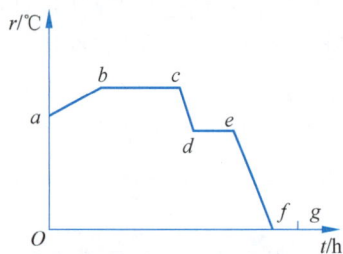

图 8-7 发酵过程温度曲线

啤酒发酵是一个复杂的生物化学过程，通常在锥形发酵罐中进行。在二十多天的发酵期间，根据酵母的活动能力、生长繁殖快慢，确定发酵过程温度曲线，如图 8-7 所示。要使酵母的繁殖和衰减、麦汁中糖度的消耗和双乙酰等杂质含量达到最佳状态，必须严格控制发酵各阶段的温度，使其保持在给定温度的 $\pm 0.5\,^\circ\mathrm{C}$ 范围内。

某啤酒厂要求控制 10 个 200m³ 的锥形啤酒发酵罐,这种发酵罐的内层用不锈钢板焊接而成,外层用白铁皮包制而成,内层与外层中间是保温材料和上、中、下 3 段冷却带,罐体由上下两部分组成,上部分是圆柱体,下部分是圆锥体,故称为锥形发酵罐。在啤酒发酵期间,当罐内温度低于给定温度时,则要求关闭冷却带的阀门,使之自然发酵升温;当罐内温度高于给定温度时,则要求打开冷却带的阀门,自动地将冷酒精打入冷却带循环使之降温,直至满足工艺要求为止。另外,在发酵过程中,还需在各段工艺中进行保压,即要求发酵罐顶部气体压力恒定,以保证发酵过程的正确进行。

2. 系统的控制要求

(1) 系统共有 10 个发酵罐,每个罐测量 5 个参数,即发酵罐的上、中、下 3 段温度、罐内上部气体的压力和罐内发酵液(麦汁)的高度,共有 30 个温度测量点、10 个压力测量点、10 个液位测量点。因此共需检测 50 个参数。

(2) 自动控制各个发酵罐中的上、中、下 3 段温度使其按图 8-7 所示的温度曲线运行,温度控制误差不大于 ±0.5℃。共有 30 个控制点。

(3) 系统具有自动控制、现场手动控制、控制室遥控 3 种工作方式。

(4) 系统具有掉电保护、报警、参数设置和温度曲线修改设置功能。

(5) 系统具有表格、图形、曲线等显示和打印功能。

8.3.2 系统总体方案的设计

1. 发酵罐测控点的分布及管线结构

本系统有 10 个发酵罐,每个发酵罐上有 5 个检测点和 3 个控制点,其中包括上段温度(TTa)、中段温度(TTb)、下段温度(TTc)、罐内上部气体压力(PT)、液位(LT)、上段冷带调节阀(TVa)、中段冷带调节阀(TVb)、下段冷带调节阀(TVc)。检测点与控制点的分布如图 8-8 所示。

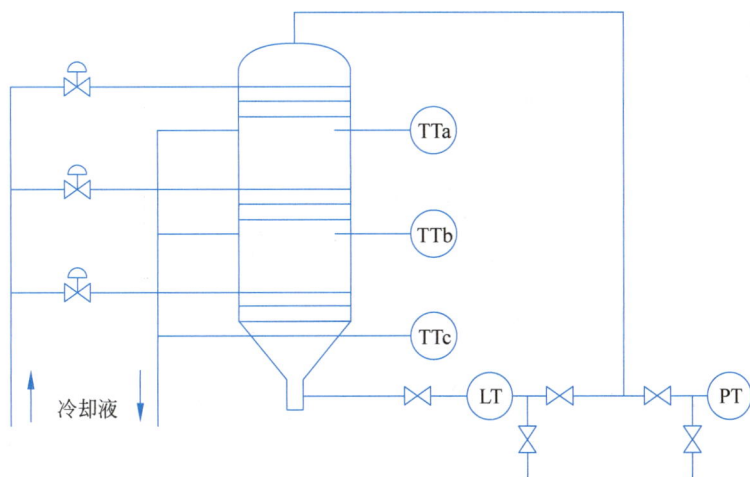

图 8-8 发酵罐的测控点分布及管线图

2. 检测装置和执行机构

检测装置中,温度检测采用 WZP-231 铂热电阻(Pt100)和 RTTB-EKT 温度变送器,输入量程为 −20～+50℃,输出 4～20mA;压力检测采用 CECY-150G 电容式压力变送器,输入量程为 0～0.25MPa，输出 4～20mA；液位检测采用 CECU-341G 电容式液位变送器，输入量程（差压）为 0～0.2MPa，输出为 4～20mA。

执行机构采用 ZDLP-6B 电动调节阀，通径为 Dg50，流通能力为 Cg32，等百分比特性，并配有操作器 DFQ-2100。

3. 控制规律

啤酒发酵过程中，输入量为冷却液流量，输出量为发酵液温度，由操作经验和离线辨识可知，被控对象具有大惯性和纯滞后特性，而且在不同发酵阶段特性参数变化很大，这是确定控制规律的依据。

为适应温度给定值为折线的情况，在恒温段采用增量型 PI 控制算法，在升温、降温段采用 PID 控制算法，考虑到被控对象具有大惯性和纯滞后的特点，在控制软件设计中提供了施密斯预估控制算法。

4. 控制系统主机及过程通道模板

本系统的控制主机选用康拓 IPC-8500 工业控制机，并配有 A/D 和 D/A 转换模板实现过程通道中的信号变换。

1）IPC-8500 工业控制机

康拓 IPC-8500 工业控制机，机箱采用全钢加固型结构，内装 14 槽 PC 总线无源母板，配有 250W 高效开关电源，带有双制冷风扇，前面板安装引风扇，开关电源内安装排风扇，引风量大于排风量，机箱内部形成微正压环境。选用 All-In-One CPU 板，CPU 为 Intel 80486 DX2-66，板上有二级看门狗，当应用软件不能控制系统时，可触发 NMI 和 RESET。

另外，IPC-8500 工业控制机与标准键盘、CRT 显示器、EPSON 1600K 打印机相连。

2）过程通道模板

本系统选择康拓 IPC-5488 32 路 12 位光电隔离 A/D 转换模板，并配有 CMB5419-1B 32 路 I/V 变换板作为系统的模拟量输入通道。另外，选择 IPC-5486 8 路 12 位光电隔离 D/A 转换模板作为模拟量输出通道。

5. 控制系统的软件

控制系统的软件主要包括采样、滤波、标度变换、控制计算、控制输出、中断、计时、打印、显示、报警、调节参数修改、温度给定曲线设定及修改、报表、图形、曲线显示等功能。

8.3.3 系统硬件和软件的设计

1. 系统硬件的设计

根据总体方案可以画出啤酒发酵过程计算机控制系统的组成硬件框图，如图 8-9 所示。

1）模拟量输入通道设计

本系统监测 30 个温度（T_1～T_{30}）、10 个压力（P_1～P_{10}）、10 个液位（H_1～H_{10}）。对于温度，选用 WZP-231 铂热电阻 30 支和 RTTB-EKT 温度变送器 30 台进行温度测量和变送，即将 −20～+50℃ 变换成 DC 4～20mA 信号，送至 32 路 I/V 变换板 CMB5419-1B，把 DC 4～20mA 信号变换成 DC 1～5V 信号，最后把 DC 1～5V 信号送至 32 路 12 位光电隔离 A/D 转换模板 IPC5488，从而实现温度数据的采集。对于压力，选用 10 台电容式压力变送器 CECY-150G 进行压力测量变送，即将 0～0.25MPa 压力变换成 DC 4～20mA 信号，同样经过 I/V 变换板送至 A/D 转换模板。对于液位，选用 10 台电容式液位变送器 CECU-

图 8-9 啤酒发酵过程计算机控制系统硬件框图

341G(实际上是单法兰差压变送器)进行液位测量和变送,即将 0~0.2MPa 的差压转换成 DC 4~20mA 信号,同样经 I/V 变换板送至 A/D 转换模板。

2) 模拟量输出通道设计

本系统自动控制 30 个温度,即使用 30 个电动调节阀 ZDLP-6B,通过调节阀自动调节阀门开度,从而调节冷却液(淡酒精)流量,达到控制发酵温度的目的。

在模拟输出通道中,采用 8 路 12 位光电隔离 D/A 转换模板 IPC5486,将计算机输出的控制量转换成 DC 4~20mA 信号,该信号送至操作器 DFQ-2100,DFQ-2100 具有自动和手动切换功能,输出 DC 4~20mA 信号送至电动调节阀,从而实现控制 30 个调节阀,达到控制温度的目的。

另外,系统还配有+24V DC 电源用于给变送器、操作器供电。因采用光电隔离技术,故 A/D 转换模板和 D/A 转换模板都采用了 DC/DC 电源变换模块,提供光电隔离所需的工作电源。

2. 系统软件的设计

1）数据采集程序

首先按顺序采集 30 个温度信号,然后采集 10 个压力信号,最后采集 10 个液位信号,这些信号共采集 5 遍并存储,采样周期 $T=2$s。变送器输出的 DC 4~20mA 信号经 I/V 变换后产生 DC 1~5V 信号,送至 IPC5488 板卡进行 12 位 A/D 转换。

2）数字滤波程序

将每个信号的 5 次测量值排序,去掉一个最大值和一个最小值,剩余 3 个求平均值即为该信号的测量结果,即采用中位值滤波法与平均值滤波法相结合来实现数字滤波。

3）标度变换程序

对于 12 位 A/D 转换 IPC5488 板卡,因 DC 0~5V 时输出为 000~FFFH,则 DC 1~5V 时输出为 333H~FFFH,即十进制 819~4095。对于 12 位 A/D 转换后的二进制数 x,对应的实际物理量需按下面方法求得。

(1) 温度的标度变换。

温度的量程范围为 $-20~+50$℃,其标度变换计算公式为

$$y = \left[\frac{50-(-20)}{4095-819}(x-819)+(-20) \right]℃ = (0.021368x - 37.5)℃ \tag{8-1}$$

(2) 压力的标度变换。

压力的量程范围为 0~0.25MPa,其标度变换计算公式为

$$P = \left[\frac{0.25-0}{4095-819}(x-819)+0 \right] \text{MPa} = (7.63126 \times 10^5 x - 0.0625) \text{MPa}$$

$$= (7.63126 \times 10^{-2} x - 62.5) \text{kPa} \tag{8-2}$$

(3) 液位的标度变换。

液位的量程范围(差压)为 0~0.2MPa,其标度变换公式为

$$H = \left[\frac{0.2 \times 10^6 - 0}{Dg(4095-819)}(x-819)+0 \right] \text{m} = \frac{61.05x - 50000}{Dg} \text{m} \tag{8-3}$$

式中,D 为啤酒(麦汁)的密度,单位为 kg/m^3; g 为重力加速度,单位为 m/s^2; H 的单位为 m。

4）给定工艺曲线的实时插补计算

给定工艺曲线由多段折线组成,每一段都是直线(如图 8-7 所示),故采用直线插补算法来计算各个采样周期的给定值 $r(k)$:

$$r(k) = r_{n-1} + \frac{r_n - r_{n-1}}{t_n - t_{n-1}}(t_K - t_{n-1}) \tag{8-4}$$

式中,$t_{n-1} \leqslant t_K < t_n$,$(t_{n-1}, r_{n-1})$ 和 (t_n, r_n) 分别是第 n 段折线的两个端点坐标。

5）控制算法

针对被控对象的特性,本系统采用两种控制算式。

(1) PID 控制算式加特殊处理。

控制器采用实际微分 PID 位置型控制算式

$$D(s) = \frac{U(s)}{E(s)} = K_P \left(1 + \frac{1}{T_I s} + \frac{T_D s}{\frac{T_D}{K_d} s + 1} \right)$$

式中，$T_\alpha = \dfrac{T_D}{K_d} + T$，$\alpha = \dfrac{\dfrac{T_D}{K_d}}{\dfrac{T_D}{K_d} + T}$。

实际微分项的差分方程为

$$u_D(k) = K_P \frac{T_D}{T_\alpha} [e(k) - e(k-1)] + \alpha u_D(k-1)$$

实际微分数字 PID 位置型控制算法为

$$u(k) = u(k-1) + \Delta u(k) \tag{8-5}$$

$$\Delta u = q_0' e(k) + q_1' e(k-1) + q_2' e(k-2) + \alpha [u_D(k-1) - u_D(k-2)] \tag{8-6}$$

$$\begin{cases} q_0' = K_P \left(1 + \dfrac{T}{T_I} + \dfrac{T_D}{T_\alpha} \right) \\[2mm] q_1' = -K_P \left(1 + \dfrac{2T_D}{T_\alpha} \right) \\[2mm] q_2' = K_P \dfrac{T_D}{T_\alpha} \end{cases}$$

$$e(k) = r(k) - y(k)$$

式中，$r(k)$ 为第 k 个采样周期的给定温度值，它由式(8-4)确定；$y(k)$ 为第 k 个采样周期的实测温度值，它由式(8-1)确定；T 为采样周期($T = 2s$)。

根据被控对象的特点，在以上 PID 控制算式(实际系统还采用了积分分离措施，这里不再赘述)的基础上，进行了以下特殊处理：在保温段，$r(k)$ 不变，采用 PI 控制算式；降温段采用 PID 控制算式；为了减小被控对象纯滞后的影响，在给定温度曲线转折处作特殊处理，即由保温段转至降温段时提前开大调节阀，而在由降温段转至保温段时提前关小调节阀，其目的是使温度转折时平滑过渡。

由于系统中 12 位 D/A 转换采用了 IPC5486 板卡，该板卡通过跳线设置将 000H～FFFH 的二进制 12 位数转换成 DC 4～20mA 信号，并控制调节阀的阀门开度(4mA 时阀门全关，20mA 时阀门全开)，因此计算机送给 IPC5486 板卡的必须是 000H～FFFH(即十进制数 0～4095)的控制量。对于计算机，因十进制浮点数 0～4095 的中间值为浮点数 2047.5，故对控制量进行以下处理。

首先，整定数字 PID 控制器的参数。由于计算机中浮点数计算很方便，误差 $e(k)$ 是有正负的浮点数，PID 输出的控制量 $u(k)$ 也是有正负的浮点数，因此选择 PID 控制的参数应尽可能保证 $u(k)$ 落在浮点数 $-2047.5 \sim 2047.5$。

其次，对控制量 $u(k)$ 进行限幅。使控制量满足 $u_{min} \leqslant u(k) \leqslant u_{max}$。当 $u(k) < u_{min}$ 时，取 $u(k) = u_{min}$；当 $u_{min} \leqslant u(k) \leqslant u_{max}$ 时，$u(k)$ 取实际计算值；当 $u(k) > u_{max}$ 时，取 $u(k) = u_{max}$。取 $u_{min} = -2047.5$，$u_{max} = 2047.5$。

另外，采用加补偿(加偏移量)处理。系统须对限幅后的控制量 $u(k)$ 采用加补偿(加偏移量)处理，即新控制量 $u_c(k)$ 为

$$u_c(k) = u(k) + 2047.5$$

以保證新控制量 $u_c(k)$ 嚴格落在 $0 \sim 4095(000H \sim FFFH)$ 的浮點數之間。

再者，控制量取整並變成 12 位二進制數。眾所周知，由於浮點數、小數不能進行 D/A 轉換，因此新控制量 $u_c(k)$ 必須取整並變成 12 位二進制數控制量 $u_m(k)$。

然後，D/A 轉換輸出控制量。將控制量 $u_m(k)$ 送給 12 位 D/A 轉換 IPC5486 板卡。這樣，就保證了 $u_m(k)$ 嚴格落在 $000H \sim FFFH$，滿足了 IPC5486 板卡的輸入輸出和調節閥的輸入要求。

對於實際工程控制系統，投入運行應從手動開始，逐步將控制回路從手動控制過渡到自動控制狀態，且需保證無擾動切換。控制系統切換到自動狀態後，應以平衡點（給定值）處所對應的電動調節閥閥位為參考點進行上下調節，並由此整定 PID 控制器的參數和確定控制器的輸出範圍。控制系統的設計、安裝、調試與維護是一個系統工程，因此，具體問題應具體分析，需不斷積累經驗，提高整體水平。

(2) 施密斯預估控制算式。

根據施密斯預估控制算法，將被控對象發酵罐視為純滯後的一階慣性環節，並通過實驗確定 K_f、T_f 和 τ，即

$$G_C(s) = \frac{K_f}{T_f s + 1} e^{-\tau s} \tag{8-7}$$

其相應的差分方程為

$$y_\tau(k) = a y_\tau(k-1) + b[u(k) - u(k-N)] \tag{8-8}$$

式中，$a = \dfrac{T_f}{T_f + T}$，$b = K_f \dfrac{T}{T_f + T}$，$N = \dfrac{\tau}{T}$。

最後，利用施密斯預估控制算法的步驟，即可求出控制量。

6) 其他應用程序

除以上測控程序外，還有計時、打印、顯示、報警、調節參數修改、報表、圖形、曲線顯示等功能程序，這裏不再討論。

8.3.4　系統的安裝調試運行及控制效果

現場進行安裝時，首先在現場安裝溫度變送器、壓力變送器、液位變送器、調節閥等，然後從現場敷設屏蔽信號電纜到控制室，最後將這些電纜接到工業控制計算機外面的接線端子板上。調試工作主要是對變送器進行量程和零點校準，A/D 轉換模板和 D/A 轉換模板量程和零點校準；另外就是利用試湊法確定 PID 控制器的控制參數。系統經過安裝調試後投入運行，並滿足系統的控制要求。

該系統操作簡單，使用維護方便，性能可靠；採用微機控制提高了啤酒質量；改善了勞動條件，不用人工手動操作，消除了人為因素；易於現代化管理和產品質量分析；採用表格、圖形、曲線顯示直觀，並有打印輸出功能。

8.4　設計舉例：機器人關節運動計算機控制系統

PUMA560 機器人是一種計算機控制的機械手，它由 6 個關節連接的剛性杆件組成，杆件鏈的一端固定在基座上，另一端則可以安裝工具完成一定的操作，如焊接、噴塗和零件裝

配作业。关节的运动产生杆件的相应运动。从机器人的机械本体看,机器人由手臂、手腕和工具组成,并将它设计成能伸展到工作范围内的工件上,手臂部件运动的合成使手腕部件在工件处定位,以便进行适当的操作。

8.4.1 PUMA560 机器人的结构原理

对于一台如图 8-10 所示的 PUMA560 六关节机器人,手臂部件的运动是由腰、肩和肘关节的运动合成的,是机器人的定位机构,而手腕部件的运动则由俯仰、偏转和侧倾关节的运动合成,是机器人的定向机构。

图 8-10 PUMA560 六关节机器人

随着电力电子技术、向量控制技术和计算机控制技术的发展,机器人关节的运动中,越来越多地采用交流电机作为驱动部件,因此,机器人每个关节都可以当作一个交流伺服机构。在工业机器人控制系统中,除了这种在低层的、实时性强的关节运动控制外,还有在系统的上层,对计算的实时性要求不高的部分,如与用户的交互、子任务间的调度、运动状态的显示和关节运动控制子系统间的通信等。因此,工业机器人关节伺服控制系统体系结构的合理性将很大程度上决定工业机器人的操作性能。

8.4.2 机器人运动学方程

1. 机器人正运动学

机器人正运动学问题是已知机器人各关节、各连杆参数及各关节变量,求机械手末端在基础坐标系中的位置和姿态。

若已知 q 为系统 6 个关节的角位移向量,X 为机械手末端工具在基础坐标系中的位置和姿态向量,则

$$X = X(q) \tag{8-9}$$

式中,$X = \begin{bmatrix} x & y & z & \phi & \theta & \psi \end{bmatrix}^{\mathrm{T}}$; $q = \begin{bmatrix} q_1 & q_2 & q_3 & q_4 & q_5 & q_6 \end{bmatrix}^{\mathrm{T}}$。

2. 机器人逆运动学

机器人工作时，总是在基础坐标系中指定机械手末端工具的位置和姿态。为了使机械手末端工具到达期望的位置和姿态，必须驱动机器人各关节由当前角位移到达与末端工具位置和姿态相应的角位移。为了获得各关节的期望角位置，须进行机器人逆运动学求解，即

$$\boldsymbol{q}_{\mathrm{d}} = \boldsymbol{X}_{\mathrm{d}}^{-1}(\boldsymbol{q}) \tag{8-10}$$

有关机器人正、逆运动学求解的知识可参阅有关文献，这里不作重点介绍。

8.4.3　机器人动力学方程

机器人动力学可通过欧拉-拉格朗日（Euler-Lagrange，EL）方程

$$\frac{\mathrm{d}}{\mathrm{d}t}\left(\frac{\partial L(\boldsymbol{q},\dot{\boldsymbol{q}})}{\partial \dot{\boldsymbol{q}}}\right) - \frac{\partial L(\boldsymbol{q},\dot{\boldsymbol{q}})}{\partial \boldsymbol{q}} = \boldsymbol{\tau} \tag{8-11}$$

描述。其中，$\boldsymbol{q}$ 和 $\dot{\boldsymbol{q}}$ 分别为系统的 6 个关节的角位移和角速度向量；$\boldsymbol{\tau}$ 为作用于 6 个关节的外力矩向量。Lagrange 函数 $L(\boldsymbol{q},\dot{\boldsymbol{q}})$ 为动能 $K(\boldsymbol{q},\dot{\boldsymbol{q}})$ 和势能 $P(\boldsymbol{q})$ 之差，即

$$L(\boldsymbol{q},\dot{\boldsymbol{q}}) = K(\boldsymbol{q},\dot{\boldsymbol{q}}) - P(\boldsymbol{q}) \tag{8-12}$$

动能可表示为

$$K(\boldsymbol{q},\dot{\boldsymbol{q}}) = \frac{1}{2}\dot{\boldsymbol{q}}^{\mathrm{T}}\boldsymbol{D}(\boldsymbol{q})\dot{\boldsymbol{q}} \tag{8-13}$$

式中，$\boldsymbol{D}(\boldsymbol{q})$ 为广义的惯性矩阵，且 $\boldsymbol{D}(\boldsymbol{q}) = \boldsymbol{D}^{\mathrm{T}}(\boldsymbol{q}) > \boldsymbol{0}$（对称）。利用式（8-13）可将式（8-12）写成

$$L(\boldsymbol{q},\dot{\boldsymbol{q}}) = K(\boldsymbol{q},\dot{\boldsymbol{q}}) - P(\boldsymbol{q}) = \frac{1}{2}\sum_{i,j}d_{ij}(\boldsymbol{q})\dot{\boldsymbol{q}}_i\dot{\boldsymbol{q}}_j - P(\boldsymbol{q}) \tag{8-14}$$

式中，$d_{ij}(\boldsymbol{q})$ 为矩阵 $\boldsymbol{D}(\boldsymbol{q})$ 的第 (i,j) 个元素。定义

$$c_{ijk}(\boldsymbol{q}) = \frac{1}{2}\left(\frac{\partial d_{kj}(\boldsymbol{q})}{\partial q_i} + \frac{\partial d_{ki}(\boldsymbol{q})}{\partial q_j} - \frac{\partial d_{ij}(\boldsymbol{q})}{\partial q_k}\right) \tag{8-15}$$

可将 EL 方程写成紧凑形式

$$\boldsymbol{D}(\boldsymbol{q})\ddot{\boldsymbol{q}} + \boldsymbol{C}(\boldsymbol{q},\dot{\boldsymbol{q}})\dot{\boldsymbol{q}} + \boldsymbol{G}(\boldsymbol{q}) = \boldsymbol{\tau} \tag{8-16}$$

式中，$\boldsymbol{C}(\boldsymbol{q},\dot{\boldsymbol{q}})\dot{\boldsymbol{q}}$ 为离心力和哥氏（Coriolis）力；$\boldsymbol{G}(\boldsymbol{q})$ 为重力。矩阵 $\boldsymbol{C}(\boldsymbol{q},\dot{\boldsymbol{q}})$ 的第 (k,j) 个元素和重力分别定义为

$$c_{kj}(\boldsymbol{q}) = \sum_{i=1}^{n}c_{ijk}(\boldsymbol{q})\dot{\boldsymbol{q}}_i \tag{8-17}$$

$$\boldsymbol{G}(\boldsymbol{q}) = \frac{\partial P(\boldsymbol{q})}{\partial \boldsymbol{q}} \tag{8-18}$$

8.4.4　机器人手臂的独立关节位置伺服控制

1. 位置控制的基本结构

机器人的位置控制是机器人最基本的控制任务。机器人的位置控制结构主要有两种形式，即关节空间控制结构和直角坐标空间控制结构，分别如图 8-11（a）和图 8-11（b）所示。

在图 8-11（a）中，$\boldsymbol{q}_{\mathrm{d}} = [q_{\mathrm{d}1}, q_{\mathrm{d}2}, \cdots, q_{\mathrm{d}n}]^{\mathrm{T}}$ 是期望的关节位置向量，$\dot{\boldsymbol{q}}_{\mathrm{d}}$ 和 $\ddot{\boldsymbol{q}}_{\mathrm{d}}$ 是期望的关节速度向量和加速度向量，$\boldsymbol{q}$ 和 $\dot{\boldsymbol{q}}$ 是实际的关节位置向量和速度向量；$\boldsymbol{\tau} = [\tau_1, \tau_2, \cdots, \tau_n]^{\mathrm{T}}$ 是关节驱动力矩向量；$\boldsymbol{U}_1$ 和 $\boldsymbol{U}_2$ 是相应的控制向量。

在图 8-11(b)中,$\boldsymbol{X}_d = [\boldsymbol{p}_d^T, \boldsymbol{\varphi}_d^T]^T$ 是期望的工具位姿,其中,$\boldsymbol{p}_d = [x_d, y_d, z_d]$ 表示期望的工具位置,$\boldsymbol{\varphi}_d$ 表示期望的工具姿态。$\dot{\boldsymbol{X}}_d = [\boldsymbol{v}_d^T, \boldsymbol{w}_d^T]^T$,其中 $\boldsymbol{v}_d = [v_{d_x}, v_{d_y}, v_{d_z}]^T$ 是期望的工具线速度,$\boldsymbol{w}_d = [w_{d_x}, w_{d_y}, w_{d_z}]^T$ 是期望的工具角速度,$\dot{\boldsymbol{w}}_d$ 是期望的工具加速度,$\boldsymbol{X}$ 和 $\dot{\boldsymbol{X}}$ 表示实际的工具位姿和工具速度。运行中的工业机器人一般采用图 8-11(a)所示控制结构。该控制结构的期望轨迹是关节的角位置、角速度和角加速度,因而易于实现关节的位置伺服控制。这种控制结构的主要问题是,由于往往要求的是在直角坐标空间的机械手末端运动轨迹,因而为了实现轨迹跟踪,需将机械手末端的期望轨迹 $\boldsymbol{X}_d$ 经逆运动学计算变换为在关节空间表示的期望轨迹 $\boldsymbol{q}_d$。

2. PUMA560 机器人的关节位置伺服控制

若定义关节角位置误差为 $\tilde{\boldsymbol{q}} = \boldsymbol{q} - \boldsymbol{q}_d$,并采用 PD 反馈控制,则关节驱动力矩为

$$\boldsymbol{\tau} = -\boldsymbol{K}_P \tilde{\boldsymbol{q}} - \boldsymbol{K}_D \dot{\tilde{\boldsymbol{q}}} \tag{8-19}$$

PUMA560 机器人关节位置伺服控制系统结构如图 8-12 所示,其控制器由 1 台 DEC

(a) 关节空间控制结构

(b) 直角坐标空间控制结构

图 8-11 机器人位置控制基本结构

图 8-12 PUMA 机器人关节伺服控制系统结构

LSI-11/02 微型计算机和 6 个 Rockwell 6503 微处理器组成，每个微处理器都配有关节编码器、D/A 转换器和电流放大器。这种控制结构是分级安排的。其上层是 LSI-11/02 微型计算机，它的作用相当于一个监控计算机。低层是 6 个 6503 微处理器，每个关节各有一个。

处于系统上层的 LSI-11/02 微型计算机主要有两个作用：首先，系统与用户的在线交互作用和机器人操作的任务协调；其次，与 6503 微处理器进行子任务协调。而处于系统低层的是关节控制器，每个关节有一个控制器，由数字伺服板、模拟伺服板和功率放大器组成。6503 微处理器是机器人关节运动控制的核心，其伺服控制算法都在 6503 微处理器中执行。每一个 6503 微处理器与其 EPROM 和 D/A 转换器位于数字伺服板上，它与 LSI-11/02 微型计算机间的通信是通过一个接口板进行的。接口板再和一个 16 位的并行接口板（DRV-11）相连，后者向（或从）LSI-11/02 微型计算机的总线发送（或接收）数据。

6503 微处理器计算出关节误差信号，并把该信号传送给模拟伺服板。模拟伺服板上有为每个关节电机设计的电流反馈。每个关节的运动控制都有两个伺服环：内环由模拟器件和补偿器组成；外环提供位置误差信息，并由 6503 微处理器每 0.875ms 更新一次。

习题与思考题

1. 计算机控制系统设计的原则与步骤分别是什么？
2. 计算机控制系统的工程设计与实现具体问题包括哪些内容？
3. 举例说明计算机控制系统的设计实例？

参 考 文 献

[1] 于海生，等.微型计算机控制技术[M].4 版.北京：清华大学出版社，2024.

[2] 于海生，等.计算机控制技术[M].3 版.北京：机械工业出版社，2023.

[3] 孙增圻.计算机控制理论与应用[M].2 版.北京：清华大学出版社，2008.

[4] 刘建昌，关守平，周玮，等.计算机控制系统[M].3 版.北京：科学出版社，2022.

[5] 高等学校自动化专业教学指导分委员会.自动化学科专业发展战略研究报告[M].北京：高等教育出版社，2007.

[6] 高等学校自动化专业教学指导分委员会.高等学校本科自动化指导性专业规范(试行)[M].北京：高等教育出版社，2007.

[7] 杨根科，谢剑英.微型计算机控制技术[M].4 版.北京：国防工业出版社，2016.

[8] 胡寿松，姜斌，张绍杰.自动控制原理[M].8 版.北京：科学出版社，2023.

[9] Ogata K.现代控制工程(第三版)[M].卢伯英，等译.3 版.北京：电子工业出版社，2000.

[10] 吴麒.自动控制原理(上册)[M].北京：清华大学出版社，1990.

[11] 王超.计算机控制技术[M].北京：机械工业出版社，2022.

[12] 于微波，刘克平，张德江，等.计算机控制系统[M].2 版.北京：机械工业出版社，2022.

[13] 周平，王宏，柴天佑.数据驱动建模、控制与监测：以高炉炼铁过程为例[M].北京：科学出版社，2022.

[14] 蔡自兴，谢斌.机器人学[M].4 版.北京：清华大学出版社，2022.

[15] 孙增圻，邓志东，张再兴.智能控制理论与技术[M].2 版.北京：清华大学出版社，2011.

[16] 孙增圻.机器人智能控制[M].太原：山西教育出版社，1995.

[17] 孙富春，孙增圻，张钹.机械手神经网络稳定自适应控制的理论与方法[M].北京：高等教育出版社，2005.

[18] 熊有伦，等.机器人学：建模、控制与视觉[M].2 版.武汉：华中科技大学出版社，2020.

[19] 周济，李培根.智能制造导论[M].北京：高等教育出版社，2021.

[20] 杨耕，罗应立.电机与运动控制系统[M].2 版.北京：清华大学出版社，2014.

[21] 阮毅，杨影，陈伯时.电力拖动自动控制系统：运动控制系统[M].5 版.北京：机械工业出版社，2016.

[22] 俞金寿，蒋慰孙.过程控制工程[M].北京：电子工业出版社，2007.

[23] 黄德先，王京春，金以慧.过程控制系统[M].北京：清华大学出版社，2011.

[24] 阳春华，桂卫华.复杂有色金属生产过程智能建模、控制与优化[M].2 版.北京：科学出版社，2021.

[25] 褚健，荣冈.流程工业综合自动化技术[M].北京：机械工业出版社，2004.

[26] 吴澄.信息化与工业化融合战略研究：中国工业信息化的回顾、现状及发展预见[M].北京：科学出版社，2013.

[27] 柴天佑，等.大数据与制造流程知识自动化发展战略研究[M].北京：科学出版社，2019.

[28] Åström K J，Wittenmark B. Computer controlled systems theory and design[M].3rd ed. New Jersey：Prentice Hall，1998.

[29] Franklin G F，Powell J D，Workman M. Digital control of dynamic systems[M].3rd ed. Massachu setts：Addison Wesley Longman，Inc.，1998.

[30] Sami Fadali M，Visioli A. Digital control engineering[M].3rd ed. New York：Elsevier Inc.，Academic Press，2020.

[31] Phillips C L，Nagle H T，Chakrabotty A. Digital control system analysis and design[M].4th ed. New

Jersey：Prentice Education，2015.

[32]　Ogata K. Discrete-time control systems[M]. 2nd ed. Upper Saddle River：Prentice Hall，1995.

[33]　于海生，赵克友，郭雷，等. 基于端口受控哈密顿方法的 PMSM 最大转矩/电流控制[J]. 中国电机工程学报，2006，26(8)：82-87.

[34]　于海生. CAN 总线工业测控网络系统的设计与实现[J]. 仪器仪表学报，2001，22(1)：17-21.

[35]　于海生，潘松峰，刘征. 智能电平衡分析测试仪[J]. 仪器仪表学报，1995，16(4)：381-386.

[36]　于海生，赵克友，王海亮，等. 基于负载观测器的永磁同步电机能量成形控制[J]. 系统工程与电子技术，2006，28(11)：1740-1742.

[37]　Yu H，Yu J，Wu H，et al. Energy-shaping and integral control of the three-tank liquid level system[J]. Nonlinear Dynamics，2013，73(4)：2149-2156.

[38]　Yu H，Yu J，Liu J，et al. Nonlinear control of induction motors based on state error PCH and energy-shaping principle[J]. Nonlinear Dynamics，2013，72(1)：49-59.

[39]　卢涛，于海生，于金鹏. 永磁同步电机伺服系统的自适应滑模最大转矩/电流控制[J]. 控制理论与应用，2015，32(2)：251-255.

[40]　Meng X，Yu H，Zhang J. An EPCH control strategy for complex nonlinear systems with actuator saturation and disturbances[J]. Information Sciences，2023，625：639-655.

[41]　Meng X，Yu H，Zhang J，et al. Optimized control strategy based on EPCH and DBMP algorithms for quadruple-tank liquid level system[J]. Journal of Process Control，2022，110：121-132.

[42]　Meng X，Yu H，Zhang J，et al. Disturbance observer-based feedback linearization control for a quadruple-tank liquid level system[J]. ISA Transactions，2022，122：146-162.

[43]　Wang S，Yu H，Yu J，et al. Neural-network-based adaptive funnel control for servo mechanisms with unknown dead-zone[J]. IEEE Transactions on Cybernetics，2020，50(4)：1383-1394.

[44]　Wang S，Yu H，Yu J. Robust adaptive tracking control for servo mechanisms with continuous friction compensation[J]. Control Engineering Practice，2019，87：76-82.

[45]　刘华波，于海生. 空间连接系统的稳定与镇定[J]. 控制与决策，2020，35(3)：749-756.

[46]　迟洁茹，于海生，杨杰. 2-DOF SCARA 机器人轨迹的 PCH 与 PD 协调控制[J]. 控制工程，2018，26(5)：916-921.

[47]　Lv C，Yu H. A hybrid coordination controller for speed and heading control of underactuated unmanned surface vehicles system[J]. Ocean Engineering，2019，176：222-230.

[48]　Lv C，Yu H，Zhao N，et al. Robust state-error port-controlled Hamiltonian trajectory tracking control for unmanned surface vehicle with disturbance uncertainties[J]. Asian Journal of Control，2022，24：320-332.

[49]　Yu J，Zhao L，Yu H，et al. Barrier Lyapunov functions-based command filtered output feedback control for full-state constrained nonlinear systems[J]. Automatica，2019，105：71-79.

[50]　Yu J，Shi P，Yu H，et al. Approximation-based discrete-time adaptive position tracking control for interior permanent magnet synchronous motors[J]. IEEE Transactions on Cybernetics，2015，45(7)：1363-1371.

[51]　Liu H，Yu H. Finite-time control of continuous-time networked dynamical systems[J]. IEEE Transactions on Systems，Man，and Cybernetics：Systems，2020，50(11)：4623-4632.

[52]　Ji Z，Lin H，Yu H. Protocols design and uncontrollable topologies construction for multi-agent networks[J]. IEEE Transactions on Automatic Control，2015，60(3)：781-786.

[53]　Liu X，Yu H. Continuous adaptive integral-type sliding mode control based on disturbance observer for PMSM drives[J]. Nonlinear Dynamics，2021，104(3)：1429-1441.

[54]　Guo Q，Yu H，Yang Q，et al. Cooperative control of variable damping error port Hamiltonian and

backstepping nonsingular terminal sliding mode control for manipulators driven by PMSMs[J]. International Journal of Robust and Nonlinear Control,2024,34(14):9852-9872.

[55] Sun X,Yu H,Yu J,et al. Design and implementation of a novel adaptive backstepping control scheme for a PMSM with unknown load torque[J]. IET Electric Power Applications,2019,13(4):445-455.

[56] He Z,Yu H. Fuzzy sliding mode adaptive backstepping control of multiple motors winding system based on disturbance observer[J]. Journal of Electrical Engineering & Technology,2022,17(3):1815-1828.

[57] 王常力,罗安.分布式控制系统(DCS)设计与应用实例[M].北京:电子工业出版社,2004.

[58] 吴功宜,吴英.计算机网络[M].北京:清华大学出版社,2017.

图书资源支持

感谢您一直以来对清华版图书的支持和爱护。为了配合本书的使用,本书提供配套的资源,有需求的读者请扫描下方的"书圈"微信公众号二维码,在图书专区下载,也可以拨打电话或发送电子邮件咨询。

如果您在使用本书的过程中遇到了什么问题,或者有相关图书出版计划,也请您发邮件告诉我们,以便我们更好地为您服务。

我们的联系方式:

清华大学出版社计算机与信息分社网站: https://www.shuimushuhui.com/

地　　址: 北京市海淀区双清路学研大厦 A 座 714

邮　　编: 100084

电　　话: 010-83470236　010-83470237

客服邮箱: 2301891038@qq.com

QQ: 2301891038（请写明您的单位和姓名）

资源下载: 关注公众号"书圈"下载配套资源。

资源下载、样书申请

书圈

图书案例

清华计算机学堂

观看课程直播